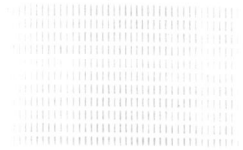

# 层次交换网络体系结构

钱华林 葛敬国 李 俊 等 著

清华大学出版社

北京

## 内 容 简 介

基于路由技术的 Internet,一个基本特征是网络行为的不确定性,其表现形式是通信路径和通信延迟的不确定性,随之而来的便是服务质量、网络安全、网络管理、地址分配等一系列先天性缺陷。本书提出了一种新的网络体系结构,将地址与拓扑结构相关联,以确定性的交换代替不确定性的路由,从而解决了骨干网络中的各种重大缺陷。书中系统地介绍了新体系结构中网络的拓扑结构、地址结构、数据包交换技术、通信流量均衡机制、短接通信技术、交换机或信道的快速自愈技术、服务质量控制方法、基于运营商地址空间与用户地址空间隔离的内建安全体系等。最后,本书介绍了新体系结构怎样促进网络向 IPv6 转换、怎样与现有的基于路由的 IPv4 或 IPv6 网络兼容、共存以及逐步向新体系结构过渡的过程。本书构成一个完整的体系,仅阅读部分章节不足以对新体系结构有完整的理解。

本书主要阅读对象是网络与通信领域的科研人员、高等院校教师和学生。

**图书在版编目(CIP)数据**

层次交换网络体系结构/钱华林等著. —北京:清华大学出版社,2008.11
　ISBN 978-7-302-17865-1

Ⅰ. 层…　Ⅱ. 钱…　Ⅲ. 计算机网络—网络结构　Ⅳ. TP393.02

中国版本图书馆 CIP 数据核字(2008)第 087906 号

责任编辑:丁　岭　徐跃进
责任校对:李建庄
责任印制:孟凡玉
出版发行:清华大学出版社　　　　　　　　　　地　　址:北京清华大学学研大厦 A 座
　　　　　http://www.tup.com.cn　　　　　　邮　　编:100084
　　社　　总　　机:010-62770175　　　　　邮　　购:010-62786544
　　投稿与读者服务:010-62776969,c-service@tup.tsinghua.edu.cn
　　质　量　反　馈:010-62772015,zhiliang@tup.tsinghua.edu.cn
印　装　者:清华大学印刷厂
经　　销:全国新华书店
开　　本:185×260　印　张:18　字　数:433 千字
版　　次:2008 年 11 月第 1 版　　印　　次:2008 年 11 月第 1 次印刷
印　　数:1～5000
定　　价:39.00 元

# 前　言

　　Internet 是 20 世纪对人类社会最具影响力的科技发明之一。它为人类提供了全新的通信手段、信息交换手段以及信息获取手段,极大地加速了社会的信息化进程。目前,全世界已经有超过 15 亿人在使用 Internet,并且每年还在以百分之二十左右的速度增长。发达国家的用网人口比例已经达到总人口的 60%~80%,个别国家甚至超过了 90%。在人口众多而网络建设起步稍晚的中国,前 10 年中上网人数平均每半年就翻一番,年增长率达400%,目前网络用户的数目超过了 1.6 亿。Internet 这种迅猛的发展速度,远远超过了以往新技术如汽车、电话、电视等的普及速度。

　　Internet 之所以发展迅速,是因为它顺应了社会向信息化进步的需要。回顾网络发展的历史,在 Internet 大规模发展之前,已经出现了很多采用不同通信协议并被大量使用的网络,有计算机公司研制的,有科研单位研制的,也有国际上联合作为标准而研制的。尤其是世界各国电信部门和厂商共同花费巨大人力物力制定的开放系统互连(OSI)标准,其精心设计的分层结构作为网络技术的典范出现在教科书中。Internet 能够在众多的网络中脱颖而出,原因很多,但最重要的原因是协议开放、简洁,采用了包交换(packet switching)及路由(routing)技术。

　　OSI 不能成功的一个重要原因是协议过于复杂,资料数量巨大、庞杂,难以读懂而且不能免费阅读,一个具有网络知识的专业人员,也很难在他(她)的有生之年读完相关的资料。协议的复杂性和协议文本的艰涩难懂使得技术人员难以方便地实现它,各厂商只能挑选其中自认为重要的部分加以实现,实现的功能不完备。这就造成同一厂商没有能力提供全套的网络协议软件,不同厂商的协议软件又难以做到良好的互操作性。为此,一些国家只好以政府的名义,在 OSI 协议中选取一个子集(称为 GOSIP,government OSI profile),让本国的厂商作为标准加以实现,以便国内各厂商之间的产品能够兼容。但这很难在采用不同GOSIP 的国家之间互通。正是由于 OSI 协议复杂,实现成本高,协议软件十分昂贵,用户在经济上也难以承受。而 TCP/IP 协议却相反,它的协议十分简单,协议文本易读易理解,可以免费下载,协议实现容易,各厂商之间的协议容易做到互通和兼容。同时,这些特点使得很容易将协议软件作为操作系统的一部分提供给用户,用户不必单独为网络软件付钱。

　　包交换技术不同于以往的电路交换技术,它将用户要传送的完整数据分割成固定长度的小块,称之为包或分组,像一封信一样,加上必要的地址信息和顺序号码后在网络中独立传送,到达目的地后,再按照这些包的顺序加以组装,向收方投递完整的用户数据。在网络发展的早期,这是一项突破性的技术。一方面,当时的通信信道误码率非常高,大块数据一起传,不出错的可能性很小。一旦出错,就要重传,而大块数据重传可能再次出错。小块信息的传输容易成功,个别有了错,重传的开销也小。更为重要的是,划分成独立包以后,不同用户之间的数据包可以穿插在一起传送,共享信道,大大提高了线路的利用率,节省了昂贵的信道费用。应该说,包交换是当时历史条件(信道贵、误码率高、速率低)下传输数据的最佳方案。

路由技术是与包交换技术相伴而生的。利用计算机的智能,在路由器之间定期交换信息,形成一张路由表。各路由器就能按照数据包封皮上写的目的地址,查看自己保存的路由表,将数据包一站一站地往目的地方向传送。所有这些转发工作,包括路由表的更新,都由路由器自动完成。早期发明路由技术的主要动机是希望每个节点有多条信道与外界相连,当出现自然灾害、战争等造成网络部件(尤其是信道)失效时,具有智能的路由器自动找到可通达的路,最大可能地保持网络的连通性。有了路由器对网络结构的自适应能力,人们还获得了任意接入网络的自由度,方便地组成任意连接的网状结构(mesh)。在网络部件特别是通信线路可靠性较低的情况下,任意连接的网络结构和路由器自动找路的方法是非常有效的。包交换和路由技术是 Internet 的核心和灵魂。

Internet 后来的蓬勃发展,则主要是网络应用的功劳。一方面,像电子邮件(E-mail)、电子公告板(BBS)、万维网(WWW)等应用层协议的出现,极大地吸引了用户上网;另一方面,传统的通信应用被移植到 Internet 上来,例如 IP 电话、视频会议、远程教育、视频点播等多媒体应用,使得 Internet 有取代其他通信手段的趋势。

然而,光通信技术的发展,使信道的带宽、可靠性和价格获得了极大的改善。当时针对信道低速、不可靠和昂贵所采取的技术措施,不仅没有必要了,反而成了影响网络通信效率的累赘。当网络规模不断发展,网络流量成指数增长,实时通信和通信质量保证的要求不断增长时,网络设备不堪重负;路由技术造成的通信路径不确定、同一对通信中双向数据包可能走不同的路径、大量的绕道、震荡和回路,使得对网络信道容量的需求不可预测,网络资源配置缺乏理论指导,信道利用率甚至比 PSTN 还低;实时通信要求服务质量控制技术(QoS),而路由行为的不确定性,同一次通信中,数据包走过的路径随路由表的变化而动态地改变,使得无法沿通信路径预留资源,因而不可能真正实现 QoS;每天处理的 BGP 路由更新达百万次以上,峰值时,每秒要处理上万次更新,而每次更新,所有的核心路由器都要执行大量的通信和数据库更新处理;巨大的网络规模使得路由表达到 20 多万个表项,路由器不能快速有效地转发数据包;路由器越来越复杂,成本越来越高,耗电越来越多;慢速的端到端错误恢复手段,缺少网络自愈能力,使得 Internet 难以提供电信级的服务质量;任何一个核心路由器随时可能受到 DDOS 攻击,导致全网的不稳定;不良行为者可以仿冒别人的源地址而逃避对犯罪行为的追踪。所有这些困难,随着网络规模和应用需求的不断增长都变得越来越严重。再加上早期对 Internet 的发展规模估计不足,IPv4 地址空间将在两三年内耗尽。采用地址空间极大的 IPv6 协议,如果不考虑网络的层次化,路由表会进一步急剧增大,路由器的复杂性和它在网络中的瓶颈地位也就更加严重。目前大量的改进措施难以真正解决问题,陡然增加了网络协议的复杂性。Internet 早期协议简洁的优点也不复存在。Internet 到了必须进行重大改革的时候。

本书就是在分析了当前 Internet 难以应对的一系列困难的基础上,提出一种新的网络体系结构:层次交换网络体系结构。利用这种新的技术,彻底丢掉路由器;让网络回归简洁,设备简单、高效、便宜且降低功耗;让数据包的路径可预测,容易设计和配备信道资源并使信道资源获得更加有效的利用；新体系结构下网络行为和数据路径的确定性，有利于真正实现QoS；网络结构信息和网络部件失效事件局部化，避免全局交换网络拓扑结构信息和失效事件，从而避免全局性的震荡、回路以及很长的路由收敛时间；让快速自愈能力不依赖于其他附加的网络技术（如 SDH/SONET）；让多播树自然形成；让骨干网络设备的地址空间与用户地址空间隔离，像电话网络一样，用户无法干扰或攻击骨干网络设备；让源地址不可仿冒，有利于促进 IPv6 的部署和应用；等等。新的体系结构基本上克服了目前网络面临的各种困难。

任何想在 Internet 上做的改革或在 Internet 上使用一项新的技术，都必须与原有的Internet 完全兼容、共存，否则将是不可行的。层次交换网络体系结构不要求现有网络作任何协议的修改就可以在一起工作。新体系结构可以逐步地、由小到大地部署，逐步替换旧的网络。这个特性使得层次交换网络体系结构是可部署的。

本书全面地介绍了层次交换网络体系结构及相关技术。由于对层次网络体系结构技术的研究是始终与原型系统、设备样机以及实验平台等工程项目并行进行的，除了原理性的描述外，书中列举了一些示例性的数据结构、表格，甚至实现方法。这些实现细节对读者更好地理解新体系结构，体会其简洁性和易实现性是有用的。对只要求粗略了解层次交换网络体系结构原理的读者，可以跳过这些示例性的细节。

层次交换网络体系结构的思想，是我们早在 1999 年开始对 Internet 路由行为的研究和观察并与成功的 PSTN 作比较后提出的，很多思路直接来自电话网路。但毕竟 Internet 的包交换与 PSTN 的电路交换有很大的差异。电话网络中，应用单一，只占用固定的窄带（64Kbps 的 PCM 信道）；而 Internet 中的应用复杂多样，普通的电子邮件占用几 Kbps 的带宽就可以了，视频应用则需要几兆甚至几百兆的带宽。加之要考虑对现有网络的继承性和兼容性，不可能照搬 PSTN 技术。因而是一种全新的互联网络体系结构。这就注定了它会有较宽的涉及面，对诸如地址结构、交换方法、单点失效的避免、拓扑结构的灵活性、服务管理框架、QoS、网络管理、骨干网络的安全、源地址的不可仿冒性等一系列问题加以考虑，并且用原型系统和设备样机加以实现和验证。八年来，主要由硕士和博士研究生组成的研究小组成员，对体系结构的不断完善、对原型系统和样机的实现，做了大量的工作，在此对他们表示诚挚的感谢；他们是杨明川、马宏伟、牛广锋、鄂跃鹏、张道庆、周超、游军玲、吕红蕾、李晋、熊丹、代长城、李伟男、姜大伟、方蕾、林曼筠、娄雪明、申祥军……项目组先后归属于网络技术与应用研究室和中国科技网运行中心管理，在此对这两个部门的负责人南凯博士和张曦琼研究员的大力支持深表谢意。此外，项目组得到了来自各方面领导和专家的极大支持：中国科学院计算机网络信息中心前任领导阎保平主任、现任领导黄向阳主任和毛伟副主任，分别给予了所内经费的支持（项目编号：C30402，CNIC05001）；中国科学院路甬祥院长、胡启恒院士和戴博伟处长，为本项目争取了院长基金的支持（项目编号：KGCX2-YW-106）；国家发展与改革委员会支持、中国工程院主持的 CNGI 项目，为新体系结构提供了良好的实验、测试和试用平台；国家科学技术部 863 计划提供了项目经费（863 项目编号：2007AA01Z214）；邬贺铨院士、邬江兴院士、刘韵洁院士、蒋林涛总工等一批资深网络专家，给予了极大的关切和支持，提出了很好的建议。在此一并表示感谢。

对书中可能出现的不完善和不正确之处，欢迎读者批评和指正。

作　者

2008 年 8 月

# 目　　录

# 第 1 章
# Internet 面临的挑战

尽管 Internet 在过去的三十多年中取得了极大的成功,但这种成功完全是出乎意料的。当初设计 Internet 的体系结构时,有多方面的局限性,这些局限性给目前的 Internet 带来了致命的先天不足,使它面临着严峻的挑战,甚至威胁到它的可持续发展和生存。

早期的局限性主要体现在对 3 个方面认识不足,它们是:网络用途、网络规模和通信技术进步。创建 Internet 是为了满足军事和学术方面的需求,完全没有想到 Internet 会进入商用领域。对这些特定的用户群体,没有人认真考虑网络会受到群体内部成员的攻击或破坏,也没有人想到网络的赢利模式对网络的生存会有什么样的作用。由于对网络用途认识的局限,进而造成了对网络规模认识的局限。设计网络的先驱者们不但没有想到 Internet 会进入商业,也没有想到它会被普及到政府、机关、团体、家庭和任何个人,更没有想到它会延伸到个人、汽车和家庭等环境中的各种用具以及野外的数据采集与监测等领域。网络规模的迅猛发展和通信量的指数增长,对网络资源、网络性能和网络行为带来了极大的挑战,迫使网络设备不断复杂化、网络变得更加脆弱、服务质量无法保证、运营商对高昂的网络资源投资心存疑虑以及更为严重的网络安全隐患。另外,技术因素也严重影响了设计方案的合理选择。最初设计 Internet 时,通信技术相当落后,不仅信道容量小,更为严重的是信道的误码率高、信道的可用性差。数据通信对传输准确性的要求是百分之百的准确,而传统的话音通信是没有这种要求的。为了网络传输的可靠性和网络的可用性,不仅限制了报文的长度、设计了复杂的校验和重传技术,还创造性地提出了分布式的路由技术。利用计算机的智能和自学习能力,相互交换路由信息,能自适应地避开不可用的端口和信道,即使在遭到战争或自然灾害的局部损毁时,仍能将数据包送到目的地。这种路由技术的分布式特性,带来可用性好处的同时,也带来了极大的弊端。而当光通信技术日趋成熟后,误码率和可用性的问题并不突出,人们希望简化网络结构。例如以太网,为了可靠性和可用性,最初的设计是分布式的总线结构,任意一台挂在总线上的计算机失效,都不会影响其他计算机之间的正常通信。这种分布式结构带来的毛病是控制复杂、难以部署、难以管理和维护。在设备和信道可靠性获得大幅度提高后,人们很快就摒弃了分布式结构,采用树状结构的以太网交换机。但对 Internet 的路由技术和基于路由技术的无结构网络拓扑,人们意识到它的严重缺陷,进行了大量的研究,却拿不出有效的解决办法。

赫尔辛基大学的汉努·卡里教授多年前就指出,一个拥挤、设计糟糕和不安全的系统注定要消亡[1]。未来的互联网,要么被改变,要么就死亡。这并不是危言耸听,而是大多数对 Internet 体系结构、协议和网络行为有深刻认识的科学家的共识。美国的 GENI[2]、FIND[3]

和 $100\times100^{[4]}$ 等项目,都是针对当前互联网存在的严重问题而部署的研究课题。美国科学家认识到 Internet 日益严重的问题,甚至考虑采取与现有互联网完全不兼容的体系结构也在所不惜。中国工程院副院长邬贺铨指出,从修补式到革命式的路线仅仅是时间问题,互联网的发展已经到了十字路口,需要有一个新的起点。信息产业部的蒋林涛总工在一次会议上指出:已经看到互联网正在变糟,这是世界各国都认可的。目前信息基础设施非常容易受到预谋的攻击,可能会造成灾难性的后果。在美国形成了一个主流意见,就是要创新思考互联网基本体系结构,要采用新的设计理念$^{[5]}$。笔者从 20 世纪 90 年代后期就看到了这些问题,并坚信在骨干网络中用交换技术代替路由技术是一个极其理想的解决办法。

当前的互联网究竟有哪些问题呢?主要在于:无序的网络体系结构、不确定的网络行为、不确定的网络延迟、局部故障全局化、不能保证通信服务的质量、安全问题无法解决、网络设备低效复杂昂贵、糟糕的网络可管理性、网络运行费用高、缺乏可持续发展的收费模式等。这些问题严重地阻碍了互联网的未来发展,严重地影响了网络运营商(ISP)对网络的可持续运行。

## 1.1　无序的网络体系结构

网络的体系结构主要包括:网络的拓扑结构、网络的地址结构、网络的协议功能结构 3 个方面。

网络的拓扑结构主要有树状结构(星状结构是它的特例)、环状结构和网状结构。前两种结构,节点间信道的连接规则是确定的:一根也不能多,一根也不能少。但在网状结构中,所有节点保持连通的前提下,信道可多可少,连接方式是任意的。对 N 个节点的网络,最多可以有 $N\times(N-1)$ 条信道。对一个小规模的网络,这种网状结构是不难控制和管理的,但当网络规模变得巨大,无人能说清楚网络是怎么连接的,新接入的网络想往哪儿连就往哪儿连,网络的跨度很大且很不均匀,节点的度数变成无尺度,这时候的网络就变成了一个无结构的、杂乱无章的网络,无法提出高效、合理的控制方法,只能用分布式方法对其进行控制和管理。而分布式控制意味着任何被控事件、控制信息和控制过程都是全局性的。对巨大网络系统,全局性的行为在网络资源的消耗、控制的可靠性、系统的可扩展性等方面都会遇到极大的困难。目前的互联网拓扑结构,已经无可挽回地陷入了杂乱无章的无结构状态。

地址的作用不仅在于指明要找的客体对象,更重要的是方便地找到编址对象。在我们的社会活动中,一个地名包含了国家、省市、县区、乡镇、街道和门牌号等信息,它不仅确定了一个家,还确定了怎样找到这个家的路径信息。图书馆里一本书的编号,不仅指定了一本书,还提供了怎样根据编号中的学科类别、子类、分类号等能在书架上很容易地找到这本书的信息。地址指定某客体对象的功能称作标识功能,地址表达怎样到达某客体对象的功能称为提供路径信息的功能。标识和路径信息本身都是静态的信息,获得了一个地址,只表明你拥有了某客体对象的标识和路径信息,并不意味着已经到达或得到了这个对象。到达或得到客体对象的过程是一个动态的寻路过程,在通信领域中称为路由过程(routing)。在网络通信技术中,常常把路径信息(path)与路由信息(route)混用(在中文里,把路由过程

routing 和路由信息 route 都翻译成路由,在不同的上下文中,路由一词,有时是名词,表示路径;有时是动词,表示寻路)。在互联网中,域名和 IP 地址都只有标识的作用,没有提供路由信息的作用。域名和 IP 地址都能标识一台计算机,前者使用字符,便于人的阅读和记忆,后者使用数字,便于计算机的处理。域名解析协议只解决两种标识之间的映射和转换,并不能提供任何路由信息。拿到一个 IP 地址,无论是人还是计算机,都无法直接从地址本身看出目的地在哪里。必须依靠一套互联网特有的路由协议才能获得路由信息。IP 地址的这种缺陷,造成了地址空间的无序性。这种无序性的另一个体现,就是从地址分配机构获得 IP 地址时,从技术上没有任何限制,同一个 ISP 的多块地址,可以分布在地址空间的任意位置。网络地址无序的根源在于网络拓扑结构的无序,地址结构本来应当与拓扑结构相关,但在现有的互联网中,由于拓扑结构的无序,两者是截然分离的。互联网中,为能把带有目的 IP 地址的数据包送到目的地,只能愚笨地建立一张庞大的路由表,为每个数据包查表后才能确定输出端口。为了建立路由表,要让所有网络转发设备互相交换信息,并记住去往所有目的地应走的输出端口。这种不能从地址中直接看出如何转发而必须通过查路由表才能知道如何转发的方法,曾被视为一大创新,现在成了一个致命的缺陷。

网络协议的功能划分,目的是希望实现网络功能时清晰、简单。通常的做法是,首先在通信子网和资源子网之间进行严格的分工:通信子网只负责把 IP 包从源节点送达目的地节点,所有其他工作都由资源子网实现。通信子网的设施由路由器、以太网交换机、集线器和通信链路等组成。资源子网则由用户的计算机(PC、服务器等)组成。但是,为了应付互联网的很多先天不足,在通信子网中修修补补,加入了很多本该在资源子网中执行的功能,造成了通信子网中协议功能的不清晰、复杂化和无序性。其次,在通信子网中,协议本应只包含物理层、数据链路层和网络层等的最低三层,但为了克服网络体系结构的先天性缺陷如复杂、低效和缺乏安全性等,加入了处理第四层甚至第七层协议数据单元的功能。在通信子网中加入高层协议功能,进一步造成通信设备的复杂化和低效率。MPLS[6] 的引入,目的是要克服路由带来的低效率,但却引入了奇怪的协议层次,它使得通信子网的协议层次,从三层(物理层、链路层和网络层)变成了五层(物理层、链路层、MPLS 数据交换层、网络层和MPLS 路径控制层)。当 MPLS 转发数据包时,它在路由层之下;当 MPLS 生成交换路径时,它在路由层之上。但由于网络拓扑结构的无序性,不可能用新的基于包交换的网络层来替代原有的基于路由的网络层。这种在路由协议的上下各架设一层的奇怪做法,不仅不能克服路由协议造成的任何缺陷(因为它还在),反而增加了通信子网的复杂性。关于 MPLS的局限性,将在下文详细分析。

对只有三层协议的通信子网而言,物理层和数据链路层都是局部的,即使是非广播多重访问(NBMA)链路(如 FR、ATM、X.25 等),从 IP 网络层看,它们都是一条可以连接两个或两个以上设备的点对点或多点链路,其行为也是局部的。但服务于端到端连接的网络层协议,因为两个通信端设备可能穿越整个互联网的最大跨度,因而是全局性的。在设计全局性的路由协议时,是针对无结构网络拓扑的,因而即使实际网络中确实存在某种结构,它也无法利用。这就在拓扑结构和路由协议之间形成了一个悖论:由于网络拓扑结构的任意性,网络层协议必须具有全局性;由于网络层协议的全局性,即使实际的网络有某种结构特性也无法得到利用。要摆脱这个死循环,只能两者同时作改变。如果再考虑地址结构的无序性,就会发现,拓扑结构无序、地址结构无序和网络层协议无序三者是互相关联的,三者是同生死共存亡的关系。这就是以往只能修补不能革命的原因所在。

## 1.2　不确定的网络行为

互联网行为的不确定性和不可预测性,是在各种其他网络(如电话网络、交通网络、物流网络)中从未遇到过的。为此不少研究人员提出了网络行为学,探索互联网的行为特征,但到目前为止,没有任何可用于控制或改善互联网行为的实际成果。这也是科学家们对互联网前景不乐观的原因之一。互联网行为的不确定性,主要表现在三个方面:路径不确定,流量不确定,延迟不确定。

### 1.2.1　通信路径不确定

通信路径的不确定性,是当前互联网的一个痼疾。

每个网络设备中查询了庞大的路由表后,只知道应该从自己的哪个端口输出,并不真正知道整个路径,因为数据包到了下一站后会怎么走,完全取决于下一站的状态和行为。确定一条通信路径本应是端到端的全局行为,却被每个网络设备的局部行为所左右。

由于路由的作用,一对端点之间的通信路径是不确定的,随着网络条件的变化,不同瞬间可能走不同的路径。而网络条件的变化是动态的、频繁的。例如,某些链路的瞬时拥挤、某些设备或通信线路的故障、某些网络管理员对网络配置和策略的改变、管理员的不恰当配置或误操作等,都可能使很多通信流改变路径。这种路径的动态改变,在何时发生、在哪里发生以及改为哪条新路,都是无法预测的。而路由的全局性特征,使局部事件全局化(后文将进一步讨论),问题就变得更为严重。

通信路径的不确定性还表现为业务流不必要的绕道。例如,一个中国 ISP 的北京用户与另一个中国 ISP 的广州用户之间的通信流绕道美国,当网络研究人员发现后询问相关的网络管理人员时,网络管理人员并不知道。对这样的通信流怎么提供 QoS 保证?怎么在网管平台上监控?怎么计费?都做不到了!

通信路径不确定的另一个表现是网络管理人员对通信路径的干预能力差。我们看一下中国科技网(CSTNet)中的两个例子。一个是中国科学院高能物理研究所(IHEP)的例子。高能所是我国最早租用专线并与国外开通 DECnet 连接(后改为 TCP/IP 连接)的单位。由于科研业务的关系,专线连到美国的同步线性加速器中心(SLAC)。当 CSTNet 网络中心与高能所开通了光缆并拥有多条 155Mbps 国际信道与美国连接时,高能所原先与 SLAC 之间的 128Kbps 信道无论是性能还是价格,都没有继续存在的必要了。撤销原先的线路,改走 CSTNet 的宽带信道,却遇到了意想不到的问题:一个数据包发往 SLAC,返回的应答包要经历 4～5 秒的延迟。网络管理人员无法确定哪里出了问题,经过近三个月的努力,在美国、日本和中国三方相关网管人员的共同配合下,终于发现,由于 IHEP、SLAC 和日本高能所(KEK)之间有紧密的科学数据通信关系,其通信流量被优先配置到 STARTAP、TransPAC、APAN 等学术网络上。撤销原来 IHEP 与 SLAC 之间的直连信道后,IHEP 在北京发出的包经 CSTNet 直接去了美国,但并不能直接到达 SLAC,经过多次转发,增加了一些延迟。更为严重的是,返回的包并不从原先的出口回来,而是在日本与美国之间多次振荡后,经日本的 APAN 回到清华大学,再经光缆回到 CSTNet,最后到达高能所。其中日本与清华大学之间的一条 10Mbps 信道是中国网通免费赠送给 CERNET 和 CSTNet 共同用于学术应用的,连接了日本的 APAN 节点,该信道上的通信量已经饱和,延迟达秒级。在美国和日本改了配置后,高能所的通信正常了。可见不仅网络管理人员对通信的管理和干预能力很差,而且管理也变成某种程度上的全局化了。

另一个例子发生在中美俄等十多个国家和地区参与的 GLORIAD 网络中。该网络是环北半球的高性能科研网络,骨干环路包括北京—香港—西雅图—加拿大—芝加哥—阿姆斯特丹—莫斯科—哈巴罗夫斯克—北京,其中由 CSTNet 在香港特别行政区建立的香港开放交换节点(HKOEP),还连接了日本、韩国、中国台北、香港等学术研究网络。日本方面原先去俄罗斯的通信是跨太平洋、穿越美国和加拿大、跨大西洋、经西欧到达莫斯科的,有了日本到香港的 GLORIAD 连接,想改走香港、北京、哈巴罗夫斯克到达莫斯科。为了改走这条路径,各相关国家的网络管理人员花了一年多的时间才做到。再次表现出网络管理人员对通信路径的干预、控制能力是何等的低下。

通信路径的不确定是网络行为不确定的主要原因,它造成通信不合理地借道、走远道、造成其他链路(例如被借道链路)上的流量不可预测以及端到端通信的跳数和延迟增大等一系列问题。

## 1.2.2　通信流量不确定

任何一个大型系统的建设,总是先做需求分析,然后进行设计,最后才是实施。互联网却例外,它只有实施和改进两个步骤。不是没有去做需求分析和设计,而是做了也等于没有做。不经过需求分析和设计所建设的系统,当然只能是个糟糕的系统。

不做需求分析,并不是设计者们不想去做,而是不知道怎么做。早期的大量文章和书中广泛地研究了怎么利用通信量矩阵(traffic array)来设计网络的拓扑结构,怎样在成本最低、一定的吞吐量和允许的延迟时间等约束条件下为每一条链路分配信道带宽,并以随机过程、排队论等数学工具分析网络的吞吐量和延迟时间。可以说研究获得了丰硕的成果。但是,设计人员对网络将被哪些人使用、怎么用等问题,都是不清楚的。正如早先某些在计算机领域中有影响的人曾预测“全世界只要 5 台计算机就够用了”,“看不出家庭要安装计算机的理由”或“640KB 内存可以满足任何人的需要”等情形一样,技术进步和信息社会发展的速度完全超出了人们的预料。互联网的设计者没有料到互联网的规模会发展成现在这个样子,没有料到互联网能进入商业,没有料到互联网会成为人们日常工作、学习和生活不可缺少的一部分,更没有料到互联网会被广泛地用于话音和视频通信。这使得设计人员根本无法获得符合实际情况的通信量矩阵,无法确定网络中到底有多少通信流量。32 比特长度的地址空间拥有 43 亿个 IP 地址,对发展了十多年仍只有数十台计算机连网的早期互联网来说,是个天文数字。现在居然不够用了,不得不向 IPv6 转换。早期设计理念的局限性,岂止 IP 地址空间一个故事!

另一个造成通信流量不确定的原因是前面讨论过的路径不确定造成的。网络中动态的、无法预测的借道使信道上出现意料之外的流量。一条链路可能被大量的、事先无法完全预测的通信流"借道"使用,这就带来两个不良后果:一是无法为一条链路作哪怕是粗略的带宽设计;二是网络中各链路的利用率严重不平衡。有研究指出,对目前互联网中抽样选定的一批端到端的路径进行测量,发现这些路径平均跳数为19.1跳(小世界理论指出,平均应该是6跳[7]);说明数据包在网络中不必绕道行走。这与通常人们认为的任意连接的网络拓扑结构有利于缩短路径长度的想法背道而驰。

通信量的突发性是包交换系统中不可避免的现象,这种突发出现的时间、出现的地点、突发的强度、突发持续的时间等都无法得到确切的预测、控制和管理,也就成为通信流量不确定的另一个原因。

在通信流量不可预测的情况下,网络设计人员不能为信道分配恰当的容量,只能先实施,然后在运行中改进:网络管理人员发现信道忙碌时,就进行信道容量的升级。为了避免过分频繁地做信道升级(升级信道有时间、人力和费用等多方面的开销),一个经验性的做法是,冒估需求,把信道容量尽量往大里做。这样做的结果,一方面网络中仍有大量拥挤的路段,另一方面却有大量信道利用率很低。人们提出了流量工程的概念,想依靠流量工程技术来平衡网内的负载。事实上,在这种行为无法预测的巨系统中,流量工程中采取的措施并没有显著的效果,反而可能带来更多的危害。除了前面提到的MPLS外,流量工程也是修修补补的一个典型例子,它们的共同特点是,没有解决原先的问题,反而增加了复杂性。

## 1.2.3  通信延迟不确定

网络行为的不确定性,还体现在网络延迟的不确定性,但与路径和流量的不确定性不同,延迟的不确定性是用户可以感受到的,而路径和流量的不确定性只有网管人员感受到,对用户是隐藏的。

在传统的电话网络(PSTN)中,通信的延迟主要是受光、电信号在介质中传播的时间所决定的。对确定的一对终端设备(如电话机、手机、传真机等)的通信,其延迟时间大体上是确定的,与终端之间的物理距离成正比。但在互联网中,除了传播延迟外,还增加了很多影响延迟时间的额外因素。这些因素的作用是单向的,即只会使延迟时间增加。在不同的网络状态下,这些额外因素的作用是变动的,这就造成了网络延迟的不确定性。

影响延迟的额外因素主要有队列延迟、绕道延迟、路由振荡延迟、丢包重传延迟等。

与PSTN不同,包交换中各通信流以包为单位复用到同一信道上,共享信道。当一台路由器的多个输入端口上进入的数据包要从同一个输出端口送出去时,如果进入的数据包的总带宽需求大于输出链路的带宽时,就要在路由器的某个地方(为简单起见,假设在出口处)设立缓冲区,暂时保存这些包,以免丢失。当队列很长时,就产生了队列延迟。根据排队论的知识,如果平均到达包的带宽需求接近输出端口的发送速率,每个包可能经历很长的队列等待时间(以最简单的M/M/1队列为例,延迟时间$T=1/($平均服务率$-$平均到达率$)$)。虽然队列延迟难以避免,但盲目的资源配置会使问题变得更为严重。

绕道会使数据包经历更长的物理距离,直接造成传播延迟的增加。例如,一个数据包从北京直接去上海,与绕道西安、广州后去上海,传播延迟会增加好几倍。BGP路由更新时,收敛时间很长,通常达到分钟甚至更长的时间。在收敛的过程中,各地的路径信息数据库可能不一致,使得数据包绕道的事件十分频繁。有些数据包因震荡和回路,在有限的跳数内到不了目的地而被丢弃,高层协议对这些丢弃包的重传,增加的延迟时间至少是一个往返传播延迟(round trip time,RTT)。

因资源配置不合理造成的缓冲溢出,也会丢弃数据包,带来重传延迟。

网络延迟的不确定性,是实时应用无法获得传输质量保证的原因之一。

## 1.3　局部故障全局化

互联网另一个致命的缺陷是局部故障全局化。出现于复杂巨系统中的混沌特性本来是自然界特有的,不幸也落到了人造的互联网身上。例如,对全球气候系统,有人说过,亚马逊丛林中一只蝴蝶扇动翅膀,可能引起得克萨斯州一场风暴。目前的互联网网络层路由协议,就有这种局部事件全局化的特性。

互联网的路由信息是依靠全体网络通信设备交换每个节点对外的连通信息后计算出来的,是一种动态的、分布式的算法。因而,网络中任意一台设备发现的任意一点局部变动,都要向全网设备通报,以便各设备重新计算其路由信息。当网络变成一个巨系统后,这种全局化的通报有两个重大缺点:开销大;收敛慢。

互联网的网间通信以自治系统为基础,执行 BGP 协议[8]。基于巨大的网络规模,BGP协议在全网核心路由器之间频繁传递路径更新信息,并且每个节点都用泛洪的方式向所有邻居通报,占用了信道和节点处理能力的开销。每个节点要保持三个数据表:从邻居收到的前缀与路径信息表(Adj-RIB-IN),用于本地转发决策的前缀与路径信息表(Loc-RIB)以及用于向邻居宣布的前缀与路径信息表(Adj-RIB-OUT)。由于表项数目庞大,实际上是三个数据库(routing information base,RIB)。第一张表的信息来自所有邻居,大部分是冗余的信息,节点对其进行计算,为每个地址前缀选择一个自认为"最好的"路径。后两张表中保留的就是"最好的"路径,分别用于本地数据包的转发和继续向邻居通报。当一个通报信息到来时,例如宣布了一个地址前缀已被撤销,Adj-RIB-IN 表就变了,这时要与 Loc-RIB 中的所有表项进行比较,如果找到了,就要对所有邻居进来的通报再次进行计算,以便获得新的"最好的"路径,并以此修改后面的两张表。根据 APNIC 首席专家 Geoff Huston 的研究,路径更新的通报是越来越频繁了,他对 2005 年跟踪研究的结果显示,虽然互联网规模的基数已经很大,但它的地址前缀数量仍然以很大的百分比增加,从 2005 年初的 14.8 万个上升到年底的 17.54 万个,增加了 18.5%。按照他的推断,2008 年底将达到 27.5 万个,2010 年底达 37 万个。实际运行的 AS 系统数量,从 2005 年初的 1.86 万个上升到年底的 2.13 万个,增加了 14.5%。每天路径更新通报的次数从 2005 年初的 26 万次上升到年底的 55 万次,增加了 111.5%。按照他的推断,2008 年底将达到每天更新 170 万次,2010 年达 280 万次。2005年中更新最频繁的日子里达到每天 100 万次全网的通报。每天更新(update)的地址前缀数量,从 2005 年初的 57 万个增加到年底的 85 万个,增加了 49%。而每天撤销(withdrawal)的地址前缀数量,从 2005 年初的 16 万个增加到年底的 34 万个,增加了 112.5%。这样数量庞大的路径更新和撤销的数量以及快速增长的路由表项数量,对核心路由器的要求与日俱增。如果 ISP 对此没有足够的认识,原有的核心路由器将不能胜任:当缓存不足以放下所有的更新表项或来不及处理最好路径的计算,整个路由系统就会出现瘫痪。为了让路由器有 3～5 年的胜任能力,ISP 对路由器的采购必须提出越来越高的要求,路由器生产商也不得不水涨船高地增加核心路由器的存储和处理能力,使路由器越来越复杂、昂贵。

局部故障全局化的另一个缺点是随着网络规模的增大,路由收敛的速度会越来越慢。有研究指出,向核心节点 MAY-WEST 注入一个路径更新事件,向全网通报的过程(也可以称为"过渡过程")平均持续约 3min,最慢的地方长达 15min。在过渡过程中,由于各核心路由器中的信息是不一致的,转发数据包的路径就会有大量的回路,造成数据包的延迟增大、网络资源的无谓开销,甚至数据包因超过跳数极限而被丢弃。实验中监测了美国、日本、加拿大等国的 100 个 Web 网站,发现因此更新事件造成的数据包丢包率在 3min 的过渡过程中平均达到 17%。

如果全网没有事件发生,就没有全局性的通报和处理,BGP 协议就会很安静,只要在邻居之间保持联络就可以了。保持联络的 keep-alive 信息包,默认地每 30s 发送一次,不会对网络资源造成负担。不幸的是,网络规模大了,事件层出不穷:信道的失效与恢复、信道的时断时通或受强烈的干扰、设备端口的故障与恢复、网络管理员对路由策略的改变、网络管理员的误操作或不当配置等,都是事件源。虽然事件的数量可能与网络规模大体上是线性增长的,但通报的转发数量和对每个通报处理的复杂性,却远远超过线性的增长。人们有理由担心,有局部事件全局化特性的互联网能否在网络规模、网络应用强度不断增大的情况下具有可持续发展的能力(参见 RFC4984)。

## 1.4  无法实现的 QoS

要像传统的 PSTN 那样为用户保证通信的质量,用户才会真正满意并愿意支付通信费用。而目前的互联网恰恰没有能力做到服务质量(quality of service,QoS)保证。互联网缺少 QoS 保证,非不为也,是不能也! 有关 QoS 的研究工作已经进行了近 20 年,发表的论文数以万计,发布的 RFC 也不少,提出的方法五花八门,厂家也都说自己的路由器支持 QoS。但到目前为止,做的都是无用功,没有真正的 QoS 问世。有人直言,所有为 QoS 而作的努力都失败了。

难以做到 QoS 保证,有人想到能否像电话网那样以充足的资源满足所有用户的需要,就不必要求 QoS 控制了。可惜这种"资源充足论"并不可行。在 PSTN 中,由于其应用是话音(传真等其他应用也被规范到话音信道上),每个话路占用的带宽不超过 64Kbps,相对于当今互联网的应用,这个带宽是微不足道的;另外,PSTN 的使用者是人,全世界的人数是有限的,除去小孩不用、睡觉吃饭看电视娱乐等大部分时间里都不用等因素外,全球总的话音带宽需求也不足当前互联网带宽能力的 1%～2%。而互联网的应用范围极其广泛,可以这样说:人们还想不出什么样的涉及比特流动的应用不需要互联网。只是互联网没有能力支持这些应用而已。对网络资源的需求是没有穷尽的。当我们为提供 10Gbps、40Gbps 甚至 160Gbps 线速而沾沾自喜的时候,一路非压缩 HDTV 信号占用的带宽高达 1.2～1.6Gbps。人们永远无法做到资源大于需求、不加任何控制也能满足所有用户 QoS 要求的境界。因而 QoS 控制是无法回避的。

视频和话音等实时应用,要求 Internet 提供大的通信容量和严格的质量控制能力。尽管光纤的传输速率已经达到 Tbps 的数量级,但是现有的 Internet 网络远不能普遍地满足实时地支持视频、话音和数据通信的要求。问题出在两个方面:一是目前的路由和交换设备做不到 Tbps 的线速交换速度,成了整个网络的瓶颈,比光纤的能力差两个数量级以上;二是即使解决了路由/交换的速度问题,目前的网络结构和协议体系,也不能适应保证传输质量的要求。前一个限制不是要害的,因为线速的高低只应该影响支持实时通信的数量,而不应该影响实时通信的质量。问题的关键在于网络的结构和协议体系。

要实现 QoS 保证,必须在三个环节上加以控制,即资源管理、准入控制和合理调度。资源管理是显而易见的要求,是为应用分配带宽资源的基础。准入控制是保证有限的资源为有限的通信流服务。资源管理和准入控制是不可分割的两个环节,缺一不可。虽然互联网采用的是包交换技术,不能像电话网的电路交换那样为每一个通信流分配专用带宽,但资源管理和准入控制起了申请和分配资源的信令作用,可以称为 QoS 信令。资源预留协议和准入控制协议保证了已被获准的通信流拥有足够的资源满足通信质量的要求,但互联网同时被用来传送非实时的因而对服务质量没有严格要求的信息如 Web 网页的访问、E-mail、文件传输等,为防止这些信息与实时通信流争用带宽,在输出链路上对各种不同优先级的数据包进行合理的调度也是不可缺少的。

当前各厂商宣称他们的设备支持 QoS 控制,其实只实现了合理调度一个环节。这不是真正的 QoS 控制。当不加控制的高优先级的数据流随意进入网络并超过网络资源的承受能力时,合理调度无能为力。要真正实现 QoS 保证,有多种前提条件。第一个条件是应当有固定的路径。资源的预留是针对路径进行的,为一个通信流分配资源,要保证该通信流一路走过的所有设备和信道都能保证资源要求。如果一个通信流沿途预留了资源,而在通信过程中又不得不改变路径,需要在新的路径上重新申请并预留资源,这件事本身就失去了服务质量保证的能力:一方面,重新申请资源会有较大的延迟,这期间的实时流数据包无法及时准确地到达目的地;另一方面,在一条新路径上重新申请资源,有可能因为资源不足而被拒绝,已经进行了的通信就无法继续了。有人认为利用 MPLS 可以做到路径的相对固定,即使路由表的改变使原先的 LSP(label switching path)不再正确了,如果失效的部件不在该 LSP 路径上,可以沿着原 LSP 继续完成正在进行的通信。关于 MPLS 是否能解决路由带来的困扰,我们在下文再作进一步研究。但这里又引入了一个 LSP 上没有失效的新假设。事实上,QoS 的主要目的就是在有失效的情况下也要保证通信质量,这个新假设是没有存在理由的。何况,一个失效部件(例如一条核心信道)往往涉及大量的 LSP,当这些相关 LSP 的通信流受影响时,人们不可能满意整个互联网的服务质量。第二个条件是信道故障的自愈必须能在实时通信质量要求的范围内完成,例如,话音和视频的瞬间中断不应超过200ms。目前的互联网中,除依靠下层 SDH 提供自愈外,其他信道上的故障要依靠端到端的重传,延迟可能达到秒级,根本不能满足实时通信质量的要求。

## 1.5　网络随时面临瘫痪的威胁

互联网的安全是至关重要的。安全问题包括两个方面:信息安全和网络安全。信息安全主要表现为用户个人计算机、服务器、数据库、网站等遭受可能的攻击、文件的丢失和破坏、病毒的传播和扩散以及通信内容的泄露等。信息安全涉及资源子网中的加密、认证等技术，超出了本书的讨论范围。但如果网络基础设施能定位网络作案人员，则可以极大地打击网络犯罪，遏制作案数量，这是通信子网对资源子网的一种不可推卸的责任。网络安全涉及通信子网，主要包括对路由器、交换机、域名解析系统等基础通信设施的攻击和病毒注入，使网络瘫痪，是本节要讨论的问题。

域名解析系统由根域名服务器、顶级域名服务器、二级及以下域名服务器等组成。二级及以下的域名服务器的管辖范围较小，即使遭攻击而致瘫痪，影响也是局部的。但根和顶级域名服务器遭到攻击，其影响面广，是不允许瘫痪的。好在这些设施是数量有限的，而且是可以让多台设备并发工作的，很容易配备多套并发设备来抵御 DDOS 等攻击。DNSSEC 的部署，可以防止非法访问和各种攻击。目前已经对这些设施采取了必要的措施，例如，可以利用 anycast 技术大量部署服务器副本或镜像，提供极强的可用性。但对数量庞大且分散在世界各地的核心路由器，无法采用副本或镜像技术来抵御各种攻击。

对核心路由器的攻击主要有两种，一种是 DDOS 攻击，另一种是引入病毒。后面要介绍的宣布大量虚假 BGP 更新和撤销，让路由器忙不过来，也是一种 DDOS 攻击。

由于体系设计上的先天不足，网络设备与用户设备处在同一个地址空间，用户可以发起与路由器的通信。如果某个不良用户利用一批个人计算机连续向某核心路由器的各接口发送信息（例如 PING），即使该核心路由器关闭了 PING 的端口，PING 的包到达接口时，路由器并不知道这是恶意的攻击包，照样接收、存储、处理，等发现是 PING 的包而丢弃时，已经占用了路由器中大量的存储和处理资源，造成路由器无法为正常数据包服务，对外呈现瘫痪状态。即使不是恶意用户，大量网络实验人员和做网络行为研究的学生，经常对核心网络作长时间的主动性测试，客观上增加了核心路由器的负担，影响了网络的正常工作。

由于网络协议的不合理性，往往需要路由器收下某些数据包并加以处理，例如，逐跳传输、源路由、IPv4 选项处理、IPv6 扩展报头处理等，都为不良用户向核心路由器注入病毒提供了后门。有些主动网络技术的研究思路，想把执行特殊功能的代码段迁移到路由器中，也可能引入安全隐患。

为什么 PSTN 中不存在网络安全问题？因为在电话网络中，程控交换机等网络设备与用户地址空间（由电话号码构成）是分离的，用户无法利用自己的 PSTN 终端设备与网络设备通信。用户信息只是被交换并穿越网络而不被网络设备接收、存储、分析和处理。通信过程中，信令处理与用户数据处理是决然分开的。但在互联网中，每个路由器接口都分配了 IP 地址，与用户计算机的 IP 地址没有区别，为用户设备与网络设备之间直接通信提供了条件。而这种任何人可以和任何设备进行任何强度直接通信的设计是很危险的。对 IP 报头的分析、处理甚至修改，模糊了信令处理和用户数据处理的界线，精心设计的恶意数据包可以利用协议漏洞和实现上的不严密性使路由器的处理行为发生异常或处理结果不可预测。

这种让用户设备地址空间与网络设备地址空间混在一起的 IP 地址空间设计，不仅提供了对网络设备直接攻击的可能性，还为伪造源地址留了漏洞。不能对作案者进行准确的定位，是目前网络中出现肆无忌惮地作案的根本原因。这是体系结构的问题，如果不在体系结构上加以解决，而在现有的 BGP 等协议中增加对每个数据包中源地址的登记注册和认证等手段，将进一步增加全局性路由协议的负担。

## 1.6  网络设备低效复杂昂贵

路由器是互联网最基础、最核心的设备,它把自治域内部和自治域之间的网络互联起来,构成了一个没有任何结构规则、规模越来越庞大的复杂巨系统。正因为网络没有任何拓扑结构规则,路由器无法用简单的方法实现对数据包的转发,而必须依靠相互交换自己与邻居的连接信息和链路状态信息,计算出自己去往全网任何一个地方应走的路。收集路径信息的过程是分布式的,对任何一个巨系统,分布式系统的特征就是效率低,数据容易产生不一致性,过渡过程长等。正如收集路由信息一样,转发数据包时,也不存在某种确定的规则来保证一条确定的路径,每个路由器仅根据自己的局部判断,把数据包向自己认为是最合适的端口转发出去。由于网络状态是动态变化的,当一个路由器自认为选了一个最合适的端口发送出去后,下一站或下几站路由器不一定认为早先转发该数据包的路由器选了最合适的端口,这就造成数据包在网络中无谓地徘徊、绕道、沿某个回路兜圈子,直到网络状态趋于稳定、各相关路由器的状态信息达到了必要的一致性(也称路由收敛),数据包才被正确地送达目的地。

面对无规则的网络体系结构,路由器成了网络中的一个瓶颈。问题主要表现在速度慢、网络开销大、设备复杂、价格昂贵等方面。

### 1.6.1  速度瓶颈

路由器速度慢的根本原因在于查询庞大的路由表和对数据包过多的处理。当前骨干网络中的路由器,路由表中的地址前缀已经达到 23 万个左右,无论一个网号(或子网号)代表的网络规模是大还是小,都要在路由表中占一个表项。路由表要记录全世界的网络地址,占数十兆字节的内存。过大的路由表会带来两个不好的后果,一是受内存容量的限制,新的路由表项进来时,内存已经满了,只能将一些没有汇聚的小网络地址丢弃(例如一个或多个 C 类地址,或小于/21 的聚类地址),保留大的网络地址(例如/20 及以上的地址段)。这样,这些小网络上的用户在某些繁忙的时刻,通信质量很差,甚至不能通信。路由表过大的另一个缺点是路由表的整理速度和查询速度慢。为了便于查询,当收到路径更新信息后,通常要修改路由表,增删表项的同时要维持路由表项的某种排序规则,这就是路由表的整理工作。当表很大并且更新频繁时,整理路由表及其衍生出来的交换表,给路由器带来了不可忽视的处理负担。在转发数据包时,要查询路由表。虽然研究了大量的路由表查询算法,但当路由表很庞大时,各种算法都是十分费时费事的。使用 CIDR(无类别域间路由)技术,可以提高 IP 地址的利用率,缓解 IP 地址短缺的严重程度,但对路由表的查询带来了新的挑战:要求最大长度匹配。在一个庞大的路由表上做复杂的匹配查找,查找速度是很慢的。前面已经提到,如果未来 3～5 年继续按目前路由表的增长趋势发展,则路由表项将从 2007 年底的 23 万项增长到 2010 年底的 37 万项。对这样庞大规模表格的维护整理速度和查询速度,都是极大的挑战。一方面,表的规模越来越大;另一方面,对路由器越来越高的吞吐能力要求,使得单位时间内的查表次数越来越多。这两个因素的联合作用,不仅使得路由器越来越复杂,而且在通信速度上越来越成为瓶颈。

另外,路由器对报头的修改(例如每经过一跳,TTL 值减 1,就必须重新计算校验和)、处理选项、处理扩展报头甚至处理高层协议内容等,都增加了路由器的负担。

早在 1998 年,市场上已经出现容量达到 5.6Tbps 甚至 6.4Tbps 的路由/交换设备。这个交换能力确实惊人,因为当时中国所有电话程控交换机的容量总和,也不及两台这样的设备大。但这样的设备只说明人们有能力从设备结构上做到了设备规模的可扩展性,把同等速度的众多电路拼装成一个巨型设备,从对每个 IP 报文的处理速度来看,与背板速率为数十吉比特/秒的路由/交换设备没有区别,端口速率也不过是 2.5Gbps,而且当时还做不到 2.5Gbps 的线速处理速度。与当时已经达到的一对光纤的 2.5Tbps 容量相比,有三个数量级的差别。路由/交换设备的相对低速,造成的影响有:减少了设备能处理的用户数量,增加了端到端的传输延迟,增加了队列的长度以及队列溢出引起的丢包数量,增加了端到端传输延迟的抖动度。所有这些缺陷,都不利于承载高速实时多媒体业务。

为了减少路由表的查询次数,路由器厂商千方百计地设法增加硬件和增加对路由表的预处理。例如,Cisco 用交换表来减少对路由表的查询。交换表是直接从路由表经预处理后生成的,一旦生成了交换表,为每个数据包转发时,可以只查交换表。由于交换表的查询可以避免复杂的最长地址匹配等路由表查找算法,速度要快得多。但交换表的引入,又带来了很大的开销。

图 1.1 是 Cisco 为加速转发查询速度而设计的一种 IP 交换表的示意性例子。在这个图中,按照 IPv4 地址的四个字段分级查询,一直到达末端节点。在末端节点中保存了输出端口号、由 ARP 协议获得的 MAC 地址等各种信息。由于每级只有 256 个值,查询速度很快。但末端节点的数量与整个 IPv4 的地址空间一样大,约 43 亿个。假设每个末端节点中存放 50B 的参数,仅末端节点的数量占用的内存空间就有

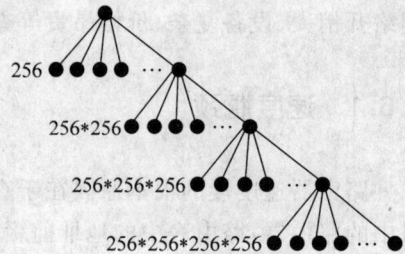

图 1.1  交换表例子

215GB。对路由器来说,这样的空间是不可承受的。如果对 IPv6 使用这种方法,全世界所有计算机的内存空间放在一起,也只能解决一个极小的零头。为了实用,只能把交换表中不用的部分省去,并且用最小子网作为末端节点。但这样处理后的交换表没有图 1.1 那样整齐简单了。不规整的交换表加上子网号大小的不同,在增加或删除子网号时,就有很大的处理量、表项的大量移动或指针的大量改变等开销。频繁的路径信息更新,不仅要修改路由表,还要修改从路由表衍生出来的交换表。把原来的速度瓶颈从路由表的直接查询转移到更新交换表的存储和处理开销上去了。并没有完美的方法来解决问题。

## 1.6.2  资源开销量指数增长

网络协议对网络资源的开销也是网络低效率的一个重要原因。网络开销是由 BGP 路由协议造成的,主要表现在 BGP 协议本身的直接开销和路径信息的不一致性造成的间接开销。

如前所述,BGP 的更新频度在 2005 年增长了 112%,达到平均每天 55 万次,峰值每天

100 万次。如果把统计粒度细化到秒,Jeoff Huston 认为峰值可以达到日平均量的 1000 倍,以每天 100 万次更新为例,平均每秒 11.574 次,它的 1000 倍就是 11 574 次。路由器转发路径信息时,用的是泛洪方式。随着网络连接性(节点的度)的不断增大,泛洪的开销也越来越大。峰值时刻每秒存储并处理 1 万多次 BGP 路径更新,对任何一个路由器都是个极大的负担。

除了处理 BGP 更新信息的直接开销外,BGP 协议还带来间接开销。间接开销指数据包在网络中沿某个回路兜圈子或来回振荡,无谓地浪费网络资源,增加网络负担。有人可能争辩,BGP 传递的可达性信息中包含了到达某个或某些目的地网络地址前缀的路径,该路径是用所经过的 AS 号序列来表示的,如果在路径中出现回路或振荡,就会在 AS 号序列中重复出现某个或某些 AS 号,很容易被 BGP 协议发现并把它丢弃,最终被 BGP 选中的路径是不会有回路的。但是,这种情况只有当 BGP 稳定(收敛)后才能出现。从一个网络事件出现到全网都收到并处理完与该事件相关的工作,这段时间就是 BGP 收敛时间,收敛的过程称为过渡过程。在过渡过程中,全网各 BGP 路由器获得的信息是不一致的,由此造成的回路或振荡,BGP 协议自身既不知道也无法加以控制。随着网络规模的不断变大,一次更新信息的传播和收敛时间也会不断变大,达到收敛之前,各地核心路由器中路径状态信息是不一致的。例如,一条链路失效了,远处的路由器不能马上知道,继续朝这条链路的方向投送数据包,等这些数据包到达失效链路附近的路由器时,由于它是知道链路失效的,就又把数据包往别处送甚至往回送,造成数据包在某些路段上兜圈子或来回振荡,浪费信道资源,增加通信延迟。数据包在网络里兜圈子或来回振荡,用户仅感到网络慢或视频质量差,但对网络而言,占用了大量的信道和路由器设备资源。这种间接开销比直接开销更为严重。网络规模越大,路径更新就越频繁。而网络规模和路径更新的频繁程度两者又同时影响路径信息的不一致性。前者使得每次更新的收敛时间变长,后者使得更新的频度增大。这就是说,产生数据包在网络里兜圈子或来回振荡的严重程度与网络规模成指数的快速增长。

如果网络规模和应用能稳定在目前的水平,网络开销还是可以忍受的,但从近年来 IP 地址和 AS 号分配的趋势看,虽然网络规模的基数已经很大,其增长的速度却始终没有减弱。随着各单位业务对网络的依赖程度不断增强,越来越多的用户单位网络启用冗余的连接,使得网络的连接越来越丰富,BGP 协议对信道和路由器资源的开销量将急速增加。

## 1.6.3　设备复杂价格昂贵

为了提高路由器的速度,除了使用最先进的集成电路技术外,对路由器的体系结构做了精心的设计:越来越多的功能放到接口卡上实现,以减轻中央 CPU 的负担;发明快速路由表查询算法;将路由解析过程分步实施,达到流水作业的效果;利用快速交换引擎或高速共享存储结构提高中央交换处理速度;将路由表的生成与路由表的使用相分离;增设交换表;使用内容相关存储器(CAM),用硬件实现查表,等等。这样做虽然能有限地提高路由器的性能,但大大增加了设备的复杂性,增加了设备的价格和耗电量。

按前面提到的路由表和 BGP 更新的增长速度发展下去,3~5 年以后,一些老的核心路由器就会无法胜任。如果能力不足的核心路由器无法在存储和处理速度上满足 BGP 路径更新信息的处理要求,整个网络的性能就会下降。新生产的核心路由器必须不断增强存储和处理能力。在路由器中利用并行多处理机来对付日益增长的处理要求和日益复杂的协议软件,是一条不得不走的路,但这样走下去,路由器将变成并行处理的超级计算机!事实上,前面提到的 1998 年展示的 5.6Tbps 或 6.4Tbps 路由器,由十多个大机柜组成,外表上与当时的大规模并行超级计算机没有差别。

且不说未来几年的增长,单就目前的核心路由器负担,就使得路由器的指令达到 800～1000 万条,而 PSTN 的大型程控交换机只有 300 万条指令。路由器要缓冲数据包、处理报文头、最长地址前缀匹配、产生 ICMP 错误报文、处理 IP 报头选项、处理扩展报头、处理过滤策略和实施包过滤,等等,而 PSTN 只有时槽的映射。路由器的硬件十分复杂,一个 OC192 的 POS 线卡,至少包含 3000 万个 ASIC 门电路,多片 TCAM,至少一个 CPU,300MB 的缓冲,2MB 的转发表,10MB 的状态寄存器。而一个程控交换机线卡,只有 750 万个逻辑门,没有 CPU,没有包缓冲,没有转发表,有一个片上状态存储器,一个 SONET 帧处理器(用于帧的装拆),一个时槽映射芯片。[16]路由器设备复杂使得路由器比程控交换机更容易出错,出错后的重启时间也更长。

路由器设备复杂使路由器价格十分昂贵。中国科技网的一次核心路由器设备招标中,一个端口并不很齐全的路由器,某国外产品的投标价为 570 万元。目前的高速接口卡价格极其昂贵,一个 10Gbps POS 接口卡的报价达数万美元。在很多互联网交换中心,网络设计人员千方百计减少大型路由器的使用,而以成本低得多的以太网交换机代之,就是价格的原因。遗憾的是,目前的网络体系结构,大量使用核心路由器是不可避免的。核心路由器的价格并不遵循摩尔定律或别的什么定律,因为对它的要求越来越高,其趋势是越来越复杂,价格只能是越来越高。

路由器对运营商的运行成本也带来挑战。由于设备复杂,高速电路很多,而设备的耗电量与设备的电路数量和电路的开关速度两个因素的乘积相关。为了加快查表的速度,还使用了很多功耗极大的 TCAM 芯片。整个设备耗电量大,发热量就很大,还必须为降温风扇及其他机房冷却设施支付电费。有报告指出,ISP 的运行费用中,50% 是电费。这对网络运营商是一个很大的负担。

2006 年 10 月 IAB(Internet Architecture Board)在阿姆斯特丹召开的 Workshop 上,以及 2007 年 3 月的 IETF 会议上,专家们一致表达了对路由系统可扩展性的忧虑。各大路由器厂商对未来路由器的处理负担也十分忧虑。由于需要处理大量协议,而绝大多数协议又极其复杂,网络路径更新越来越频繁,必须让核心路由器具有超级计算机的并行处理能力,才有可能满足未来几年对路由器处理能力的要求。会上有人指出,一台配置齐全的路由器,耗电将达到一兆瓦,为其冷却的设备重达数十吨。这样的路由器无论是复杂性、价格、耗电以及可靠性,都是用户难以接受的。

# 1.7 网络可管理性差

网络的可管理性直接影响到网络的可持续发展,当前互联网的弊端之一体现在网络的可管理性差。

由于互联网行为的不确定性、通信路径的不确定性、网络拓扑结构的无规则性等,使得网络管理员对网络的管理能力很弱,经常出现错误的配置。有时不得不把运行网当作试验网,要多次试探、改变配置后才可能成功。前面提到的网络管理员花费很长的时间才能对某些路径加以干涉便是经常遇到的配置和管理困扰。

可管理性差的另一个表现就是网络管理过分复杂。对不同厂商的设备有不同的管理界面和管理特点;大量安全方面的管理和配置都要在各种路由设备中进行;很多管理涉及网络的高层协议。

对稍大一点的网络,管理人员很难利用简单、直观的屏幕显示看到完整的网络拓扑图和连接关系,一旦有了故障或需要改变网络结构和配置,往往要去查很多资料,花费大量的时间,影响了故障的处理速度。现有的商品网管软件,要想生成一张中等规模校园网的网络结构图,往往要花费数小时的时间,而且生成的图是很难直接使用的,图上的设备与分布在各建筑物中的实物,需要人工逐一核对并加以标识,才能使用。一旦网络结构有变化,就要重新做这些烦琐而费时间的事情。大部分大型网络的运营商,无法直接使用商用网管软件,不得不自己从头开发或二次开发网管软件。

前面提到的通信路径不确定和网络行为不确定,也是对网络可管理性的极大挑战。这样的例子在全世界都有,例如,2006 年 11 月在香港召开的 TEIN2 第 1 届技术委员会会议上,美国印第安纳大学的 Internet2 网络管理中心发表的演讲稿中有一句"Is Michigan in Korea?",说的是在美国密歇根州加入一条 BGP 地址前缀路径信息,监测的结果显示,这条前缀来自韩国。东南亚一些国家连到 TEIN2 在亚洲的 POP 点上,同时有去往日本等国的信道,发现往返的数据包走的路径很奇怪,并且很难进行人工干预。对这些异常的网络路径,单靠一国一地的网络管理员是无法解决的,要求所有相关的网络管理员共同协调才有可能解决。

与 PSTN 相比,互联网管理要求的网络管理人员人数更多、技术知识水平更高、跨国的协同管理更加频繁。即使这样,互联网的管理远远达不到 PSTN 的管理水平。

流量难以区分,网络难以实现有效、合理的计费,是网络管理的另一个挑战。有 ISP 报告,P2P 流量占用信道带宽的比例越来越高,白天有近一半的信道带宽被 P2P 的视频等应用所占,晚上高峰期内 P2P 的带宽占用率达到 90% 甚至更高。对这些 P2P 应用,ISP 没有可行的收费模式,试图在网络中遏制它。但一方面新的 P2P 应用不断出现,另一方面现有的 P2P 应用可以改变参数、改变端口、改变流量特征,使 ISP 采取的措施难以奏效。随着 P2P 应用量的不断扩大,由于无法利用 QoS 控制来管理信道和其他网络资源,ISP 不可能利用 SLA(服务等级协议)为愿意付费的客户提供带宽、延迟、延迟抖动和丢包率等方面的服务质量保证,因而正常的网络服务收费成了有争议的话题。收费问题解决不好,也会对互联网的可持续发展带来挑战。

反之,当 ISP 有能力保证 QoS 后,为签订协议的视频应用用户保证 QoS 并合理地收取费用,把 P2P 等没有签订协议因而收不到费的视频通信归为尽力而为服务(best effort service),ISP 的收费问题就容易解决了。

## 1.8　对网络缺陷的修补

为了让这个肩负着重大使命而又设计糟糕的互联网能继续工作,人们不断地对它的缺陷进行改进或修补。按理说,对一个成熟的系统,改进或增加新的网络服务功能应该是在资源子网中进行的，负责将数据包从源节点送达目的地节点的下层协议，目标清晰而且单纯，是不应当被频繁地改动的，但现实却不是这样，通信子网赖以生存的各种主要通信协议，几十年来，从来就没有稳定过，始终处在变动之中。目前已经有的四千多个 RFC 文档中，有很大一部分文档是对以前文档的修正、补充甚至替代。这些修补工作有很多是涉及通信子网的。涉及一个通信协议的相关 RFC 文档往往有十几个甚至几十个。经常关心计算机技术文献的读者可以看到，与 TCP、BGP、QoS、MPLS 等各种基础性通信协议相关的科技论文成千上万，并且每天都还在提出新的改进建议。更为可怕的是，大量新算法的计算复杂度与网络规模（例如节点数 $N$）成几何或指数增长关系。与 PSTN 网络相比，虽然互联网承担的责任更大，使用面更宽，但却更像是一个实验网。一个新的协议版本还没有在全网部署完成，新的改动又被提出来了。这种对通信子网的无休止的修补，正是互联网设计缺陷的一个反映。例如，我国网络研究人员提出的 IP 真实源地址方法，就要求修改所有核心路由器中的协议软件。本节示例性地对某些修补的效果作一些分析和讨论，目的是要说明：修补并不能解决问题，对互联网的革命性变动将在所难免。

### 1.8.1　标记交换

出于提高服务质量、减轻路由器负担以及改进网络性能等愿望，人们研究了对路由协议的多种改进技术，其中多协议标记交换（MPLS）被认为是最有成效的一种。标记交换的原理是对去同一目的地的数据包流，只对第一个包中的目的地 IP 地址进行路由表的查询，选择路由（即转发该包的端口），以便获得一条从源到目的地的路径，然后为此数据包流沿路径逐段分配标记，并逐段将标记插入 IP 报头之前。每个路由器建立一张以标记值为索引的标记交换表，将下一跳输出标记、数据包输出端口、服务质量要求等信息填入表中。一个数据包到达时，利用其携带的标记（称为输入标记）去查标记交换表，用查得的输出标记替换数据包中原有的输入标记，同时利用查得的输出端口，将替换过标记（这个动作称为标记替换，label swapping）的数据包转发出去。这样就避免了为每一个数据包单独查路由表的耗时的转发过程。

然而，在标记交换技术带来好处的同时，也带来了一系列的问题和不足。第一，由于各路由器中经过的数据流，可以来自/去往不同的方向，路径中一个上游路由器选择的标记号，在下一个路由器中可能已经被分配给了别的流，不能重复使用，这不仅要求标记号只能有局部的意义，还要求标记的分配要逆向进行。由于上游路由器分配的输出标记就是下游路由器的输入标记，作为索引去查表的动作是在下游路由器中利用输入标记进行的，因而上游路由器分配的输出标记必须获得下游路由器的同意，或者说，应由下游路由器逆向地分配。这种逆向分配方式远没有正向分配那样简单直观。第二，为了替一个数据流沿路分配标记，通常在执行标记交换之前，整条路径上的路由器都要合作建立标记与流的绑定，并沿路分配好标记，存入标记交换表中。在这个标记交换路径（label switching path，LSP）的建立过程中，标记的生成、分配、管理、标记与流或流等价类（FEC）之间绑定关系的生成、标记到端口的查询和映射，标记交换与其他协议的关系，等等，都有一系列工作要做，给路由器的 CPU 带来了额外的负担。第三，标记交换是在路由的基础上另加的一层（实际上是包围在路由层上下的两个子层），复杂的路由表生成过程、保存庞大的路由表及对路由表费时的查询工作并没有消除。第四,怎样有效地把各个独立的、时间上随机到达的 IP 报文认定为属于同一个流的还是非同一个流的? 并没有既快速又严格的方法。第五,即使认定了同一个流的 IP 报文,从第一个数据包开始交换还是从一定数量以后的数据包开始交换? 没有满意的做法。因为从路由信息到生成标记交换表,要求同一条交换路径上的各个设备协作进行,资源开销很大,如果一个报文流只有一个数据包,刚为它生成标记交换表,它就结束了,效果比没有标记交换的纯路由转发还差;如果等流过一定数量的数据包后再启动标记交换机制,例如,从第十个 IP 报文开始进行交换,也可能这个流就只有十个报文,也会出现刚生成标记交换表该数据流就结束了的情况。虽然可以对报文流的长度进行统计,找出规律,然后根据这些规律,对未来的报文流长度进行预测估计,但这样做不一定有效,一方面通信量模式(traffic pattern)是错综复杂的,没有明确的规律;另一方面要求判断报文流的某些属性,增加了路由/交换设备的处理量以及为每个流保存的信息量。如果专设一个信令包来为将要进行的通信建立 LSP,谁来产生这个信令包? 如果让路由器产生,它并不知道通信流的长短,上述问题仍然存在。如果让发起通信的主机产生该信令,则要求主机协议作改动,也不是一件容易的事。第六,一个新报文流的开始较容易识别,但怎么判断一个流的结束,也不是一个简单的问题。如果用计时器超时来判断,有时一个 TCP 的连接持续时间可达数小时甚至数天,而传送的报文数量很少,为这样的通信分配、保持、维护一条标记交换路径(LSP),占用一批标记,效率不高。如果对长时间不用的 LSP,让它因超时而终结,则后续的 TCP 数据流又要重新建立 LSP,这样不断地建立和断开,大量浪费资源,增加路由器的开销。如果要求用特定的信令包来建立 LSP,则重建因超时而被拆除的 LSP 时,要求主机在一次 TCP 连接的中间发信令包,显然是难以做到的。如果要求主机在 TCP 连接期间,不断发 keep-alive来避免 LSP 的超时断连,既要改变协议,又有浪费 LSP 路径资源的问题。如果分析通信流中每个包的特征,例如,发现有终结 TCP 连接的 FIN 包后拆除 LSP,则增加了路由器对每个包分析处理的工作量,因为路由器本来只处理 IP 包(选路和转发),现在还要检查 TCP 层的信息。第七,有了标记交换后,并不能免除路由器对 IP 地址的处理。因为对已经建立了交换路径并携带了标记的数据流的包,可以不再使用 IP 地址去查路由表,但对尚未建立标记交换路径的数据包,仍要使用包中的 IP 地址。协议还要有判断是否已经携带了标记的处理。对 IPv4 数据包,包结构中并没有为标记预留字段,是临时插入的,故判断是否有标记也不是件很简洁的事情。第八,虽然用固定长度的标记作为索引来查表,要比最长地址前缀匹配的路由表查询简单得多,但 20 位长的标记空间,如果不使用压缩技术,仍然是个很大的表格空间。设每个表项存放 50 字节的参数,则整个空间的存储量达到 52MB,这是在原有路由表空间之外新增加的巨大存储空间。如果压缩存放,势必增加标记分配和查询的处理复杂性。第九,通信过程中,如果一条 LSP 中出现一个信道或设备端口故障,这条 LSP 就不能用了,要为后续的数据包重新建立一条 LSP。这不仅影响了 QoS 保证,也带来了额外的处理开销。核心部位的一个故障将引起成千上万个 LSP 断连并重建。第十,由于增加了标记映射的工作量,某些快速流连续到达时,节点要同时处理常规的路由算法、对数据流的快速转发算法以及为众多的数据流生成 LSP 的算法等多种不同的工作,加重了处理负担。如果路由器处理三个独立的事件,其总的工作量将是三者之和,但当这三个事件相互有关联时,其中一个事件可能触发另一个事件或其处理受到另一个事件的影响,总工作量就远远超过了三者之和。其后果可能造成要么丢弃数据报文,要么停止或延缓生成 LSP,要么停止或延缓处理路由表。无论是哪一种办法，都会影响网络通信的质量和效率。与任何其他修补一样，由于新增事件与原有事件的相关性，新增加的修补总是伴随着处理负担的超线性地增加。

总之，标记交换的出发点是好的：用交换代替路由，以提高转发速度。但它的交换是在路由的基础上添加的，充其量只是改善局部性能的一种修补，前面讨论过的所有路由协议带来的弊病，一个也没有得到解决，还给网络设备增加了新的复杂性，并不是个满意的解决方案。除了 TE、VPN、QoS 等功能要依靠 MPLS 外，目前还在对 MPLS 不断增加功能，有人提出 MPLS Over Everything、Everything Over MPLS 的概念，例如，将 MPLS 驾在以太网上，又利用 MPLS 传输以太网帧（将 Metro Ethernet 驾在 MPLS 之上）。而 MPLS 的控制层架在路由层上，MPLS 的数据转发层又在路由层之下。这使得网络的协议层次十分混乱。如果说路由是当前互联网的沙滩，则 MPLS 是架设在沙滩上的大厦。目前对 MPLS 功能的不断扩展，则是不断对沙滩大厦增加楼层。

## 1.8.2　服务质量

要实现 QoS 控制，逐流管理资源和逐流调度是不可能的，因为核心路由器同时服务的数据流数量十分庞大，缺乏可扩展性。但在核心路由器进行资源总量控制并按有限的优先等级进行调度则是可行的。目前互联网仍然做不到 QoS 控制的根本原因在于通信路径不固定和缺乏快速有效的物理信道自愈。

互联网路径的变动，来自两方面的原因，一是缺少底层物理信道的自愈；二是路由协议本身的行为所致。如果一条信道或设备端口出现了故障，被底层自愈能力所屏蔽，三层及以上各层协议根本不知道，则不会引起路径的改变。但路由协议却不然，远处的某些变动（例如，配置的改变、路由策略或过滤策略的改变、个别操作人员的误操作或配置错误等）将影响BGP 路由器对最佳路由的选择，使得路径是动态地变化的。

为了克服路径失效对 QoS 控制造成的影响，人们做了大量的努力，提出一系列方法和措施，除了 MPLS 外，还有 QoS Routing，Constraints Routing，Back-up Path Routing 等。这些方法的一个共同点是不仅要找到一条满足资源需求的路径，同时可以发现能满足资源要求的其他可行路径。

遗憾的是，这些修补办法无一不对网络设备提出极其苛刻的计算资源要求。以 Back-up-Path Routing 为例，要求网络为任意一个通信流同时建立两条路径，在两条路径上同时申请资源，一条实际使用，另一条作为热备份。且不论热备份路径上预留了资源而不用会对网络提供实时通信的能力有 50% 的浪费，要想为同一个通信流建立两条互不重叠的路径是何等的困难。目前单路径的建立，已经要求在全网广泛交流路径信息的基础上进行繁杂的计算。建立第二条路径时，要在避开第一条路径已经占用的信道、节点等的前提下进行。这要求各节点为每个流登记第一条路径的信息，在分配第二条路径时查阅、比对，如果没有被用过，可以占用，否则就绕道别处。这种大量记录通信流状态信息的做法，不可能有可扩展性。即使找到了第二条路径，为了躲避第一路径，在绝大多数情况下，不会是一条优质的路径。

为克服路由行为对 QoS 带来不良影响所提出的修补，都是"NP-难"的算法，如果真的把它们引入已经不堪重负的路由系统和路由器中,在计算、存储、信道开销和系统稳定性等方面造成的威胁,只能使互联网加速走向崩溃。一方面,这些技术都不是替代路由系统,而是迭加在路由系统之上的修补,会使系统越来越复杂,越来越不可靠;另一方面,这些算法的复杂性都是随系统规模成几何或指数增长的。在一个糟糕的系统上做无望的工作,在过去的近 20 年中已经浪费了无法估量的人力物力和时间。这些方法没有一个是能真正实施的。在现有的互联网体系结构下要解决 QoS 控制问题,即使不是绝对不可行的,也是遥遥无期的。

### 1.8.3  流量工程

针对网络中负载不均衡,局部地区拥挤不堪而大部分地方却空着不用,提出了流量工程。流量工程也是对网络无序行为和不可控、不可管状态的一种修补,并不能解决根本问题。

### 1.8.4  域间路由协议

前面已经讨论过,局部事件全局化,是域间路由协议 BGP 的本质性缺陷,是网络体系结构的无序性造成的;更为严重的是,随着网络规模的迅速扩大,BGP 路由器的负担越来越重,在路径更新通告出现短时间的峰值时,它们已经超负荷了。Jeoff Huston 在研究 BGP 路由行为后警告说,任何再想为 BGP 增加新的功能(例如,增加它的安全性或增加它的基于策略的各种功能),都必须大大提高路由器的处理能力才行。言下之意,当前的路由器是不堪忍受因进一步对其作任何修补而引入的额外负荷的。

然而目前的 BGP 路由系统,存在着大量毛病需要进一步修补。最突出的是安全问题。安全问题包括两方面,一方面是它不提供对用户数据包源地址的认证能力;另一方面是它本身的路由系统易受到欺骗性攻击。前一个问题,容易造成网络作案者仿冒源地址,从而躲避对作案主机及作案人的追踪。如果在 BGP 协议中增加反向确认功能,即从邻居 BGP 路由器收到路径更新后,计算获得一个最佳的路径,然后对这个被选中的路径信息,要求发送方对地址前缀的真伪作出确认。这种确认是级联地进行的,因而最源头的确认来自更新信息的发源地,而发源地总是在某个自治域内,各自治域是很容易知道哪些源地址前缀是合法的,哪些是非法的。这种思路是可行的。但这种认证将会给 BGP 路由器增加通信和计算负担,其工作量也与路径更新的数量成比例。在处理路径更新已经不堪重负的情况下,必须谨慎地对待这种修补。对后一个问题,统称为 BGP 攻击。攻击的方法很多,常见的有四种:第一种是注入不属于自己的地址前缀,或将别人地址空间中的某个子空间前缀宣布出去,由于最长地址匹配算法优先匹配小地址前缀,就把本应送给他人的数据包劫持过来了。这就是 BGP 的"前缀劫持攻击"。第二种是大量地虚假宣布路径更新事件,使全网所有核心路由器疲于奔命,甚至因资源耗尽而瘫痪。这就是 BGP 的 DDOS 攻击。第三种是故意加长向外宣布的路径长度,使别人的通信量不经过自己转发,以减轻自己网络的负担。第四种则相反,故意缩短向外宣布的路径长度,把本不该经过自己网络的流量吸引过来,达到多收费用或窃听信息等目的。如果想用修补的方式来克服 BGP 的这些弱点,对路由器增加的处理量将会是大得难以估算的。

### 1.8.5 波长交换

有人以为光交换技术将为未来的互联网开辟一条新路,或许能避免前面列出的路由带来的弊端。这是一种误解。光交换技术也是一种想用交换代替路由的想法,但它只能在波长一级进行交换,波长交换的粒度并不能满足数据流交换的要求,更不用说对 IP 分组交换的要求了。完全依靠电子技术,难以较大幅度地提高交换速度,人们越来越多地把希望寄托在光交换设备上。目前看到的光交换开关,数据通信的线速度可以做得很高,但其交换机制仍然是机电式的,纯光的交换设备,离实际使用还有很长的路要走。即使将来做到了纯光的波长交换,由于波长一级的粒度太粗,不能用于个别 IP 包的交换,对目前互联网的困境也丝毫没有帮助。与光交换不可分开的一项技术就是光存储技术,也是没有解决的难题。

波长交换主要应用于特定的科学应用。很多科学应用如高能物理、天体物理、生物物理、大气物理、地球物理等都有巨大的数据量要求在网络上传输。为了简便,我们简称有大数据量传输要求的这些科学应用为大科学应用。如果让这些大科学应用的数据传输与常规的用户数据传输走相同的互联网信道,使用相同的传输协议,则既不利于常规用户,也不利于这些大科学应用。对常规用户,它们的数据包参与大数据流一起排队,将感受到网络的极度忙碌,延迟大幅度增加,实时性能很差;对大科学应用,常规的数据包转发方法效率很低,速度很慢,满足不了要求。光交换技术的主要目的是想把大科学应用从普通互联网应用中分离出来,为大科学应用建立特殊的光通路(light path)。这样做对双方都有利。

以中国科学院高能物理研究所的应用为例,作为一个 Tier2 机构(对 Tier0 和 Tier1 的机构,要求巨大的数据存储和数据处理能力,高能所的计算机还不能满足这样的要求),在 CERN 高能物理实验装置中获得数据的方法,是从法国里昂的一家叫做 IN2P3 的高能物理研究机构(Tier1)将经过预处理的数据传输过来。从北京到里昂的通信路径由两部分信道组成,从北京到阿姆斯特丹,走 GLORIAD,从阿姆斯特丹到里昂,走 GEANT。其中的 GLORIAD 部分,从北京经中国科技网送到香港的 HKOEP,到西雅图、芝加哥、纽约,到阿姆斯特丹,然后经 GEANT 到里昂。沿路的信道至少有 622Mbps 的余量可供使用,但高能所数据流实际获得的带宽只有数十兆比特/秒,虽然并发地开设了大量的 TCP 连接,总速率仍然上不去。技术人员分析后发现,速度上不去的原因主要有三个。首先,常规通信的 TCP 窗口及传输的数据块均太小,数据被划分成小片,发完窗口允许的数据包数量后,TCP 要等收到端到端的应答后才能继续传输后面的数据。由于路径很长,Round Trip Time (RTT)很大,每个 TCP 连接中,不能连续不断地传输数据。其次,由于数据块较小,CPU 对数据块处理的开销相对加重,增加并发的 TCP 连接,虽然可以弥补 RTT 过大的不足,但 CPU 的负担与 TCP 连接数量成比例地增大,CPU 成了瓶颈。最后,由于走的是普通的路由信道,路由器的处理能力也会影响实际的通信吞吐量。当沿线的技术人员共同配合,在原有信道中辟出一条专用的 622Mbps 光通路后,数据块的大小和传输窗口的大小,都可以按照特定的要求设置得很大,沿路不再有路由器参与转发,两地的传输速率马上就达到了接近 622Mbps 的可用速率。同样的例子发生在韩国到欧洲的 HDTV 传输试验中,速率为 1Gbps 左右的非压缩 HDTV 视频流,根本不可能在常规的路由信道上传输,必须建立 Light Path。

适合在 Light Path 上传输的数据,具有三个特点:一是要求的数据传输速率很高,例如,每秒数百 Mbps。对只有几 Mbps 速率的视频通信,只能在基于路由器的互联网中传输。二是数据流持续的时间长,每天传的时间短了,严重影响信道的利用率。三是很难做到多个应用在一条光通路上复用。由于应用的特殊性,光通路有端到端的专线性质,很难把不同的大科学应用复用到一条光通路上去。即使在特定的场合能做到复用,也要求大家的使用时间错开。可见,只有极少数的特殊应用适合使用光交换和光通路技术。

从上面的分析可以看出,普通的互联网通信,包括视频通信,只能使用基于路由的互联网。光交换技术并不能帮助解决互联网固有的缺陷。

## 1.9  小结

从以上各节对当前互联网缺陷的分析看出,本质上,Internet 是一个复杂巨系统。对复杂巨系统的行为学研究,多见于自然系统,例如,大气、海洋、天体、生物、热核物理、微观粒子等。而人造系统需要有行为学对其进行研究,并且难以得到有用研究结果的,实属罕见。Internet 的很多行为已经处于难以控制甚至半失控状态。这些不确定行为的根源均来自无结构的网络拓扑及与之相伴而生的分布式路由系统。表面上看,路由系统是造成混沌(Chaos)巨系统的祸首,实际上,路由技术是无结构网络拓扑中不得不使用的技术。试想人类社会如果没有各级政府和组织这样一种中央到地方的层次结构,恐怕连原始社会都不如(原始社会的一群人聚集在一起打猎时,还有个自然形成的组织者和指挥者)。因此,对 Internet 的改造,首先必须让它结构化,然后就可以摒弃路由系统,使事件局部化、行为可预测,成为一个真正可控、可管、可信的人造系统。

有人认为 IP 及其与之相伴而生的包交换技术是造成 Internet 一系列缺陷的根源,因此建议回到电话网络那样,采用电路交换。做法是把现有的 Internet 丢在一边不管,让它自生自灭,另外设计并建造一套基于电路交换的具有很长生命期的网络。可以看出,持这种意见的人对 Internet 相当失望。但我们认为这种想法并不妥当。首先,针对复杂的、带宽需求和数据流持续时间均有极大差异的各种应用,设计的电路交换网络很难做到简单和高效;其次,丢弃 IP 不仅丢弃了现有的网络设备,更为严重的是丢弃了各种技术和应用。技术表现为 IP Over Everything,各种接口和链路层设施,都是针对 IP 的;应用表现为 Everything Over IP。目前丰富多彩的应用,都是架构在 IP 之上的。这些技术和应用,花费了极大的人力物力,开发它们的人群远远超过设备供应商投入的人力。如果保留 IP 及其包交换技术也能克服这些缺陷,让 Internet 能够继续发展下去,则是更为简单可行的方案。

# 第 2 章
# 层次式体系结构

早期设计 Internet 时,一个核心的思想就是要保证可靠性。这样做有充足的理由:当时的信道失效率和误码率都很高,希望在自然灾害或战争环境下网络有很好的可存活性。但绝对没有一个设计者想到过,将来这个网络怎样用于话音和视频等实时多媒体应用。甚至连这个网络的用户群体和使用规模都是他们始料不及的,不然的话,很容易设计的地址空间问题,就不会让后人这样费尽周折了。他们从可靠性出发,各种设计都采取了无中心、分散、分布的思想。以太网是最典型的网络结构,由粗缆或细缆相连的多台计算机,没有主次,没有控制者或协调者,任何一台计算机的失效,都不会影响其他计算机的通信。Internet 网络的拓扑结构,用的是 mesh(任意连接)结构,没有中心,没有层次,想怎么连就怎么连,只要每个路由交换设备有两条或两条以上信道,就认为可靠性获得了很大的提高。IP 地址的安排,以网号为基础,辅以网内主机号。而在路由算法中起决定性作用的网号是一维平铺(flat)的,没有任何结构,更没有层次性。对一维平铺的 IP 网络地址,当其数量十分庞大时,既不能设计出高效的路由信息交换算法,也无法设计出快速的路由表查询算法。

层次结构是一种有序的结构。它将事物分成上级和下级,宏观和微观,大类和小类。树状结构是层次结构的一种,它是最严格、最清晰、最有序的层次结构。在本书中,我们把"层次结构"和"树状结构"等效地加以使用。有时为了强调层次性,我们用"层次式树状结构"来表达,虽然显得有些重复,因为树状结构总是层次式的,但仔细分析,层次式带来的特点与树状带来的特点是不同的:层次式强调的是问题的局部化,而树状强调的是问题的结构化。

## 2.1 层次式树状结构的特点

考察一下我们周围的事物就可以发现,层次式树状结构无处不在。人类知识的组织方式、人类的思维方式以及人类社会的组织和管理方式,无一例外地使用层次式树状结构。这是因为层次式树状结构有其鲜明的特点。

### 2.1.1 层次式树状结构适合海量知识的有序组织

人类长期活动过程中积累了大量的知识。对这些像海洋一样的知识,如果没有一套理想的组织知识的结构,打破各种知识学科的界线,按任意一种尺度(例如知识出现的时间顺序)把知识堆积起来,这些知识还能用吗? 它们杂乱无章,毫无用处,既不能记住,也不能查找,更无法传授。

我们将浩瀚的知识先按学科分成类,然后分子类,子类下面继续分子类,并根据需要不断地分下去。我们做研究课题、存储图书资料等,都严格按照这种层次式的树状结构进行,有条不紊。

Internet 上出现的 Web 系统,方便地描述了各种信息,极大地促进了 Internet 的使用,也极大地促进了 Internet 的发展。由于这些知识是在没有组织的、任何人都可以独立制作和提供服务的环境下进行的,一方面,使信息的增长速度前所未有;另一方面,它们是杂乱无章的。近年常用的"信息爆炸"一词,其实不仅反映了信息增长的速度,还反映了信息的无序、杂乱、难以利用这样一种担忧。于是,人们自然又想到了层次式的树状结构,开创了一个新的研究领域:搜索引擎。搜索引擎的工作方式是树状的:一批自动爬行的称为蜘蛛的软件模块,无论是广度优先还是深度优先,都是将各种链接路径组织成树的方式进行搜索的;搜索引擎的工作结果也是树状的:通过蜘蛛沿树爬行获得的网页信息,被组织到不同的门类中去,信息的门类完全按层次式树状结构安排。只有这样,这些独立制作的、海量的、彼此不相关的信息,才有可能被发现和使用。

同样,计算机中的文件系统也是一个海量信息系统,依靠树状结构组织在一起。

## 2.1.2　层次式树状结构适合于信息和知识的处理

作一个报告或在课堂上授一堂课,是信息或知识的处理、加工和传授的过程,离开了层次式树状方式,将是无法进行的。虽然简单的内容可以用一维平铺的方法陈述,但大多数稍为复杂的演讲内容,都要被分成若干个方面,每个方面又被分成多个子方面,依此类推,并按照深度优先的方式有序地进行。否则,利用活跃的思绪,想到哪里就说到哪里,就不可能表达清楚,听众一头雾水。

对计算机而言,它使用的规则远比人的思维机械、死板,树状结构是它最有效的处理复杂事务的方式。计算机对树状结构的查询和处理速度为 $O(\lg N)$,远比处理一维平铺的 $O(N)$ 快。处在某一层上的一个节点,其直接管辖的就是属于它的下层节点,数量很小,因而也不会有大的数据表格,不需占用很大的存储器空间。计算机最善于处理的数据结构,就是树状结构。

## 2.1.3　层次式树状结构适合于大系统的有效管理

管理一个系统,其管理复杂性不仅与被管理对象的个数 $n$ 有关,还与管理每个对象的属性的个数 $m$ 有关。其复杂性为 $nm$。随着系统的增大,管理效率和系统可扩展性产生矛盾。人类社会的组织结构,是层次式树状结构。一个部门领导,能直接管理的下属只有几个,多了就管不好。例如,一个国家、一个学校、一个企业、一支部队,都必须分层管理。从管理的角度看,层次式结构本身代表了一种分布性,把复杂事务分散化、局部化。该由下级完成的事情,上级不必操心也无法操心,下级在自己的管辖范围内所做的变动,上级可以不知道,这使得事务系统充分可扩展。

## 2.2 传统电话网的层次结构

传统的电话网(PSTN)是一个成功的系统,成功的原因在于两个基本特点:一是它采用电路交换方式;二是它采用层次式的网络结构。前一个特点来自它特定的应用目标。它是专门为话音传输而设计的,每路话音固定地占用64Kbps带宽,这就很容易利用时分复用技术将宽带信道划分成大量带宽相同的话路,把每个话路作为一条"电路",实现电路交换。互联网的应用对象是数据、视频和音频,不同的应用占用的带宽差异很大,将一条很宽的信道划分成固定带宽"电路"的时分复用技术并不理想:对不同的应用分配并管理数量不等的"电路",其电路的分配和管理远比电话交换网复杂;如果针对应用的峰值独占地分配电路,会大量浪费信道容量。传统的时分复用、频分复用、空分复用以及码分复用等技术,都不适合互联网使用,因而发明了"包分复用"技术,将应用的数据流打成包,属于不同应用的数据包穿插在一起共享一条宽带信道。所以,互联网不具备PSTN的电路交换的特点。PSTN的第二个特点是层次式的网络结构,如图2.1所示。

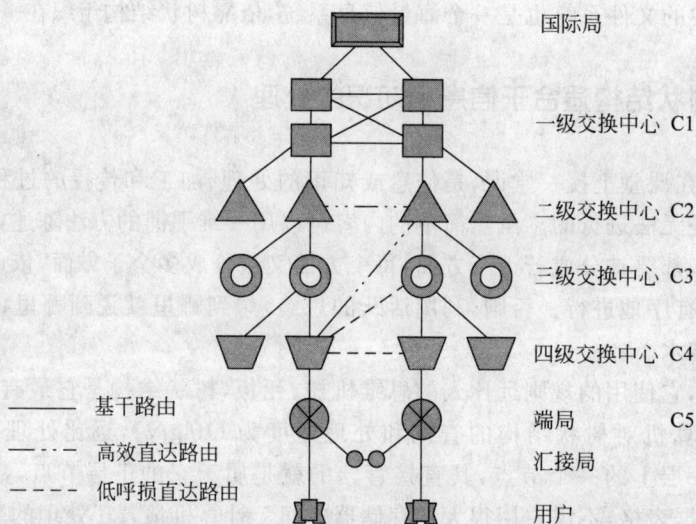

*1981年,北美电话网规模:C1:10+2,C2:67,C3:230,C4:1300,C5:19 000

图2.1 PSTN的层次式结构

除了数量有限的一级交换中心采用全连接外,各下级交换中心都是简单的层次式树状结构。

## 2.3 层次结构与非层次结构的关系

对简单系统,用非层次的任意结构进行组织,有简单灵活的优点,可以获得分布性、灵活性和鲁棒性等特点。但当系统成长变大后,其复杂性迅速增加,使得系统不可操作、不可管理。

为了让一个系统完成一项任务，系统中有关的各个元素必须联合协作，共同发挥作用才行。这就决定了系统各元素之间必须相互协调、交流状态。这种协调可以分为局部协调和全局协调。对非层次的任意组织的系统，其协调和交流只能是全局的。全局协调的复杂性，与系统的规模成指数增加。这就是非层次系统缺乏扩展性的原因。层次结构组成的系统，通常只要与其紧邻的上级和下级进行局部协调就可以了。

当非层次结构的系统发展到很大的规模后，变得不可控制、难以管理。这时候的非层次结构系统，必须向层次结构转变，不这样做就没有进一步发展的余地。

在我们身边，要举出大量例子，说明一个系统起初是设计成非层次式的，发展到一定程度后，由于变得复杂或规模庞大而不得不转变为层次式，并不是很容易的。原因是人们在长期的社会活动中，对系统的组织方式积累了很多经验，对稍为复杂一点或规模较大的系统，或系统暂时还不复杂、规模还不大，但能够预计到将来会成长为复杂或大规模的系统，从一开始就采用了层次式结构。这也就是我们看到层次式树状结构的系统无处不在的原因。尽管如此，对一些新出现的技术，对它的应用前景缺乏足够的估计的情况是完全有可能出现的。其中有些低估的失误不会造成问题，如对计算机需求量的估计，早期有人认为全世界只要有几台大规模的计算机就够用了。这是因为当时的计算机主要用于工程计算，管理、操作和使用计算机都只能由少数科学家进行。后来计算机被大量用于非数值计算方面，例如，文字处理、资料存储等；加之计算机的操作越来越简便，非专业人员也能方便地使用；计算机对供电、冷却等不再有严格的要求；更为重要的是，计算机被应用到大量的控制系统中去，大到火箭卫星，小到家电汽车，无处不在。这时计算机就成为一个基础性的产业，规模巨大。但是这些大大小小的计算机都在独立工作，相互没有关系，并不组成一个大的系统，或只有少数几台计算机在一个系统中协调工作，就没有扩展性问题出现。早期的错误估计也不会造成任何严重后果。只有极少的情形，早期的错误低估，会使系统在日后不得不作痛苦的转变。作为 20 世纪最伟大发明之一的 Internet 就是一个典型的例子。一方面，网络是一个需要彼此协调的系统；另一方面，早期的网络设计者，严重低估了未来网络可能的应用和发展规模。这就历史性地出现了系统必须作痛苦转变的事实。Internet 的这种转变要求，表现在多个方面。

以太网的结构，从发明它的时刻起，就是一个分布式系统。当时认为它是一个理想的结构，没有控制点，大家相互独立，地位平等，具有很好的鲁棒性：任何一个网络站点的失效，都不会影响他人的正常工作。随着技术的发展和以太网数量的急剧增加，人们越来越感到对以太网的管理和控制的重要性。希望以太网上的设备可管理、以太网的流量可监测、以太网的安全可控制。就放弃了以太网的分布式结构，利用 hub 或以太网交换机作为中心点，构成星状结构的以太网。进一步扩展时，交换机层次式地级联，构成了典型的树状结构以太网，如图 2.2 所示。以太网的这种结构转

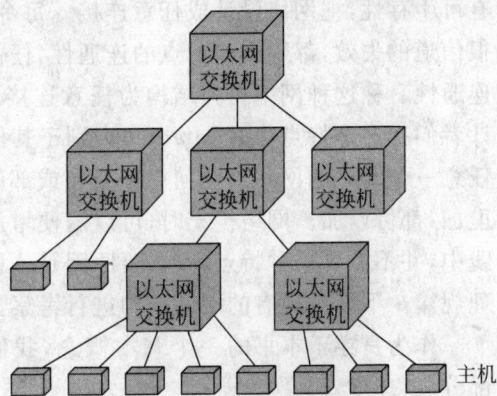

图 2.2　以太网交换机组成的树状结构

变,之所以没有带来痛苦,原因有两个,一是单个以太网的规模不大,各个以太网之间彼此被路由器隔离,没有构成一个庞大的系统;二是新的层次式结构的以太网与传统的分布式以太网(10BASE-5、10BASE-2)完全兼容。值得注意的是,这两个条件中,任意满足其中的一个,就不会在转变中出现痛苦。

Internet 中结构转变的另一个例子是域名系统。由于最初不认为网络规模会有多大,给网内计算机命名以及从名字到地址的转换系统,都简单地设计成一维平铺的。这种一维平铺的系统,至多只能支持数百台的计算机联网,网内计算机数量超过数百台时,就无法使用了。为此,网络工作者们不得不中途将域名系统改为层次式树状结构。设想一下,如果现在的 Internet 仍然采用一维平铺的域名系统,怎么解决名字重复的问题?怎么记住别人计算机的名字?怎么实现名字到地址的翻译?怎么改变一台计算机的地址?其中的任何一个问题都是不会有满意答案的。Internet 域名系统结构的转变,没有带来巨大困难的原因是问题发现得早,系统尚处于早期小规模阶段,更改比较容易。

Internet 的地址空间,最典型地反映了早期设计者对未来网络应用和网络规模估计不足。他们没有想到除了远程上机共享昂贵的大型计算机资源、远程传输计算机文件、互相为了方便进行合作研究而发送电子邮件以外,网络还会有什么用处。他们更没有想到今天会有如此多的计算机连到网上。地址空间的不足和缺少层次结构,给网络的进一步发展带来了严重的困难。要改变地址系统,谈何容易。很多人预测,从 IPv4 到 IPv6 的转变,需要几十年。有人甚至认为 IPv4 永远不会消失,这就是说,IPv4 与 IPv6 会长期共存于 Internet 中。Internet 之父 Vint Cerf 先生在中国互联网实现国际互联五周年庆典会议上说过,把 Internet 的地址系统从 IPv4 转变到 IPv6,像给一架飞行中的飞机更换发动机一样困难。

与以太网结构和域名系统相比,Internet 地址空间的转变,在系统规模和兼容性两个条件中,一个也不存在。这就使得困难不可避免,转变的代价将十分昂贵。

## 2.4  现有的网络都是层次式树状结构网络

这个小标题可能会使读者大吃一惊,不敢相信。在设计 Internet 的初期,就是为了增加网络的可靠性和健壮性、保证在网络部件失效时的可用性以及在自然灾害或战争情况下具有可生存性,把网络设计成任意连接。每个节点对外有两条或两条以上的连接信道,任何单根信道的失效,都不影响节点的连通性,任何单个节点的失效也不影响网络其他节点之间的连通性。称这种网络拓扑结构为任意连接的网络(mesh topology)或网状连接的网络。设计者们把这个特点作为 Internet 有别于其他网络的最显著特点之一而引以为豪。对现有的任意一个 ISP 的网络或任何一个公司或部门的网络,想加一条信道,随时都可以加,想在哪里加,都可以加。网络扩充时,可以随便增加节点。这些都没有错。但人们在建设网络的实践中,并不需要这种特点,其主要原因是这种没有层次的网络,不符合人类的思维规律和管理规律。下面对现有的网络结构进行考察。

作为贯穿于本书的一个基本概念,我们把一个网络简单地划分为接入网和骨干网两部分。

这里的"接入网"与传统的"Access Network"不同,泛指上连到 ISP 骨干网的用户网络,故也称"用户接入网",本书中这两个名字混用。接入网是一个单位内部的、对外用一条或多条信道连接 Internet 的、不为其他单位提供过路转送能力的末端网络(STUB 网络)。例如,一所大学、一个研究所、一家医院、一个居民社区、一个单一地点的公司或大公司的一个分支机构、一个工厂等,它们的内部网络都属于接入网。用户接入网通常由路由器和以太网交换机将一批以太网或以太网段互联而成。最简单的用户接入网可以只有一个以太网或一个以太网段。

骨干网(也称主干网)是向用户接入网提供 Internet 接入能力并为用户接入网之间提供数据包转送能力的网络,包括广域网络和城域网络。ISP 的网络就是骨干网。当一个用户部门的网络分散在多个城市或地区,或一个城市的不同区域时,既可以将多个分散的用户接入网通过 ISP 的骨干网互联,也可以自己建立专用的骨干网将其互联。后一种情况下,用户部门的网络也就包括了骨干网和接入网两部分。目前这样的网络也是很普遍的,例如,分散在远程多个城市或地区的业务部门或政府管理部门(如公安、海关、银行、石油、铁路、民航、有分支机构的公司、旅行社等)的内部业务网络,都同时拥有接入网和骨干网。

把传输网络划分为骨干网和接入网这样两个部分以后,整个网络十分清晰、简单:骨干网只负责任意两个或多个接入网之间数据包的传递,从一个接入网进入骨干网的用户数据包,必将离开骨干网,从另外一个或多个接入网出去;接入网都是末端网络,它是用户数据包的源和宿(目的地),接入网没有为其他接入网传递数据包的任务。

由于接入网的规模小并具有末端网络的性质,它为内部用户之间传递数据包的技术和方法就非常简单,任何技术都可以被采用:可以沿用现有的路由技术,用路由器将不同的用户以太网段连接起来;或只用以太网交换机级联成树状的用户网络;或采用我们提出的层次式交换结构。

把全部问题集中到骨干网,它应该怎样简单、高效、安全、可靠、行为可知、路径可知、可管理、有质量保证、有可扩展性地为接入网之间传递用户数据包? 这成为我们要研究和解决的主要问题。

分别考察现有的接入网和骨干网的拓扑结构,就能发现它们几乎都是层次式的树状结构。

## 2.4.1 用户接入网络的结构

先考察用户接入网络。笔者曾参与过大量用户网络的咨询和审议工作,除了早期用 FDDI 构成环网的情形外,基本结构均如图 2.3 所示。网络一般采用三层结构:用高性能交换机构成核心网络,用中高档交换机作为大楼交换机,用中低档交换机连接用户主机或用集线器(hub)增加端口数后连接多台用户主机。核心交换机一般设在网络中心,选用千兆以太网端口下连到各个大楼,连接信道为单模光纤。有时为了提高可靠性或增加端口数,可用两台交换机互为热备份。大楼交换机的上连端口为千兆以太网,下连到楼层交换机的端口,既可以用千兆以太网,也可以用百兆以太网。信道一般使用单模或多模光纤。大楼内的每个楼层,视楼层的长度和端口数量的要求,可以设置一台或两台楼层交换机。楼层交换机用百兆以太网端口连到各个办公室的用户主机。机器比较多的办公室,为了增加端口数量,也可以通过一台很便宜的 hub 再连到室内的用户主机。楼层内的信道一般采用双绞线。各种网络服务器、应用服务器、数据库服务器等设备,放在网络中心,用高速端口连到核心交换机。对外连接时,用一台高速路由器上连到 ISP 的骨干网。为使各大楼之间有一定的负载隔离能力,选用的交换机拥有 VLAN 或路由能力,或用端口很少的路由器放在各大楼。有时在入口处还要设置防火墙或地址转换设备,网络结构略微复杂一些,但基本架构仍如图 2.3 所示。

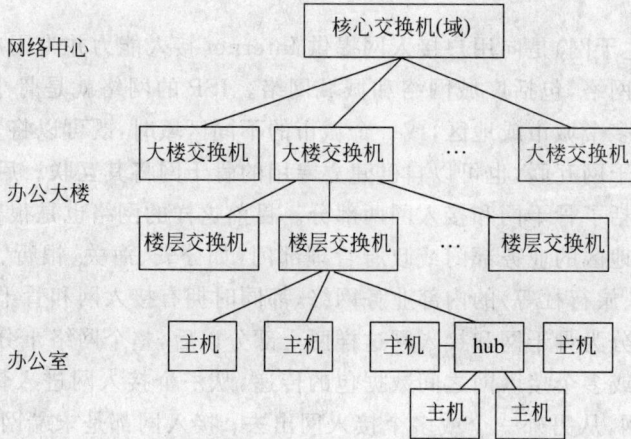

图 2.3　基层单位典型的网络结构

上述单位网络或校园网络中,如果某处比较重要,也可以增加连接性。例如,图 2.3 中有多台核心交换机并且相互用高速光缆连接时,一个大楼交换机可以有两条上连信道,互相备份。如果平时只有其中的一条在工作,另一条仅作备份,则是物理意义上的树状结构。如果两条信道同时工作,可以把两条物理信道看作一条逻辑信道,并且把用高速光缆互连的多台核心交换机看作一个逻辑交换机或交换机域(在术语中,称为节点域),在逻辑意义上仍然是层次式树状结构的网络。

## 2.4.2　专用骨干网络的结构

很多全国性的部门要求构筑全国性的内部网络或业务专用网络,如海关、税务、旅行社、银行、公安、经贸、政府部门、大型企业,等等。这些全国性的业务(或行业)专用网络,绝大部分也使用层次式树状结构,各种远程连接使用路由器。一个全国中心,下设数十个省市中心,每个省市中心下设一批地市中心,直到办事机构或使用网络的基层单位。图 2.4 是一个典型的全国性的业务专用网络结构。

在图 2.4 中,业务中心在全国中心(例如北京),有高速的内部局域网、各种应用服务器、数据库及其备份中心、各种网络服务器(如 Web、E-mail、DNS 等)等。

省市中心在省会城市和直辖市,设有高性能局域网、处理省市范围内业务的应用服务器、数据库服务器、各种网络服务器。如果该城市内部有一批分散的业务单位,则还有一个城域网连接各业务单位,每个业务单位有一个或多个局域网。这些本城连接,通常也是树状发散出去的(图中没有画出)。省市中心与全国中心的连接,可以有两条信道,一条是租用的专线,如图中实线所示,另一条是通过拨号使用的信道,可以用长途电话信道或 ISDN 信道,

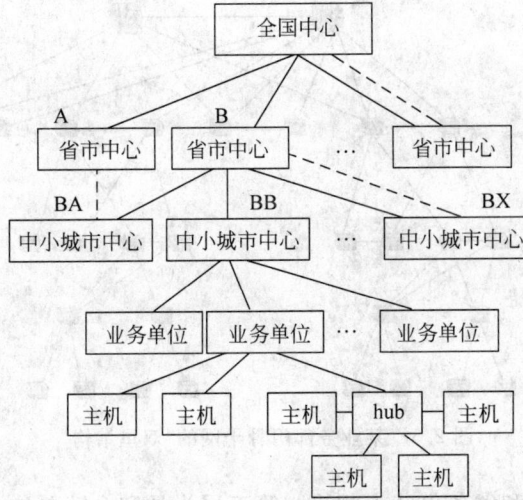

图 2.4 典型的全国性业务部门的网络结构

如图中虚线所示。为了节省经费,目前绝大部分单位,该虚线只是一条应急的备用信道,用 ISDN 信道实现,计时付信道费,平时不用,只交很少的固定月租金,只有当租用的专线断了,才起用 ISDN 信道(由设备自动起用 ISDN 时,成为热备份;由操作员起用时,成为冷备份)。因而网络结构是严格的物理意义上的树状结构。随着网络流量的增长及高速信道的不断降价,备份信道越来越多地采用高速宽带专线,与主信道同时使用,成为逻辑意义上的树状结构。

中小城市的节点构成地区中心,其网络结构和内部服务器配置,与省市中心类似,只是规模较小。上连的信道,也可采用备份信道。

业务单位的网络,则是一个或多个以太网或以太网段,用以太网交换机或小型路由器互连。业务人员的主机,则连到以太网或以太网段上。业务单位向上的连接,由于数量很大,且失效后的影响面很小,就可以不使用备份信道了。

值得注意的是,由于业务管辖的层次关系,即使有多条上接信道,也只会上接到同一个上级中心。例如,图 2.4 中的某个中小城市中心有两条上连信道时,会上连到同一个省市中心(可以连到该中心的不同设备)。

作为一个实例,某部门业务专用网络的"双星结构"如图 2.5 所示。

在图 2.5 中,该业务部门的总部设在北京,在南方某城市设一备份。总部和备份之间用高速信道互连,其相互之间的关系,既作为业务处理的负载分担,又作为中央数据库的异地备份。第二层设立 8 个大区,分成 4 组,每组两个大区。组内两个大区之间用较高速信道互连,互为数据库的备份。北京总部与 8 个大区都有直接的较高速信道,南方总部备份与 4 个大区组有较高速信道。第三层是省和省备份节点。省节点设在省会城市,省备份节点设在省内另一较大的城市。从业务关系上,8 个大区各管若干个省和省备份。一旦某大区节点与自己管辖的省节点之间的通信线路失效,该大区节点所在大区组中的另一大区节点将转接信息。如果某大区节点本身失效,其所分管的省由大区组内另一大区节点代为处理。省和省备份节点对下层的市节点的连接,也是双线双节点。第四层为中小城市节点,它对上用

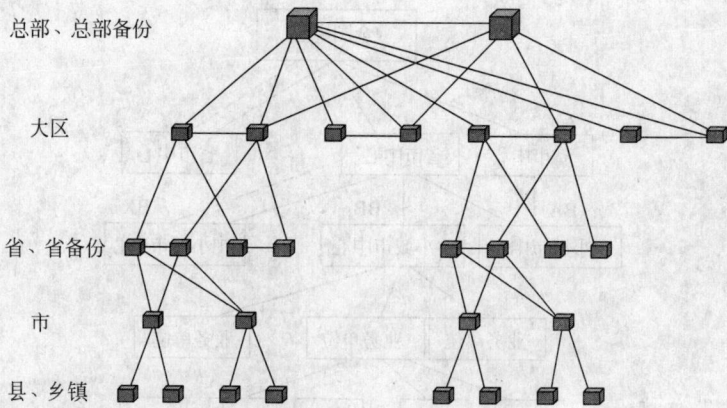

图 2.5    某业务部门骨干网的"双星结构"

两条中速信道分别与省和省备份节点相连。第五层为县和乡镇单位,它们数量大,每个点的业务量小,为了降低成本,采用单线上连。除了第五层没有用双信道上连外,四层及以上全部用双线连接。由于三层及以上都采用双节点,所有的双线都上连到不同的节点。这样,既避免了信道的单点故障,也避免了节点的单点故障。如果要进一步增加中小城市的可靠性,可以对图 2.5 作一点改进,在第四层中小城市内设两个节点,用较高速率的市内信道互连,两条已有的上连到省节点的信道,分散到两个市节点上。这并不增加多少成本,但使双星结构的可靠性扩展到市一级,并且在向下连到市内各营业所时,连接更方便。另一个改进之处,如果业务处理和数据存储只在总部和省一级进行,可以撤销大区节点,省级节点直接连到两个总部节点。这对减少数据流通层次、减少设备投资、减少故障出现的概率、便于维护等都有好处。

总部、总部备份以及大区节点,都有一个高速局域网,连接业务处理和数据存储的设备。省、省备份和市,除了有局域网外,都有一个城域网,连接城市内的各区和基层业务单位。城域网的结构可以有树状、环状或其他结构。

如果将同一层次的同一组的节点圈在一起,显然是一个典型的层次式树状结构。这正是我们要研究的结构。

## 2.4.3    ISP 骨干网络的结构

仔细观察目前大部分 ISP 骨干网络的结构,发现它们也是层次式的树状结构。通常由若干个高性能路由器,分布在不同的城市,配以较丰富的连接,构成最高级核心层网络。在层次网络概念中,把它看作一个节点域,由于它处于最高层,也叫根节点域或顶层节点域。从核心层路由器向下一级和再下一级连接时,完全是简单的树状结构。下面几张网络拓扑结构图,反映了这种观察结果。

**1. vBNS 与 Abilene**

1995 年起,在美国国家科学基金会的委托下,MCI 公司建设和运行了覆盖全美国几百所大学的骨干网络 vBNS(very high speed backbone network services),结构如图 2.6 所示。

vBNS 的主干网设备原来采用 ATM 交换机,后来网络升级时改成高性能路由器。vBNS 的核心节点以环状连接为基础,适当增加了环上重要节点间的连线,可以把它们看作 vBNS 的顶层节点域。除了少数环状连接的核心城市外,其余城市和下连的大学,用树状结构连接。

74 Operational Connections
20 Planned Connections

vBNS Logical Network Map

Last Updated 10/16/98

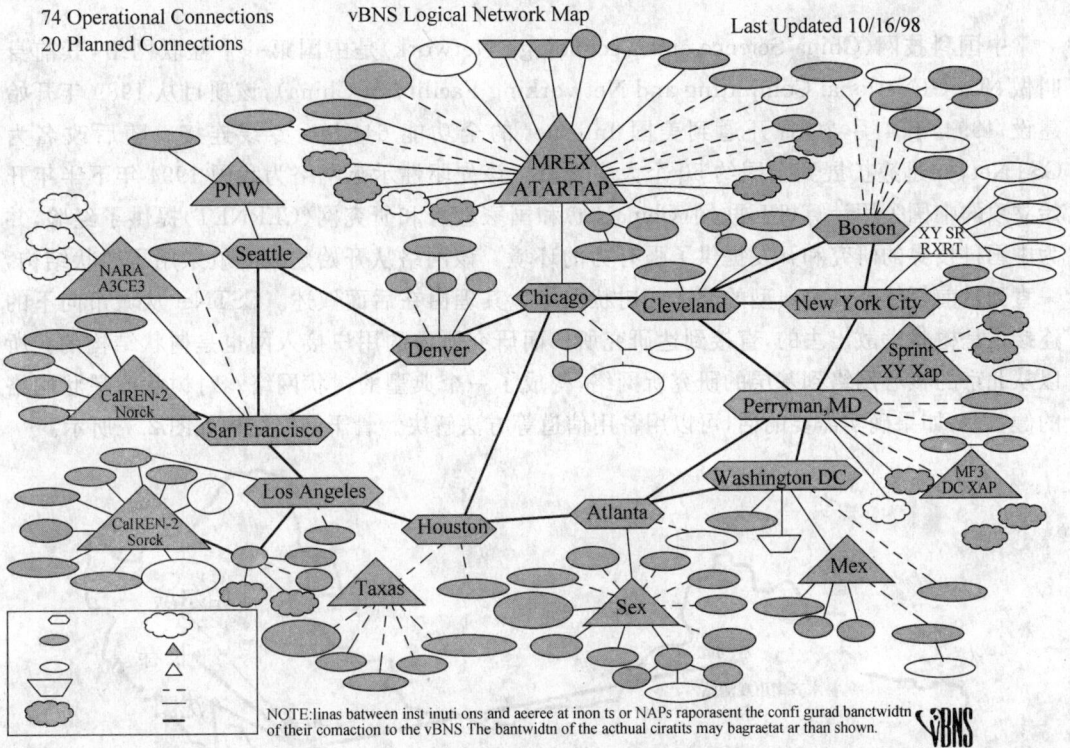

NOTE:linas batween inst inuti ons and aeeree at inon ts or NAPs raporasent the confi gurad banctwidtn of their comaction to the vBNS The bantwidtn of the acthual ciratits may bagraetat ar than shown.

图 2.6　vBNS 网络结构图

美国在 1998 年成立了一个叫做 UCAID(University Corporation for Advanced Internet Development)的非赢利组织,联合了一批大学、研究机构和公司从事新一代互联网技术的研究,称为 Internet 2。Abilene 是 Internet 2 项目中的网络环境。整个项目的主要目的包括如下方面:为美国科技教育界提供更强大的网络能力;使得革命性的 Internet 应用有条件实现;为新的网络应用和网络服务创造一个商业化前的孵化环境,以便向更广泛的 Internet 界快速转移成果。

Abilene 是个骨干网,下连到各大学的信道和各校园网的建设,都由各大学自己负责。骨干网主要是依靠业界的赞助建成的。QWEST 公司提供了长途的光纤(波),CISCO 公司提供了 GSR12000 高性能路由器(升级后,改用 Juniper 公司的 M160 高性能路由器,对 IPv6 等有更好的支持),Northern Telecom 提供了网络集成及相关的设备,而印第安纳大学则提供网络的运行和管理。网络有 11 个核心节点,初期用 OC48(2.5Gbps)的速率互联。2002 年对网络进行了升级,将近一半的信道,速率提高到 OC192(10Gbps),把纽约经克利夫兰连到印第安纳波利斯的信道改为从纽约直通芝加哥,这使得芝加哥不再单臂连接,也使得克利夫兰不再成为骨干节点。该项目还有国际的合作伙伴,通过设在芝加哥的称为 STAR-TAP 的交换中心互联。

从 Abilene 骨干节点向下连接的结构,与 vBNS 十分相似,采用树状结构。因此我们只引用 vBNS 的结构图来表达它们的网络形状。

## 2. CSTNet

中国科技网(China Science and Technology Network)是中国第一个互联网络,其前身叫做 NCFC(National Computing and Networking Facility of China),该项目从 1989 年开始建设,1994 年 4 月 20 日开通到美国 Internet 的全功能 64Kbps 专线连接。随后改名为 CSTNet,并迅速扩展到全国约 50 个大中城市。该先驱性示范网络为我国 1994 年下半年开始立项的中国公用计算机互联网(ChinaNet)和国家教育和研究网(CERNET)提供了经验,并为中国科技界的研究和开发提供了强有力的环境。该网络从开始建设时就采用了树状结构,一直到目前仍然是一个典型的层次式树状网络。其理由在后面叙述。CSTNet 从城市向下的连接也是树状发散出去的,直接到达研究所。而研究所内的用户接入网也是树状结构的。所以从北京的核心网络到基层的研究所网络,构成了一个典型的树状网络。对树状或星状网络的健壮性,如果确实需要的话,可以用备用信道等方法解决。骨干网络结构如图 2.7 所示。

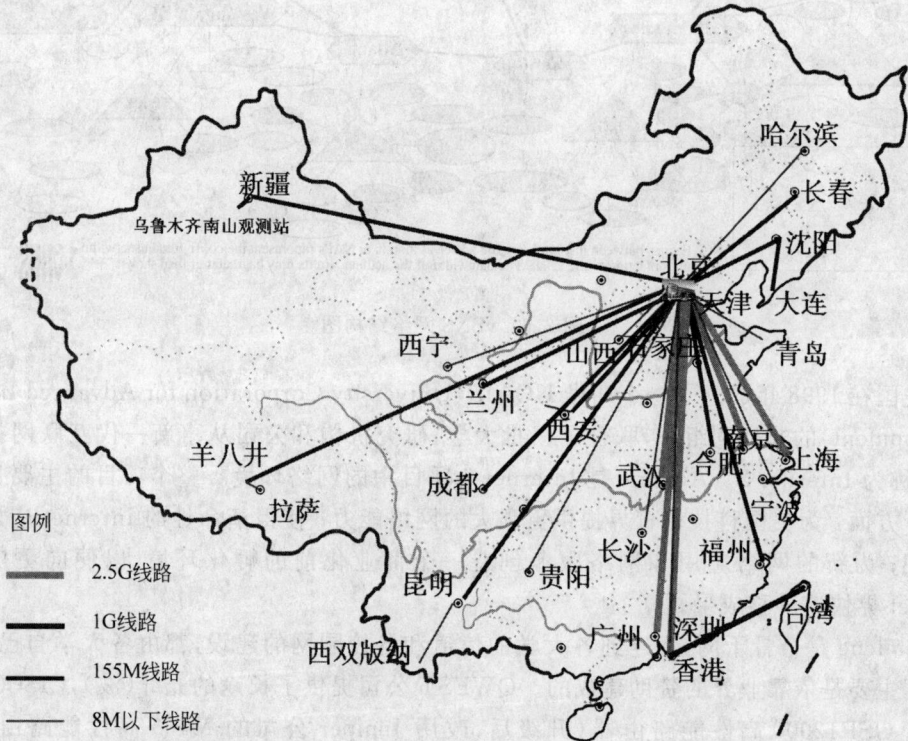

图 2.7　CSTNet 的网络结构图

## 3. 互联网的连接关系

有人构建了现有 Internet 中各 ISP 网络及相互之间的连接关系,如图 2.8 所示。图中不同颜色的网络分别属于不同的 ISP,它们都有明显的树状结构,这种树状结构是自然形成的。为什么一个允许任意连接的网络（mesh 结构）却自己变成了树状结构？原因很简单，人们在组网时，根据应用的需要，总是从地理位置、业务从属关系和组织机构关系等方面考虑的，从而一定是层次式树状结构的。从地理位置考虑，大城市为上层，省地中小城市为下一层，县级城市为更下一层，……。从业务从属关系看，例如，税务系统，国家税务总局为第一层，省市税务部门第二层，……。

由于设计的出发点是任意连接，相应的寻路方法为分布式的路由方法，使得现存网络中实际存在的层次结构特性无法被利用，从而给互联网带来了一系列不可克服的困难。

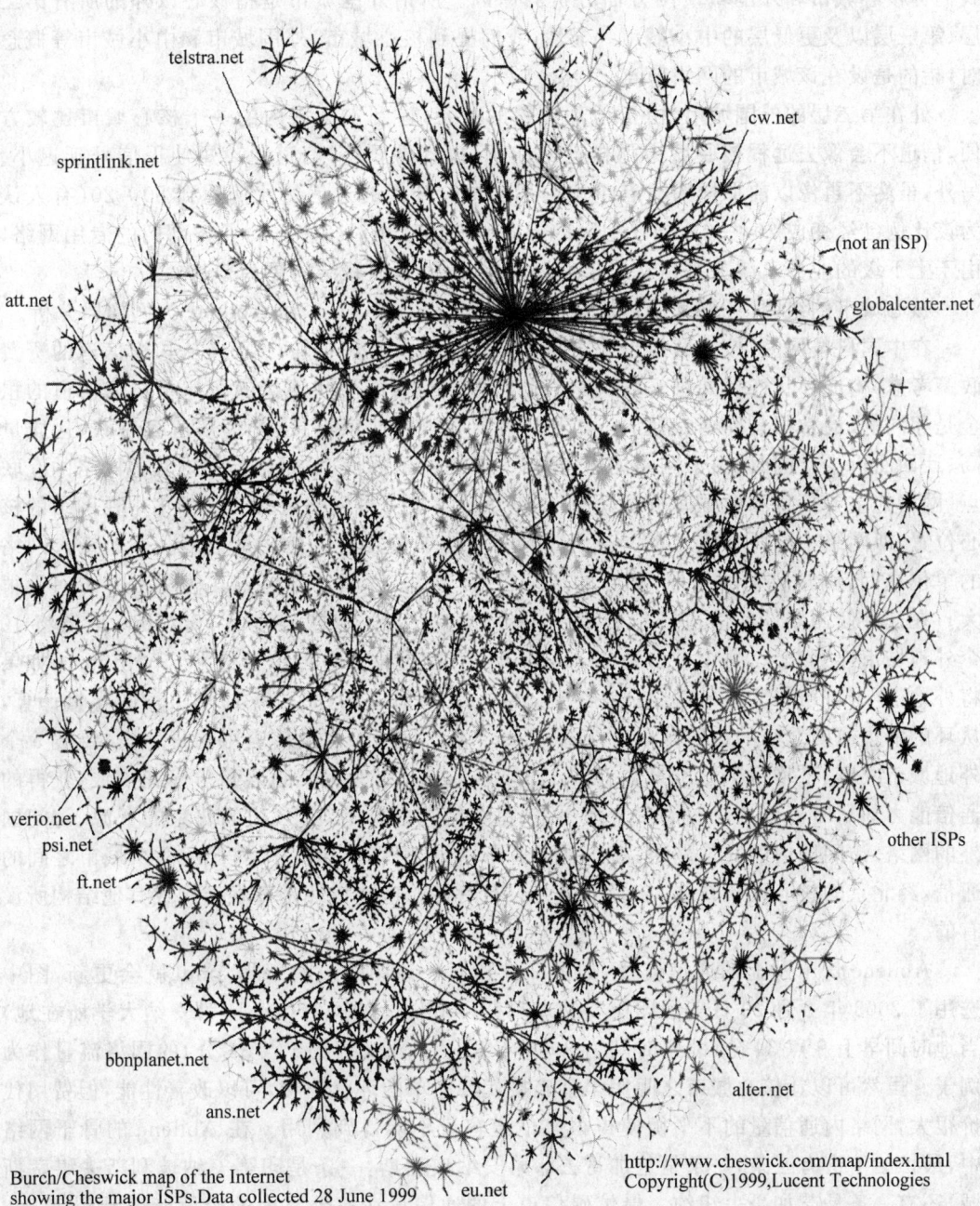

Burch/Cheswick map of the Internet
showing the major ISPs.Data collected 28 June 1999

http://www.cheswick.com/map/index.html
Copyright(C)1999,Lucent Technologies

图 2.8　各 ISP 网络的连接关系

### 2.4.4 骨干网结构对信道利用率的影响

从上面介绍的网络结构看到,业务部门的专用网络,无论是一个单位内部的网络(见图2.3)还是跨省市的业务专用网络(见图2.4),几乎都采用树状结构。ISP的大型网络,除少数核心城市(大部分为8~10个左右)采用环状结构或全连接结构外,其余下一级数量巨大的中小城市连接,主要采用树状结构。有的如中国科技网连核心城市也采用树状结构。我们分核心城市和外围城市两方面分析其原因。所谓外围城市是指核心以外的所有第二层、第三层以及更低层的中小城市。显然,我们提到核心城市、外围城市和中小城市等概念时,指的是设在该城市的网络节点。

处在第二层的外围城市,由于地理位置的关系,连到本区域内的一个核心城市比较方便,信道不会像去远程核心城市那样迂回曲折,也容易获得,信道距离短使得信号延迟小。另外,虽然不再像以前那样明显有单位内部与单位外部的通信量比例达到80:20(有人认为该比例已经变成20:80),同一地区内部的通信仍然相对较多。对业务部门的专用网络,由于上下级的业务隶属关系是从属于地理位置关系的,树状结构更为普遍。

核心城市的组网,考察其通信流量的规律,分别以CSTNet和Abilene为例加以分析。

在中国科技网中,核心城市也采用树状结构的理由非常明确:第一,从长途信道的资费政策考虑,构成环状连接的每一段长途信道的租金与构成星状连接的每一条长途信道的租金是相同的(通常都是跨省信道)。由于是主要城市向北京连接,光缆信道容易获得、质量高、迂回曲折少。同时,由于网络的不对称性,网络的国际信道、网络与国内其他网络的互联点、网络的主要信息和数据库资源、网络的超级计算能力等网络资源几乎都集中在网络的核心位置,即网络中心所在地北京。甚至接入网络的单位数量也是北京最多。外地接入网络的单位之间,因学科上的差异,相互的通信很少,到北京、国外或国内其他网络的访问量很大。在这种使用条件和信道资费政策下,举例来说,10条星状连接的155Mbps信道将10个外地城市连到北京,每个城市独享155Mbps信道,理论上总可用容量为1550Mbps。如果将外地10个城市与北京一起组成一个环,需要11条信道,仍按每条155Mbps的容量计算,从环的两边通向北京的总容量只有310Mbps。靠近北京的两段信道中的每一段,要被5个外地城市共享,平均每个城市只能得到31Mbps的通往北京的信道容量。多花了钱,获得的通信能力却只有五分之一。第二个理由是,星状结构的外地城市,访问北京的资源、访问国外的网络、访问国内的其他网络,在本网的骨干网络上只有一跳;网内任意两个城市之间的通信,经北京的核心设备转接,在骨干网上只有两跳。这些特性是环状结构或其他结构所没有的。

Abilene骨干网上的通信流量,如图2.9所示。该图的流量每隔5min就会更新,图中选用了2003年3月20日美国印第安纳玻利斯(Abilene的网管中心印第安纳大学所在地)当地时间早上9点34分(北京时间为2003年3月20日晚上10点34分)的网络流量作为例子。虽然可以让核心城市之间用丰富连接代替简单的环状连接,可以改善性能,但费用代价很大,网络内通信量的不平衡使得很多信道容量不能得到利用。在Abilene的骨干网络中,最忙的信道有三条,一条是芝加哥去印第安纳玻利斯,一条是印第安纳玻利斯去堪萨斯城,还有一条是芝加哥去纽约。最忙碌信道上的通信量在一个月内的峰值能记录到1.2~

1.3Gbps,平均值可以达到 780~870Mbps。而闲的信道上的通信量,一个月内的峰值只记录到 50~60Mbps,平均值只有 20~22Mbps 左右。最忙的信道与最闲的信道,信道容量的配备前者为后者的 4 倍(10Gbps 对 2.5Gbps),但实际的通信流量前者为后者的近 40 倍(870Mbps 对 22Mbps)。显然信道配备上不够合理,造成了信道资源和路由器资源的浪费。对于环状网络结构辅以重要节点之间增设附加信道这样一种复杂的结构,各节点之间的通信,会借道其他不相关的节点而路过,加重了这些信道的负担。而借道的通信流量模式是难以描述清楚的。在 Abilene 中,通信流量的大小,固然跟所连接大学的数量有关,但最主,要的原因是网络节点所处的位置与网络资源所处的位置造成的。芝加哥的 STAR-TAP 为对外连接的关键点,因为其他国家的下一代 Internet 研究网,都通过设在芝加哥的交换中心接入。另外,在地理位置上,芝加哥、印第安纳玻利斯和堪萨斯城,处在美国东西部城市之间通信的过路位置。这些因素使得核心城市之间的通信很不均衡,配备网络资源时也难以预测过路通信量会怎样叠加,难以做出合理的资源配置,造成信道资源的浪费。

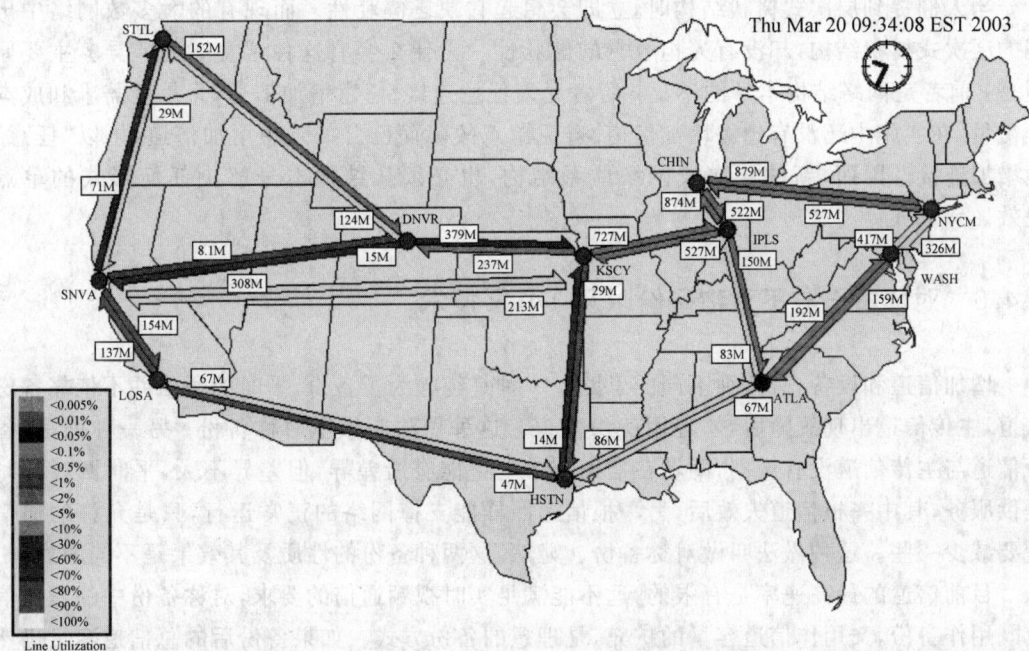

图 2.9　Abilene 骨干网的结构及其流量

我们选用 Abilene 核心环中实际通信量的例子,就是想说明环状结构并不合理,也不容易做到合理。在我们的层次式体系结构中,可以把这种顶层的核心环划归为一个或两个节点域,成为整个树状结构网络的顶层节点域,而核心环向外的连接,本来就是树状的。这样,几乎所有的现存网络,都显示出天生的层次特性。

## 2.4.5　网络的健壮性

由于最早设计 Internet 时,允许任意连接,给人带来一种盲目的安全感,认为现有的网络是很健壮的、没有单点失效的。这是一种假象,大家正在实际使用的网络是非常不健壮的。正如上面各小节所讨论的,目前已有的网络,除了核心层有较丰富的连接外,向下层连接的信道尤其是第三层以下的信道通常都是单信道连接的层次式树状结构。之所以采用单信道的主要原因是成本与使用要求的折中。增加信道使成本提高,而目前的使用还没有要求电信级的健壮性和可用性。通常有部件失效时,临时修复。但对于未来电信级质量的通信要求,这种简单的树状结构缺乏健壮性,单根下连信道失效,下面的一个子树就失去了连接性。一些骨干网络采用拨号的 ISDN 等手段提供热备份,这对通信量不大、主干信道速率为 2Mbps 左右的专用网络还可以。现代网络的骨干信道速率越来越高,155Mbps、622Mbps、2.5Gbps、10Gbps 已经十分常见,每波 40Gbps 的速率也很快就能实用,依靠 ISDN 或电话信道做热备份已经没有意义。

可见,现有的绝大部分骨干网络,无论是专用的(业务部门自己的)还是共用的(ISP 的)网络,其较低层次都不是完全健壮的。要增加现有网络的健壮性和可用性,就要避免单点故障。避免单点故障的办法,就是增加信道和网络设备。

当人们提到层次式树状结构时,立即会想起它缺乏健壮性。而现有的大多数网络中出现的层次式树状结构,却没有人担心它的健壮性。为什么会有这种感觉上的差异?主要原因是:前者是网络结构本身的不足;后者允许任意连接、任意增加信道,只是从需求和成本上衡量,在实施中还没有想去增加信道、避免单点故障而已。如果想增加信道,可以"任意"地增加连接。因而,新的层次式网络体系结构,也必须从结构本身解决任何形式的单点失效。

## 2.4.6　对称备份与不对称备份以及 Trunk 技术

增加信道和设备,有两种不同的思路。一种是纯粹为了备份,平时的通信并不依靠备份信道,主传信道出现故障后,才起用备份信道。这种做法叫做不对称备份;另一种做法,备份信道与主传信道没有区别,两者在信道速率上可能有所差异,但差异不大,平时两者同时提供服务,其中一根信道失效后,另一根信道照样能支撑网络的正常运行,只是允许的通信量要减少一些。这种做法叫做对称备份。显然,这两种备份的性质及其效果是不同的。

目前信道的最高速率是有限的,远不能满足实时视频通信的要求,对称备份中的备份信道既用作备份,又用作信道容量的扩充,是理想的备份方式。如果备份后的总信道容量仍然不够用,还可以用更多的信道并行工作。例如,假定当前的信道容量可以做到 40Gbps,某条骨干信道需要支持 100Gbps 的业务量,就可以使用 3 条 40Gbps 的信道并行工作。

备份信道的连接方式影响到网络的拓扑结构。对于不对称备份,以保持网络连通性为主要目的,较少考虑备份信道上通信流量的合理性。例如,在图 2-4 所示的一个全国性业务部门的网络例子中,某个中小城市 BA 的业务隶属关系就是它行政上的上级省市中心 B。如果为了增加连通性,在中小城市 BA 和省市中心 A 之间连接一条备份信道,一旦 B-BA 之间的信道出现故障,B 对 BA 的管理信息和发布的信息或 BA 要向 B 上报的信息,可以通过省市中心 A 和全国中心来转发。显然这样的备份信道很不合理,不如图 2.4 中虚线(例如 B-BX)所示的备份信道方便实用。不合理的原因是,业务关系是树状的,而该备份信道破坏了拓扑结构的树状特性,并且由于不符合业务关系,它平时是空闲着的。

对称备份兼顾故障信道的备份和对主传信道容量的扩充。但是,这种备份和扩充只对信道的失效有保护作用,如果在 B 和 BX 中都是一台设备(路由器或交换机),设备会成为单点故障的所在地(其实上面谈到的不对称备份信道 A-BA,也没有解决设备的单点故障问题)。为此,要求在 B 和 BX 中采用两台或两台以上的设备。

对图 2.4 中在 B 和 BX 之间连接多条信道并使其并行工作的技术,读者不会陌生,就是所谓的 Trunk(干线)技术。但现有的 Trunk 技术,在一束信道的两端各是同一个交换机。要想让这些信道连到不同的交换机上,就要在各交换机之间执行特殊的协议。我们把这种与传统 Trunk 技术不同的、兼顾备份和容量扩充的、连到不同设备的特殊 Trunk 技术称为逻辑信道与逻辑域管理技术。有了这种技术,就可以有效地解决保持业务的树状特性、设备和信道的可用性以及交换容量和信道容量扩充等多方面的问题。

## 2.5  理想的网络结构模型

从现有网络的自然结构特点可以看出,一个理想的互联网应该具有图 2-10 所示的结构,它由一个骨干网和众多的用户接入网(简称接入网)组成。接入网在边缘,是末端网络;骨干网为接入网传递用户数据包,可以看作是一个大型的 IP 交换机。

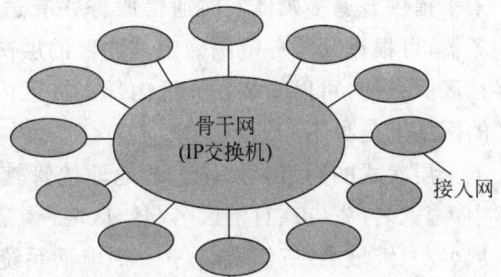

图 2.10  理想网络结构模型

图 2.10 的理想网络结构模型描述了骨干网的基本功能:将来自一个接入网的数据包交换到另一个或多个用户接入网。但我们不可能为全世界的网络构建这样一个规模巨大的交换机。像以太网交换机一样,为了扩充交换机的规模,可以把规模较小的交换机按树状结构级联起来,构成一个可以无限扩展的层次式树状结构,其扩展后的骨干网模型如图 2.11 所示。

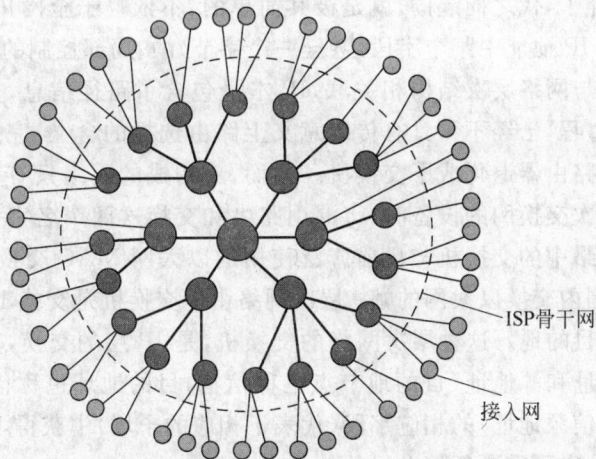

图 2.11  层次式交换网络模型

## 2.6  Internet 应当向层次式树状结构转变

层次式的网络结构,可以把子区域内的局部通信量限制在子区域内部,不占用子区域以外的网络资源,避免了目前经常出现的国内通信绕道国外,市内通信绕道其他城市的混乱、低效和浪费网络资源的现象。

传统的电话网络,是一个层次式树状结构,它具有可扩展性,能满足全球所有人对电话通信的需要。而目前 Internet 的任意连接,一条信道被不可知的用户群体借道使用,加上通信的突发性,设计人员无法正确为每条信道及其相应的端口分配合适的资源数量。有的信道使用率过低、有的信道拥挤不堪的不平衡现象处处可见,给提供 QoS 保证带来了极大的困难。层次式的网络结构,每条通信线路和每个设备端口,都有相对固定的用户群体和通信量,极易安排相应的资源数量来满足这种较确定的需求,并能有可以预计的余量,这就能为未来提供普遍多媒体实时通信服务并有适当的 QoS 保证创造了条件。对于网上的信息服务器,可根据其服务范围确定其放置的层次位置。为全局服务的,可以在高层提供服务;为社区服务的,可以安装在社区内部。社区内部访问这些服务器的通信量,社区的上层及外界的网络上是见不到的。

层次式的网络,可以把 IP 地址按管辖域分段。类似的例子比比皆是。邮政地址系统中,国家名/省、市、自治区名/县、区名/街道、村名/门牌号、村宅名;域名系统中的根/顶级域名/二级域名/三级域名/……;电话系统中的国家号码/地区号码/局号/局内号。如果将IP 地址划分成不同层次的域号,用户数据包顺着树走向目的地,处在每个树节点上的设备,只要根据数据包地址中的下一级子域号选择输出端口,就完成了路径的选择。由于属于一个域的下级子域的数量非常有限(一般不会超过数百),每个节点设备要比较的字段长度就很小并且很容易设计成定长字段,这种表格的查询速度可以比传统方法提高两到三个数量级。如用硬件实现的话,一个普通的译码电路就能完成地址到端口的映射。这样,复杂的路由技术被彻底地丢弃了,代之而起的,就是极其简单的、不依赖于全网拓扑结构而只与本地端口有关的、只用到 IP 地址中某个字段(甚至一个字节)的、局部控制的交换。

将 IP 地址子域与网络层次结构相关联,IP 本身包含了路径信息,交换机将一个 IP 数据包送到目的地的过程,已经不再具有传统意义上路由选择的含义,完全变成了按照 IP 子域字段进行的交换,路由器退化成了交换机。因而,新构成的网络只有交换机,不再有路由器了(本文在谈到层次交换网的设备时,将混用路由和交换这两个名字,其实都是指交换机的交换)。层次式网络中的交换机与目前广泛使用的以太网 MAC 交换机完全不同:MAC 交换机只在局部范围内交换以太网的帧;层次网络中的交换机是交换 IP 包,能在整条路径上将 IP 包从源送到目的地。这种层次网络的交换机,是 IP 层的交换,其实施交换的依据,就从 IP 包的目的地址和源地址(目的地节点也称信宿,目的地址也称信宿地址;源节点也称信源,源地址也称信源地址)的相应字段(代表了相应的子域)中获得,根本不需要分配、管理、检索很长的标记,也不需要任何全局的信息。

将 IP 地址子域与网络层次结构相关联的另一个好处是,IP 地址的分配失去了全局意义,不再需要全球性的地址分配机构,不再出现占用地址的不公平现象。上级分给下级一个地址范围,下级怎样继续向下分配和使用这部分地址,是下级管理员自己的事,上层管理员无须知道。

将 IP 地址子域与网络层次结构相关联后,交换机能从 IP 包的地址就可以看出该 IP 包总共要走过多少个节点,已经走了多少节点,还要走多少节点,这为提供 QoS 保证带来了极大的方便。

将 IP 地址子域与网络层次结构相关联后,对移动终端的漫游并没有带来新的困难,原有的漫游技术仍然可行,而且利用其结构的特点进行深入的研究很可能导致进一步降低漫游的复杂性。

将 IP 地址子域与网络层次结构相关联后,对经常要用到的视频信息多播带来了新的希望。一方面,复杂而频繁地生成多播树的过程被消除;另一方面,每个节点处理多播信息转发的过程更加简易。

将 IP 地址子域与网络层次结构相关联后,每个逻辑节点(逻辑交换机)只与它的上下邻居有联系,任意一个物理交换机或物理信道的失效,很容易在点对点一级快速实施网络自愈以及多条信道上的负载平衡,而不需要依靠昂贵、复杂、不灵活的 SDH 环来提供数十毫秒级的自愈。而传统的路由器结构,不能做到点对点的失效恢复,依靠路由传递、重构路由表解决对失效部件的屏蔽(绕道而行),这往往只能做到秒级甚至分钟级的恢复速度,这是传统 Internet 不能提供电信级服务、不能提供满意的 QoS 保证的众多原因之一。它的这些不足是内在的、无法逾越的。

以往人们对层次结构的可靠性存有疑虑,但随着技术的进步,设备和信道的可靠性获得了很大的提高,人们已经不再一味追求无主从无中央控制节点的所谓分布式系统了。前面提到过的以太网结构就是一个典型的例子:目前实施的以太网,几乎没有人再去用分布式的 10BASE-5 或 10BASE-2 了,而改用 hub/switch(集线器/交换机)结构(如 10BASE-T, 10BASE-F 等)。人们并没有因为担心处于中央位置的 hub/switch 出现故障会造成整个以太网的瘫痪而不敢使用。对具有中央控制点的系统,也可以通过冗余、模块化设计等技术提供热备份,对付单点故障。层次式网络结构的冗余和可靠性技术,有其自身的特点,是个值得研究并且非常容易解决的课题。

实现 Internet 结构的层次化,利用逻辑节点域(也称逻辑交换机)及逻辑信道的新概念,很容易地解决信道和交换机失效带来的所谓单点失效的可靠性问题,也很容易解决交换机能力和信道容量的可扩展性问题。

## 2.7　连接与无连接

当网络提供视频、话音和计算机数据的综合服务时,它不应该以不变应万变,用一种统一的方式面对性质决然不同的实时和非实时两类应用。视频和话音通信的信息流相对地比较平稳,突发性相对较弱,但实时性要求高,在丢包率、延迟及延迟抖动等 QoS 的主要性能指标上有严格的要求。数据则相反,它的突发性强,无实时性要求,丢失的数据包可以由高层协议在端到端重传解决,因而对 QoS 没有特别的要求。显然,对视频和话音通信,电路交换更合适;对数据通信,分组交换更好。但 Internet 的分组交换特性,决定了它不可能实现传统意义上的电路交换。分组交换本身可分为面向连接和无连接两类。这里要提醒读者注意的是：电路交换和面向连接交换是两个不同的概念。电路交换一定是面向连接交换的，但面向连接交换不一定是电路交换的。有无连接的区分，在于网络层（IP层）是否具有端到端的连接机制和路径的管理机制。目前 Internet 中，通常把 TCP 看作是面向连接的，UDP是无连接的。但 TCP 的连接只有端到端的控制（例如包的顺序检查、丢失包的重传、窗口和拥塞控制等），没有路径的控制，因为一个 TCP 流中的各个 IP 包是完全独立的，可能走不同的路径到达同一目的地。从这个意义上说，特别是从提供 QoS 的角度看，TCP 并没有提供面向连接服务的能力。正是这个原因，大量视频和话音应用，宁可用 UDP 而不用 TCP。传统的视频和电话系统是基于电路交换的，传统的数据通信是基于分组交换的。电路交换网独占电路，分组交换网共享信道。目前在 QoS 方面的困境，主要原因在于把上述两类性质完全不同的应用混在一起，并且用与 QoS 相抵触的无连接分组交换技术来统一提供服务。这就是 Internet 为两类交通提供普遍的多媒体综合服务的先天性不足，使得目前解决 QoS 问题困难重重。对于 Internet 不适合为视频和话音服务这样一个结论，会有许多人感到不能接受。其实，只要简单回忆一下当初为什么要建 Internet 并且以怎样的技术建了 Internet，就不得不承认，当初建 Internet 并不是为了视频和话音应用，采用的技术也不能支持视频和话音应用。有了这样的认识，不仅能坦然接受上述结论，而且能认识到对其进行一次革命，是理所当然、十分必要的了。

技术的进步、信道容量以及设备端口速度的大幅度提高、计算机智能的开发与利用、视频信号的高带宽及其交通量在一定程度上的突发性、各种不同视频质量要求（例如普清和高清视频）的带宽要求的极大的差异等因素，使得现代通信网不能简单地使用电路交换，只能使用分组交换。这就要求层次式交换网络（hierarchically switched network，HSNET）是个新型的分组交换网，同时支持面向连接的和无连接的服务。当然，在无连接的 IP 基础上构造面向连接的服务，只能是一种虚拟的电路交换和虚拟的有连接服务，即从外观上向实时应用呈现面向连接的特性。这些特性其实只有两点：保证满足实时应用的带宽要求，使其感觉到对所要求带宽的信道是由它独占的；无论是否有部件失效，同一应用的数据流应该走相同的路径到达目的地，并且尽量维持数据流中各 IP 包的顺序不变。在为实时应用提供面向连接服务的同时，还要为非实时的数据传输应用提供无连接的服务，让它们共享任何空余的信道容量。

面向连接的服务，可以用虚拟电路（VC）的方式提供。每次通信开始前，要建立一条 VC，在建立 VC 的请求报文（VC-Request）中，给出通信所要求的最大带宽（峰值速率）作为对资源的主要需求。沿路的交换节点，为本节点的每个输出链路保留一个可用资源总量。对一个新的 VC 请求，如果本节点相应的输出链路有足够的资源能满足 VC 要求并且收到了来自目的地的对建立该 VC 的确认报文（VC-Confirm），就把资源分配出去。当一个 VC 撤销时，其释放报文（VC-Release）也指明所用的资源，沿路节点将该 VC 占用的资源归还，成为可用资源。如果本节点资源不能满足要求，则拒绝连接。

对每个中间节点而言，在每一个输出链路上开通的 VC 数量可能很大（例如提供了数十万个话路），如果中间节点要为每个 VC 保留任何参数，将是一张巨大的表，节点对这种大表的操作，又会成为节点存储量和处理速度的沉重负担（这是 IntServ 不能获得实际应用的原因）。因此，中间节点可以不设任何与 VC 有关的参数。在边缘节点，其直接连接的用户计算机数量有限,每台用户计算机发起的 VC,都在边缘节点进行记录,供差错控制用。与传统的 VC 概念不同,第一,IP 地址子域的值决定了交换方向,因而可以不用 VC 号,避免中间节点处理庞大数量的 VC;第二,这里的 VC-Request 只是用于预留一个通信方向上沿路节点的资源,如果一对通信用户在相反方向上也有数据传输(交互通信或只是简单的传送层应答),占用的节点输出端口及信道是不同的,应在相反方向上利用 VC-Confirm 预留资源,两个方向的资源使用量可以不同。显然,这样的 VC,与传统的 X.25 中的 VC 也有很大差异。首先,X.25 的 VC,靠一路上的 VC 号级联而成(这与 MPLS 相似)。而在 HSNET 中,因为网络的结构是树状的,两个通信用户之间的逻辑路径是唯一的,VC 号由地址中的相应字段代替,省去了 VC 的任何管理和分配,更为简捷。其次,X.25 中,利用 HDLC 对每个包的编号控制,既解决了差错控制,又解决了包的顺序问题。在 Internet 中,一大特点是免除了点对点的差错控制机制,也没有用于点对点顺序控制的链路层数据包编号。在 HSNET 中,很容易做到点对点网络自愈,但包的顺序要靠交换软件的特定处理加以解决。当然,即使是交互式的视频通信应用,接收端总有一定数量的播放缓冲,个别数据包次序在局部范围内的颠倒是很容易被调整过来的。对话音实时通信,相邻两个数据包的间隔很大,包次序的颠倒是不会发生的。对视频通信,次序颠倒的距离,完全可以控制在很小的范围(例如 3~5 个数据包)之内,这无论对端点设备的缓冲能力还是对由此造成的画面滞后,都没有影响。

对实时应用,只要沿路节点都能充分保证每一个 VC 的最大带宽需求,报文一到达,就能以尽量快的速度被发送出去,所谓尽量快,取决于报文到达时队列的长度,虽然理论上可能出现所有 VC 的报文在同一瞬间到达,数量巨大,实际受节点端口数的限制,同时到达的报文数量有限(关于如何使流量平滑,防止强烈的突发,将另文讨论)。由于信道能力大于所有 VC 的最大(峰值)速率要求,进入队列的有限报文能在很短的时间内发完。故经过一个节点的最短队列等待时间为 0,最大等待时间出现在同时到达报文的队尾。假设某节点拥有 250 个端口,这些端口上同时到达的报文,都要从同一个端口输出,输出链路 2.5Gbps 速率,平均报文长度 1500B,则最大等待时间只有 1.2ms。这是极端的假设,来自所有端口的数据包要从同一个输出端口出去,并且同一时间到达,可能性微乎其微,而且常见的视频通信包长度只有几百个字节。对于实时应用,报文的到达是周期性的,因而满队列的情况不会持续很久。否则,在用 VC-Request 和 VC-Confirm 请求连接时,早就因为某个或某些节点的资源不够而被拒绝了。因此,只要保证了峰值速率的带宽需求,延迟和延迟抖动就必定能被限制在很小的、能够满意的范围内。加之每个节点可以从数据包的地址字节中很容易看到该包已走过和将要走的节点数情况,可以对较紧急的包作局部的调度。这种局部性大大简化了 QoS 的复杂性,降低了实现 QoS 的难度。

由于节点为实时通信的峰值预留了带宽资源,无论从平均负荷量还是从突发谷底的负荷量看,都有很多空闲的容量,可以用于非实时数据的传输。目前 Internet 上的大量 Web 页面,E-mail 等,都可以用无连接、非实时的方式传送。无连接报文的格式与 VC 报文的格式相同,都是根据 IP 地址子域值进行交换,只是在一个标志字段(如 TOS 字段)内分别标明实时和非实时,表示有无连接。对无连接报文,与有连接报文放在不同的队列中。只有有连接队列为空时,才发送无连接队列的报文。为了平衡有连接服务和无连接服务的网络业务量,节点在将资源分配给 VC 时,可以设置一个调节比例的系数。系数小于 1,则留下较多资源给无连接服务;系数大于 1,可以超量分配资源给有连接服务,利用各 VC 峰值位置的错开,仍能以极大的概率满足实时有连接应用的 QoS 需要,但这时无连接服务获得的资源将更少。有关资源预留和 QoS 保证的更详细的描述,将在讨论 QoS 的专门章节中给出。

ATM 是一种面向连接的交换设备,能提供一定程度的 QoS 保证。本文提出的方法与 ATM 有很大差异:第一,当信道容量很大时,用户建立的连接数量巨大,ATM 就要有很大的 VC/VP 表格,影响了处理报文的速度。本文的交换机根据有限长度的地址子域(通常用地址中的一个字节,与最多 255 个输出端口对应)进行输出端口的选择,表格很小。第二,ATM 为保证 QoS 而采取了复杂的软、硬件措施,影响了交换机的速度和成本。第三,ATM 针对话音需要而设计的定长小报文,效率不高,更不能满足视频通信的要求。第四,ATM 提供面向连接的交换,现有 IP 协议要通过仿真或协议转换才能与 ATM 共存,严重影响了 ATM 的使用,虽然 MPLS 可以使 IP 网络像 ATM 一样进行交换,较容易解决 ATM 和 IP 之间的共存性,但由于 IP 的存在,难以发挥 ATM 对 QoS 所做的努力。第五,ATM 本身不能同时提供面向连接和无连接两类服务,就不能让有连接服务以峰值带宽预留资源,否则信道利用率太低。第六,本书提出的有连接服务与通常意义的有连接服务不同,它本质上仍然是一串独立的 IP 报文在网络中流过,只不过因网络拓扑结构的关系,同一次通信的各数据包将走同一条路径奔向目的地。如果中途出现设备和线路的故障,后续的通信能在数十毫秒内获得自愈(关于层次交换网自愈的能力,参见第 8 章)。所谓的 VC,只是在建立连接和拆除连接时用于预留和归还资源,为保证 QoS 而设计的,节点对其没有更多的管理。本质上,这种 QoS 机制是 DiffServ、资源预留以及准入控制的结合,并且充分利用了层次式交换的结构特点。

总而言之,目前的 Internet,由于路径不确定,无法提供虚拟电路和虚拟连接的服务;而 HSNET 有确定的通信路径,才有可能建立 VC,提供有连接的、有 QoS 保证的服务。

## 2.8　层次结构网络的部署

对现有系统作革命性的改造,能否成功的关键是部署问题。部署意味着对现有网络作结构转变,如前面讨论过的,能成功的条件有两个,一是规模小,容易实施;二是与原系统兼容,同时并存,逐步转变。既要使用新系统,又要兼容原有系统,两者要能简便地实现互通。目前 IPv4 与 IPv6 的关系,就存在这个致命的问题。从部署的角度看,应把从 Internet 的路由结构向 HSNET 的层次交换结构的过渡分成两个阶段走:第一阶段只对现有的 IPv4 网络作骨干网的层次交换改造,解决路由结构带来的一系列致命缺点;第二阶段实施全网的层次交换,达到地址空间的自治分配管理和无限制地满足对地址空间的要求。

目前的 Internet 技术,由于 GE 和 10GE 技术与其他长途高速传输技术(例如 2.5Gbps 和 10Gbps 的 POS 技术)同步地发展,使得能用于长途骨干网的速率,也能十分方便地用于用户接入网。这些速率对骨干网显然不够,且由于路由器的瓶颈,不能充分发挥光纤的 Tbps 传输能力。但对用户接入网而言,它所面临的是有限的用户群体。现有的路由器技术,虽然价格较贵,但对有限的用户群体,完全能满足话音、视频和数据通信的需要。举一个极端的例子。假设一个拥有 5000 户居民的居住小区,用现有的技术 10GE 对外连接,用 GE 技术连接到楼,用 10/100M 技术连接到户,每户同时有一路 2M 的 MPEG-2 视频点播,不考虑视频服务器的能力,从网络传输能力上看,网络各部分设计的速率,完全能够满足要求。何况在这个例子中,没有考虑视频服务器设在小区内部对 10GE 对外信道减轻的负担,也没有考虑 5000 户同时看 VOD 的概率有多大,更没有考虑利用多播能力减轻信道负担的可能性。即使是在最坏的情况下,不加任何 QoS 措施,在接入网中实现所谓的"三网融合",目前的技术已经够用。从统计复用的角度以及社区内设立视频点播服务器来提供服务,每个家庭获得多路视频的服务,是轻而易举的。

如果在最坏情况下,在用户接入网中,现有的技术已经能满足多媒体通信的要求,网络中就永远不会有数据包的堆积,信道基本上处于空闲的状态,绝大部分数据包来了就可以发,少数数据包因突发而可能排一点不长的队,并能在不到 1ms 的时间内发出去。那么,接入网就完全不需要任何 QoS 控制。加上任何形式的控制,只是增加了网络负荷而已。因此,在接入网中,克服现有的路由器结构的缺点,并不是当务之急。

骨干网就不同,除了非实时应用外,它可能要对付成十万、百万甚至千万的视频和话音通信流。低效率、低速度、不能快速自愈、难以实现多播、不能有效解决 QoS 保证机制的路由结构,就是解决"三网融合"的关键性障碍所在。解决骨干网的问题是目前的当务之急。其实,Internet 界正在研究的无数企图解决 QoS 的方案、方法,无一不是针对骨干网络的。遗憾的是,这些方法异常复杂,效果甚微,难以部署,甚至连制定标准都难以完成。

向层次交换骨干网过渡,以 ISP 的骨干网为单位来部署比较合宜。

层次网络的地址结构,本可以重新设计,只要地址空间足够大,便于划分层次就行。但为了与未来的 IPv6 相一致,可以直接使用 IPv6 地址结构进行层次交换。充分利用向 IPv6 转变的机会,推进层次结构网络的部署,两者相互促进。

因此,实现第一阶段的部署,不改变用户现有的接入网,只把 ISP 运行的骨干网改为层次交换方式,不仅部署十分简便,而且能解决当前的主要问题。当用户接入网逐步向 IPv6 过渡时,骨干网仍然可以适用。

从逻辑上看,骨干网是一朵内部采用层次交换方式的"云",是一个大交换机。用户接入网,是连到这朵"云"上的外围网络。依靠这朵"云"(大交换机),把所有的用户接入网相互沟通起来。这种结构,非常清晰、简单。其实现细节,参见第 3 章。

实现第二阶段的部署,即把层次结构向用户接入网推进,也有两种情况。一种是逐步用层次式交换机替换用户现有的路由器和交换机等设备,而用户的主机仍然使用现有的协议(IPv4);另一种是用户主机直接采用新的地址格式(IPv6),全网的层次和交换推进到每一台计算机。对前一种情况,与只在骨干网中实施层次交换在技术上没有任何差异,只是把层次向基层推进。对后一种情况,交换能力推进到了每台主机,实现了部署的最终目标。

实现层次交换的 ISP 骨干网与其他 ISP 的骨干网互联,取决于其他 ISP 骨干网的情况,分两种情况:如果它也是层次骨干网,则只要向上增设一个交换节点域,作为树根,构成一棵更大的树。更多的层次交换 ISP 骨干网加入时,都在这个树根下;如果互联的 ISP 骨干网不是层次交换网络,则可以用一个 BGP 路由器连接,把外界的网络看作一个普通的用户接入网,只是其地址范围为默认的"非本网内的地址"。

对现有网络怎样向层次网络过渡的详细描述,见第 18 章"向层次网络过渡"。

# 第3章

# 层次网络及其控制

将 Internet 改造成层次式树状结构,并把地址与网络结构相关联,利用地址字段的交换替代路由,有一系列新的问题需要解决。本章针对树状结构在可靠性和可扩展性方面的不足加以讨论,提出克服这些问题的方法。

## 3.1 树状结构的可靠性和可扩展性

### 3.1.1 树状结构的缺点

传统的树状结构,由于从上层节点到下层节点的链路是唯一的。虽然这种唯一性带来了一系列的好处,诸如用户数据有确定的、可预测的路径,计算机处理便捷,TCP 包的顺序自然地得到维持,有类似于电路交换的性质,等等。但树状结构唯一路径的特性同时在可靠性和可扩展性方面成为固有的缺点。一条信道的失效,使得该信道下连的子树失去连接性,一个节点的失效,造成一批下属子树失去连接性。另外,受技术的限制,一条通信线路的带宽不可能做得很大,当要求树状结构中某一分支链路的容量超过单一物理信道所能提供的容量时,怎样做到树的每个分支上的信道容量可扩展,也是对简单树状结构的挑战。

### 3.1.2 树状结构的改进方法

图 3.1 表示了传统的树状结构。图 3.2 是一种解决可靠性和可扩展性的可能方案。图 3.3 是新提出的解决方法。该方法以逻辑节点代替简单节点,以逻辑信道代替物理信道。

比较上述 3 个图,图 3.2 增加了虚线所示的部分信道后,加强了 $F$、$G$ 和 $K$ 子树的可靠性及信道容量的扩展性。这样虽然表面上看仍然是个层次网络,但它已经不再是树状结构了。这样的结构,其实与任意连接的网络没有本质的差异,其控制仍然会很复杂,确定传送路径时仍然要求在各节点之间交换连接信息,构

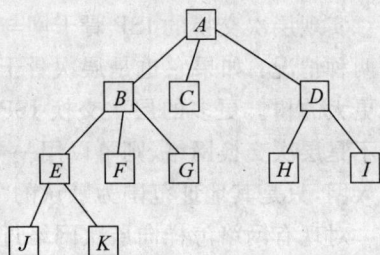

图 3.1 传统树状结构

建路由表,为用户传送数据包时仍免不了要查询路由表。当网络规模很大时,生成和查询路由表与现有的任意连接的无结构网络没有差别。原有网络的一切弊病依然存在。另外,图 3.2 中只为 3 个节点增加了连接性,很多没有增加连线的节点,其可靠性和可扩展性依然没有得到解决。如果对各单线连接的节点再增加信道的话,有可能比现有的任意连接的 Internet 结构更加复杂。我们不考虑用这种任意增加连接性、破坏树状结构特性的改进传统树状结构的方法。

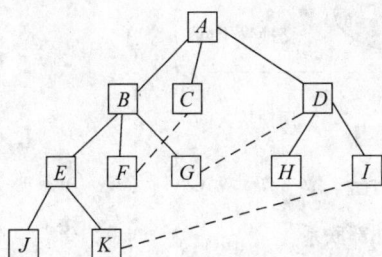

图 3.2　增加可靠性及可扩展性　　　　图 3.3　节点域及逻辑信道结构

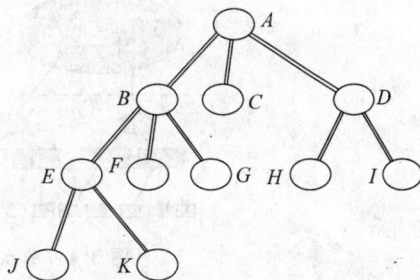

在图 3.3 中,用逻辑节点代替传统的树节点,用逻辑信道代替传统的树枝。逻辑节点由一个或多个物理设备组成,构成一个节点域。节点域内的每个物理设备,是交换机(以及后面要讨论的服务器)。为了称谓的清晰,我们约定,逻辑节点、节点域和树节点 3 个名字是等效的。在强调树的宏观结构和树特性时,更多地使用逻辑节点或树节点;当强调节点的内部结构和组成时,更喜欢用节点域。把节点域内的一台或多台交换设备,称为交换机;把节点域内的一台或多台服务设备,称为内部服务器或服务器。交换机和服务器统称为节点。无论节点域内部怎样复杂,它对外是一个黑匣子,呈现单个树节点的特性。每条逻辑信道中可以包含一条或多条物理通信线路,简称通信线路或信道。一条逻辑信道唯一地将上层逻辑节点与一个下层逻辑节点连接起来,对外也呈现单条信道的特性。这样,从逻辑上看,是一棵由逻辑节点和逻辑信道构成的标准的树,具有树状结构的一切特性;从物理上看,克服了单点失效、单线失效、交换能力的可扩展性和信道容量的可扩展性等树状结构固有的缺陷。

对逻辑节点和逻辑信道加以展开细节的例子可参考图 3.4。图 3.4 中只画出了两层逻辑节点,上层只有一个节点域,下层有两个节点域,节点域内部,分别有 3~4 台交换机和一台服务器。作为唯一地将上下相邻层节点域相连的逻辑信道,由多条物理信道组成。虽然物理信道从节点域内的哪个交换机引出,没有特别的要求,有时取决于现场的连线条件,但从可靠性考虑,同一逻辑信道中的各物理信道应尽可能地从不同的交换机引出。这样,任意单个交换机的失效或任意单条物理信道的失效,只是降低网络的性能,而不会影响网络的连接性。

对图 3.3 和图 3.4 所示的树状结构,要解决的问题有两个:一是怎样控制和管理一个节点域内的各个交换机,使其对外像一个交换机一样,对内有效、合理地发挥每个交换机的作用;二是怎样控制和管理一条逻辑信道内的各物理信道,使其对外像一条信道一样,对内均衡地在各不同速率的物理信道上分担通信量,并且兼顾到 TCP 对每个通信流内的各个数据包尽可能保持相对顺序的要求。显然,这两个问题是相互关联的。

一旦节点域内部的控制协议能管理好各交换机和各对外的逻辑信道,使其对外呈现单一交换机和单一信道的特性,则树节点和树信道的可靠性、树节点交换能力的可扩展性以及

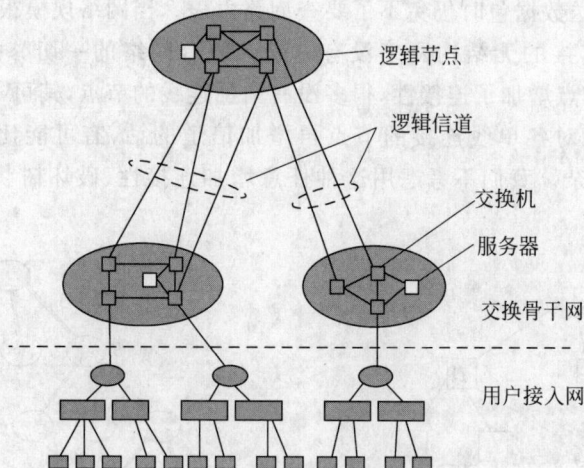

图 3.4　节点域内部结构及外部联系

逻辑信道容量的可扩展性就都得到了解决,同时获得了优良的树结构特性。

对 F-C、G-D 和 K-I(参见图 3.2)等破坏树结构的扩展性连接,如果在节点域的控制协议中,将其与其他树结构连接信道区别对待,则也能既增加连通性又不破坏树结构特性,将在第 10 章中加以讨论。

## 3.2　逻辑节点与逻辑信道

在改进后的树状结构中,组成树的元素只有两个:逻辑节点和逻辑信道。下面将进一步描述它们的细节和特性。

### 3.2.1　逻辑节点及其内部结构

在树状结构中,为了使信道容量和端口数可扩展,也为了使信道自动热备份以增加可靠性,一个逻辑节点即节点域是由一批互相连接的交换机组成的(也可以只用单个交换机构成一个节点域,是个特例)。我们用图 3.5 所示的节点域内部结构例子,加以说明。

在图 3.5 的例子中,一个节点域内设置了 4 个交换机,用①、②、③、④表示。交换机旁的数字 1、2、3……表示该交换机对外连接的物理信道。

节点域内的各个交换机及其端口,分别以交换机号和端口号加以标识。对一个端口的标识,同时也就标识了该端口所连接的一条通信线路。交换机号和端口号只有本地意义,交换机号局部于节点域,即只在节点域内部起标识作用,对其相邻的上层节点和下层节点是没有意义的。交换机的端口号局部于一个交换机,在各个交换机之间没有关系。因而,对交换机和交换机的端口的编号都可以独立地进行。例如,交换机编号可以为 1、2、3……,交换机端口的编号也可以为 1、2、3……。这些编号不一定要求连续地存在,中间可以空缺。

虽然交换机号和端口号只有局部意义,但根据它们在节点域中对外界的位置和关系的

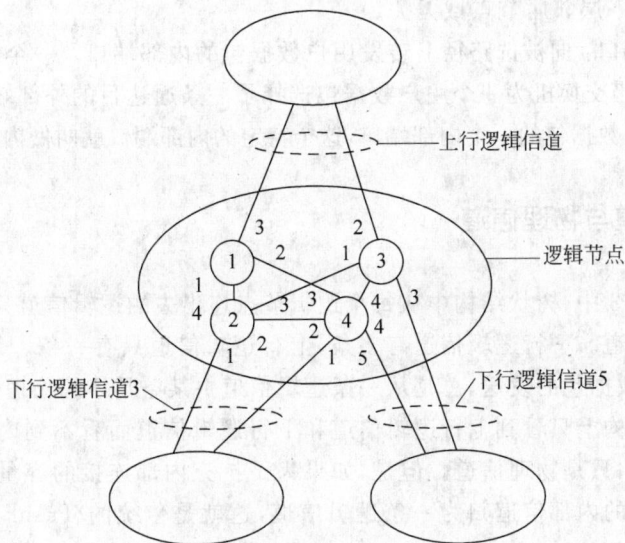

图 3.5 节点域内部交换机互连例子

不同,我们用一些特别的名字去称呼它们,这样更便于描述和理解节点域的工作过程。下面针对节点域给出一些有关的定义。

- 外部信道:连接上下层相邻节点域的物理信道。对一个节点域,交换机号和端口号可以唯一地表示一条外部信道。如图 3.5 中交换机①的端口 3 连接的是外部信道。
- 内部信道:连接节点域内两个交换机的信道。在一个节点域内部,一个交换机收到的数据包,如果要经另一个交换机发出去,就利用内部信道来传递。通常情况下,内部信道距离较短,速率较高,内部信道不应成为节点域外部性能的瓶颈。图 3.5 中交换机①的端口 1 和 2 连接的信道就是内部信道。
- 外部端口:连接外部信道的端口。外部端口可用交换机号和端口号加以标识。图 3.5 中交换机①的端口 3 就是外部端口。
- 外部输入端口:由于外部信道通常是双向的,当强调从一个外部端口输入(接收、收到)一个数据包时,可以称之为外部输入端口。
- 外部输出端口:类似地,当强调向一个外部端口输出(发送,发出)一个数据包时,可称为外部输出端口。
- 目的外部端口:对节点域内部而言,要为收到的每个用户数据包选择一外部输出端口并发送出去,故外部输出端口也叫目的外部端口。它是数据包离开节点域的地方,因而在节点域内部,它是用户数据包的目的地。在强调节点域内部路径选择时,用目的外部端口更为确切。
- 内部端口:连接内部信道的端口。内部端口也用交换机号和端口号加以标识,如图 3.5 中交换机①的端口 1 和 2 就是内部端口。由于内部信道和内部端口用于在节点域内部交换机之间传递数据包,以便最终为用户数据包找到目的外部端口,故选择一个内部端口,也叫路径选择或选路。应注意的是,这里的路径选择与传统的路由概念完全不同,它只是在一个节点域内部寻找目的外部端口的过程,只有局部意义,与上下层邻居节点域无关。

- 内部转发端口:向被选路径上转发用户数据包的内部端口。一个交换机可能有多个内部端口,当交换机为一个用户数据包选择了一条通达目的外部端口的路径后,也就选定了转发数据包的一个内部端口,这个特定的内部端口就叫做内部转发端口。

### 3.2.2 逻辑信道与物理信道

在前面的图 3.3 中,树状结构中从每个逻辑节点连出去的逻辑信道只有两类,下行逻辑信道和上行逻辑信道。下行逻辑信道有多条,上行逻辑信道只有一条。每条逻辑信道代表了一组物理信道,数据包的发送,总是从一条逻辑信道中某条具体的物理信道上进行的。

由于从树的结构上只看到上行逻辑信道和下行逻辑信道而看不到内部信道,故内部信道没有逻辑的概念,只是物理信道。但是,如果为了扩充内部连接的容量,完全可以把一组连接同一对交换机的内部信道归为一条逻辑信道,这就是传统的 Trunk 技术,很容易加以控制和管理,这里不再讨论它。

#### 1. 逻辑信道

一个逻辑节点的下行逻辑信道可以有多条,其最大数量取决于该逻辑节点参与交换的地址字段的比特数。例如,设本节点域控制 8 比特的交换字段,其最大允许的下行逻辑信道数量就有 256 个,即 0~255。我们称逻辑节点允许的最大下行逻辑信道数量为逻辑节点的扇出因子或扇出数,本例中为 256。为每个下行逻辑信道分配一个 0~255 中的编号,称为逻辑信道号(说明:虽然交换字段的长度可以不同,扇出数也不同,以后我们为一条具体的下行逻辑信道给出举例的数值时,仍用 0~255 中的数值而不再特别说明)。逻辑信道号其实标识了两种对象:一条下行逻辑信道;一个下层子域的子域号。因为一条下行逻辑信道唯一地连到一个下层子域,所以能用同一个标识来表示。顺便指出,确定了逻辑信道号,也就确定了组成该逻辑信道的一批物理信道及其对应的物理端口,从这个意义上说,逻辑信道号还标识了一批物理信道和一批物理端口。一个数据包到达节点域后,其地址中相应字段的值唯一地确定了输出逻辑信道号。假设本例中一个节点域从其上层节点域收到一个数据包,其目的地址中受本节点域控制交换的 8 比特字段的值为 5,则为该数据包选择的输出逻辑信道是逻辑信道号为 5 的下行逻辑信道。

上行逻辑信道只有一条,没有必要为其分配逻辑信道号。为了在交换表中指明哪些物理信道是属于上行逻辑信道的,就用 hexFFFF 来表示。这个 hexFFFF 没有编号的作用,只有标识的含义。对于层次网络内部的某些控制包,它们并不穿透层次网,它们产生于层次网内部,终止于层次网内部,为了标明其目的地节点域或目的地端口,将用特殊的地址加以区别,这将在“地址空间的分离与融合”中讨论。

一个节点域的内部互连信道,虽然外界看不见,但由于同一上行或下行逻辑信道内的各物理信道可能属于不同的交换机,当为数据包选定了逻辑信道和物理信道后,有可能该数据包必须被送到节点域内另一交换机去发出,这就会穿越内部信道。内部信道总体上只看作一个组,仅用物理信道号就可以决定在域内各交换机之间转发数据包的物理信道。

### 2. 物理信道

物理信道就是实际的通信线路，由于它总是与交换机的一个物理端口（或称接口）一一对应的，我们在文中谈到输出信道时，常常把物理信道、通信线路、输出链路、端口或接口等名称不加区分地使用。描述物理信道时，除了标明它属于哪条逻辑信道外，还有信道速率、信道状态等参数。为一个 IP 包选择输出信道并从该信道发送出去的工作，通常分三步完成：

（1）根据数据包目的 IP 地址和源 IP 地址中相应字段选择输出逻辑信道；

（2）根据负载均衡、信道状态等条件选择该逻辑信道中的某一根物理信道；

（3）将 IP 包送到该物理信道对应的交换机端口并发送出去。

对物理信道的标识，可以用一个二元组（交换机号，端口号）来标识。这种（交换机号，端口号）标识方法，既表示某逻辑信道内的一条物理信道，又表示与此物理信道相对应的交换机及其端口。这样就免去了物理信道编号与交换机端口号之间的映射工作。

### 3.2.3　信道标识和信道控制的局部性

无论是下行、上行或内部信道的逻辑信道号，还是它们的物理信道号，都只有本地的意义，即只属于本节点域。例如，本节点域的上行逻辑信道，其标识为 hexFFFF，它同时也是上一层节点域的一条下行逻辑信道，有一个根据上层节点域自身要求而独立分配的下行逻辑信道号。不仅信道标识互不相关，本节点域和其上层节点域控制该信道的算法也是相互独立的。我们通常假定在层次骨干网络中的信道是全双工（full-duplex）的，并且两个方向上的速率相同。即使两个方向信道不是全双工的或虽是全双工但两个方向速率不同（例如采用卫星信道就可能出现这些情形），由于信道的局部性，信道两头的节点域，各自管辖和调度自己的输出端口和输出信道，并不关心输入信道，从节点域控制和调度输出信道的角度，感觉不到信道是否全双工或双向是否等速率。只有一点例外：同一信道的两端，为了判定信道是否失效，建立底层的快速自愈机制时，要互相发送和应答问候信息（Hello），单向信道就无法实现。好在对 Internet 的信道，尤其是骨干网中的信道，几乎见不到单向信道了。

节点域的内部互连信道，外界看不见，自然就只有局部意义。

物理信道的二元组标识，更只有本地意义。

信道标识的局部化，使得各节点域对自己信道的管理和分配局部化，各种控制协议（对数据包的交换、QoS、流量工程与负载均衡、失效后的自愈等）都可以局部化，大大简化了这些控制协议的复杂性，减少了它们的资源开销，提高了处理的效率和速度。这在其他章节中会进一步介绍。

## 3.3　节点域配置

一个节点域总是处于树的某一层。顶层只有一个节点域，下层可以有一个或多达扇出数的同层节点域个数。不同层的节点域，依据地址中不同的字段为数据包进行交换。为了节点域内各交换机工作的方便，在各交换机中必须有一些基本的配置参数和配置表。

节点域由一个或一批地位平等的交换机组成,没有单独设立专门的控制机,因此,节点域参数和节点域配置表都保存在各个交换机中。有些参数或配置表是相同的,同样的表格存在所有交换机中;有些参数或配置表,含有本交换机特定的值或表项,各交换机中的表就不同。我们在讨论具体参数或表格时,加以指出。

## 3.3.1 交换机配置参数

域内交换机有两个配置参数,一个是交换机标识(switch identifier,SID);另一个是地址交换字段(address switching field,ASF)。

### 1. 交换机标识

为了在节点域内传递数据包,完成对数据包的交换,要给每个交换机一个标识。

由于一个节点域中的交换机个数有限,通常不会超过 10 个,而计算机最容易处理的标识就是单个 ASCII 字符或单个字节,存储空间小,处理速度快。用单个字节标识交换机,可有两种方法,一种是用 ASCII 中的可印刷字符,如英文字母(A~Z,a~z)和数字(0~9);另一种是单字节正整数,如 1、2……127。前者像名字,后者像编号,其作用是一样的,因而统称为交换机标识。无论是名字还是编号,都不一定要连续使用,只要能标识一个交换机就可以了。

由于交换机标识只有局部意义,故不同域的交换机可以同名。前面举的节点域例子中,我们都用数字对交换机编号。虽然也可以像当前的 Internet 域名那样,允许最长 63 个字节,让管理员为每个交换机起个富有个性的名字。但过长的名字会增加处理的工作量。在域名系统中,为了减少重名的可能性,也为了便于广大使用域名的网络用户记忆,用较长的字符串是技术上合理的。在 HSNET 的节点域中,交换机数量少,要记住它们的也只有节点域管理员或其他少数人,所以不必使用过长的名字,例如,规定最长不要超过 16 个 ASCII字符或 8 个汉字。

这个参数保存在各个交换机中,在同一个节点域中,显然它们是不相同的。名字便于管理员使用,但计算机使用时效率不高,为此,我们可以为每个交换机配置一个 8 比特的数字标识。从名字标识(交换机名字,SN)到数字标识(交换机标识,SID)的转换,可以用很简单的算法实现。并且只在配置参数时一次性地完成。具体细节见"节点域参数配置"一章。

### 2. 地址交换字段

节点域中的交换机为用户数据包进行交换的依据是地址中的某一字段,该字段在地址中的位置和字段的长度,是该参数的两个值,以 $a/b$ 的方式表示,保存在各交换机中。$a$ 指明本节点域负责交换的地址字段在整个地址中的起始点,$b$ 表示交换的地址字段的长度。例如,32/8 表示从地址的比特 32 开始的 8 个比特,是本节点域用以交换的字段。IPv6 的128 比特地址,最高位(最左边)是第 1 比特,最低位(最右边)是第 128 比特。

这个参数在同一节点域中是相同的,是由节点域管理员输入的。实现时,可以让节点域管理员为每台交换机分别输入;也可以只从一台配置服务器输入,然后通过软件自动传递到域内其他交换机中去。

节点域管理员确定参数 $a$ 的唯一依据是上层管理员的通知。从顶层开始,逐层向下设置。上一层节点域交换字段末比特的下一比特,就是本层交换字段的起始比特。这是两层节点域紧接的情况。显然,交换地址字段不能交叉,即上一层节点控制的比特,不能同时用于其下层节点的控制字段中。但如"层次网络地址结构"一章中要介绍的,在层次空缺的情况下,上下直连的两个节点域,其交换地址字段不一定紧接,中间可以有若干比特未被控制。参数 $b$ 的设置,则根据本节点域需要的扇出数来决定。例如,本节点域预计的扇出数小于30 个,$b$ 可设为 5;大于 30 而又小于 62 的,$b$ 可设为 6。根据交换机的吞吐能力和网络布局的实际需要,通常一个节点域的扇出数是不应当过分大的。正如在"层次网络地址结构"一章中对扇出因子和地址空间的讨论指出的那样,对层次网络而言,每层≤256 的扇出已经是足够的了。这就是说,$b$ 的值通常≤8 就能满足要求。

　　交换字段的划分,并不是随意进行的。通常由 ISP 根据申请到的地址空间、接入用户网的规模和分布情况作总体安排,自顶层向下分配交换字段。交换字段的划分,可以有两种不同的方式:一种是全网统一划分;另一种是各子域按需灵活划分。对各子域按需要划分交换字段的方式,不仅不同层之间的交换字段长度可以不同,同一层的不同节点域也可以使用不同长度的交换字段。关于两种划分方法的优缺点比较,在"层次网络地址结构"一章中描述。

　　应该指出的是,由于层次网络首先在骨干网中实现,然后逐步向接入网一侧推进,直到主机。因而早期的层次骨干网,不仅规模较小,而且网络管理单位单一,是 ISP 自己,加之配置参数的改变非常简便,所以很容易对层次的划分和交换字段的长度作出快速的改变。当层次网络推进到用户网去时,用户群体就很明确了,合适地确定层次数量和各节点域的扇出数就很容易了,一般不需要频繁地加以改变。

　　是否有必要保存一个标识本节点域在层次网络中属于第几层的参数,可能是不必要的。因为只要有了交换地址字段($a/b$),交换机就有了交换的依据。交换机没有必要知道自己所处的层次,也体现了交换工作的局部化。

## 3.3.2　交换机配置表

　　除了为交换机设置交换机名字和交换字段两个参数外,每个交换机必须有两张配置表,它们分别叫做外部端口表(external port table,EPT)和内部转发表(internal forwarding table,IFT)。

　　为了直观清晰,我们以图 3.5 中的 4 个交换机作为例子,说明这些表包含的内容。外部端口表如表 3.1 所示。

表 3.1　外部端口表

| 逻辑信道号<br>(Lport) | 交换机标识<br>(SID) | 外部输出端口号<br>(PID) | 输出端口带宽<br>(Bandwidth) | 信道当前状态<br>(Status) | 说明<br>(Description) |
|---|---|---|---|---|---|
| 65 535 | 1 | 3 | 622 | 0 | 上行逻辑信道(标识为 65 535)的物理信道 |
| 65 535 | 3 | 2 | 155 | 0 | 另一根上行物理信道 |
| 3 | 2 | 1 | 155 | 0 | 下行逻辑信道 3 的物理信道 |
| 3 | 4 | 1 | 45 | 0 | 下行逻辑信道 3 的另一根物理信道 |
| 5 | 4 | 5 | 100 | 0 | 下行逻辑信道 5 的物理信道 |
| 5 | 3 | 3 | 45 | 0 | 下行逻辑信道 5 的另一根物理信道 |

表 3.1 中：

- Lport 逻辑信道号。本例子中一条上行逻辑信道，标识为 65 535，即十六进制的 FFFF；两条下行逻辑信道，编号分别为 3 和 5。为了有足够大的逻辑信道号空间，Lport 部分用两个字节的无符号整数表示，其中的 0～65 534 可用于标识下行逻辑信道，其最大值 65 535(FFFF)用于标识上行信道。
- SID 交换机标识。图中各交换机的标识分别为 1、2、3、4，用一字节表示。
- PID 外部输出端口号，也用 1、2、3、4 来编号，用两字节表示。
- Bandwidth 输出端口带宽，单位是 Mbps，两字节无符号整数。
- Status 指出信道正常(0)还是失效($-1$)，用一字节表示。

表 3.1 以逻辑信道号为索引，指出一条逻辑信道包含的各物理信道所在的交换机(SID)和端口(PID)。Bandwidth 表示该物理信道的带宽，单位为 Mbps。Status 表示该信道当前的状态，0 表示正常；$-1$ 表示失效。本例子中，逻辑信道 3 有两条物理信道：一条从交换机 2 的端口 1 引出，带宽为 155Mbps，状态正常；另一条从交换机 4 的端口 1 引出，带宽为 45Mbps，状态正常。上行逻辑信道(FFFF)和另一条下行逻辑信道(5)的交换机号、端口号、带宽及状态也一样被表示在此表中。

表 3.1 的内容对域内所有交换机都相同。一旦节点域的结构和对外的物理信道确定后，此表除了状态(Status)一栏外，其他参数不会变了。而状态一栏是由问候(Hello)协议自动填写的。

图 3.5 中的 4 个交换机的内部转发表分别如表 3.2～表 3.5 所示。

表 3.2　交换机①的内部转发表

| SID | N_PID1 | HOP1 | Status1 | N_PID2 | HOP2 | Status2 | N_PID3 | HOP3 | Status3 |
| --- | --- | --- | --- | --- | --- | --- | --- | --- | --- |
| 2 | 1 | 1 | 0 | 2 | 2 | 0 | $-1$ | $-1$ | $-1$ |
| 3 | 2 | 2 | 0 | 1 | 2 | 0 | $-1$ | $-1$ | $-1$ |
| 4 | 2 | 1 | 0 | 1 | 2 | 0 | $-1$ | $-1$ | $-1$ |

表 3.3　交换机②的内部转发表

| SID | N_PID1 | HOP1 | Status1 | N_PID2 | HOP2 | Status2 | N_PID3 | HOP3 | Status3 |
| --- | --- | --- | --- | --- | --- | --- | --- | --- | --- |
| 1 | 4 | 1 | 0 | 2 | 2 | 0 | $-1$ | $-1$ | $-1$ |
| 3 | 3 | 1 | 0 | 2 | 2 | 0 | $-1$ | $-1$ | $-1$ |
| 4 | 2 | 1 | 0 | 4 | 2 | 0 | 3 | 2 | 0 |

表 3.4　交换机③的内部转发表

| SID | N_PID1 | HOP1 | Status1 | N_PID2 | HOP2 | Status2 | N_PID3 | HOP3 | Status3 |
| --- | --- | --- | --- | --- | --- | --- | --- | --- | --- |
| 1 | 4 | 2 | 0 | 1 | 2 | 0 | $-1$ | $-1$ | $-1$ |
| 2 | 1 | 1 | 0 | 4 | 2 | 0 | $-1$ | $-1$ | $-1$ |
| 4 | 1 | 1 | 0 | 1 | 2 | 0 | $-1$ | $-1$ | $-1$ |

表 3.5　交换机④的内部转发表

| SID | N_PID1 | HOP1 | Status1 | N_PID2 | HOP2 | Status2 | N_PID3 | HOP3 | Status3 |
| --- | --- | --- | --- | --- | --- | --- | --- | --- | --- |
| 1 | 3 | 1 | 0 | 2 | 2 | 0 | $-1$ | $-1$ | $-1$ |
| 2 | 2 | 1 | 0 | 4 | 2 | 0 | 3 | 2 | 0 |
| 3 | 4 | 1 | 0 | 2 | 2 | 0 | $-1$ | $-1$ | $-1$ |

- SID：目标外部物理信道所在的目标交换机号，来自参数"交换机标识"。
- N-PID1：去目标交换机要经过的第一优先转发端口。
- HOP1：从第一优先转发端口去目标交换机经过的跳数。
- Status1：第一优先转发端口的状态（也就是该内部信道的状态）。
- N-PID2：去目标交换机要经过的第二优先转发端口。
- HOP2：从第二优先转发端口去目标交换机经过的跳数。
- Status2：第二优先转发端口的状态。
- N-PID1：去目标交换机要经过的第三优先转发端口。
- HOP1：从第三优先转发端口去目标交换机经过的跳数。
- Status3：第三优先转发端口的状态。
- −1：表示相应优先级的转发端口不存在或超过两跳（HOP 和 Status 也就不存在）。

说明：除了 N_PID 为两字节外，其余均为一字节。N_PID 是 N_PID1，N_PID2 和 N_PID3 的总称，或指其中的任意一个。

此表的用法是，一旦选路算法确定了数据包应从哪个交换机的哪个端口发送出去，本交换机就要设法将数据包送到目标交换机。本例中，如果交换机 1 想把数据包送到交换机 4 去，则第一优先是通过内部转发端口 2（N_PID1 对应的端口）传递，第二优先是通过内部转发端口 1（N_PID2 对应的端口）传递，如果前两条路都失效，并存在第三优先转发端口，就只能选 N_PID3 了。通常，节点域内部的信道是比较可靠的，即使存在很多内部信道，管理员只设前两个优先转发端口，把第三优先转发端口设成不存在（−1）也是可以的。

如果一个节点域只有一个交换机，则逻辑信道和物理信道都在同一个交换机上，就没有内部交换机之间传递数据包的过程，也就没有了内部信道。这时，交换机的外部端口表中，SID 一列取相同的值，即本交换机的标识；交换机的内部转发表可以不存在，因为不会用到它。

## 3.4　数据包内部封装——域内转发封装

为了在节点域内部将数据包从一个交换机传递到另一个交换机，必须将数据包加以封装。由于这种封装只在一个节点域内起作用，为与其他可能的封装相区别，称其为域内转发封装。

交换机从自己的外部输入信道上收到的数据包，经过选路过程（见下一节），可能有两种情况：一种是该数据包的目标外部输出端口就在本交换机上，不必在域内传递给其他交换机，可以不加封装而直接将数据包交给外部输出端口发送出去；另一种是该数据包的目标外部输出端口不在本交换机上，要在域内传递给其他交换机，这时就必须对数据包加以封装。

数据包封装格式如图 3.6 所示。在图 3.6 所示的域内转发封装格式中，将收到的 IP 数据包前置了一个内部转发标记（IFL），用于交换机之间传递 IP 数据包。IFL 包括两部分：外部输出端口 EPID 和保留字段 RES。EPID 由目标交换机号 SID 和目标外部输出端口号 PID 组成。RES 留作以后可能的用途，目前置为 0。

| SID | PID | RES | IP Packet |
|-----|-----|-----|-----------|

EPID

IFL

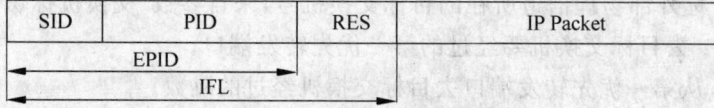

图 3.6　IP 数据包的域内转发封装格式

交换机对每个从外部输入端口进入的数据包,都要执行寻路算法,获得数据包应去的 EPID。相比之下,将 EPID 及 RES 封装在 IP 包的头部,处理量很小,因此在实现时也可以不管目标外部输出端口是否就在本交换机,一律加以封装,这样在输出时,一律加以拆封而不必去判断该数据包是否被封装过。用这种进入时一律封装的实现方式,就不必在封装的头部加上特别的识别码,供各交换机判断数据包是否被封装过。

从节点域的内部信道收到的数据包,总是封装过的。根据数据包中的 IFL,可能被送到本交换机的某一外部输出端口,也可能继续从某一内部信道转发给另一个交换机。不管是送往哪里,都不涉及封装和拆封的操作。

数据包到达目的地交换机后,在送往 PID 指定的外部输出端口的队列时,拆去封装。做不做拆封动作的判断依据很简单:IFL 中的 SID 与自己的 SID 相同,表明自己就是内部转发的目的地,就要拆去 IFL 封装。

## 3.5　转发数据包的选路过程

HSNET 交换控制协议以节点域为基本单位,一个节点域独立于其他节点域,从节点域的一个外部输入端口进入节点域的用户数据包,被从节点域的另一个外部输出端口转发出去的过程,在节点域内部实施。因此,由于 HSNET 的层次特征和树状结构,转发数据包时没有全局的路由计算,不需要在全网进行整个网络拓扑结构及路由信息的传递与交换,保证了协议的简单性和传输行为的确定性。

交换机收到一个数据包后,利用交换机的外部端口表和内部转发表,就可以按下列步骤完成对数据包的交换。

(1) 判断该数据包是上行还是下行。判断方法很简单,对来自节点域某下行信道的数据包,有两种可能:继续上行;改为下行。比较 IP 数据包中信宿地址和信源地址中本节点域交换字段以上(高位)的部分是否相同。如不同,该数据包应当继续上行,为该数据包选择的逻辑信道号 Lport 为 65 535(FFFF);如相同,该数据包应当改为下行。数据包的信宿地址中,与本节点域的交换字段(参数 a/b)相对应的地址字段的值就是下行逻辑信道号 Lport。从上行信道收到的数据包,总是继续下行的,也是从数据包的信宿地址中与本节点相应的交换字段的值(参数 a/b)获得下行逻辑信道号。值得指出的是,判断是否上行时,也可以将数据包信宿地址中相应的地址前缀(本节点域交换字段以上的部分)与本节点域的地址前缀相比,如不等,上行;相等,下行。

(2) 从(1)得到了 Lport 后,查询外部端口表,得到 EPID(即 SID＋PID)。Lport 只指出了目标逻辑信道号,而 EPID 是具体的物理信道号,在一条逻辑信道里,可用的物理信道可能有多条,选择其中一条物理信道要考虑三个因素:

① 信道状态正常。

② 尽量为同一通信流选相同的物理信道,以保证 TCP 对数据包顺序的要求。

③ 各物理信道之间负载尽可能平衡。

其中的信道状态,在外部端口表中有。对同一流走同一物理信道,交换机不应为每个流保留状态,而是用某个 Hash 算法,利用数据包的某些特征字段,将数据包映射到特定的物理信道。各物理信道之间的负载平衡,由 Hash 算法的均匀性、信道带宽在 Hash 表中的加权,以及利用各输出端口的某些反馈信息加以调整。

(3) 用 EPID 将数据包封装。

(4) 判断 EPID 中的目标交换机号 SID,若为本交换机,则送往 EPID 中的 PID 指定的端口处理程序,拆封后根据数据包的 TOS 级别送入该输出端口的适当的发送队列,选路过程终止;若 SID 不是本交换机,则查询内部转发表,根据 SID 获得内部转发端口 N_PID。通常是 N_PID1,如其状态为失效,则选 N_PID2;后者也失效,选 N_PID3。如果三条内部信道都失效,则丢弃数据包。有了 N_PID,就将数据包送往该内部端口,传递到另一交换机去。

对从外部输入端口进入交换机的数据包,执行上述(1)～(4),对从内部端口收到的数据包,执行(4)。不管传递几级交换机,在(4)中循环后遇到目标 SID,传递过程终止。

## 3.6　配置表的生成与维护

节点域的参数配置,可以在节点域内部的一台配置服务器上进行,然后由配置服务器自动送给所有交换机,详细的配置过程参见第 12 章,这里只对已经涉及的参数作简要的配置说明。

如前所述,目前涉及的节点域配置只有两个参数和两张表。除了在确定地址交换字段时,上层管理员要通知下层管理员自己已用的地址字段末尾位置外,上下层节点域之间、同等层节点域之间在配置方面都没有其他关系。

对于地址交换字段,如果采用不定长设置,各节点域管理员根据本域下层节点域的多少或用户接入网的多少来决定地址交换字段的长度,则下层的设置只能在上层设置完成以后才能进行。如果采用预先设计好的固定长度的地址交换字段,各层的管理员都知道自己的字段位置和字段长度,上下层也就没有必要沟通了。

对于两张配置表,一旦确定了其直接下层子域的个数、本域下行信道的连接状况以及域内连接各交换机的内部信道情况,很容易画出一张如图 3.5 所示的节点域结构图,并用这张图为每个交换机输入外部端口表和内部转发表。域管理员对本节点域内各交换机及其端口和上、下行信道的控制和管理变得非常简单,与节点域以外的网络结构无关。

通常上下层节点域或邻居节点域是由不同的人员管理的,因而各节点域配置没有相关性这一特点,不仅为网络的配置和管理带来了简单性,更重要的是节点域管理员可以随心所欲地改变节点域的结构,无须通知任何其他节点域的管理员。例如,可以增加或减少内部信道,升级内部信道的速率,将外部物理信道从交换机的一个端口移到另一个端口甚至移到另一个交换机,增加或减少节点域内交换机的数量,改变交换机的档次和端口数量,等等。

交换机配置参数和配置表由网络管理员输入，保存在交换机的非易失存储器中。网络拓扑结构和信道速率不作改变时，管理员不必多次输入交换机配置表。

### 3.6.1 配置的生成

在两个配置参数和两张配置表中，都各有一个是全节点域相同的，另一个是每个交换机不同的。对于各交换机不同的参数 SID 和内部转发表，只能由域管理员在配置服务器上输入后送给相应的交换机。对各交换机通用的参数地址交换字段(ASF)和外部端口表，也是在配置服务器上配置后，统一送给所有的交换机。收到这类配置控制包的交换机，保存参数和配置表后，将控制包向来路以外的所有内部端口转发。这种工作方式类似于路由算法中的泛洪方式(flooding)。

尽可能地利用配置服务器的优良界面和处理能力，减少节点域管理员的输入量，不仅可以减少管理员的工作量，更重要的是不容易出错。

### 3.6.2 配置中的动态信息

在外部端口表和内部转发表中，参数 Status(包括 Status1、Status2、Status3)是动态变化的，管理员输入配置表时，没有这个参数，当配置表生成后，由交换机自动填写。为此，交换机要不断运行问候(Hello)协议。

无论是外部信道的状态还是内部信道的状态，对节点域的正常工作和性能都是至关重要的，直接影响到数据包能否被正确送出去、网络信道或交换机失效后能否快速自愈的能力、物理信道的负载平衡等性能。由于 HSNET 能把控制、管理和信道状态的测试等工作局部化，也就很容易实现如快速信道自愈等传统互联网做不到的事情。关于状态测试、故障自愈等，详细内容参见第 8 章。

# 第 4 章

# 物理信道分配

物理信道的分配是本系统较复杂的内容之一。在 HSNET 中，为一个到达的数据包选择输出端口（我们仍然混用"端口"和"信道"这两个词），分两步完成。第一步选择输出逻辑信道，第二步选择输出物理信道。前者利用本节点域控制的地址交换字段的值来实现。例如，地址交换字段的值为 5，就选择逻辑信道 5。后者是在选定的逻辑信道的多条物理信道中选择一条合适的物理信道。所谓合适，指的是要满足两个要求，一是尽量使得各物理信道上的负载趋于均衡；二是尽量保证同一通信流中的包走相同的路，以便保持同一通信流中各数据包的次序不被打乱。另外，还应能正确处理物理信道的失效。在上述两个要求中，都用了尽量这个词，意思是不可能也不必要绝对做到这两个要求，但要尽可能做好。前一个要求难以做到的原因是通信流的动态性和突发性造成的，一个时刻达到了均衡，下一时刻很快就失去了均衡。等调整好后，新的均衡又是暂时的，而不均衡是绝对的。均衡控制的目的，是希望各物理信道之间，总是大体上处于均衡的状态。第二个要求产生于多条物理信道造成的多条物理路径。虽然在树的逻辑信道上走的逻辑路径是唯一的，但同一条逻辑路径中有多条物理信道后，要让同一通信流的各个包走同一条物理路径，并不容易。例如，要为每个通信流建立流与物理信道的对应关系，当流的数量巨大时，很难做到。走了不同的物理信道后，包的处理速度、发送延迟等会有差异，有可能后出发的数据包先到达目的地。如果一条逻辑信道只由一条物理信道组成，则既没有了负载平衡问题，也没有了数据包的顺序问题。对现有的 Internet 也一样，当 MAC 交换机采用 Trunking 技术时，两个交换机之间的连接由多条信道构成一个 Trunk，使得总容量扩大，可靠性增加。但对它们的调度、均衡和按流分配信道，都不容易完满地做好。

有两种方式分配物理信道：一种叫做按流分配，要求同一流的数据包序列（对应于同一源/目的地对的通信数据包序列）走相同的物理信道，以便尽可能保持每流中各包的次序不变；另一种叫做按包分配，不考虑每个 IP 包与流的关系，根据各物理信道的状态对包作独立的调度。由于不考虑包与流的关系，同一流的包被穿插在不同的物理信道上走，虽然并不一定都会使数据包顺序出错，但产生乱序的可能性比按流分配要大得多。

随机地按包分配，虽然简单高效，但在包的顺序方面的性能较差。下面对各种按流和汇聚流分配信道的方法，作进一步的讨论。

## 4.1 数据包的顺序

物理信道的分配与再分配,关心的问题之一是能否保持通信流中数据包的顺序正确。因此,我们先分析数据包产生乱序有哪些种类?它们是怎么产生的?一旦产生乱序,其严重性达到什么程度?对实时通信的质量有什么样的影响?对通信双方有什么要求?等等。

网络通信中造成数据包次序颠倒的原因主要有如下几种:

(1) 丢包重传;

(2) 延迟抖动;

(3) 信道切换。

在上述三种因素中,丢包重传是对乱序影响最大的。由于信道的噪音、外界的干扰、缓冲区的溢出,往往会出现数据包有不能恢复的错误或整个数据包丢失。要保证通信的质量,需要对错误的或丢失的数据包重传。重传过来的数据包会落在一批后续数据包的后面。如果时间上赶不上实时播放,则不仅降低了实时通信的质量,还因重传而浪费了网络资源。如果时间上还赶得上,但因为落在大量数据包的后面,要求接收方设有很大的缓冲才行。设立大的缓冲不仅需要资源,更重要的是会增加播放延迟,对交互式的实时应用也会影响通信质量。

延迟抖动也会造成数据包次序颠倒,例如,当两个相邻的数据包走不同的路,前一个包经历的延迟大,后一个包经历的延迟小,造成后面的包比前面的包先到。延迟抖动来自各站输出队列的不同长度,而输出队列的长度是动态变化的。这种延迟抖动造成的乱序并不可怕。因为这种乱序是局部性的,不大可能一个先发出的包,会落在大量后发包的后面。所以接收端很容易用少量的缓冲区加以调整。事实上,如果同一通信流的数据包走同一条路径到达目的地,无论沿路各站缓冲区有什么样的起伏,后面的数据包是不会超越前面的数据包的。因此,正常情况下延迟抖动的影响不在于次序出问题,而主要是过晚到达的数据包有可能赶不上实时播出的需要。对现代的高速信道而言,包的排队等待造成的延迟抖动时间远小于包的传播延迟。特别当我们严格限制进入网络的实时通信负荷量后,队列长度通常是有限的,由于信道速率很高,每个数据包能在数微秒内被发送出去。例如,在 2.5Gbps 的信道上,100 个 1500B 大小的数据包,在 0.5ms 时间内就能被发送完成。因而很容易用不大的缓冲区对延迟抖动造成的数据包到达时间的差异加以平滑掉。如上所说,延迟抖动只有在不走同一条路径的情况下对乱序产生作用,所以在以后的讨论中,我们不过分关注延迟抖动问题,而主要考虑信道切换对数据包顺序产生的影响。

有两种情况需要切换信道,一种是信道突然失效,启动自愈规程,将原来在失效信道上传输的通信流切换到正常的信道上去。这种切换是突然的、意料之外的、被动执行的,因而切换过程中很可能有数据包丢失。例如,一个正发了一半的数据包遇到信道突然失效,通常该数据包已经被移出了队列,进入了发送暂存器,就很难再收回来重新调度。更为严重的是,如果失效的不是信道本身而是端口电路,则在该输出端口中排队的所有等待发送的数据包都会丢失。显然,信道或端口失效对所有的网络包括传统网络都是不可避免的,其数据包的丢失也是不可避免的。对于进行点对点自愈的层次网络,一条正在为上万个实时话音通信服务的信道失效,可能只丢失少量的数据包,即只影响了少量的通信流,并且可能通过应用层的插补算法加以弥补。对基于路由器的 Internet,一条信道的失效,路由表重新调整,要花费秒级的时间,新的路由形成后,才能正常通信,由于丢失的数据包数量太大,失效恢复的时间很长,不可能利用插补算法加以视觉或听觉质量的弥补。这对实时通信的质量无法提供保障。而对于层次网络,它与传统电话网络类似,信道切换在点对点进行,因而切换速度很高,丢失数据包数量有限,被丢数据包可能分属于不同的通信流,每个通信流被丢失的数据包就更少了,很容易利用插补来解决。另外,信道或端口失效的发生频率很低,造成的影响是瞬间的,故不对它做进一步讨论。

另一种信道切换是为了平衡负载,将负载过重的信道上的某些通信流移到负载轻的信道上去。这种切换是有意安排的,不会造成数据包的丢失,但可能对通信流中数据包的顺序产生影响。由于这种负载平衡的调度是很频繁的,因而有必要加以重视并作进一步分析。与数据包丢失重传不同,这种动态切换造成乱序也是局部性的,只要接收方设有足够的缓冲,也是容易克服的。对于层次网络,一个交换节点域可能由多个交换机组成,切换信道时,有可能增加经过的交换机级数。由于节点域内部是富连接的,通常至多增加一级。由于节点域内部各交换机之间是高速连接的(例如 2.5Gbps),增加一级交换机,可能会增加 $5 \sim 10\mu s$ 的延迟,最坏情况下,如果一个通信流沿途经过 15 个节点域,可达 $150\mu s$。这个时间不算大,通常小于视频流相邻两个数据包的间隔时间(假设一个 4Mbps 的视频流,每包的数据有 1000B,则相邻两个包的间距约为 2ms,远大于 $150\mu s$),不至于造成数据包次序颠倒。

## 4.2　按流分配

按流分配的策略,希望尽可能做到将属于同一流的数据包序列分配给固定的物理信道,使用户获得更加接近于电路交换的路径特性。

要实现或近似地实现按流分配,可以有如下 3 种办法,即随机数分配、交换机记录逐流状态分配、数据包携带信息分配。

对交换机记录逐流状态的分配方法,显然与 IntServ 一样没有可扩展性,不予考虑。数据包携带信息的分配方法,要改动数据包的结构,或在数据包外围加一封装,影响效率,也不予考虑。

### 4.2.1　简单的随机数分配

随机数分配的方法,希望对流的参数或状态不作任何记录,只根据到达的 IP 包的特有的某些参数(通常用它的源地址和目的地址对)进行 Hash 计算,获得一个与某条物理信道相对应的数值,进而选定该物理信道。由于属于同一个流的各数据包 Hash 函数的计算结果总是相同的,故同一个通信流中的各个包都会被分配到相同的物理信道上走。

设为一个 IP 包选定的逻辑信道含有 $n$ 根物理信道,它们的容量分别为 $C_1, C_2, \cdots, C_n$,总容量 $C = \sum_{i=1}^{n} C_i$。把源地址和目的地址相同的通信作为一个流来分配。将 $C_1/C, C_2/C, \cdots,$

$C_n/C$ 按值的大小为区间分布到一个 $(0,1)$ 的横向区间上。区间 $0\sim C_1/C$ 的大小等于 $C_1/C$ 的值,区间 $C_1/C\sim C_2/C$ 的大小等于 $C_2/C$ 的值,依此类推。选择一个好的 Hash 函数 $H$ 对源地址和目的地址进行计算,结果均匀地分布在 $(0,1)$ 空间,将落在 $(0,C_1/C)$ 区间的流分配给 $C_1$ 信道,落在 $(C_1/C,C_2/C)$ 区间的流分配给 $C_2$ 信道,……,落在 $(C_{n-1}/C,C_n/C)$ 区间的流分配给 $C_n$ 信道。

这种简单的基于均匀概率分布的分配方法,让各信道得到的通信流的数量与信道容量成正比。例如,对 $C_1$ 信道,分配到的流的数量占 $C_1/C$。如果所有的流具有相同的性质,例如,参加信道分配的所有通信流都是网络电话,都采用相同的采样、编码和压缩方法,具有相同的峰值速率,它们的统计特性基本相同,申请的资源也一样多,则这种简单的方法就基本上满意了。

当有信道失效时,可以采用两种策略。一种策略是剔除失效信道后重新计算 $C$ 值及 $C_i/C$ 在 $(0,1)$ 区间上的分布。这样,所有正常的信道将分担全部通信量。这种方法,有可能大量的流都要改变物理信道。另一种策略是只把分配到失效信道上的数据包再进行一次计算,均衡地分配到所有正常信道上。这种方法只让一部分流改道,受影响的面小得多。但要进行二次 Hash 计算,对节点域的交换效率有一定的影响。无论哪种策略,都必须让失效信道上的通信量移走,避开失效信道,这是一个自愈的过程。一般来说,移走通信流要有一定的延迟时间,故有利于避免移动后的数据包追上移动前的数据包从而造成次序颠倒的情况。

我们假定通信流是同质的。当一组逻辑信道中的物理信道容量不相同时,称为信道异质。虽然用每条信道容量占总容量的比例来分配通信流,达到了负载的均衡,但容量不同的信道,对数据包的发送延迟是不同的。例如,一个 1500B 的数据包,在 155Mbps 信道上的发送延迟为 $77\mu s$,在一条 2.5Gbps 信道上的发送延迟为 $4.8\mu s$。每经过一个站,相差 $72.2\mu s$。如果经历 15 个站,最坏情况下的累计差别为 1.083ms。其结果是一路实时数据流的总延迟比另一路实时数据流快或慢 1ms 而已。结论是,当逻辑信道中各物理信道速率很高、异质的程度有限时(对骨干网,这总是能满足的),信道异质性对数据流的总延迟所造成的影响是可以忽略的。因而逻辑信道中物理信道的异质性是没有问题的。

当考虑流的异质性时,我们发现,上面描述的简单按信道容量比例随机分配通信流的方法就有问题了。流与流之间的差异是巨大的。一个话音流的通信量很小,一个视频流的数据流量很大。如果信道 $C_1$ 与 $C_2$ 的容量相同,$C_1$ 分配到了 1000 个话音流,$C_2$ 分配到了 1000 个视频流,从流数量的角度看是平衡的,但从信道的负荷来看,$C_1$ 与 $C_2$ 的负荷是极不均衡的。在讨论完平衡负载的 Hash 分配方法后,再对异质通信流做进一步的研究。

## 4.2.2 均衡负载的 Hash 聚类分配

上述简单的均匀分布概率的 Hash 分配方法没有处理异质通信流造成的信道负载不均衡,必须对它进行改进。由于在核心节点域,流的数量庞大,记录、查找和管理每流信息的存储和处理量大,可扩展性差,上述简单的随机数分配方法对通信流进行了汇聚。但汇聚的粒度太粗,为第 $i$ 条信道设置的汇聚区间只有一块,即大小为 $C_i/C$ 的一个连续区间。对该区间进行扩大或缩小的任何调整,将引起所有分配给其他信道的汇聚区间都要作相应的调整。调整带来的问题是通信流在物理信道上的切换,切换就有可能造成数据包的时间抖动甚至乱序。例如,某通信流的第 $i$ 个数据包 $P_i$ 被分配到物理信道 $j$,由于发现信道 $j$ 负载过重,将该流切换到信道 $j+1$。由于信道 $j+1$ 负载轻,被切换过来的第一个包 $P_{i+1}$ 有可能发送得比仍在 $j$ 信道上走的 $P_i$ 快,造成次序颠倒。

采用 Hash 聚类方法可以将大数量细流分布到有限的 Hash 空间上。

在节点的每个外部输入端口,对应于每个逻辑端口 $P^i$ 有一张 Hash 表,表项的索引为 Hash 值,表项的内容为外部输出端口 $\rho_j^i \in P^i, j=1,\cdots,K,$($K$ 为逻辑端口 $P^i$ 中物理信道的数量),记录 Hash 值与外部输出端口的映射关系。由于同一个流中的所有数据包的 Hash 值相同,因而也就反映了流与外部输出端口的映射关系。

设计 Hash 函数 $F = f$(源 IP 地址,目标 IP 地址),使它的计算结果取整数值且均匀地分布在 $0,1,\cdots,B$ 的 Hash 空间中,即 Hash 表项的索引值为 $0,1,\cdots,B$。将 $B+1$ 个 Hash 表项按一定规则分配给 $j$ 条物理信道。

初始状态时,分配规则可以简单地使用信道容量占总容量的比例来分配。例如,设 $B+1=100$,信道有 3 条,信道 1 的容量为 1Gbps,信道 2 的容量为 2.5Gbps,信道 3 的容量为 10Gbps。3 条信道容量占总容量 13.5Gbps 的比例分别为 7.4%,18.5% 和 74%。初始分配时,在 100 个 Hash 表项中,有 7 个填写输出端口 1,19 个填写输出端口 2,74 个填写输出端口 3。为了增加随机性,同一条信道分得的表项不应在 Hash 表中紧挨着,而应该随机地穿插错开。

同样,为增加 Hash 函数计算结果分布的均匀性,除了用源 IP 地址和目的 IP 地址作为输入参数外,还可以加入其他对同一流保持不变而对不同流有很大随机性的 IP 包头字段。有文章对此做过详细的实验和分析,在此不作进一步讨论。

当一个数据包到达节点域的某个外部输入端口时,首先从包中抽取源、目标 IP 地址,依据目标 IP 地址确定逻辑端口号 $i$,再以源、目标 IP 地址为 Hash 函数的输入参数计算 Hash 值,根据计算结果检索对应于逻辑端口 $i$ 的 Hash 表,获得物理输出信道号。我们用 $\rho_j^i$ 表示选中的信道为逻辑信道 $i$ 的第 $j$ 条物理信道。

上述方法用具有 $B+1$ 个 Hash 值的 Hash 空间代替了简单随机数分配中的每条信道的单一区间。把计算结果为同一 Hash 值 $B_i$ 的所有通信流称为一个宏流,对同一输入端口进入的全部通信流,总共分成了 $B+1$ 个宏流,再把 $B+1$ 个宏流分配到 $j$ 条物理信道上。但这种分配没有保证流量在同一逻辑链路的各物理信道之间公平地分布负载,因为仍然没有考虑通信流的异质性。这只能在初始分配时用,因为初始分配通信流时,只知道流的数量,并不知道每个流的性质。随着时间的积累,流的负载轻重很快就反映出来,应该对信道上出现的负载不平衡作出动态的调整。

设第 $j$ 条物理信道的容量为 $U_j$,在该信道上实际流过的通信量为 $U_{jr}$,$U_{jr}/U_j$ 是信道的使用率,也称配载因子,记为 $\alpha_j$。保证负载平衡的关键是在上述按信道容量比例分配的基础上,计算每条信道的配载因子,并保持各信道的配载因子大体相同。当某一信道的配载因子过大时,在 Hash 表中将其表项减少,把部分数据流转移给配载因子最小的信道。

事实上,因为通信流的负荷是动态变化的(例如,同一个流的峰值与峰谷的出现时间是随机的,各通信流峰值相遇的时间也是随机的,造成物理信道上任一时刻的通信量是随机的、动态变化的),严格保持各信道配载因子相同是不可能的,可设立一个门槛即阈值 $\Delta > 0$,当各信道中最大配载因子和最小配载因子的差值(绝对值)小于 $\Delta$ 时,基本达到了信道负载的平衡,我们称配载因子均衡。

Hash 计算是在每一个输入端口独立进行的,节点域的其他输入端口进入的通信流,如果也选中逻辑端口 $i$ 作为输出端口,它们也要在为 $i$ 设立的 Hash 表中选择物理信道,如果它们的选择也满足 $i$ 中各物理信道的配载因子均衡,则来自所有输入端口的、以 $i$ 为逻辑输出端口的通信流在输出端口 $i$ 的各物理信道上的叠加,其配载因子的差值也会叠加。

如果希望总的配载因子差值控制在小于 $\Delta$,且有 $k$ 个输入端口,则每个输入端口上为输出端口 $i$ 的 $j$ 条物理信道控制的配载因子差值就应该小于 $\Delta/k$。

考虑通信流的异质性和信道负荷的动态特性,下面以某个外部输入端口为逻辑链路 $i$ 执行负载平衡操作为例,说明确定 Hash 表内容的步骤。

(1) Hash 表的初始化。

在外部输入端口处,假设 Hash 函数 $f$ 将到达节点域指向逻辑链路 $i$ 的流按各物理信道容量 $C_j$ 的比例散列在 Hash 表空间(表长为 $B+1$),则 Hash 表有 $C_j/C^*(B+1)$ 个表项内容被指派为 $\rho_j^i$。Hash 表的初始状态示意于表 4.1。

表 4.1　初始的 Hash

| $i=0$ | | $i=1$ | | $i=n$ | |
|---|---|---|---|---|---|
| $B_i$ | $j$ | | | | |
| 0 | 1 | 0 | | 0 | |
| 1 | 2 | 1 | | 1 | |
| 2 | 3 | 2 | | 2 | |
| 3 | 1 | 3 | | 3 | |
| 4 | 3 | 4 | | 4 | |
| 5 | 3 | 5 | | 5 | |
| 6 | 3 | 6 | | 6 | |
| 7 | 2 | 7 | | 7 | |
| 8 | 1 | 8 | | 8 | |
| ⋮ | ⋮ | ⋮ | ⋮ | ⋮ | ⋮ |
| $B$ | 2 | $B$ | | $B$ | |

(2) 流量测量。

在外部输入端口处,采用时间窗口方法实时测量分配给逻辑链路 $i$ 内 $K$ 个外部出口链路的流量。时间窗口大小 timeslot 固定,以此为基本时间片测量流量。在外部输入端口处,对应于每个逻辑端口 $i$,设置变量 $\phi_j^i(1 \leqslant j \leqslant K)$、$\Phi^i$、$\psi_j^i[h](1 \leqslant j \leqslant K, 1 \leqslant h \leqslant H)$。变量初始化为 0。

变量 $\phi_j^i(1 \leqslant j \leqslant K)$ 记录当前时间窗口分配给外部输出端口 $\rho_j^i$ 的流量。

变量 $\Phi^i$ 记录当前时间窗口逻辑端口 $i$ 所有外部输出端口的流量总和。

变量 $\psi_j^i[h](1 \leqslant j \leqslant K, 1 \leqslant h \leqslant H)$ 记录前 $H$ 个时间窗口内分配给外部输出端口 $\rho_j^i$ 的流量占逻辑端口 $i$ 所有外部输出端口的流量总和的比例。即记录流量分配的历史。

权值指派:对不同时间槽历史记录给予不同的权值 $\omega(h)(1 \leqslant h \leqslant H)$,$\sum \omega(h)=1$。记录越新,权值越大。

在上一时间槽结束、新时间槽开始时,执行:

```
FOR j = 1 to K DO
    {
    FOR h = H to 2 DO
            ψ_j^i[h] = ψ_j^i[h - 1];
        ψ_j^i[1] = φ_j^i/Φ^i;
        φ_j^i = 0;
    }
Φ^i = 0;
```

在当前时间槽内,当包 packet 到达并指派给 $\rho_j^i$ 时,执行:

$\phi_j^i = \phi_j^i + \text{LEN(packet)}$;LEN(packet)为 packet 的比特数

$\Phi^i = \Phi^i + \text{LEN(packet)}$

（3）基于测量的负载调节。

根据测量结果判断负载分配是否均衡,不均衡则触发 Hash 表调节机制。指向某外部输出端口的负载超过了其配载因子达到一预定的阈值,减少该外部输出端口占据 Hash 表表项数目,增加负载小的外部输出端口占据 Hash 表表项数目。

考虑历史记录,综合计算分配给外部输出端口 $\rho_j^i$ 的流量占逻辑端口 $i$ 所有外部输出端口的流量总和的比例,即实际负载分配因子

$$\psi_j^i = \sum_{h=1}^{H} \omega(h) \times \psi_j^i(h)$$

在外部输入端口,对应于逻辑链路 $L^i$ 内所有的外部链路,计算分配给各外部输出端口的实际负载因子与理论配载因子的差异 $\delta:\delta_j^i = \psi_j^i - \alpha_j^i$。$\delta_j^i > 0$ 表示实际负载比例超过理论配载因子,$\delta_j^i < 0$ 表示实际负载比例小于理论配载因子。

设预定的阈值 $\Delta > 0$,如果 $\exists i, |\delta_j^i| > \Delta$,则判定负载不平衡,需要调节。

（4）流量调节算法。

最大最小值互补法:设 $\delta_s^i = \max_{j=1,\Lambda,H}(\delta_j^i)$,$\delta_t^i = \min_{j=1,\Lambda,H}(\delta_j^i)$,从内容为 $\rho_s^i$ 的 $Z$ 个 Hash 表表项内容改写为 $\rho_t^i$,其中,$z = \min(abs(\delta_s^i), abs(\delta_t^i)) \times (B+1)$。特点:算法简单,每个时间槽至多执行一次迁移,当 $\delta$ 变化较大时,算法效率高,适合于实时流量调节。

最佳互补法:多次执行最大最小值互补法,每次执行最大最小值互补法后,调整 $\delta_s^i = \delta_s^i - \min(abs(\delta_s^i), abs(\delta_t^i))$,$\delta_t^i = \delta_s^i + \min(abs(\delta_s^i), abs(\delta_t^i))$,继续执行最大最小值互补法,直至 $\max(abs(\delta_s^i), abs(\delta_t^i)) < \Delta$,或者新时间槽开始。该算法较精确,但计算量稍大。

上述负载均衡算法中,应选择适当的 Hash 函数,提高其均匀散列能力。Hash 函数的优劣直接影响到负载平衡的质量和算法的稳定性。

Hash 表空间 $B+1$ 的大小也需要折中地选取,$B$ 越大,流汇集粒度越细,流量调节越准确,但有一定的存储和处理表格的代价。

时间窗口 timeslot 越小,则计算的实际负载因子实时性强,反映端口瞬时负载分配情况,但可能造成流量调节频繁,造成系统不稳定。反之,系统较稳定、计算量较小,但调节的实时性略差。

历史记录权值 $\omega(h)(1 \leq h \leq H)$,反映不同阶段历史记录的重要程度,也对负载均衡特性有一定的影响。

## 4.3 均衡的统计特性

虽然每个流的带宽占用量可能差距很大,例如,一个话音流的速率小于 64Kbps,一个视频信号的速率可能为 2Mbps,按流分配有可能使各物理信道上的负载不均衡。但是,当信道速率很大,每根信道上的流的数目很大时,从统计的角度来看,大体上也可看作是交通量均衡的。例如,一条 2.5Gbps 信道,60% 的容量用于传送实时通信流,而话音流占用的带宽几乎可以忽略,每个视频流带宽 2Mbps,就能支持约 750 路视频流。在这么大数量的视频流中,即使不作负载均衡调节,从统计的角度看,各物理信道之间也是大体上能自然均衡的。不作均衡性调整,不但避免了开销,简化了控制软件,还避免了因切换 Hash 表项从而切换物理信道带来的延迟和包顺序等问题。对大型的骨干信道,如果采用 10 条 10Gbps 的物理信道组成一条逻辑信道,按 60% 分给 2Mbps 的视频流,每条物理信道支持 3000 路视频流,总逻辑信道支持 30 000 路视频流,由于数量很大,其统计特性就更好,更没有必要作任何负载均衡了。

对占用带宽高达 1Gbps 的高清视频流,通常应该在光通路(light path)中走,目前大力研究的光交换技术,主要是针对这些特高速率应用的,我们可以不去考虑它们。

所以,不加任何负载均衡控制、简单地用 Hash 算法按流分配负载,也是一种可行的方法。

# 第 5 章

# 层次网路地址结构

为了实现网络的层次化,必须按网络层次划分地址字段,要求有足够的地址长度。研究表明,直接用 16 字节的 IPv6 地址作为 HSNET 的地址,是完全可行的。这样做,既可获得足够的地址空间,又可以推进 IPv6 的部署。

## 5.1 地址空间

选择地址空间有两个因素:一是空间要大,不至于以后不够用;二是要易于管理、有效使用。

### 5.1.1 IPv6 的 16 字节地址空间

就地址空间的大小而言,IPv6 的地址空间有 16 个字节即 128b,拥有 $2^{128}$ 个地址。用十进制表示,大约为 $3.4 \times 10^{38}$ 个。准确的数目为:

340 282 366 920 938 463 463 374 607 431 768 211 456。即 340 万亿亿亿亿。

在 30 多年前设计 Internet 时,设计人员认为计算机不是每个人都能拥有的大众化产品,并认为只有那些大中规模的计算机联网才有意义。而大中型计算机十分昂贵,个人是不可能买得起也用不了这种计算机的。所以设计的 IPv4 地址空间只有 4 个字节,32 个比特,约 43 亿个地址。这在当时被认为是天文数字。但技术的发展难以预料,现在不仅大多数人都可以拥有计算机,而且这些个人计算机的能力不比当时的中型计算机甚至大型计算机差,不仅有联网能力,而且使用十分简便。智能化的家电和日常用品,如手机、PDA、相机、电视、冰箱、洗衣机甚至灯光和门窗都可能含有计算机。有的还含有一批计算机,例如,一部汽车内含 50 台计算机不是稀奇事。IPv4 地址空间将不够用已是公认的事实。这个历史教训非常深刻,以至于"一朝被蛇咬,十年怕井绳",有人仍然担心,会不会将来某些意料不到的因素或技术的发展,使得 IPv6 的 16 字节地址空间又一次不够用呢? 同持有这种怀疑没有足够的理由一样,否定这种怀疑也没有足够的理由,因为可能造成地址空间不够的原因,还没有出现,还属于"意料不到"的、未知的。而且如果有这种原因出现,到底地址空间设计成多大才够用? 也没有人能说得清楚。与其去争论未知的东西有还是没有,不如来感觉一下 16 字节的 IPv6 地址空间到底有多大。

如果按地球上 60 亿人口分摊 IP 地址,现有的 IPv4 地址,每人只能分得 0.7 个地址;而对 IPv6 的 16 字节地址空间,则每人能得到 $5.7 \times 10^{28}$ 个,即 5.7 万亿亿亿个。这相当于每人都可以组建 1300 亿亿个拥有 43 亿地址的 IPv4 网络。

如果按地球的表面积估算值 511 263 971 197 990m² (511 万亿平方米)分摊 IP 地址,对现有的 IPv4 空间,每平方公里只有 8 个地址;对 IPv6 的 16B 地址空间,每平方米为 $6.65 \times 10^{23}$ 个地址,即 6650 万亿亿个。这相当于在地球每平方米的面积内,人们可以组建 150 万亿个拥有 43 亿地址的 IPv4 网络。

从这两组数字看,只要合理地分配、管理和使用这个空间,就没有理由担心它的耗尽。

## 5.1.2 地址空间的管理和使用

### 1. IPv6 地址空间带来的困难

地址空间越大,越难以管理,使用时开销也越大。这就是为什么不能不必要地扩大地址空间的原因。对于 16B 的 IPv6 地址,如果不将地址划分字段、分层处理地址空间,设备就无法承担重任。例如,IPv6 地址的网络部分就有 64b(它的空间为 $2^{64} = 1.84 \times 10^{19}$),把其中最低 16b 分给用户内部使用,骨干网的空间仍有 $2^{48} = 2.8 \times 10^{14}$,即使让每个路由表项只占 100B,最大的路由表大小可达 $2.8 \times 10^{16}$B,这相当于 28PB 的存储容量,即使用海量的外存储器,也难以做到这个容量,何况路由表必须存放在内存储器中才能使用,目前的技术不可能做如此大的存储器。对拥有这么大容量的表格,目前最快的计算机(例如,每秒运算 10 万亿次的超级并行计算机),以每查一个表项需执行 50 条指令估算,查一次路由表平均需要 $1.4 \times 10^3$s,约 23min! 尽管实际网络中可能不会用满整个地址空间,或者简单地把地址空间划分成几个级别的聚类,但空间仍然是大得难以控制的。设计了这么大的空间,在系统实现时,总是要留有足够大的存储位置,路由器设备将极其昂贵、复杂、低速以至于不能实用。

### 2. 现有地址分配方式的局限

由于地址空间的极大扩展,目前用于管理和分配 IPv4 的做法,对 16B 的 IPv6 地址空间就不适用,必须加以改变。在 IPv4 地址的分配中,各个 ISP 及最终用户,不论大小,都可以成为国际分配机构的成员,直接向国际分配机构申请 IPv4 地址,其结果是地址块零乱,地址使用效率不高。地址块零乱和使用效率不高的原因是各地址使用单位规模小而数量大。亚太地区 70 多个国家和地区中,就有 1000 多个直接申请地址的单位,其中香港、中国内地等地区,都有超过 100 个独立申请地址的单位。每家有独立的地址块,相互之间没有系统、有序的关系。同时,为了这些单位未来可能的网络发展,必须为他们的地址块预留一部分地址。这种预留根本无法准确,留多了,造成地址使用效率不高;留少了,再来申请时就得另给一块。这不仅使总的块数增加,而且对申请单位来说,自己的地址块不连续,不好管理,不能有效地利用地址空间。从路由表规模及路由表查询速度等方面看,地址块的分散和零乱,使得汇聚能力差,路由表项增多,路由表查询速度低。

这种不合理的 IP 地址分配、管理和使用方式,对空间较小的 IPv4 尚可应付,但对地址空间为 IPv4 地址空间的 $7.9 \times 10^{28}$(7.9 万亿亿亿)倍的 IPv6 地址空间,这种分配方法造成的地址块碎片数量,将是无法估算的。

　　为了避免地址块碎片数量的失控状态,当前采取了尽量多分的原则。即只要有人申请,最少也要给你一个 32 位的地址空间。这样虽然避免了一个单位有多个地址块的问题,但这个 32 位的地址空间相当于 IPv4 中一个 A 类地址空间的 256 倍($2^{32}$ 与 $2^{24}$ 之比),其地址数量为 43 亿个。这是整个 IPv4 网络的地址空间! 对一个只有几千台或几万台计算机的单位,给它 43 亿个地址,即允许它建一个比目前全世界的 Internet 还大很多(目前的 Internet 中真正在用的地址,不足全部 43 亿个地址空间的一半)的网络,将是对 IPv6 地址的极大浪费。

　　前面我们说过,IPv6 的地址空间应该是够用的,但前提条件是要有一套合适的分配、管理和使用策略。地址分配方法不好,再大的地址空间也会不够用的。回忆 IPv4 的地址分配策略,当初大家掉以轻心,以为地址空间不是个问题,分配时大手大脚,一个大学就给一个拥有 1678 万个地址的 A 类地址空间,其结果是地址告急。如果没有一系列新措施的出台,早在 2000 年,地址就已经耗尽了。这些新措施包括技术和管理两个方面。技术方面,主要有划分子网(subnetting)技术、可变长度子网掩码(variable length subnet mask)技术、无类别域间路由(classless inter-domain routing,CIDR)技术、使用私有地址并用网络地址翻译(net address translation,NAT)技术等;在地址分配、管理和使用方面,严格了分配手续,申请地址的单位,要提供详细的资料证明所申请的地址空间是确实需要的。再次申请时,还要考察已分配地址空间的使用效率。这些措施明显地延缓了地址耗尽的时日。例如,在 1996 年以前,正规的地址分配机构(亚太地区的 APNIC,北美洲的 ARIN,欧洲的 RIPE NCC。其他地区的分配机构如非洲的 AfriNIC,拉丁美洲的 LACNIC 等较晚成立,这些地区的地址分配由 ARIN 和 RIPE NCC 代管)和正规的地址分配规则出现以前,仅美国一个国家就分走了全部地址空间的 43%。1996 年至 2002 年,网络的发展速度和发展规模远远超过以前,全世界却只分配出去 15% 的地址。这使得地址耗尽的时日延缓到 2010 年以后。

　　IPv4 地址分配的教训以及后来获得的经验,使人们有必要审视这些经验能否继续适用于 IPv6。正如前面说过的,地址空间扩大为 7.9 万亿亿亿倍以后,IPv4 的方法也不能用了,必须寻求新的地址分配、管理和使用方式。

### 3. 按层次划分地址空间

　　人类对电话网络地址的管理,是一个成功的例子。电话号码之所以能避免 IP 地址固有的困难,主要是电话号码分层次使用。国际上,利用 ITU-T 标准 E.164 分配国家代码,下层的分配,则由各国自己决定。通常,各国在自己的国家码下,规定地区码、局号和局内电话号。从上向下分配,下层的分配和改动具有自主性和独立性,不影响网络的其他部分。正因为下层的自主性,各国分配地区码的方式就可以不同。例如,美国用等长的三位数字,中国用可变长度地区码。电话号码的升位和更换,都是局部行为。

　　对 IP 地址的管理,应吸取以往的教训,可以像 E.164 那样,根据各国对 IP 地址空间的不同需求,向其分配一个顶级聚合码。国家地址管理部门负责向国内各 ISP 分配地址,例如,可对国内大的 ISP 分配一个或多个次级聚合码,对小的多个 ISP,可以共享一个次级聚合码。ISP 利用获得的地址进一步划分层次,构建层次骨干网,并向其用户接入网分配地址。这样,不再需要像 IANA、APNIC、ARIN 和 RIPE-NCC 等国际性地址分配机构,使得网络 IP 地址资源的分配和使用更加公平、合理、简单、高效,并能更容易地维护网络地址的层次性、本地通信的局部性、网络的可扩展性以及设备的简洁性。同时避免庞大的表格和低效率的查表工作。

## 5.2　HSNET 交换地址与 IPv6 及 IPv4 地址

　　HSNET 用于交换的地址可以直接采用 IPv6 地址。一方面,IPv6 地址长度足够大,其中网络前缀部分有 64b,除高位留出 FP 及顶级聚类地址(TLA)、低位留出站点聚类地址(site-level aggregation,SLA)外,有足够多的比特数可被划分成多个地址交换字段;另一方面,直接使用 IPv6 地址,可以与未来将要推广普及的 IPv6 网络兼容并且让 HSNET 与 IPv6 的部署互相促进。

　　由于 Internet 中被传输的数据单元就是 IP 包,不管是 HSNET 对它进行交换,还是利用路由协议对它进行选路和转发,都要使用 IP 地址,其目的是相同的:把 IP 包向其目的地方向传送,只是两种网络体系结构对 IP 地址的解释和处理不同。只要在穿过两种网络时 IP 包的结构不被改变,两类网络可以共同处理它。也就是说,两部分网络可以协同地对 IP 包进行转发,相互兼容和共存。这样,无论是 ISP 的 HSNET 骨干网上游的外界基于路由的网络,还是 ISP 的 HSNET 骨干网下游的基于路由的用户接入网,只要它们是标准的 IPv6 网络,就可以与 ISP 的 HSNET 骨干网无缝地连接,不需要任何协议转换、地址翻译或映射之类的工作。

　　在 IPv6 地址分配规则中,供用户网络使用的 SLA 部分有 16 比特(比特 49 至比特 64),如果都给用户接入网使用,显然严重浪费地址空间。绝大部分用户接入网不需要一个 IPv4 中 B 类地址那样大的网号空间(SLA 仅包含了网号,加上 IPv6 的后 64b,用户网络地址空间是 $2^{80}=1.2\times10^{24}$),这显然是一个无比巨大的地址空间。因此,可以将低 8 位给用户分配,高 8 位给 ISP 的 HSNET 骨干网作为交换字段使用,有了更为充足的地址位长度,ISP 在划分交换地址字段时就更加灵活方便。正如前面说的,HSNET 对地址的任何解释和处理,外界是看不到的,因而对 IPv6 中 SLA 高 8 比特交给 ISP 使用,外界也就不知道了。

　　当接入 HSNET 骨干网的用户接入网是 IPv4 网络时,由于数据包格式不同,数据包中 IP 地址的位置不同,以及 IP 地址的长度和含义不同,HSNET 的交换机不能直接对 IPv4 数据包进行交换。为此,当数据包从用户接入网进入 HSNET 的边缘交换机的边缘端口时,边缘交换机要判断 IP 数据包的版本号,若版本号为 6,是 IPv6 数据包,直接对其进行交换;如版本号为 4,是 IPv4 数据包,则要加以封装。封装时,在 IPv4 数据包的前面,加上一个 IPv6 的基本包头。在输入边缘端口封装的数据包,到达输出边缘端口时,拆除封装。具体的封装结构参见第 11 章。

## 5.3　HSNET 的地址结构

　　本节讨论 HSNET 地址的内部结构和地址交换字段的划分方法。

## 5.3.1　IPv6 地址结构

IPv6 地址有很多不同的类型,主要有两类:单播地址(unicast address)和多播地址(multicast address)。其中单播地址又分为可聚类全局单播地址、链路本地单播地址、站点本地单播地址。可聚类全局单播地址最常用的方式是分配到一个设备的接口,如果把一个地址分配给多个接口(通常属于不同的设备),就可实现一种叫做"任播"(anycast)的协议,即可以在一批拥有同一地址的设备中任意选择一个最近的(例如跳数最少的)设备。HSNET 主要研究类型为 001 的可聚类全局单播地址。在 RFC4291[17] 中,可聚类全局单播地址有图 5.1 所示的格式。

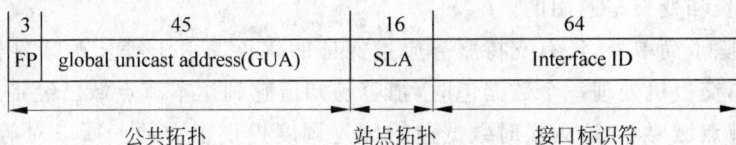

| 3 | 45 | 16 | 64 |
|---|---|---|---|
| FP | global unicast address(GUA) | SLA | Interface ID |

公共拓扑　　　　　　　　　　　　　站点拓扑　　　接口标识符

图 5.1　IPv6 可聚类全局单播地址格式

其中,FP:3 比特,目前可供分配的值为 001,是可聚类全局单播地址的格式前缀(format prefix,FP)。原则上,除 000 外,其他值也是可用的,只是以后再启用。

GUA:45 比特,是目前可供分配的地址字段。

SLA:16 比特,站点聚类(site-level aggregation)地址,可用于用户接入网。

Interface ID:64 比特,接口标识符。

在实际分配地址时,国际分配地址的机构已经决定仿照 IPv4 的 CIDR 方式来分配 IPv6 地址,即不考虑上述结构,统一用掩码长度表示地址空间的大小,例如,/48、/32、/24 等。

获得 IPv6 地址的 ISP,在规划自己的交换字段时,与上面给出的地址结构是没有什么关系的。

## 5.3.2　ISP 内部骨干网地址的层次化

一个大的网络服务提供商(ISP),可以申请一个较短的地址前缀,例如,/24 甚至更短的/16,小的 ISP 也可以得到至少为/32 的地址空间。为方便,我们后面的讨论以/N 为例。获得 IPv6 地址前缀的 ISP,可以对属于自己的地址空间进行规划。所谓规划,就是根据自己的需要,把从/N 到 SLA 高 8 比特的比特按划分层次的需要,划分字段,供各节点域交换时使用。

原则上,划分成多少层次,每个特定的层次有多少比特,可以由 ISP 自己决定。划分地址交换字段的基本方法有同等层等长的地址交换字段和同等层可变长的地址交换字段两种。

### 1. 等长地址交换字段

等长地址交换字段划分方法,指处在相同层次的节点域,利用地址中的同一字段进行交换。由于从上向下各同等层都用相同的交换字段,所以对任何一层的各节点域,其交换字段的起始位置和字段长度两个数值都相同。在这种划分方法中,设第一层的长度为 b1,第二层的长度为 b2,依此类推。其中 b1,b2,…可以不同。而 b1 与 b2 等都相同的情况就是纵向等长,只是一个特例,与横向等长没有本质上的差异。这种等长划分层次的方法,要求在同一个 ISP 内部,即同一个/N 下的地址空间中,分的层次数及每层的字段长度(比特数)是一致的。

这种划分方法中,各层的 b1,b2,…是事先设计好的,在给交换机配置地址交换字段参数时,虽然可以用层次号作为参数,例如,层次号为 2,交换机就能确定自己交换的依据是从 b1 交换字段的后一比特开始,长度为 b2。但这样表示缺少简洁性和通用性,不利于以后的变动。因此,最简单的表示交换字段的方法仍然如前一章中介绍过的,用 a/b 的形式。这种表示方法对等长和变长是通用的。

等长划分除了简单外,还有支持服务质量保证的优点。由于等长意味着树的各个分支的层次数相同,交换机处理一个数据包时,很容易知道它到达本节点域已经走过了多少节点域,还剩多少节点域要走,这为实时数据包的优先调度提供了方便。所以对等长划分,即使采用了 a/b 的表示方法,仍然需要给交换机配置各层使用地址字段的情况,以便交换机为数据包计算路径的长度。

等长划分的缺点是浪费地址空间。树的不同分支上用户数量及其分布特征都可能不同,设定一个相同的交换字段长度,当然要按照需求量最大的分支确定长度,对需求量小的分支,自然浪费了地址空间。

一个内部地址字段的定义例子如图 5.2 所示的内部分层交换的 IPv6 可聚类全局单播地址例子。

在图 5.2 的例子中,FP、TLA、Interface ID(接口标识符,下文简称主机地址,英文简写成 IID)各项与图 5.1 相同,把 SLA 的高 8 位用来参与交换。图中作为一个特定的例子,均匀地把 56−N 位地址分成 4 层,每层(56−N)/4b。虽然原有的 16b SLA 只留给用户 8b,高 8 位被用作交换的层次地址,因为 HSNET 的用户是接入网一级的 STUB 网络(末端网络),一般情况下,拥有 254 个网号,并用 MAC 交换机将每个网号进一步划分成多个以太网段,可用的以太网段能达到数千个。这对绝大部分单位是够用的。如再要扩充,可以有两种方法:一种是向上级 ISP 多要一个或数个 SLA;另一种方式是直接连到上一层(在本例子中是 B3 层),这样就能拥有 L4+8b 的 SLA 地址空间,可达数万个网号。显然拥有数万个网号的用户接入网是不可思议的。对小型 ISP,他们与大的用户接入网没有差别,可以同样处理。

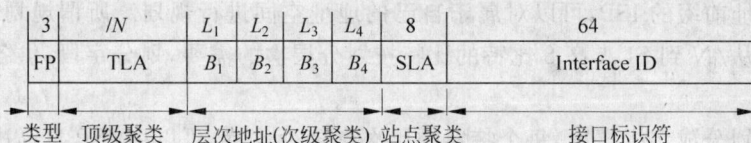

| 3 | /N | $L_1$ | $L_2$ | $L_3$ | $L_4$ | 8 | 64 |
|---|---|---|---|---|---|---|---|
| FP | TLA | $B_1$ | $B_2$ | $B_3$ | $B_4$ | SLA | Interface ID |

类型　　顶级聚类　　层次地址(次级聚类)　站点聚类　　　接口标识符

图 5.2　内部分层交换的 IPv6 可聚类全局单播地址例子

## 2. 变长地址交换字段

变长地址交换字段,指纵向和横向各节点域都可以选用不同长度的地址交换字段。由于树的不同分支上用的字段长度都可能不同,其划分例子不能用一张简单的表格表示出来,图 5.3 用树的例子表示了划分情况。

图 5.3 中,用 $a/b$ 形式表示了节点域的交换字段设置情况。其中 $b$ 为交换字段的长度,它的值由节点域管理人员根据本域的需要而自行决定的;$a$ 为交换字段的起始位置,是不能随便设的,它由上一层的 $a$ 和 $b$ 决定。因而设置必须顶层开始,逐级向下进行。

变长地址交换字段的方式,优点是节省地址空间,节点域管理员有一定的自主权和灵活性。当用户数量发生变化时,可以调整本节点域及其下层节点域的字段长度来满足新的要求。缺点

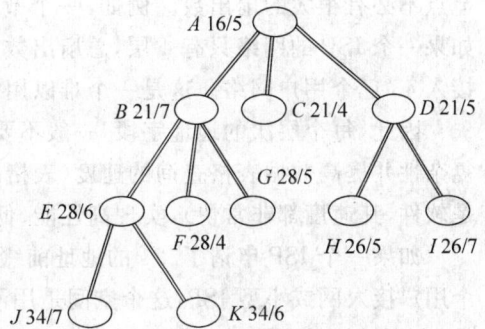

图 5.3　用 $a/b$ 形式表示的变长交换字段例子

是不容易为一个到达的数据包计算已走的节点域数和还要走的节点域数。另外,变长字段的管理较定长字段略微复杂,由于不像等长划分那样统一设计,调整和改变的可能性较大。某节点域调整时,它的所有下层也要跟着调整。

## 5.3.3　扇出因子和地址空间

图 5.2 中的 B1、B2、…… 表示 ISP 交换骨干网内部划分的用于交换的层次,L1、L2、…… 表示相应各层的地址字段长度(比特数)。图 5.3 中以 $a/b$ 形式表示交换字段起始位和长度。虽然层次的数量和每层的长度是可以变的,但从已有的经验看,作为骨干网,每层并不需要太多的下行输出端口。很难想象骨干网的某一个层次的一个逻辑节点,需要扇出数百甚至上千个高速端口。在一个层次性结构的树状系统中,任何一个树的分叉点的分支数量过多,既没有必要,也不便于管理。在人们熟知的电话网中,早期的步进制系统和纵横制系统,电话号码的每个数字是十进制的,每级交换设备只有 10 个扇出端口,六位数的电话号码,用六级交换就能扇出一百万个端口。程控交换机集成度高,可以用多位数字组合起来译码输出,获得高扇出因子,减少级数。但在电话网较高的层次中,利用带宽进行大话务量的聚合,并没有必要像底层用户线(line card)设备那样有高的扇出。实际上从第 2 章的 PSTN 结构图(见图 2.1)中可以看出,1981 年,已经很发达的北美电话网中,C1 交换局只有 12 个(美国 10 个,加拿大 2 个);C2 交换局只有 67 个,平均扇出数为 67/12=5.6 个;C3 交换局只有 230 个,平均扇出数为 230/67=3.4 个;C4 交换局 1300 个,平均扇出数为 1300/230=5.7 个;C5 端局有 19 000 个,平均扇出数为 19 000/1300=14.6 个。只有端局的扇出是例外,可以连接数千个用户电话。虽然互联网的规模会大大超过电话网,但除了底层外,一般也不会有很大(例如超过 100)的扇出数。

骨干网系统的总扇出数,并不完全决定于单个节点的扇出能力,还与骨干网的结构有关。在星状网络(star)中,总扇出数与一个节点的扇出数相等。这样的网络不可能有很大的规模,因为地址空间取决于单个节点的扇出,受设备复杂性的限制,单个设备的扇出数不可能做得太大。目前任意连接的网络(mesh)中,所有连接用户接入网的路由器的扇出之和就是它的总扇出数。注意这里是"和"的关系。本质上它与星状网络没有差别,只是将原有

的一个星分成了相互之间任意连接的多个星。层次网络是严格的树状结构,设每个节点的扇出数为 $n$,有 $m$ 层,其总扇出数为 $n$ 的 $m$ 次方($n^m$),是个幂的增长关系。这就决定了每个节点不必有很大的扇出数。例如,一个节点利用 8 比特作为交换字段,其扇出因子是 256,如果一个 ISP 的网络只有 4 层,总扇出数就是 $256^4 = 43$ 亿。就是说,该 ISP 网络最多允许接入 43 亿个用户网络。这是一个难以用完的空间。

因此,每个层次的地址字段,一般不要超过 8 比特。这样可以极大地简化交换机硬件的复杂性并提高数据表格查询的速度(表格的规模被限制在 256 个表项以内,无论是用硬件还是软件,其速度都非常快),实现高性能、低成本、易于保证 QoS 的层次式骨干网络系统。

如果一个 ISP 申请了 /24 的地址前缀,它的可分配地址字段就有 32 位,可以接入 43 亿个用户接入网或小型 ISP,这个空间是用不完的。

为方便,后面的讨论都以图 5.2 中 /N＝/24、划分 4 层、每层 8 位为例。

## 5.3.4　接口标识符地址空间

目前 IPv6 的 128 比特地址长度中,把一半的长度(64 比特)用于接口标识符(interface identifier),实现 EUI-64 地址编码。如果只从网络地址来看,用 64 个比特作为接口标识,显然是极大的地址浪费,并不合理。例如,以太网地址空间是 48 位,称为 MAC-48。其中高 24 位是网卡生产厂家的标识,低 24 位是生产厂家为其网卡的编号。这样,高 24 位由 IEEE 注册主管部门(IEEE registration authority committee,IEEE/RAC)负责分配并保证其唯一性;低 24 位由生产厂家分配并保证其唯一性。整个 MAC-48 就是全局唯一的。与此空间对应的应该是 EUI-48。但设计者为了未来有可能与其他标识机制(例如,对计算机文件、各种协议及其可选项目、硬件设备的每一个个体等作全局的唯一标识)协调和统一,选用了 EUI-64。这样做可能在两方面有好处:一是可以获得最低层次上的高扇出;二是将来如果有新技术出现,能利用具有全局唯一性的接口标识符进行数据包的交换。其实这两个好处并不一定真的有用。前一个理由受物理上的限制,一个站点内的用户设备数量不可能一维平铺地做到 64 比特或 48 比特地址空间那样大;后一个理由很诱人,但要做到这点,要求控制用户的购买行为,使其购买的设备接口标识符能按层次性规律分布,从标识符高位开始,逐层向下可聚合。即标识符的分配与层次式的网络结构相一致,也就是像目前的 CIDR 技术,要求分配号码时考虑网络的拓扑结构,以便聚合。目前对 EUI-64 接口标识符的管理只控制了生产商,但对接口标识符的使用,既没有网络结构的层次性,也没有按接口标识符的层次性来购买和部署到用户设备中。用户使用接口标识符有极大的随意性,因此难以在技术上做到利用接口标识符进行包的全局交换。没有层次,只能一维平铺,64 比特长的地址有 1845 亿亿个。除非发明新的存储介质,目前的器件不可能做到如此大空间的存储和搜索。这样就形成了一个矛盾:能提供全局路由或交换的地址空间的是前 64 比特,供站点内部使用的企图做到全局唯一性而又很难做到的接口标识符(后 64 比特),占了极大的、无法用完的地址空间。有人想到能否将后 64 位像 IPv4 那样进一步划分子网?除非站点网管理者严格管理 EUI-64 接口标识符的分配,例如,把前 24 位不同的厂商标识符与不同的子网挂钩,甚至同一厂商产品的不同批号与更下层的子网挂钩。而这种控制市场有序销售的办法是难以做到的。

## 5.4  交换地址划分

层次网络首先在 ISP 骨干网中实现。用户接入网可以是现有的 IPv6 或 IPv4 网络,这两种网络之间的互通,由 IETF 规定的方法实现,实现的地点在用户接入网或外网,不在层次式骨干网内部实现。层次骨干网只负责将一个边缘端口进入的用户数据包原样从另一个边缘端口送出,对现有的 IPv6 或 IPv4 网络透明。由于 HSNET 要与 IPv6 地址兼容,我们讨论地址分配时,以 IPv6 地址格式为基础。对 IPv4 接入网的数据包进入 HSNET 时的处理方法,在第 11 章说明。

### 5.4.1  交换机级数

上述层次分配只是一种例子,各 ISP 可以根据实际情况自己决定层次,通常可以减少某些层。以中国科技网(CSTNet)为例,它目前完全是树状结构,中央树根在北京中关村,第二层在全国 50 多个主要城市,再往下是用户接入网(研究所、信息中心、政府部门、高新技术企业等)。它的骨干网就只有两层交换机。用户接入网走过骨干网时,只经历了三个交换机。目前国内最大的 ISP 网络,其骨干网的层次,一般不会超过四层。对图 5.2 类型的 4 层结构,用户接入网在 ISP 骨干网内部通信时,只经历了 7 个逻辑节点。如果让国内的 ISP 通过上一层国家级逻辑交换机连接,则国内通信经历的最大逻辑交换机数量为 9 个,同样,国际通信时,经历的骨干网逻辑交换机数量在 11~13 个左右。

### 5.4.2  逻辑节点的名称、地址及其端口

在层次交换网中,每个逻辑交换机的名称、地址、下行扇出逻辑端口地址以及交换机执行交换的地址字段等概念,这里结合图 5.2 和图 5.3 加以说明。

(1) 逻辑节点的名称。在图 5.3 的例子中,为了简便地称呼某个逻辑交换机,标志了 $A,B,C,\cdots$ 等字母作为逻辑节点的名称。这个名称与该逻辑节点的地址和交换的字段没有任何关系。

(2) 逻辑节点地址与逻辑端口地址的关系。在树状结构中,上层节点的一个下行逻辑信道(即该节点上一层节点的一个逻辑输出端口)与下层的一个逻辑节点相对应,因而它们拥有相同的地址。例如,图 5.3 中第一层节点 $A$ 的地址是由它的上层地址 $/N$ 决定的。一旦 ISP 向国际组织申请到 $/N$ 号后,外界送给本 ISP 网络的任何数据包(指向本 ISP 的地址前缀 $/N$),都被送到逻辑节点 $A$。因而,逻辑节点 $A$ 的地址就是这个 $/N$。完整地表示,就是:

$$/N:X::X \qquad (其中,X::X \text{ 表示这些字段可以取任意值})$$

图 5.3 中逻辑节点 $B,C,D$,是比 $A$ 低一层的节点,它们的地址与上层节点 $A$ 的下行输出端口一致,是由 $/N$ 以及交换机 $A$ 根据图 5.2 中地址字段 $B_1$ 的值决定的。即第二层逻辑节点的地址为

$$/N:B1:X::X$$

相应地,第三层节点 $E$、$F$、$G$、$H$ 和 $I$ 的地址也与第二层的下行端口地址一致,取决于 $/N$、$B1$ 和 $B2$ 字段的值,为

$$/N:B1:B2:X::X$$

类似地,第四层节点 $J$ 和 $K$ 的地址为

$$/N:B1:B2:B3:X::X$$

第四层节点的下行端口地址和与其直接相连的用户接入网地址相同,为

$$/N:B1:B2:B3:B4:X::X$$

（3）逻辑节点交换的字段。参考图 5.2 和图 5.3,第一层逻辑节点 $A$ 对数据包交换时,用图 5.2 中的 $B_1$ 字段,第二层逻辑节点 $B$、$C$、$D$ 利用 $B_2$ 字段进行交换,第三层逻辑节点 $E$、$F$、$G$、$H$、$I$ 用 $B_3$ 字段进行交换,第四层逻辑节点 $J$、$K$ 用 $B_4$ 字段进行交换。所谓交换,就是根据相应地址字段的值,确定一个下行逻辑端口,将数据包从该端口向下层节点域发送的过程。

## 5.4.3  层次空缺和网络扩展

在层次骨干网的树状结构中,并不要求所有的边缘端口（连接用户接入网的 HSNET 边缘端口）都在最末层。树的某些高层节点域上也可以连接用户网。例如,图 5.3 中,骨干网的最大层次数是四层（如 $A:B:E:J$、$A:B:E:K$）,还有三层（$A:B:F$、$A:B:G$、$A:D:H$、$A:D:I$）和两层（$A:C$）,最少的只有一层（$A$）。图 5.3 中的 $A:C$ 分支,只有两层,$C$ 算第二层、第三层还是第四层并不重要。当采用 $a/b$ 形式表示交换地址字段时,我们可以说交换节点 $C$ 负责交换的字段是 $a/b$,并不关心它属于第几层。这样,下层节点可以根据需要灵活地分配字段,用户接入网可以接到层次骨干网的任何一层,例如,可以接到最末层的节点 $J$ 或 $K$,也可以接到最上层的节点 $A$ 等。

如果下层用户需要很大的地址空间,例如,一个较大的 ISP 作为用户接入网连到上游大 ISP 的层次网,根据所需地址空间的大小,连到较高的层次,获得较大的地址空间。要指出的是,获得较大地址空间的下游 ISP,也可以将自己获得的地址空间划分层次,供它的客户使用。其划分方法是独立的、对外界透明的。

如果树的一条从根到叶（HSNET 的边缘端口）的分支上的所有交换节点并没有控制全部地址字段,也就是说,地址中的某些部分没有相应的交换节点域来控制,这种情形是允许的。我们称其为层次空缺。根据空缺所处的位置不同,有下层空缺、中层空缺、多层空缺三种情形。由于顶层节点域不可缺少,故没有上层空缺的情形出现。三种空缺的情形如图 5.4 所示。

在图 5.4 中,$A$ 表示 ISP 的顶层节点域,是不可缺少的。$C$ 为直接连到 $A$ 的节点域。在图 5.4(a) 中,$C$ 的交换字段紧接着 $A$,未规定的地址字段在 $C$ 控制的交换字段的低位方向,称为下层空缺。图 5.4(b) 中,空缺地址字段在 $A$ 与 $C$ 之间,故为中层空缺。当网络扩展时,可以在空缺位置插入新的交换节点域。设新插入的节点为 $L$,如果新插入节点 $L$ 的位置紧接节点 $A$ 或紧接节点 $C$,并且插入后仍然留有地址字段空隙,则仍属于图 5.4 中 (a) 或 (b) 的情形;如果插入 $L$ 后,在 $L$ 的前或后均留下了空隙,则产生了图 5.4(c) 的多层空缺的情形。

ISP的地址空间

| FP | TLA+N | A | C | 空 | SLA | IID |

(a) 下层空缺

ISP的地址空间

| FP | TLA+N | A | 空 | C | SLA | IID |

(b) 中层空缺

ISP的地址空间

| FP | TLA+N | A | 空 | L | 空 | C | SLA | IID |

(c) 多层空缺

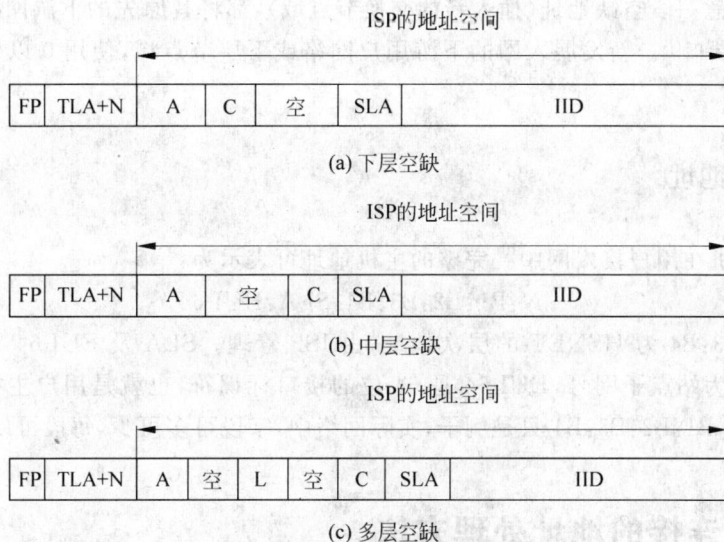

图 5.4　3 种层次空缺的情形

　　用图 5.3 表示的层次网络树状结构,如果不去细看节点旁标示的以 $a/b$ 方式表示的地址字段,就看不出层次空缺。在图 5.3 中标出的各交换节点管辖的交换字段,为了强调上下层管辖的地址字段的连续性和一致性,我们标的地址字段很有规律:下一层交换字段的头紧接着上一层交换字段的尾。其实这只是一种特殊情况。当有层次空缺时,就会有不紧接的情形。例如,当节点 $A$ 的交换字段为 16/5 时,其末位比特是 20,节点 $C$ 的交换字段可以从比特 21 开始,也可以从大于 21 的任何一位开始(显然不能大于比特 63)。如果像图 5.3 那样给节点 $C$ 设置的交换字段为 21/4,就是下层空缺,把极大的空间留给了节点 $C$ 及其下游节点;假如给节点 $C$ 分配的交换字段为 60/4,则把极大的空间留在 $A$ 与 $C$ 之间,即中层空缺,供将来增设层次或增加上面各层的扇出数用,这时节点 $C$ 下面就只能接一般的用户网络了,以给出的 60/4 为例,就只能接一个以太网了(可以有很多网段)。

　　虽然有图 5.4 所示的 3 种层次空缺的情形,网络管理员处理空缺层次(即处理未分配的地址字段)的方法是相同的。由于空缺层次对应的地址字段没有相应的交换节点域去管理和使用,HSNET 在将数据包向信宿送的路上,没有一个交换节点域关心这部分地址,因而这段地址即使取任意值,也能正确地完成交换。例如,前面的例子中,$A$ 只管 16/5,$C$ 只管 60/4,比特 21 到比特 59 这部分地址,无人关心,可为任意值。但当未来网络用户增加,要启用这部分地址时,原先的任意取值就会带来问题。如果在这段地址上为下面不同的用户网络分配了不同的值,有可能要求部分用户网络重新编号。为此我们规定,无论是哪种层次空缺情形,空的位置必须取值为 0。

　　对图 5.4(a),当网络扩展时,例如,在 $C$ 下方插入节点域 $D$,原先挂到节点域 $C$ 的用户接入网,挂到 $D$ 的 0 号逻辑端口。这时如果 $D$ 的右侧还有空缺位,这部分未用地址仍然取值为 0。节点 $D$ 的其他逻辑输出端口(1~255),用于挂接新的下层交换节点或新的用户接入网。这样,为扩展网络而启用原先空着未用的地址时,不必要求原先已经分配好地址的用户接入网中的任何主机或网络设备重新编号。

　　对图 5.4(b)和图 5.4(c)的中层空缺和多层空缺也一样,所有空缺的地址部分,都应分配值 0,启用任意一段空缺地址(插入新的交换节点域),都将其原先的下游网络接到新插入节点域的逻辑端口 0。新发展入网的下游用户网络或下层节点域,使用 0 以外的其他逻辑端口。

### 5.4.4　主机地址

用户的主机在用户接入网中。完整的主机地址可表示为:

$$/N:B1:B2:B3:B4:SLA:EUI\text{-}64$$

其中,B1:B2:B3:B4 为 HSNET 的层次地址,由 ISP 管理。SLA 及 EUI-64 为用户接入网的地址。SLA 为站点子网号,EUI-64 是 64 位的接口标识符,也就是用户主机号。再次提醒读者,上面的 B1:B2:B3:B4 只是例子,实际网络中,字段可多可少,每段可以不定长。

## 5.5　对外连接的地址处理方法

一个 ISP 的完整的层次式骨干网,对外的连接方式有 3 种。第一种是在更高一级层次与其他 ISP 的层次骨干网互联,构成一棵更大的树。这种对外连接的方式中,地址表示方法同前面描述的没有重要的差别,只是把高一层的地址部分(如 $/N-m$ 到 $/N$ 的 $m$ 位)纳入层次交换地址。第二种方式是通过短接线与其他 ISP 的层次网络互联,将在第 10 章介绍。第三种方式是通过一个网关与现有的非层次骨干网互联。这里只讨论第三种对外互联的方式。

与现存的非层次网络互联,运行层次网的 ISP 可作为一个 AS 对外连接,可以在层次网络最高层连接一个执行 BGP-4 或 BGP-4+的普通路由器,经该路由器对外连接。这个路由器(有时称网关)的外侧,拥有标准的 IP 地址(IPv4 或 IPv6,取决于外网是 IPv4 还是 IPv6),以便与外网正常通信。网关的内侧,与层次网的顶层节点域相连,这个路由器在层次网中可以看成 3 种不同的角色:

(1) 作为接入网路由器。普通的用户接入网是可以经过一个路由器接进 HSNET 的。把外界网络也看作一个接入网,与一般的用户接入网一样,只是接到顶层而已。这时它的接入网地址前缀是"非本/N"。

(2) 作为一台特殊的服务器接入最高层,它的地址也是"非本/N"。

(3) 作为顶层接点的上层(父节点)。层次网各节点交换数据包时,如数据包中本层地址字段以上层对应的目的地址字段与源地址字段不同(即不属于地址前缀/N),则将数据包经上行信道向上送。同样,当数据包的目的地址中的/N 前缀值与源地址/N 前缀的值不相同时,顶层节点会向上送数据包,这样就送给了网关,并经网关送到外网(这就默认地隐含了"非本/N"地址)。外网来的数据包,其目的地址中的/N 字段等于本 ISP 网的地址前缀值,由网关交下来,再转发到应去的树的分支,直到用户接入网,再由用户接入网中的路由器或以太网交换机送到目的地主机。这样,网关的内网一侧就可以不分配地址了。

从上面三种角色看,第三种最简单直观,网关成为全网的默认路由(内部找不到目的地,就经网关送到外网)。作为一个新的顶层逻辑节点,这样的网关路由器可以有多个,既可防止单点失效,又可分别连到多个不同的外网。如外网为 IPv4,安装一台运行 BGP-4 的网关;如外网为 IPv6,则运行 BGP-4+的网关。由于对外网而言,整个层次网络是一个末端网络,所以不处理(丢弃)来自网关的 BGP 路径信息。但对接入本层次网的所有 IPv4 接入网号和一个 IPv6 网号(/N),都必须通过 BGP 网关宣布出去。

更详细的描述参见第 18 章。

## 5.6　几点说明

为了更好地理解上面介绍的地址交换结构,有必要对地址结构作一些说明。

### 5.6.1　RFC 对 IPv6 地址结构的改变

IETF 对 IPv6 的地址结构做了多次改变。在 1998 年 7 月发布的 RFC2373(IP Version 6 Addressing Architecture)中,将 IPv6 地址的网络部分(左边 64 比特)分为 FP(3)、TLA (13)、RES(8)、NLA(24)、SLA(16)等不同的部分。2003 年 4 月发布的 RFC3515(Internet Protocol Version 6(IPv6)Addressing Architecture),替代了 RFC2373,取消了 FP、TLA、RES、NLA 等字段的划分,只保留了 SLA 的 16 比特。这样做的目的,是让 IPv6 地址与 IPv4 中取消 A、B、C 类地址的界限,只用 CIDR 的"地址前缀/前缀长度"的表示方法一样,可以更有效地利用地址资源,可以更好地将地址层次化,增强地址的聚类能力,减小路由表的尺寸。这样改动后,FP=001 以外的部分与 FP=001 的部分就没有差别了。整个 IPv6 地址空间中,包含下列 6 类地址:

(1)::,即 0:0:0:0:0:0:0:0(128 位全为 0),未规定地址;

(2)::1,即 0:0:0:0:0:0:0:1(127 位全为 0,最后一位为 1),回绕地址;

(3)11111111::,多播地址;

(4)1111111010::,Link-local unicast address;

(5)1111111011::,Site-local unicast address;

(6)上述地址以外的所有地址,均为全局单播地址(global unicast address)。任播地址 (anycast address)与全局单播地址空间相同。

这样改变的结果,把原来限制 FP=001 的全局单播地址空间做了极大的扩展。但在具体分配地址时,要求 IANA 目前仍只在起始二进位为 001 的空间中分配,其余全局单播地址暂不分配,留作未来使用(将来既可以作为对 001 的扩充,也可能用来定义新的特殊用途)。

取消了 FP、TLA、RES、NLA 等的设定后,用户可以申请的地址有三种规格:

(1)对 ISP,申请的最小单位是一个/32,根据需要可以申请比/32 更大的地址空间;

(2)对单台机器,可以申请一个/128;

(3)对一个场点(site),可以申请一个 site 地址,即/64。

在这种新的地址规划中,一个 ISP 构建层次网络时,最少可对/32 进行层次划分,对以前讨论的层次网地址划分结构没有影响。

2006 年 2 月发表的 RFC4291(IP Version 6 Addressing Architecture),对 RFC3513 再次进行了若干更新。更新之一是要求新的实现不再支持 Site-Local Address,因为这种仅用于一个 Site 内部的地址子空间给应用开发者、网络管理者和路由器生产者都带来了麻烦。而且很难界定 Site 的范围。这样,前缀 1111111011::有可能也作为全局单播地址使用。

要注意的是,起始二进位为 000 的全局单播地址是特别的,用于特别的场合如内含 IPv4 地址、多宿连接(例如,正在讨论的多宿连接方案中,有人主张将前缀为 0001 的部分划分出来,作为多宿连接之用)以及将来可能的新编址需要。对前缀为 000 的场合,其接口标识(IID)有可能不是 64 位长度,但对 000 以外的所有全局单播地址,其 IID 总是 64 位长。

任播地址仅用于有路由器的用户接入网或非层次交换的外网,在层次交换骨干网中不用。如果将来要用,可以在内部地址空间中定义。

无论 IETF 对 IPv6 的地址结构和描述方法如何改变,对层次交换字段的划分、管理和应用都是没有影响的。

### 5.6.2　一个不同的层次地址结构概念

层次式交换网络的基本结构是层次式结构,因而人们自然想到其结构可以用图 5.5 来描述。这张图清楚地表达了层次以及各层之间的关系,但却与前面描述的基于交换字段的层次式结构有着重大的差别。

图 5.5 与图 5.3 在层次的拓扑结构上是完全相同的,但地址结构不同。节点旁的标号表示了层次号,与地址交换字段没有关系。例如,图 5.5 中用粗黑圈标示的一条路径:1、1.5、1.5.3、1.5.3.2,对节点域 1.5.3.2 而言,它只知道自己的祖父排行老 5,父亲排行老 3,自己排行老 2,这种地址标示方式决定了其寻址过程是按严格的父子兄弟关系进行的。这样就存在两个问题:

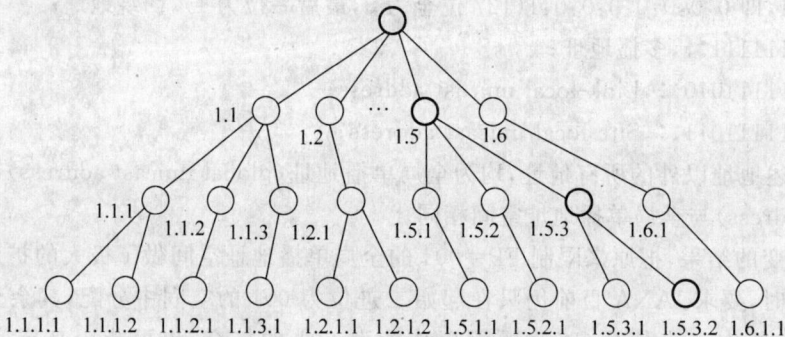

图 5.5　另一种层次结构示意图

（1）当一个数据包到达后,从数据包的目的 IPv6 地址中无法得到交换转发的任何信息,想用这样的地址结构对 IPv6 数据包进行交换,有两种方法:一种方法是在所有交换机中建立一张对应表,把每个目的 IPv6 地址(或网号)对应到一条层次路径。例如,某 IPv6 数据包目的地址对应的路径是 1.5.3.2,交换机知道自己在层次结构中是孙子 3(路径为 1.5.3),交换的下一站是曾孙 2。表中还应列出交换机去往曾孙 2 的输出端口号。问题是怎样生成和维护这张对应表。显然,与传统的路由表(网号与输出端口的对应表)相比,并没有利用层次结构的特点来简化路由过程。另一个实现交换的方法是把 IP 地址划分成连续的相邻字段,用四个字段分别表示图 5.5 中的四代。这就演变成了基于交换字段的层次结构,但它只能实现定长字段,缺乏灵活性,空缺层次也无法表示。在基于地址交换字段的层次结构中,对一个具体的交换机而言,它只按照自己负责的交换字段进行交换,对地址的其余部分不关心,因而转发端口的查询十分简单。

(2) 节点域保存的参数(例如1.5.3.2),只反映了当前的静态信息。如果祖父的一个哥哥死去(被撤销),祖父从行 5 变成排行老 4,节点域的参数 1.5.3.2 就必须动态地跟着改变为 1.4.3.2。此外,当上层增加一个层次时,节点域 1.5.3.2 从曾孙变成了玄孙;当上层减少一个层次时,节点域 1.5.3.2 从曾孙变成了孙子。下层的参数没有相对的固定性。在基于地址交换字段的层次网络中,交换机并不关心自己是孙子还是曾孙,不关心自己的前辈有几代,因而当前辈有变化时,自己不受影响。

因而,这种基于子孙兄弟排行的层次结构与基于交换字段的层次结构,其交换过程是完全不同的。

# 第 6 章

# 地址空间的分离与融合

本章研究层次式交换网络中运营商设备地址空间(骨干网)与用户设备地址空间(用户接入网)之间怎样做到既统一又隔离的方法。实现两种地址空间的分离,既可以使骨干网络中的所有设备免受外来的 DDOS 攻击和病毒感染,又可以轻而易举地实现真实 IP 源地址控制。实现两个地址空间的融合,可以在骨干网内部对用户数据包和内部控制包采用相同的交换方法。

## 6.1　地址空间分离的意义与分离的原则

运行 HSNET 的 ISP,为了保证网络的安全,防止一般用户访问各层的节点域或域内的各交换机,应该为这些设备设计特殊的、用户无法访问的控制方法。另外,除了向用户提供常规的服务器外,ISP 还可以设立专用的内部服务器。常规服务器供全网用户使用,例如,对公众提供信息的 Web 服务器、为公众提供电子邮箱的 MAIL 服务器、供下载文件资料的 FTP 服务器、BBS 服务器,等等。这些服务器是目前 Internet 上通用的,故称为常规的网络服务器。常规的网络服务器供公众访问,只能使用通常的主机地址。内部服务器也在为用户服务,却可以不让用户知道它的存在,用户也就不能直接去访问,例如,网络管理服务器、QoS 管理服务器、地址翻译服务器、隧道服务器、多播管理服务器、安全认证服务器等。这些服务器对外透明,禁止用户直接访问,因此称为内部服务器。虽然内部服务器只能由特定的系统访问,但其服务对象也可能是公众的。

设置特殊地址空间的目的是为了对外界隐藏层次网络中运营商的这些交换设备和服务器设备(这些设备都是节点域内的节点,分别称为交换节点和服务节点),这对骨干网络的安全、避免受到攻击和感染病毒是至关重要的。现有的 Internet 中,用户可以向网络设备(如路由器等)发信息包,并要求这些设备给出响应,这为拒绝服务/分布式拒绝服务(DOS/DDOS)等恶意攻击开了方便之门。在现有的 Internet 中,想要使一台核心路由器瘫痪是极其简单的事,只要用一批 PC 高强度地向它的各个接口发送 PING 包就可以了。虽然路由器可以关闭对 PING 的处理,但它必须把 PING 作为一个正常的数据包收下,直到分析完 IP 包种类后,才将它丢弃,这时已经挤占了接口卡的各种资源,其结果是处理正常用户数据包的速度极为低下,几近瘫痪。

即使不是恶意的,大量学生和研究人员为了完成自己的论文或其他目的,需要获得网络中的各种性能参数(如关键信道上的流量测试、信道带宽测试、信道延迟测试等),长时间连续不断地对网络中的核心路由器发送 PING 和 TRACE-ROUTE 数据包,使网络设备不堪重负。这些问题是早期设计网络时始料未及的。在层次网络中,所有来自用户的数据包,都会经过边缘端口进入层次网络的骨干网,可以很容易地把非法数据包挡在门外。识别数据包是否恶意是极其困难的,但识别地址类型或地址空间却十分简单。因此,所有的层次骨干网内部服务器和网络交换机,都应使用特定的地址类型。我们将这种特点称为地址空间的分离,即骨干网设备用的地址空间与用户设备用的地址空间相分隔。目前的电话网络就拥有这个特性,用户不能使用自己的设备(电话机、传真机等)与程控交换机通信,确保了程控交换机和电话网的安全和高效。

如果为了实现地址空间的隔离,为层次网内部设备设计一套完全不同的地址空间和编址方式,将会遇到很大的困难:交换机交换用户数据包的规则与交换内部控制数据包的规则成为两套独立的规则,加重了交换机的负担。为此,考虑地址分离时,要保证交换规则的一致性,即保证两个地址空间是互相融合的。

为此,设计两个分离的地址空间必须遵循如下两条原则:

(1) 由于交换控制是依靠 IPv6 地址的高(左)64 比特进行的,故可以让层次网内部地址空间的高 64 比特与用户空间相同,只在低 64 比特上加以区分。这保证了交换规则的一致性,也就保证了两个地址空间的融合。

(2) 网络设备与用户地址空间同处一个高 64 比特空间时,网络设备空间不应该挤占用户地址空间。即全部高 64 比特的任意由 RFC4291 规定的地址,都可以合法地被用户使用。

## 6.2　地址空间的边界

相对于面向公众的用户地址空间,网络运营商设备的地址空间可被看作内部地址空间。层次网络的内部地址空间和用户地址空间的分界线,如图 6.1 所示。在图 6.1 中,将整个层次网络划分为层次骨干网和用户接入网两部分。这种划分的含义包括多个方面:

(1) 它是一种网络拥有和管理单位的区分,骨干交换网络由网络运营商拥有并管理,用户接入网由用户单位拥有并管理。

(2) 骨干交换网的任务是交换与传输,负责把来自一个用户接入网的数据包交换到另一个(或另一批)用户接入网,是一个通信子网。除了极少数有信令含义的控制包(例如资源预留包)外,骨干交换网对用户数据包只作转发而不加任何处理。而用户接入网的任务是实现各种网络应用,是一个应用子网和资源子网(计算资源和存储资源的所在地)。

(3) 骨干交换网是一个穿越性(transit)网络,允许各用户接入网的通信量(traffic)穿越,而用户接入网是一个末端性(stub)网络,它总是通信的起点或终点,不允许其他用户接入网的通信量穿越它。

(4) 骨干交换网完全摒弃任何与路由有关的操作(如路由信息的交换、路由表的生成、路由表查询等)及与 MPLS 有关的操作(如 LDP 协议、LSP 的生成与维护等),完全采用层次式交换体系结构,用简单的交换代替复杂的路由。而用户接入网的内部结构,是由用户自己决定的,它可以有如下 5 种不同组合的结构:

① 路由器＋以太网交换机＋主机；

② 层次式网络节点域＋以太网交换机＋主机；

③ 以太网交换机＋主机；

④ 层次式网络节点域＋主机；

⑤ 直接连到层次骨干交换网络的主机。

其中，只有①是传统的用户网络，在用户网络中运行各种与路由有关的协议，其余 4 种组合都没有路由器，都不再有路由协议。虽然并不需要改变任何已有的协议，这种没有路由器的用户接入网，已经完全采用了层次交换网络的特点，成为层次交换用户接入网。

(5) 这种划分规定了骨干交换网与用户接入网的边界，把连接用户接入网的骨干交换网端口称为层次网边缘端口。对层次式骨干交换网络，在这个边缘端口上有一些特殊的处理，用于与用户接入网的现有协议作简单的衔接、处理来自用户接入网的信令、保护骨干交换网不受外来侵犯、定位不良数据包的来源（源地址）、实现对 IPv4 用户接入网的自动隧道封装与管理等。

层次网络的内部地址空间和用户地址空间的分界线就在图 6.1 中的水平虚线处。虚线上方使用内部地址空间，虚线下方使用用户地址空间。两个地址空间在层次网边缘端口上加以隔离和控制。这与传统的电话网是十分相似的。

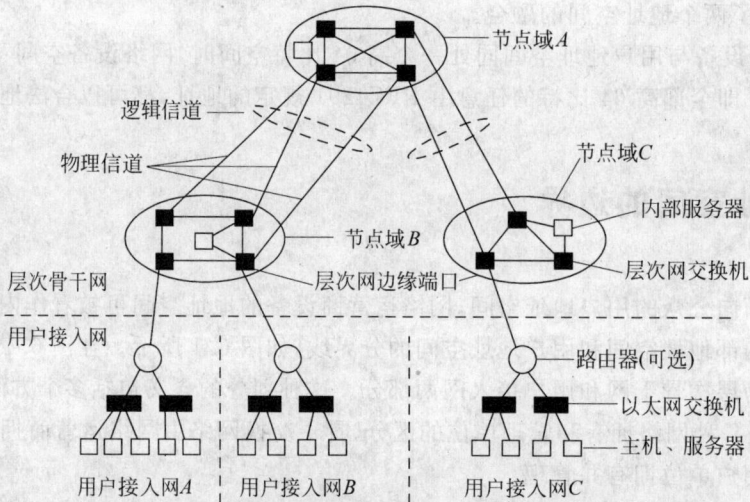

图 6.1　层次交换骨干网与用户接入网

# 6.3　地址空间的分离与融合

由于层次网设备内部控制包也是用 IPv6 包实现的，如前所述，对 IPv6 地址加特定标记，不能在地址的前 64 位进行，因为这 64 位地址前缀的任意值都可能在用户空间出现，对此作特殊取值的规定，会与 IPv6 现有的编址规定发生冲突。

在 IPv6 地址格式中，前 64 位为 IPv6 地址前缀，后 64 位为接口标识（interface identifier，IID），拼接成为 128 位的 IPv6 地址。要设定一个独立的地址空间，只能在 IID 上作区分。

全球统一注册的接口地址,是全局唯一的。如 IEEE 802 MAC 地址(48 位),由两部分组成,前(左)3 个字节为公司标识(company ID),是由 IEEE 注册授权委员会(IEEE Registration Authority Committee,IEEE RAC)分配给以太网卡生产厂商的全球唯一标识。其中左起第 7 比特称为 *u* 比特(universal/local),设置成 0 表示该 MAC 地址是全局性的,即全局唯一的;设置成 1 表示该 MAC 地址只有局部意义,全局不一定唯一。左起第 8 比特称为 *g* 比特(individual/group),表示单个还是成组,0 表示单个地址,1 表示成组地址。*g* 的使用方法与本文无关。后(右)3 字节,是厂商自己分配的,称为厂商扩展码,在同一厂商标识下也是唯一的。转换成 IID 时,做两件事,一是在厂商标识和厂商扩展码之间插入两个字节,值为 0xFFFE;二是将 *u* 比特翻转为 1。在 IID 中,*u* 比特为 1 表示全局唯一(正好与 IEEE 802 MAC 地址的规定相反)。这样转换成的 IID,在 RFC4291 中也称为"Modified EUI 64"(简称为 M-EUI-64),通用的二进位表示形式是:

*cccc ccug cccc cccc cccc cccc* 1111 1111 1111 1110 *eeee eeee eeee eeee eeee eeee*

其中的 *c* 比特为 company ID,*u* 比特为 1,*g* 比特为 0,*e* 比特为厂商扩展码。我们称中间插入的两个字节 0xFFFE 为 PAD 字段。

举一个例子,设一个全局唯一接口的内建 MAC 地址(Built-in address)为

34-56-78-9A-BC-DE

转换成 M-EUI-64 后为

36-56-78-FF-FE-9A-BC-DE

全球统一注册的标识,还有一种 IEEE EUI-64,它不是从 IEEE 48 比特 MAC 地址转换而来,直接由 3 字节的公司标识拼上 5 字节的公司自己分配的扩展码构成,其格式如下:

*cccc ccug cccc cccc cccc cccc eeee eeee eeee eeee eeee eeee eeee eeee eeee eeee*

如果这种标识被用于 M-EUI-64(目前并没有这样用),其中的 *u* 比特也要改为 1,表示全局意义。这个结构中,对应于 MAC 转换中的 PAD 字段的两个字节(值为 0xFFFE),也由公司自己分配,因而可能出现任意值。但只要 company ID 部分与前面的 IEEE 802 MAC 地址(48 位)中的 company ID 是统一分配的,即使在 PAD 字段也出现 0xFFFE 的值,仍然是全局唯一的。只是原先依靠 PAD 字段的 xFFFE 值来判断该 M-EUI-64 是来源于 IEEE 48 比特 MAC 地址的方法,就不能再用了。由于这种标识目前并没有被用于 IPv6 的 IID,因此,可以不考虑它。

对串行链路(serial link)及配置隧道(configured tunnel)的端点,IID 不是全局性的,只在链路上或配置隧道上有局部意义,形成局部 IID 时可有四种做法:

(1) 将本节点其他接口上的某个全局性 MAC 地址拿来用作本链路局部地址,这样也不会与本链路上其他接口的地址重复;

(2) 人工配置一个地址;

(3) 生成随机数作为地址(有可能重复,但概率极小);

(4) 用本节点序列号或其他唯一标识作为地址。

不管怎样形成,对串行链路或配置隧道,接口标识都应当在同一个子网前缀下唯一,连到同一子网前缀下的各个接口之间相互进行检查,不能出现地址冲突,并且在设备重新启动时不变。一个子网前缀下的所有设备,都是连到同一个链路上的,这个链路层设施可以是以太网、PPP 链路、配置隧道、非广播多重访问(NBMA)链路(如 FR、ATM、X.25)等,从 IP 网

络层看,他们都是一条可以连接两个或两个以上设备的链路。人工或自动生成 IID 的工作超出了本文的范围,由其他已有的协议完成。本文只是研究它们的特点和规律,以便实现地址空间的分离和融合。

总结上述各种生成 IID 的情形,有如下规律:

(1) 目前,具有全局意义的在互联网中广泛应用的链路层地址是 IEEE 802 48 比特 MAC 地址(简称 MAC 地址),将其转换成 M-EUI-64 地址规范并用作 IID 时,用 $u=1$ 表示全局性。应注意的是,全局 IID 只能从内建 MAC(Built-in MAC,包含在以太网卡硬件或固件中)地址生成。如果用软件自己生成一个 MAC 地址或用手工自行设置一个 MAC 地址,通常是不提倡的。如果非要这样做不可,则将其转换成 EUI-64 进而转换成 IID 后,均只有局部意义,即在这样生成的 IID 中,$u$ 比特只能为 0(见 RFC4291)。

(2) 对所有串行链路(如 PPP、SDH 等)、配置隧道端点之间的链路(如 IPv6 over IPv4 tunnel)及其他 NBMA 链路(如 FR、ATM、X. 25、FDDI、ARCnet、IPX 等),生成的 IID 均只有局部意义,即 $u$ 比特总是为 0。

根据上面这两条规则,可以向 IEEE RAC 申请一个 company ID 号,利用特定的 company ID 值及 $u$ 比特为 1 来标识内部地址空间。并假设这个全局唯一的、特定 company ID 的值为 cID。

有了这种特定值为 cID 的标识,在层次网的边缘端口上可以阻止用户对内部设备的访问;层次网内部设备,可以简单地识别内部地址和用户地址。

无论 IID 具有全局意义还是局部意义,均可被用于组成 Link-local unicast address(地址最高位为 1111111010∷)、Site-local unicast address(地址最高位为 1111111011∷)及 Global unicast address(特殊地址以外的所有地址空间),这些不同范围内起作用的地址被用作 IP 包的目的地址或源地址时,路由器会对其转发范围作出限制。例如,对目的地址或源地址为 Link-local unicast address 的包,不向任何其他链路转发;对地址为 Site-local unicast address 的包,只在本 Site 内转发(最新的 RFC 建议不再使用 Site-local unicast address)。对这些转发限制,层次网边缘端口也加以遵循,在执行范围控制时,发现包的目的地址或源地址出现 Link-local unicast address 或 Site-local unicast address 地址时,收到后不作转发,而是交给一个特定的内部服务器去处理(虽然也可以简单地把包丢弃,但交给服务器处理,可以在未来扩展某些控制功能时用。目前服务器的处理,就是丢弃)。

应该明确的是,数据包作用范围(在 IPv6 地址的高位)的处理与上述根据 IID 判断是否内部地址空间是不相关的两码事。尽管一个 IID 是局部的,它仍能被与 Global unicast address 地址前缀组合后在全网使用,故局部 IID 也能通行全网。层次网边缘端口阻断的只是全局 IID($u=1$)中 company ID 为特定值 cID 的部分,这部分是内部地址空间,不能从边缘端口进入,也不能从边缘端口流出,只能在内部产生、流通、终止。

从交换的角度看,内部信息包与用户数据包的交换都是利用高 64 比特进行的,执行相同的交换控制协议,交换字段可以取任何值而互不冲突,因而内部地址空间和用户地址空间是融合的。

另外,与传统路由网络不同,层次网的交换机端口并不分配 IP 地址,因而其内部地址空间的大小与网络规模和网络设备的多少没有关系。对内部地址空间,由于 cID 是专用的,IID 中的最低 24 位并不用于链路层寻址,可以自行定义。

## 6.4　内部信息包的终止方法

如前所述,内部数据包或控制包(统称信息包)的交换,本质上与用户数据包的交换相同,即根据地址前缀决定上行还是下行,根据交换字段的值(逻辑信道号)选择下行的子节点域。但内部信息包终止于节点域内部(称该节点域为终止节点域),所以节点域在作常规交换前,先要判断一下,是否应收下(终止)该信息包。这涉及内部信息包的终止方法。

一般来说,在运营商的骨干网内,各节点域为自己的内部元素(如交换机、逻辑端口、内部端口、服务端口等)分配内部地址,内部地址的地址前缀就是其所在节点域的地址前缀。假设地址前缀为 $n$ 位,则网络前缀剩余的 $64-n$ 位保留,以 0 填充。内部地址的后面 64 位是 IID,其编址格式如图 6.2 所示。包括内部地址空间唯一性标识 IAID(Internal Address ID)字段、特征及前缀长度 PL 字段(Prefix Length)、地址类型 TYPE 字段、$X$ 字段和 $Y$ 字段。IAID 字段,24 位,$c$ 比特设置为特定的 cID 值、$u$ 比特设置为 1、$g$ 比特根据需要设置为 0 或 1。$r$ 位(IID 的 24 比特)保留,目前置为 0。$h$ 位(IID 的 25 比特)为逐域(Domain-By-Domain)特征位,其作用相当于 IPv6 中的 Hop-By-Hop 扩展头,置成 0 表示非逐域处理,内部数据包到达目标地址所指向的节点域后,递交到高层服务实体进一步处理;置成 1 表示逐域处理,内部数据包沿途经过的每个节点域都要接收并进一步递交到高层服务实体处理。PL 字段(Prefix Length)6 位(IID 的 26 比特到 31 比特,图 6.2 中的 $p$ 位)表示地址前缀的长度 $n$。TYPE 字段 8 位,$X$ 字段 8 位,$Y$ 字段 16 位,这些字段的组合可以标识节点域内部各种类型的实体元素。

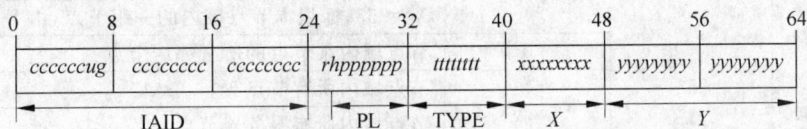

| 0 | 8 | 16 | 24 | 32 | 40 | 48 | 56 | 64 |
|---|---|---|---|---|---|---|---|---|
| cccccccug | cccccccc | cccccccc | rhpppppp | tttttttt | xxxxxxxx | yyyyyyyy | yyyyyyyy | |

IAID　PL　TYPE　$X$　$Y$

图 6.2　HSNET 内部元素地址 IID 格式

节点域在交换信息包之前,要作如下判断:

(1) 判断是否内部包,条件是 $(u=1)$ & $(\text{companyID}=\text{cID})$。如果不是内部包,作常规交换。

(2) 如果是内部数据包,判断 $h$ 位是否为 1。如不为 1,转(3);为 1,表示逐域传送。收下并处理该包,然后对其作常规交换。

(3) 判断地址前缀长度(PL 字段的值)是否与本节点域地址前缀长度相同。如不相同,作常规交换;如相同,进一步判断内部包目的地址前缀与本节点域地址前缀是否相同。如不同,作常规交换;如相同,内部包到达了终止节点域,收下并处理该包。由于到达了终止节点域,不再转发。

一旦通过了上述各项判断,确定收下该包,就要进一步分析它的目的地址,作相应的处理,详见后面的小节。

## 6.5　内部地址的表示及访问方法

　　内部地址用于对节点域内部设施(包括节点域、逻辑端口、交换机、交换机物理端口、各种内部服务器及服务访问点等,也可简称内部元素)的寻址,主要使用 IID 中的低 32 比特表示。如图 6.2 所示,TYPE 字段 8 位,$X$ 字段 8 位,$Y$ 字段 16 位,这些字段的组合可以标识节点域内部各种类型的实体元素。TYPE 字段、$X$ 字段和 $Y$ 字段的定义如表 6.1 所示,规定了这些字段的取值范围和含义。从表 6.1 可以看出,为了执行任何控制协议功能,可以对层次式交换骨干网内的任何元素进行内部访问。

表 6.1　HSNET 网络内部元素地址结构中 TYPE-X-Y 定义表

| Type(8 比特) | X(8 比特) | Y(16 比特) | 说　明 |
|---|---|---|---|
| 0 | 0 | 0 | 标识节点域,尤其是"本节点域" |
| 1 | 0 | 0～65 535 | 标识本节点域内的逻辑端口号(即逻辑信道号) |
|  |  | 0～16 383 | 标识本节点域内的下行逻辑端口 |
|  |  | 16 384～32 767 | 标识本节点域内的短接逻辑端口 |
|  |  | 32 768～49 151 | 标识本节点域内的内部逻辑端口 |
|  |  | 49 152～65 534 | 保留 |
|  |  | 65 535 | 标识本节点域内的上行逻辑端口 |
| 2 |  |  | Type=2,标识一个或一组节点 |
|  | 0 | 0 | 标识某个没有节点号的节点,即节点号未知 |
|  | 1～254 | 0 | 标识本节点域内节点号为 $X$ 的节点 |
|  |  |  | $X$=255,标识本节点域内的一组节点,由 $Y$ 决定 |
|  | 255 | 0 | 节点域内某节点的所有邻居节点 |
|  |  | 1 | 节点域内所有节点 |
|  |  | 2 | 节点域内所有服务器节点 |
|  |  | 3 | 节点域内所有交换机节点 |
| 3 | 1～254 | 0～2047 | 标识节点域内交换机号为 $X$、物理端口号为 $Y$ 的物理端口 |
| 4 | 0 | 1～255 | $X$ 表示服务器节点号,由于服务器的节点号只在节点域内部有意义,远程访问服务器时,用 $X$＝0 表示服务器节点号未知<br><br>$Y$ 取值为 1～255,标识节点域内的服务端口号即服务类型;其中 1 为元服务,其所在节点域地址前缀是众所周知(Well-Known)的,由管理员配置。2～127 表示节点域内的服务,128～255 表示全局服务 |
|  |  | 1 | 元服务(即服务的服务,为各类服务器提供位置信息的注册、守护等服务) |
|  |  | 2 | QoS 资源管理服务 |
|  |  | 3 | 多播管理服务 |
|  |  | 4 | 域管理服务、配置服务(域内) |
|  |  | 5 | 全网管理服务(ISP 全网) |
|  |  | 6 | 间接短接通信隧道服务 |

| Type(8 比特) | X(8 比特) | Y(16 比特) | 说　明 |
|---|---|---|---|
| 4 | 0 | 7~127 | 保留 |
| | | 128 | 安全认证服务 |
| | | 129 | 密钥管理服务 |
| | | 130 | IPv4 隧道地址配置服务 |
| | | 131 | VNOC、VPN 网络管理服务 |
| | | 132~255 | 保留 |
| 5 | 0 | | 隧道封装标识(指示要进行隧道末端处理,例如解封装等) |
| | | 1 | IPv4 隧道封装 |
| | | 2 | 间接短接通信隧道封装 |
| | | 3 | VPN 隧道封装 |
| | | 4 | 多宿连接隧道封装 |
| | | 5~255 | 保留(用于定义其他隧道封装) |
| 6 | | | 加密方式 |
| | 0 | 待定义 | 未加密 |
| | 1 | 待定义 | 对称密钥加密 |
| | 2 | 待定义 | PKI 加密 |
| | 3~255 | 待定义 | 保留(用于定义其他加密方式) |
| 7~255 | | | 保留 |

表 6.1 中,Type 字段表示内部地址所指向客体的类型和特征:

- Type=0,标识节点域(尤其是本节点域)。
- Type=1,标识本节点域内的逻辑端口(逻辑信道)。
- Type=2,标识节点及一组节点。
- Type=3,标识交换节点及其物理端口。
- Type=4,标识服务类型即服务端口号。
- Type=5,标识隧道封装及其特征。
- Type=6,标识数据包内容的加密方式。

X 字段在不同类型下有不同的意义,一般表示节点号,包括交换(机)节点或服务(器)节点。

Y 字段也是在不同类型下有不同的含义。对逻辑端口类(Type=1),表示不同的逻辑端口号;对节点及节点组类(Type=2),表示节点号;对交换节点及其物理端口类(Type=3),表示物理端口号;对服务器类(Type=4),表示服务端口号;对隧道封装标识类(Type=5),表示不同种类的隧道封装。

在 HSNET 网络内部元素地址结构中,由 Type 字段为 0 表示节点域本身的地址。因为节点域是一个逻辑节点,由一批物理设备组成(最简单的节点域可以只有一台交换机),把节点域作为一个访问对象是一种很特殊的情况。当数据包将节点域作为访问对象时,节点域可以有三种方法实现对该数据包的响应:第一种是节点域中的各交换机按某种规则推选一个代理,由该代理交换机进行响应;第二种是让节点域中某个指定的服务器进行响应;第三种方法是让节点域中所有交换机都有响应能力,谁先收到了访问请求包,谁直接对其作出响应。在这三种方法中,要求给出响应的设备拥有必要的信息,有能力处理访问请求。例如,域外的网络管理设备来查询节点域的各种统计信息或状态信息时,负责响应的设备相当于网管的代理,及时地对查询信息包作出响应。怎样让这三种方法中的代理交换机、专用服务器或所有交换机拥有必要的信息,是局限于节点域内部的一个问题,可以设计并实现相应的节点域内部收集信息的简单协议来完成,具体选用哪一种方法并采用什么样的信息收集协议,与全局无关。因此,采用哪种响应方法以及怎样交换和收集信息的方法,由具体实现来决定,且在本域内采用何种技术对外界透明。

有些应用,数据包必须让某个节点域自己收下,加以处理后,再经指定的逻辑端口发送出去,此时需要指定节点域逻辑端口地址。这种节点域逻辑端口特殊地址的一个典型应用是对 IPv4 包的自动封装和隧道传送。

在 HSNET 网络内部元素地址结构中,由 TYPE 字段为 1 表示节点域逻辑端口地址。其中,$X$ 设置为 0,$Y$ 取值范围为 0～65 535,当 $Y$ 取值为 0～1023,则该地址标识本节点域内逻辑端口号为 $Y$ 的逻辑端口;当 $Y$ 取值为 1024～2047,则该地址标识本节点域内短接逻辑端口号为 $Y$ 的端口;当 $Y$ 取值为 65 535,则该地址标识本节点域内的上行逻辑端口。

节点域内的交换机以及交换机上的物理端口,在节点域外是看不见的,其编号只有本地的意义,可以任意编号。但为实现链路自愈、邻居发现、网络管理或未来设计的其他功能,对交换机及其物理端口也用与 IPv6 地址格式统一的方式编址。由于交换机都是局部于节点域的,因而用 IPv6 格式表示交换机或物理端口的地址时,必须包含交换机或物理端口所在节点域的网络地址前缀以及相应的交换机号或物理端口号,交换机号、物理端口号一般与节点域配置表中对各交换机及其端口的标识方法保持一致。

在 HSNET 网络内部元素地址结构中,由 Type 字段为 2 表示节点域内交换机的地址。$X$ 字段表示该节点域内的交换机号。由 Type 字段为 3 表示节点域内交换机的物理端口地址,$X$、$Y$ 字段分别表示交换机号 $X$、物理端口号 $Y$。

在 HSNET 网络内部元素地址结构中,由 Type 字段为 4 表示 HSNET 网络内部服务的逻辑地址。$Y$ 字段表示服务的类型。有了内部服务的逻辑地址,不管这些服务器的物理接口地址怎样变化,只要知道某个服务所在的节点域的地址前缀和该服务器的类型号,外界就可以访问到服务。将服务与交换相分离是层次式交换网络的一个重要特点。其好处是将数据平面与控制平面分开,简化硬件和软件,提高处理速度和效率,增加新服务时,只在服务器中增加服务进程而对交换机的影响尽可能地小。

通常一个服务器是一台独立的计算机,它可以运行一种或多种服务。当一台服务器上运行多种不同的服务时,它们的服务器节点号是相同的,服务请求包被送到服务器节点后,利用不同的服务端口号(由 $Y$ 表示),将服务请求包送给不同的服务进程加以处理并给出响应。所以服务器是以节点号来编址的,服务器上的服务类型与服务进程相对应,即一个服务进程负责处理一种服务类型,是用服务端口号来编址的。类似于目前广泛使用的端口号(例如 FTP-data 的端口号为 20,FTP-control 的端口号为 21,http 的端口号为 80 等),服务端口号(SrvPort)也是事先分配好的。

如果一个服务器以板卡的形式插在交换机背板上,交换机节点和服务器节点共用一个节点号。服务请求包被送到该节点后,可利用 Type 字段加以区分,将服务请求包送到服务板卡。

一个服务申请者要访问不在本节点域中的服务器,称为远程服务访问;相应地,如果服务申请者与服务提供者(即服务器)同处一个节点域中,则称为本地服务访问。

对于远程服务访问,服务申请者通常只知道两个信息:服务器所在节点域的地址前缀(如不知道,可向元服务器查询。元服务器的节点域地址前缀为众所周知,即 well-known)和服务类型(即服务端口号,这是固定地分配好的)。外界不知道服务器在节点域中的节点号(SrvID。对交换机节点,用 SID 表示节点号;对服务器节点,用 SrvID 表示节点号。两者无本质上的差别,都用 X 字段表示),因为这是局部于节点域的,管理员可以随时改变一个节点域中各交换机或服务器的节点号。在节点域中设立一张"本地服务节点映射表"。该表以服务类型为索引,查得提供相应服务的服务器节点号。当服务请求包到达终止节点域后,查本地服务节点映射表,获得服务器节点号 SrvID。用该 SrvID 对服务请求包进行 ISL 封装,将服务请求包递交给服务器节点。服务器节点收到后,拆去 ISL 封装,根据服务请求包目的地址中的服务端口号(Y 字段值)交给相应的服务进程。顺便指出,利用本地服务节点映射表查到服务器节点号后,并不需要将该节点号填入服务请求包目的地址的 X 字段中去,因为该节点号仅用于将服务请求包在节点域内部投递到目的服务节点,没有其他用途,故不必再去填原先未知的服务器节点号 X。

对于本地服务访问,也是查询本地服务节点映射表,获得服务器节点号后,用 ISL 封装将服务请求包送到服务器节点。这与远程来的服务请求包到达终止节点域以后的投递过程完全一样。

# 6.6　内部包的使用例子

为了更好地理解内部地址空间的使用方法和对内部服务的访问方法,本小节举几个例子加以说明。

## 6.6.1　例子一:隧道封装服务

本例以访问 IPv4 隧道配置服务器为例子,说明对内部设施的访问方法。IPv4 接入网的隧道配置服务器中,保存了用户接入网的 IPv4(子)网号与接入的层次骨干网边缘端口 IPv6 地址前缀的对应关系。全网可有多个保存相同内容的服务器,它们处在不同的节点域中(甚至可以在每个边缘节点域中设立一个隧道配置服务器)。每个服务器都在元服务器中注册,登记服务器所在节点域的地址前缀及其长度。当一个边缘端口从 IPv4 用户接入网收到一个 IPv4 数据包时,如果本地高速缓存中没有找到 IPv4 数据包目的地址对应的隧道配置信息,边缘端口可以按如下步骤工作:

(1) 向具有知名地址(通常设在 ISP 层次交换网的顶层节点域)的元服务器发出请求。请求包的目的地址为知名节点域的地址前缀,IID 为内部地址空间$(u=1)$&$(companyID=cID)$,并在 PL 中标明其地址前缀的长度,$Type=4$,$X=0$,$Y=1$(指向元服务器)。请求包的内容为查询离自己最近的 IPv4 隧道配置服务器的位置。

(2) 元服务器返回一个隧道配置服务器的地址(节点域地址前缀及其长度)。

（3）向隧道配置服务器发查询包。该包的目的地址为隧道配置服务器所在的节点域地址前缀，其 IID 为内部地址空间，PL 字段标明隧道配置服务器所在节点域地址前缀的长度，Type＝4，X＝0，Y＝130（指向 IPv4 隧道地址配置服务器，参见表 6-2）。请求包的内容为查询隧道映射表项，查询的索引值为 IPv4（子）网号。请求包到达目的地节点域后，利用节点域的本地服务节点映射表，获得该隧道配置服务器在本节点域内的节点号，将请求包进行 ISL 封装后送给服务器并由倾听于服务端口号 130 的服务进程接收。

（4）隧道配置服务进程返回隧道映射表项（该 IPv4 包的目的地边缘端口即隧道终点节点域的地址前缀＋目的边缘端口的交换字段值即逻辑端口号，以及隧道终点节点域的地址前缀长度）。

（5）将结果缓存起来，同时完成对 IPv4 包的隧道封装。该封装的 IPv6 源地址是输入边缘端口自身的 IPv6 地址前缀（输入边缘节点域的地址前缀＋输入边缘端口的交换字段值），IID 为内部地址，PL 为输入边缘端口所在节点域地址前缀长度，Type＝5，X＝0，Y＝1，目的地址是通过查询获得的出边缘端口的 IPv6 地址前缀（出边缘节点域的地址前缀＋出边缘端口的交换字段值）。IID 为内部地址，PL 为出边缘端口所在节点域地址前缀长度，Type＝5，X＝0，Y＝1。然后将数据包交换出去。

（6）信息包到达隧道出口节点域后，被收下，发现 Type＝5，进行隧道末端处理：利用出边缘端口的逻辑端口号查得交换机节点号和物理端口号，拆除隧道封装（还原出 IPv4 包），进行 ISL 封装，将用户 IPv4 包送到目的地交换机，并从指定的物理端口发送出去。该物理端口的对方就是接收该 IPv4 包的用户接入网。

对通信的后续包或指向同一目的地的其他通信包，由于 cache 中已经有了隧道配置信息，作隧道封装时，只要做（5）和（6）两步就可以了。

这种对 IPv4 的隧道处理方法，使得一个边缘端口可以同时连接 IPv4 和 IPv6 的用户接入网络（即运行 IPv4/IPv6 双协议栈的用户接入网）。对前者作 IPv6 格式的内部包隧道封装后传输；对后者，直接传输。随着用户接入网使用的 IP 协议逐渐向 IPv6 过渡，上述执行封装的数据包数量逐渐变小，直至完全消失。

虽然这里的隧道例子是用于对 IPv4 进行封装后传输的，但这种机制是通用的，例如在间接短接通信、多宿连接、VPN 封装等技术中，都会用到隧道技术，其隧道的封装格式和隧道终点的控制方法是完全一样的。但隧道的类型是不同的，目的地边缘节点域可以针对不同的隧道类型，在拆除封装时作相应的处理。

### 6.6.2  例子二：QoS 资源管理服务

对 Type＝4，X＝0，Y＝2 的内部包，指向 QoS 资源管理服务器，被交给本节点域的 QoS 服务器去处理。一个内部包的传输生命周期就此结束。如果 QoS 服务器经过处理后认为需要逐站传给其他节点域（例如沿路径预留资源），则相当于重新生成一个内部包，其目的地是某个邻居节点域，到达指定的邻居节点域后，结束传输生命周期。这样把任何内部服务所需要的复杂传输分解成一个或一串内部包的生命周期（产生、传递、终止）来对待，从传输和交换的角度，就十分简单了。

在层次网内部，一个内部包的终止点有两种情形：一是邻居节点域，另一是远程节点域。要把内部包送给邻居节点域,不同的服务系统根据自己的需要能确定是哪个邻居(父或某个子),然后根据自己的配置参数(节点域都保留有各邻居节点域的地址前缀、前缀长度和交换字段参数),将内部包目的地址置成邻居节点域的地址前缀,IID 中的 PL 字段置成邻居节点域的地址前缀长度,然后按常规方式交换出去。如果某个服务需要把一个内部包送给远程节点域,通过查询注册服务器(也称"元服务器"),得知远程节点域的地址前缀及其长度,将查得的地址前缀作为控制包的目的地址,并把目的地址中 PL 字段置成远程终止节点域的地址前缀长度,按常规转发出去。终止节点域是邻居还是远程,取决于控制和服务的需要。除了获得地址前缀和 PL 值的途径不同外,对邻居或远程的处理是相同的。

根据 IID 内部地址的格式定义,h 位标识了逐域传输特征。这为 QoS 沿路径逐跳预留资源提供了一种方法。路径起点(入边缘端口)发起一个去路径终点(出边缘端口)的资源预留包,把 h 位置 1,就可以做到沿路逐域预留资源。

有了对某些类型内部控制包的逐跳传输能力,在层次骨干网中就不再依赖 IPv6 扩展报头实现逐跳传输(IPv6 中的 Hop by Hop 扩展报头)。为了与非层次网部分兼容,对从层次网边缘端口进入的用户信息包,仍然允许使用逐跳传输的扩展报头,但由于可以把整个层次交换骨干网看作一个交换机,将用户信息包从入边缘端口交换到出边缘端口,逻辑上相当于一跳,故层次网内部并不处理用户信息包中的任何扩展报头。这对提高交换机处理速度是至关重要的。

上述内部包的终止方法中,只在 IID 中做了修改,从高 64 位看,内部地址空间没有占用用户地址空间;从低 64 位看,内部地址空间只是用了用户地址空间根据编码规则不可能使用的部分。因而两个地址空间并没有互相挤占,没有空间上的冲突。

有关 QoS 的详细控制过程,参见第 15 章。

## 6.6.3 例子三:网络管理服务

层次网的网络管理以节点域为单位,每个节点域的管理员负责节点域的参数配置,统计和收集节点域中的流量情况。因此,每个节点域都有一个域网络管理服务器。该域网络管理服务器定时地向各交换机探询交换机的状态和统计信息,并加以处理。全网(同一 ISP)可以设立一个或多个全网管理服务器。全网管理服务器定时地向各域管理服务器探询,获得的信息经处理后,可以动态地显示,可以整理出收费数据。用探询-响应的方法而不是底层自动向上报告的方法,比较灵活,下层设备(如交换机)不必配置定时参数,上层管理者什么时候想要数据,随时可以发起探询。

域管理服务器只向本节点域中的交换机提取数据,比较容易,只要设计一个域内广播包就可以了。利用泛洪法将包送到域内所有交换机。

全网管理服务器向各节点域提取数据,要用到内部通信包的域间传送。

域管理和全网管理是两个不同的进程,为此设立两个不同的服务端口号。网络管理涉及四种包。

(1) 域网管服务器向节点域内交换机探询统计信息,目的地指向域内所有交换机节点,地址类型用 Type=2、X=255、Y=3,节点域地址前缀为本节点的地址前缀。

(2) 交换机节点响应包,目的地为发出探询的域网管服务器。目的地地址类型为

Type＝4、X＝0、Y＝4，节点域地址前缀为本节点的地址前缀。

（3）全网管理服务器向各接点域网管服务器发探询，目的地地址类型为 Type＝4、X＝0、Y＝4，节点域地址前缀为要收集网络运行数据的节点域的地址前缀。

（4）节点域网管服务器向全网管理服务器响应。目的地地址类型为 Type＝4、X＝0、Y＝5，节点域地址前缀为全网管理服务器所在节点域的地址前缀。

收到探询包的进程，记住探询包中的源地址（包括节点域地址前缀、Type、X 和 Y），用来构建响应包的目的地址。响应包的内容分两类，一类是流量统计，另一类是用于计费的日志。全网管理服务器高频率地收集网络信息时，一般只收集流量统计参数（如流量、带宽使用率、延迟、丢包率、信道失效及恢复情况等），这类数据的量较小，适合于实时显示。用于计费的日志，不必高频率地探询、处理、显示，域网管服务器可以用较高的频率（例如每隔 5min）向交换机探询，经过统计、分类、合并等处理后，将一天的数据归总后另行保存，等待全网管理服务器来探询时提交。对通信量突发出现不正常情况时，全网管理服务器是不能及时反映出来的，由于域网管服务器更接近用户接入网，当某些用户的通信量不正常时，域网管服务器可以及时反映出来并及时报警。

上述四类网络管理信息的查询与响应报文，都使用内部地址空间，外界无法干扰或篡改网络管理的过程，也为网络安全带来了一定的好处。

# 第 7 章

# 内部控制包

　　内部控制包用于节点域内部传递控制信息和管理信息,除了信道监测、信道失效与恢复的通知外,它们一般不能被传送到节点域外部。为了定义内部控制包的类型编号和子类号,我们回顾一下 IPv6 包的格式。在 IPv6 数据包格式中,"下一个报头(next header)"字段与 IPv4 的"协议(protocol)"字段相对应,都是 8b 长。在 IPv4 中,表达本 IP 包中包含的高层协议的类型,由 RFC1700 规定[18]。在 IPv6 中,对该字段做了扩展,既用来表示高层协议的类型,也表示下一个扩展头的类型。IANA 对协议类型的编号分配如表 7.1 所示。

表 7.1　RFC1700 对协议类型编号的分配

| 十进制值 | 关键字 | 协　议 | 十进制值 | 关键字 | 协　议 |
|---|---|---|---|---|---|
| 0 | | 保留(IPv4) | 44 | FH | 分段报头(IPv6) |
| 0 | HBH | 跳到跳选项(IPv6) | 45 | IDRP | 域间路由协议 |
| 1 | ICMP | ICMP(IPv4) | 46 | RSVP | 资源预留协议 |
| 2 | IGMP | IGMP(IPv4) | 50 | ESP | 封装安全载荷报头(IPv6) |
| 3 | GGP | 网关到网关协议 | 51 | AH | 认证报头(IPv6) |
| 4 | IP | IP in IP(IPv4 封装) | 54 | NHRP | NBMA 下一路程解析协议 |
| 5 | ST | 流式 | 58 | ICMP | ICMP(IPv6) |
| 6 | TCP | TCP 协议 | 59 | 空 | 无下一个报头(IPv6) |
| 8 | EGP | 外部网关协议 | 60 | DOH | 信宿选项报头(IPv6) |
| 9 | IGP | 内部网关协议 | 80 | ISO-IP | ISO Internet 协议(CLNP) |
| 16 | CHAOS | Chaos | 83 | VINES | VINES |
| 17 | UDP | 用户数据报 | 88 | IGRP | IGRP |
| 29 | ISO-TP4 | ISO 传输协议类 4 | 89 | OSPF | OSPF 协议 |
| 36 | XTP | XTP | 93 | AX.25 | AX.25 帧 |
| 43 | RH | 路由报头(IPv6) | | | |

　　表 7.1 中的编号由 IANA 分配和管理,其中很多编号没有连续出现,是因为它们对应的协议有的没有最终推广使用,有的已经不再使用,被省略了。节点域内部控制包类型的选择原则是不能在实际应用中与已分配的号码发生冲突。一种做法是向 IANA 申请一个编号,但这样做没有必要。因为只在内部使用,对外界透明,完全可以自己决定一个编号。如果选用表 7.1 中没有用到的号码,将来如被 IANA 启用,就会发生冲突。最好的办法是选一个已被分配的但却已经不再使用的编号。例如,CHAOS(编号 16),这是美国麻省理工学院(MIT)于 20 世纪 70 年代中期研制的一种局域网,叫 CHAOSnet。其地址为 16 比特,高

字节为网号,低字节为主机号。地址表示形式与 IPv4 类似,例如 108.67,108 表示网络号,67 表示主机号。在与全局 IPv4 地址互通时,要进行地址之间的映射。这种特殊类型的网络协议,早就不再使用了。但由于可用的编号有很大的空间,IANA 为新协议分配类型编号时,总是不与以前的重复,故可用作 HSNET 节点域内部控制包的协议类型。

## 7.1  内部控制包的分类

节点域内部控制包的类型取决于要在节点域内部完成的功能。这样的功能很多,例如,利用泛洪交换各交换机的配置信息,交换节点域的内部拓扑结构,交换节点域中信道和端口的状态变化信息,链路失效后的自愈等。又例如,为了提供 QoS 而要控制节点域资源分配和使用,各交换机和内部 QoS 服务器之间将交流资源使用状况和资源分配信息。同样,对多播组的管理、多宿隧道管理、VPN 管理、安全认证管理等功能,也要求交换机与内部服务器之间交换信息。所有这些信息只在节点域内部传递。随着新的网络功能的不断增加,会出现新的内部通信包类型的要求。为此,对 IP 协议类型(在 IPv6 中称为下一报头)为 16 的内部控制包,要设立一个子类编号,分配给不同的内部控制包用。编号选用 8 比特,有足够的扩展能力。目前已用到的编号如表 7.2 所示。

表 7.2  节点域内部控制包类型编号的分配

| 十进制值 | 控制包名称 | 传递范围 | 控制包功能 |
| --- | --- | --- | --- |
| 0 | | | 保留 |
| 1 | hello | 信道对方 | 通知链路对方,信道是可用的 |
| 2 | Recover_request | 信道对方 | 对故障信道进行试探性恢复 |
| 3 | Recover_response | 信道对方 | 对类型 2 包的应答 |
| 4 | Top_change | 域内广播 | 通知节点域内拓扑结构的改变 |
| 5 | Route_gen | 域内广播 | 发现域内最短传递路径 |
| 6 | Port_fail | 域内广播 | 通知节点域内某端口已失效 |
| 7 | Port_recover | 域内广播 | 通知节点域内某端口已恢复 |
| 8 | … | … | … |

## 7.2  内部控制包的格式

节点域内部控制包的格式分为包头和包体两部分。包头是统一的,占 4B。包体随不同的控制包有很大的差异。

图 7.1 中控制包是以 VTLV(版本/类型/长度/值)的方式表示的。其中的 VTL 部分适合于所有的包,被称为包头。最后一个 V 表示"值",由包体(Body)决定。其中:

- Version 控制包的版本号。8 比特,目前取值 1。
- Type 控制包的类型。8 比特,类型值的分配见表 7.2 中的十进制值所示。

| 0 | 8 | 16 | 24 | 32 |
|---|---|---|---|---|
| Version | Type | Length | Reserve | |
| Body | | | | |

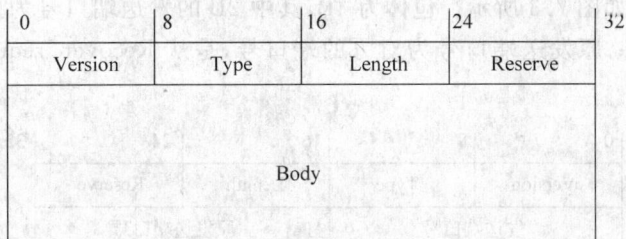

图 7.1　域内控制包格式

- Length 控制包的长度。8 比特,表示整个控制包的长度,包括包头和包体,以字节数表示。该长度值减 4 即包体的长度。Length 的值应为 4B 的整数倍,对不足 4B 整数倍的包体,最后添加 Padding 字节(可能出现的 Padding 字节数为 1、2、3),Padding 字节必须置成 0。
- Reserve 保留,置成 0。

包体部分相当于包的数据部分,不同类型控制包的长度是不等的。现分别加以说明。

(1) Hello(Type=1)。Hello 包是个问候包,只是告诉对方自己的端口和信道是正常的。收到对方 Hello 包的交换机,可以回应一个 Hello 包。Hello 包没有包体。Length 的值为 4。

(2) Recover_request(Type=2)。Recover_request 包用于已失效的信道。交换机为了及时判断失效端口或信道何时恢复,在失效端口上定时发送 Recover_request 包,探询对方能否收到此包并给出应答。由于信道恢复不像信道失效时的自愈过程那样紧迫,该定时器可以设定在 500ms~1s 之间。Recover_request 的包格式如图 7.2 所示。

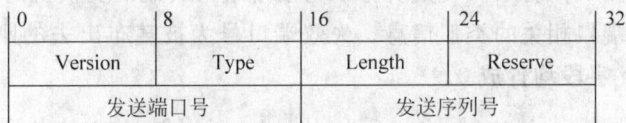

| 0 | 8 | 16 | 24 | 32 |
|---|---|---|---|---|
| Version | Type | Length | Reserve | |
| 发送端口号 | | 发送序列号 | | |

图 7.2　Recover_request 包格式

发送端口号为 2B,标识发送方交换机对该端口的编号。发送序列号也是 2B,表示自信道失效以来,已经发送过的 Recover_request 的次数。每个端口都设立一个序列号计数器,交换机启动时全部置成 0。每次发送该包时,计数器加 1。当次数达到 65 536 次后,回到 0 继续开始计数。该序号计数器的值也可以被网络管理软件读走并将计数器复位成 0,重新开始计数。据此可以计算信道或端口失效的时间长度。另外,发送序列号还有一个作用,就是让接收者判定该包是否为一个重复包,这在泛洪广播中是很重要的。收到该包的交换机,将在该包到达的同一端口上回复一个 Recover_response 包。收到 Recover_request 包的交换机,并不认为信道已经恢复正常,因为在节点域内部总是使用双向信道。只有收到对方发来的 Recover_response 包,才认为信道已恢复正常,可以在该信道上调度通信量。正因为如此,一旦信道或端口失效,两边的交换机同样都在定时发送 Recover_request 包。

(3) Recover_response(Type=3)。Recover_response 包是对 Recover_request 包的响应。收到对方发来的 Recover_request 包的交换机,从同一端口给出应答。Recover_

response 的包格式如图 7.3 所示。包体为 4B,其中 2B 的发送端口号为发出应答包的交换机对该端口的编号;原发送端口号为对方的端口号,是从 Recover_request 包体中复制下来的。

| 0 | 8 | 16 | 24 | 32 |
|---|---|---|---|---|
| Version | Type | Length | Reserve | |
| 发送端口号 | | 原发送端口号 | | |

图 7.3　Recover_response 包格式

(4) Top_change(Type=4)。Top_change 包将节点域内拓扑结构的改变通知全域各交换机。拓扑结构的改变与信道或端口的暂时失效是不同的,它将是一个配置性的、永久性的改变,因而要使用与失效和恢复不同类型的包来通知。该包用泛洪通知到全域,Top_change 包格式如图 7.4 所示。交换机标识是用来表示发现拓扑改变并发送这种类型控制包的交换机,1B。Reserve 字段 1B,置成 0。发送序列号表示交换机从启动到现在,这是第几次拓扑改变。

| 0 | 8 | 16 | 24 | 32 |
|---|---|---|---|---|
| Version | Type | Length | Reserve | |
| 交换机标识 | Reserve | 发送序列号 | | |

图 7.4　Top_change 包格式

(5) Port_fail(Type=6)。Port_fail 包用泛洪通知全域某一端口(或信道)已经失效,Port_fail 包格式如图 7.5 所示。交换机标识为发现端口失效的交换机的标识。发送序列号表示第几次广播与端口相关的类似信息。失效端口号为被宣布出去的刚发现失效的端口。Reserve 和 Padding 字段均置成 0。

| 0 | 8 | 16 | 24 | 32 |
|---|---|---|---|---|
| Version | Type | Length | Reserve | |
| 交换机标识 | Reserve | 发送序列号 | | |
| 失效端口号 | | Padding | | |

图 7.5　Port_fail 包格式

(6) Port_recover(Type=7)。Port_recover 包用泛洪通知全域某一端口(或信道)已经恢复。Port_recover 包格式如图 7.6 所示。交换机标识为发现端口恢复的交换机的标识。发送序列号表示第几次广播与端口相关的类似信息。该序列号与 Port_fail(Type=6)的序列号共用,即无论是广播失效还是广播恢复,序列号都要加 1。已恢复端口号为被宣布出去的刚发现恢复的端口标识。Reserve 和 Padding 字段均置成 0。

(7) Route_gen(Type=5)。Route_gen 包叫域内寻路包,简称寻路包,用于寻找域内交换机之间传递数据包的最短路径。前面讨论的信道失效与恢复的探询/应答或广播通告,是针对所有信道的。本控制包不同,由于域内交换机之间传递数据包时只在内部信道上进行,因而泛洪也只在内部端口上进行。Route_gen 包格式如图 7.7 所示。

| 0 | 8 | 16 | 24 | 32 |
|---|---|---|---|---|
| Version | Type | Length | Reserve | |
| 交换机标识 | Reserve | 发送序列号 | | |
| 已恢复端口号 | | Padding | | |

图 7.6　Port_recover 包格式

| 0 | 8 | 16 | 24 | 32 |
|---|---|---|---|---|
| Version | Type | Length | Reserve | |
| 交换机标识 | 距离 | 发送序列号 | | |

图 7.7　Route_gen 包格式

　　交换机标识是开始发送寻路包的交换机的标识符。发送序列号记录了寻路的次数,并用于识别包是否重复。距离表示从发送寻路包的交换机到收到该包的交换机的距离,目前用跳数表示。该包在内部信道上用泛洪的方式进行广播,每经过一跳,距离加 1。收到该包的交换机知道自己离发送该包的交换机有多远。所有交换机都会定时地发该包,所以所有交换机之间都知道彼此之间的距离。

# 第 8 章

# 网 络 自 愈

网络自愈就是当网络的某个部件(通常指一条信道或一个节点)失效时,在一定的时间内,流经该部件的用户数据包,被动态地切换到备用的或其他可用的部件上去,使用户正在进行的通信不被中断,并且尽可能保证其通信的质量。

对一个大型网络,同时出现两个或两个以上的失效,虽然可能性较小,但也会存在的。对多个同时发生的失效,按多个失效造成的影响,可以分为两类:一类是多个失效相互独立,并且没有造成某一部分网络失去连接性,或多个失效对外呈现单个失效的特性,例如,一个节点的失效或一个节点及与它相连的若干信道同时失效,对外表象是一样的,自愈机制把它们分别作为单个失效处理;第二类是多个失效造成部分无失效的网络失去连接性。对这种情形,问题出在网络结构设计中,自愈机制是无能为力的。因而,这里主要研究和分析前一种情形,即单个失效的自愈能力,同时分析和比较采用不同自愈机制的网络结构对失去连接性的应对能力。讨论中把节点或端口的失效归结为信道失效来处理。

由于局域网的地域范围很小,通常可以采用特殊的方法(例如设备及信道的大量冗余以及交叉地实现多重连接)来满足可靠性要求,并且这部分网络属于用户接入网的一部分,不属于网络运营商要保证的电信级服务的范围。因此,我们只讨论远程网络(即广域网络和城域网络。由于其处理方法没有差别,以后只提广域网)的自愈问题。现分别对没有 SDH 下层保护环的普通广域网(以下简称为路由恢复的广域网),有 SDH 保护环的广域网,以及我们提出的层次结构网络等三种网络的自愈能力及其特点作分析,并比较它们的优缺点。结论是,层次结构网络在自愈能力方面具有极大的优越性。

## 8.1 对网络自愈的要求

任何因网络部件的失效而自动进行的切换,对正在进行的通信产生影响是不可避免的。从失效发生到感知并确定失效的时间 $t_1$,以及从确定失效到完成切换的时间 $t_2$,决定了对用户通信产生影响的程度。在这段时间 $t(t=t_1+t_2)$ 内,流经该失效部件的数据包会被丢失。如果被传的是精确的数据,则会在端到端协议的控制下,要求对丢失的数据包进行重传;如果被传的是实时的多媒体信息,一般来说,由于实时性的要求,重传无补于事。丢失的包越少,对精确传输的通信,重传的数量越小;对实时多媒体通信,则对接收端的质量影响也越小。根据测试,人对话音中断的承受能力为 100ms。在听觉上,将会感到线路上一点短暂的噪音或咔嚓声,完全不会影响收听方对话音的理解。通话双方之间话音的延迟不超过 200ms 时,不会感到通话的不顺畅。人对视像中断的承受能力约为 200ms。在每秒 30 帧的视频通信中,一帧信息占 33.3ms,丢失的 6 个帧可以用前面的帧来插补,在视觉上不会造成明显的不舒适或错觉。而视频通信双方之间的延迟,主要受限于话音部分,即 200ms 左右。

如果这段时间 $t$ 过分地长,造成某些通信连接因超时而被拆除,用户的通信被中断,后续的通信只能重新建立连接。

网络自愈能力被视为能否提供电信级服务的关键之一。而完成自愈的时间以及为实现自愈而花的代价,则是各种自愈方法优劣的主要衡量标准。

## 8.2 路由恢复广域网的自愈

所谓路由恢复广域网,指目前普遍使用的、没有在下层使用 SDH 环的广域网络,用路由器经普通通信信道连接而成。在由路由器组成的网络中,没有对用户数据包提供点对点的应答。一个包丢失后,只能在端到端的协议中发现。当源端发出数据包后,在超时时限到达之前没有收到接收端应答的话,源端只能依靠超时事件获知包的丢失。考虑到沿途经过的节点数可能达到数十个,每个节点中可能经历较长的等待队列,加上距离形成的传播延迟,一个正常包从发出到收到应答,往返延迟时间较长,超时定时器往往要设成数十秒甚至数分钟。这种情况下,如果一条链路失效,源端确定这个失效就至少要用去分钟量级的时间。经过这样长的时间,即使网络内部的路由重构机制更换了路径,TCP 的连接可能因超时而断连了。对实时的话音和视频通信,虽然使用 UDP 协议,没有 TCP 断连的问题,但在分钟级的路由重构过程中,将有大量的包被发出并且丢失,使得实时多媒体通信的质量不能容忍。对非实时通信,也会有大量丢失包的重传,浪费了信道资源。因此,依靠路由来恢复的网络不能对信道或其他物理设备的失效及时地采取措施,自愈时间长达分钟级。对提供所谓电信级服务,本质上是做不到的。

在某些路由协议中,为了判断邻居节点或连接邻居节点的信道是否还活着,每个节点要在各个端口上定期向外发联络信息(例如,Hello 报文),然后等着从对方节点发来对 Hello 信息的应答。这种做法的目的是想在点对点测定信道是否失效,属于数据链路层的操作,往返时间主要由传播延迟构成,一般只有几十毫秒,从自愈的角度看,对话音和视频通信的质量不会有可察觉的影响。遗憾的是,第一,专门发 Hello 包会占用信道带宽,因而只能定期地发,这个定期的周期影响了对失效的反应速度,不能做到点对点的及时应答;第二,即使路由器发现收不到对一个或多个 Hello 报文的应答,它也不敢立即断定链路或对方节点已经失效。因为收不到应答不一定是信道或对方节点失效。如果并没有什么失效,只是偶尔受到了外界的某种干扰,使一个或几个 Hello 报文丢失,完全不应该急急忙忙向网内宣布失效并更新路由表。因为利用 BGP 协议在全网传播更新信息并重新生成路由表会有分钟级的收敛时间,其结果也不比端到端恢复方式快多少,反而不必要地在网中增加了很多传播路由信息的通信量。为了避免误报失效,一般要不断地发 Hello 报文,当许多 Hello 信息(例如 10 个)发出去后都收不到应答,才敢断定为存在某种失效。这样,从产生失效到确认失效的存在就已经耗费了不少时间(例如为等待 10 次对 Hello 的应答而设置的超时时间),再加上启动路由表更新过程,然后选择新的路由,消耗的时间是数十秒到数分钟,达不到快速自愈的目的。在路由结构的网络中,即使底层利用 Hello 信息发现了信道或对方节点失效,如果不等冗长的 BGP 路由重构过程完成而自己选择第二优选的端口为数据包改道发送,这些数据包也很可能因全网各处路由信息的不一致性而在网络中经历回路或振荡。

## 8.3　SDH 的自愈

　　为了提高网络自愈能力,并向用户提供各种不同带宽规格的专线信道,很多基础传送网运营商建立了 SDH(在美国叫 SONET,略有差异,在下文中不加区分)环,它主要由两种设备串接在光纤环路里:光再生中继器和光分插器。前者只有对光信号进行放大和整形的功能;后者为用户提供不同规格带宽的信道,利用多路复用器和解复用器将用户信道复用后,输入光分插器,进入光环路,到目的地用户所在地后,从相应的光分插器把信号分离出来,解复用后送给目的地用户设备。

　　用光再生中继器相连的光纤段叫做"段"(section)。相邻两个光分插器之间的光路(由一段或经再生中继器连接的多段光纤组成)叫做"线路"(line)。用户的源端和目的地端之间的路径(由一条或多条"线路"组成)叫做"路径"(path)。数据在 SDH 环传输的方式是同步传输的时分复用(TDM)方式。最低的传输速率,在 SONET 中是 STS-1(同步传输信令一级),即 51.840Mbps。用户数据被复用到 810B 组成的帧中,每 125$\mu$s 传输一帧。在 SDH 中,最低的速率是 STM-1(同步传输模块一级),155.520Mbps,相当于 STS-3。每帧 2430B (9 行 × 每行 270 字节),也是每 125$\mu$s 传输一帧。帧中每个字节对应的传输速率为 64Kbps。在帧格式中,对应于信道的段、线路和路径,均有相应的差错检测字节(BIP-8)。由于测试信道失效时要用到帧中的某些字段,带来了一定的信道资源的开销。

　　在 SDH 环状网中,正常情况下,网络数据包沿着环的一个方向传。一旦环中任何信道或节点失效,环被打断,通信无法继续进行。为了增加可靠性,将环做成双环,两个环上信息流通的方向相反,一个环提供正常的通信,成为工作环,另一个反向环平时不用,称为保护环。出现故障部件时,故障两边的正常节点感知后,把工作环上的通信量转接到保护环,将工作环与保护环组合成一个新环,完成了自愈功能。在帧中检测码的帮助下,要求对严重的信号失效在 10ms 之内被检测出,然后由"保护交换机"切换到保护光纤上去,总的自愈时间在 50ms 之内。保护光纤与实用光纤的比例为 1:$N$,其中 $N$ 可取 1~14 之内的数值。出现故障时的倒换方式如图 8.1(a)中的箭头所示。在 SDH 环结构中,两个同时出现的故障有可能将网络分隔成互不相通的两部分,如图 8.1(b)所示。

　　在图 8.1(a)中,由于双环的双向通信能力,在节点①和②之间的信道断了,仍能保证 4 个节点之间的正常通信。但当同时发生两个故障时,节点①④和节点②③被分割成两个网络,失去了连接性(见图 8.1(b))。

　　希望网络能对付两个甚至多个同时发生的故障,当然是可以做到的,只要增加信道就行。如图 8.1(b)中,在节点①和③之间增加一条连接信道,图中的两个故障就不能将 4 个节点分割开了。问题是成本和控制复杂性的增加与带来的好处相比是否值得。在仔细选择环中各段光缆的走向,尽量避免在同一条光缆管孔路径上用不同的光缆或光纤组成环的不同光纤段,同时发生两个故障的概率是非常小的。

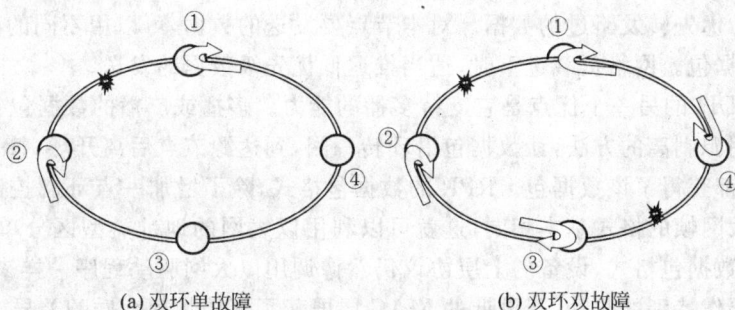

(a) 双环单故障　　　　　　　(b) 双环双故障

图 8.1　SDH 双环的故障例子

## 8.4　RPR 及其自愈

弹性分组环(resilient packet ring,RPR)[19] 是近年来新提出的协议,它试图将 SDH 技术和以太网技术相结合。SDH 是一种 TDM 技术,适合于话音传输,在双环上具有自愈能力,但这种 TDM 技术是面向电路优化的,不适合数据业务的突发性,在带宽利用率、网络成本、满足灵活多样的带宽需求等方面,都不满意。以太网技术成本低、技术简单,适合于无连接的 IP 数据包的传输。用于局部网络时,有很好的扩展性,并且具有天生的广播和多播能力。当把以太网技术用于城域网或广域网时,在可管理性、可靠性、QoS 质量保证等方面显得不足。RPR 环网技术将两者结合起来,希望能集中两者的优点,避开两者的缺点。

RPR 环网由双向环组成,它不像 SDH 那样只有一个方向的环在工作,反方向的环仅用于自愈的备份,而是双向同时工作。双环均可以传输数据和控制信息,顺时针方向上的控制信息控制逆时针方向上的数据;逆时针方向上的控制信息控制顺时针方向上的数据。有数据帧、控制帧和公平帧 3 种帧类型。帧结构与以太网不同,但帧中的节点地址则完全与以太网一样,用 IEEE 统一分配的 48 位 MAC 地址。MAC 层分为两层:下层为 MAC 子层,负责数据帧的处理,例如,帧头处理、错误校验(FCS)、为过路数据提供路径处理。同时,MAC 层架在物理层之上,承担与物理层之间的接口。上层为 MAC 控制子层,负责实现 RPR 的公平控制、自愈及环路控制、拓扑发现、OAM 管理、MIB 信息的收集和整理等功能。

与 SDH 不同,RPR 在两方面改善了带宽的利用率:一方面,双向环路同时工作,增加了带宽的利用率,也使发送数据包的节点,可以根据目的地的不同,选择在顺时针方向发送还是在逆时针方向发送,数据包最远也只需要走半圈。另一方面,SDH 只能在电路一级依靠分插复用器(ADM)对点对点电路以外的环的下游段信道容量分配给别的用户,设备成本高,灵活性差,信道利用率低;而 RPR 在数据包一级进行细粒度的分插复用,实现带宽的空间重用,灵活、简便、高效。分插复用的实现方法是对单播(点对点)通信数据包采用目的地剥离方式,即数据包到达目的地后立即离开环,环的下游段可以并发地用于其他节点之间的通信,充分利用环网资源。

公平控制是防止一个发送节点占满了整个环的容量,别的节点无法发送数据包,造成网络的阻塞。每个节点监测流过本节点的数据流量,一旦负载过重,用显式的控制包通知上游节点限制发送数据的流量,同时也适当控制本节点的发送量,为下游节点保留一定的带宽。

在控制算法中,优先转发路过的数据。对本节点要发送的数据,可以用不同的队列区分不同优先级别的数据包。网络负载过重时,适当推迟低优先级数据的发送。

RPR 比 SDH 的另一个优点是它支持多播的能力。多播或广播的数据包在环网上只有一份备份,利用源剥离的方法,让数据包沿环转一圈,到达源节点后离开环,整个环上的多播或广播接收者都获得了该数据包。RPR 的数据包格式,除了增加一点环网控制头及必要的字段外,与以太网帧的格式基本相同,这就可以利用以太网的地址类型区分单播、多播和广播。采用这种数据包格式,设备的上层协议仍然像调用以太网驱动程序一样来调用 RPR 网络接口,不需要作特别的改动,新设计的 MAC 层屏蔽了下层物理介质的差异。

RPR 最为显著的特点是它的自愈能力。上层协议可以把它看作一个以太网,而传统的以太网是没有自愈能力的,有了错误,只能依靠上层协议来恢复。但将以太网技术与 SDH 技术相结合后,便拥有了 50ms 的电信级自愈能力。自愈的原理与 SDH 一样,出现失效信道或失效节点后,临近失效处的节点感测到失效的存在,将环路倒换到反方向的环上。但RPR 对此做了改进,提供回绕倒换(wrapping)和源路由倒换(steering)两种方式,如图 8.2所示。回绕倒换方式与 SDH 的倒换一样,数据流及控制流到达故障附近的节点后倒换到反向信道上。这种自愈方式效率不高,因而只是可选的。源路由倒换效率高,是必须支持的。

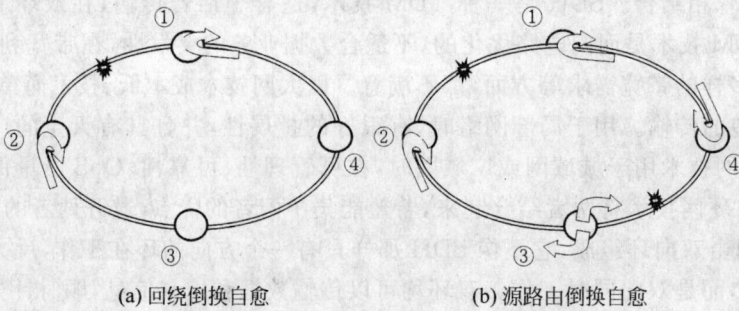

(a) 回绕倒换自愈          (b) 源路由倒换自愈

图 8.2　RPR 双环的故障例子

利用一种叫做拓扑发现的技术,每个节点知道整个环上所有节点的 MAC 地址以及相对的位置关系。在环网上实现拓扑发现协议,是非常简单的,只要沿着环发送一个特殊的控制包,沿路节点顺次将自己的 MAC 地址填写到控制包中。该控制包在环中转两圈,第一圈供所有节点填写,第二圈把拓扑信息通知到所有节点。当然填写和通知是两种不同的工作,也可以由两个不同类型的控制包分别完成。另外,当环被失效部件打断且回绕时,对拓扑发现协议控制包的路径也要做特别的处理。各节点知道了拓扑信息后,可以选择最短的路发送数据包。拓扑发现的工作可以定时进行。当环网出现故障、新节点加入、老节点的退出(这与节点失效是等效的)等情况出现时,立即启动拓扑发现协议。这样,节点的加入和退出,可以做到即插即用,无须进行复杂的配置。

## 8.5　层次网络中的自愈

在层次结构网络中,由于每个逻辑节点有多个物理交换机组成,每条逻辑信道由多条物理信道组成,任何部件的失效,都可以在底层进行点对点感测和自愈。类似于路由恢复网络的 Hello 信息那样,可以在相邻节点之间传送问候信息,实现对信道状态的测试。

## 8.5.1 层次网络的自愈方法

对网络信道失效的自愈,分为两个阶段。一是感测到信道的失效;二是切换信道。其中影响自愈性能的关键是怎样快速有效地感测信道是否已经失效。既要求感测尽量快速及时,又要求尽量少占甚至不占用信道资源。层次网络自愈方法的设计,充分体现了这两个特点。

为了不给信道带来额外负担,该方法中的测试包不与数据包争用信道,只要有数据包在信道上走,就不发送任何测试包,只当信道空闲时,才插入测试包。为了获得快速感测的能力,该方法不用"询问-应答"的方法,而用倾听信道活动的方法。一旦感测到确定的时间内信道没有活动,就能断定信道出了故障。利用一种短小的问候包(Hello Packet,也叫 Hello 信息包),只要待发送的用户数据包队列不空,有连续的用户数据包发出,就不插入 Hello 信息包,以免信道容量被 Hello 信息包争用。只有当没有数据包发送时,才连续不断地发送这种专用的、短小的 Hello 信息包。在连续发 Hello 信息包的过程中,如果有数据包到达端口,立即停止后续 Hello 包的发送,将数据包发出。由于 Hello 包是很短的,新的数据包到达时,既可以中断正在发送的 Hello 包,也可以等该 Hello 包发完,然后发出数据包,差别不大,取决于实现时的方便程度。

只要发送队列空,发送方就用 Hello 包充填发送信道,使得信道总是处于忙碌的活动状态。在接收方,如果不断地收到对方发来的数据包,或虽收不到数据包,但能连续不断地收到 Hello 信息包,就证明信道至少在接收方向上是正常的。节点在端口上收到任何一种无差错的数据包、控制包或 Hello 包,都要把一个判断相应信道失效的失效定时器(也称自愈定时器)复位(重新开始计时),这可以在端口的硬件一级执行,也可以在接收包的驱动程序中执行,也可以在等候接收包的处理程序中执行,取决于实现的方便。一般来说,在接收包处理程序中执行更加灵活,可以使来自不同厂家的硬件及其驱动程序保持通用性。对收到的专用问候信息包 Hello,丢弃就行了。由于层次结构网络以交换代替了路由,它没有重新生成路由表的冗长过程,因而也不必反复确认是否真的是信道或部件失效。如果因连续收不到包而使自愈定时器超时,就认为信道的接收方向(或对方节点)失效。

在 HSNET 系统中,节点的管理和控制具有局部性,一个节点只关心其发送信道的利用率、负载均衡、信道状态等性能,对接收信道则没有这种控制和管理。上述感测信道异常的方法,是由接收方感测到的,但接收方并不能控制对方(发送方)继续或停止向已经失效的信道上发送数据包或 Hello 包。因为发送方并不知道信道已经失效,必须让感测到失效的接收方设法通知对方节点。

接收方向发送方发失效通知,可以同时采用两个措施:一种是主动停止在该信道上发送任何包,对方收不到有效包,自愈定时器超时,知道信道有故障,启动切换;另一种做法是接收方发现自愈定时器超时后,立即向对方连续发若干个(例如 3 个)很短的失效通知包 Failure,然后停止发送,保持信道静止。这有两种结果:如果对方正确地收到了 Failure 包(信道单向失效的情形),就知道其发送信道出了故障,进行切换;如果对方收不到 Failure 包(信道双向同时失效的情形),会因定时器超时而启动切换信道。其实对这种信道双向失效的情形,对方的接收部分早已感测到了信道失效,无须等待对方用 Failure 包或故意停止发送的方法来通知。因而 Failure 包通知主要是对付信道单向失效的情形,不仅使得协议更加完善,还可以加快对方感测信道失效的速度(不必等自愈定时器超时)。

这种发现信道工作不正常(自愈定时器超时或收到 Failure 包)时启动物理信道切换的做法,都假设信道是双向信道(两个方向的速率可以不一样)。这在有线信道和最后一公里的无线信道(移动或固定)中总是满足的。卫星信道在互联网中已经很少使用,因为它价格贵、速率低、延迟大、丢包率高,而且大多数使用场合,也是双向信道方式。

上述检测信道的方法有两个显著特点:感测信道失效的速度快;不占用信道的带宽,实现了所谓的"零开销"。

## 8.5.2　自愈速度分析

在上述失效测试方法中,失效定时器的超时时间长度既不是"发送测试——等待应答"的一个或多个来回(round trips)的时间,也不是一个方向的信号传播延迟,而是若干个最长数据包的发送时间(即发送第一比特到发完最后比特的时间)。假设数据包的最大长度为 1500B,在一条 155Mbps 信道上传输,第一比特到最后比特的发送时间约为 $80\mu s$。在一条 45Mbps 信道上传输,发送时间约为 $270\mu s$。假设定时器设置成连续收不到 5 个包就超时,则对上述两种速率的信道,定时器分别为 0.4ms 和 1.35ms。记该时间为 $t_{timer}$,$t_{timer}$ 就是在接收端为定时器设定的超时时间。

参考图 8.3,设信号从发送节点 A 传到接收节点 B 的传播延迟为 $t_p$,从信道失效点开始,到失效被传播到接收点 B 的时间为 $t_r$,$t_r$ 的取值范围不仅与信道的最长传播延迟 $t_p$ 有关,还与失效点在信道上的位置有关。信道失效点可能发生在信道的任意位置。在图 8.3 中,给出了 3 种典型情况。对通信节点 B 来说,图 8.3(a)的失效位置靠近 B 侧,$t_r = 0$;对图 8.3(b),失效发生在中间位置,$0 \leqslant t_r \leqslant t_p$;对图 8.3(c),$t_r = t_p$。对任意失效位置,B 节点检测到信道失效并完成切换的最长时间可以写成(其中 $t_s$ 为切换处理时间)$T_r = t_{timer} + t_p + t_s$。

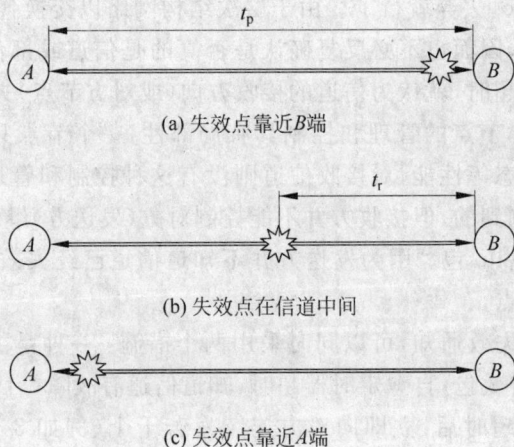

(a) 失效点靠近 B 端

(b) 失效点在信道中间

(c) 失效点靠近 A 端

图 8.3　信道失效位置

如果双向信道在同一点同时失效,通信节点 $A$ 检测到信道失效的最长时间与 $T_r$ 相同,即:

$$T_s = T_r = T = t_{timer} + t_p + t_s \qquad (8.1)$$

根据式(8.1),通信双方节点发现失效的时间中,作用最大的部分为一个单程传播时间 $t_p$。一条 3500km 的国内信道,光的传播延迟约为 11.7ms。设光在光纤中的传播速度为真空中速度的 70%,则数字信号在该国内信道中的传播延迟为 16.7ms。一条 10 000km 的国际信道的传播延迟约为 47.6ms。由于交换机对信道的控制十分简单,切换操作可在 1～2ms 之内完成。因而对国内信道,$T$ 约为 20ms 或更小;对国际信道,$T$ 约为 50ms。

对于单向信道失效的情形,只有接收方能感测到信道的失效。其失效检测及完成切换的最大时间为 $t_{timer} + t_p + t_s$。如果接收方用停止发送任何包的方式,让对方定时器因收不到包而超时。这时发送方最大切换时间为 $T_s = 2t_{timer} + 2t_p + t_s$。对于接收方发现定时器超时($t_{timer}$)后,向对方连续发若干个(例如 3 个)很短的失效通知包 Failure 然后停止发送任何包的情形,会有两种结果:如果对方正确地收到了 Failure 包(单向失效的情形),就知道其发送信道出了故障,进行切换。这时发送方最大切换时间为 $T_s = t_{timer} + 2t_p + t_s$;如果对方收不到 Failure 包,就是前面讨论过的双向失效。

总结上面的切换情形,双向失效的最大切换时间为式(8.1);单向失效的最大切换时间为:

$$T = 2t_{timer} + 2t_p + t_s \qquad (8.2)$$

以前面列举的两条信道(国内信道 3500km,国际信道 10 000km)为例,单向失效最大自愈时间分别为 36ms 和 98ms 左右。这对话音和交互式视频通信都是能够满足的。

应当说明的是,在 SDH 和 RPR 环中,如果环中某一段光缆的长度也达到 3500km 或 10 000km 的话,其失效后的自愈时间会远远超过 36ms 或 98ms 的,因为除了感测信道失效要消耗与上面相近的时间外,对 SDH,还要让数据包回绕并经过多段信道才能到达目的地;对 RPR,还要重新构建拓扑结构。这些切换处理所消耗的时间,远远大于上述的 $t_s$。

## 8.5.3　"询问-应答"方式的自愈性能

如果采用传统的"询问-应答"(query-reply)方式进行信道失效控制,就会有很多问题难以解决。

首先,何时发送 Query 信息包? 以怎样的频度发送 Query 包? 为了及时地对信道的状态进行测试,要在用户数据包的流中插入 Query 包,并希望发送 Query 包的频度越高越好。但 Query 包穿插在数据包中,要与数据包争用信道资源,不希望发送 Query 的频度太高。这种折中是在牺牲信道资源和牺牲信道保护时间之间进行的,难以获得满意的答案。

其次,如果 Query 包丢失,就要重复发送。设节点 $A$ 发出 Query 包后,要等待节点 $B$ 发回应答包 Reply。为了等待该应答,$A$ 必须设置一个超时定时器,其时间值大于信道的往返(round trip,记为 $t_{rt}$,$t_{rt} = 2t_p$)时间。定时器超时,表示没有如期收到 $B$ 的应答。由于担心 Query 包在出发的路上丢失,或对方的应答包 Reply 在回来的路上丢失,一次超时不能断定信道有故障,必须再试一次或多次。如果以试发 3 次为例,要 3 个往返时间才能判定信道失效。则测定信道失效的时间 $T = 3t_{rt} = 6t_p$。仍用 3500km 和 10 000km 为例,两条信道的失效检测时间分别为 100ms 和 286ms。切换信道的自愈时间为 102ms 和 288ms 左右。显然比采用自愈方法差很多。

这种"询问-应答"方式的自愈,信道两端节点各自测试信道失效,分别发送 Query 等收 Reply,因而引入的额外通信负担是较重的。为了减轻负担,设每隔 5ms 发一次"询问-应答",则上述自愈时间就得修正为一个更大的值,降低了话音和交互式视频通信的质量满意度。显然,在失效自愈的操作中,不应采用这种方法。

### 8.5.4　失效信道的恢复

失效信道或失效部件被修复后,要重新投入运行。资源重新投入运行,并没有时间上的紧迫性。因而既可以人工修改配置表中资源的状态参数,也可以让系统自动发现资源的可用性,将其投入运行。自动发现资源的可用性,不仅可以提供即插即用的能力,还可以减轻操作员的负担,减少出错的可能性。另外,对信道瞬间失效然后又很快恢复的场合,自动恢复的速度快,很可能在管理员没有察觉的情况下就已经恢复了运行,而人工恢复就做不到了。

失效信道的恢复,也分为两个阶段。一是确定信道已经恢复了正常状态;二是启动重新启用信道的过程。其中关键的动作也是对信道恢复正常的感测。为了自动发现资源的可用性,对处于失效状态的信道,双方节点的控制软件连续地向对方发出询问(Query)包。对收到的来自对方的每一个 Query 包,都要向对方发出应答(Reply)包。任何一方只要收到 Reply 包,就认为信道已经恢复,可以重新启用。

双方处于信道失效状态并开始连续地发送 Query 包并对收到的 Query 包发出 Reply 包,如果先收到 Reply 的一方立即进入重新启用信道的过程而忽视对方的状态,对方不知道自己的 Reply 包是否被收到,可能处于不确定的状态。收到 Reply 包,意味着对方收到了自己发过去的 Query 包,并不意味着对方也收到了自己发过去的 Reply 包,但意味着信道在两个方向上都已经有正确的信息包通过,信道可以投入使用。但怎样通知对方自己收到了 Reply 包,最可靠的方法不是向对方发任何确认(Ack)包,因为它可能出错或丢失,而是停止发送任何信息包,保持信道静止一段时间,让对方定时器超时。故收到 Reply 包的一方,启动自愈定时器,在超时之前保持信道静止,超时后,进入信道切换过程;发出 Reply 包的一方,启动自愈定时器,收到任何信息包,重启定时器,定时器超时,表示对方正确收到了 Reply,进入信道切换过程。

由于这种 Query-Reply 只用于未投入运行的信道,测试它是否已经复苏,而在已经投入运行的信道上是没有的,因而,它也不占用信道带宽,属于"零开销"。因而发 Query 包的频度可以较高,使得从失效中恢复的信道很快就能投入运行。

如果失效的是交换机(或交换机的一个接口卡),则在交换机(或接口卡)投入运行时,要对交换机(或接口卡)的所有端口作 Query-Reply 测试,信道两端确认工作正常后,就可以将设备配置表中相应的状态改为正常状态,允许投入运行。

### 8.5.5　自适应检测

在自愈时间 $T$ 中,占主要的是信道的传播延迟 $t_p$,这部分时间是随信道长度而变的。在上述自愈方法中,$T$ 随 $t_p$ 的变化是自适应的,即 $T$ 会自动随 $t_p$ 而调整,不需要网络管理员为节点配置任何与信道长度有关的参数。如果人为地设置门槛或与信道长度有关的参数，要求系统根据设定的参数来执行切换，不仅会增加管理的复杂性，而且由于网络管理员不可能准确知道信道的长度，只能估计，为了留有余量，只能取比实际长度更长的估计值，不必要地采用过长的切换时间自然对信道的自愈性能不利。自适应的自愈能力，使得较短的信道，例如 1000km，在 8～10ms 内就能完成切换，这对实时通信的质量保障是很有利的。

为了使得信道故障检测时间 $T$ 与信道长度（相应地表现为信道传播时间 $t_p$）做到自适应，关键是失效定时器时间长度的设置。如前所述，假定连续 5 个最大包的时间内收不到正常包，判定为信道失效，可以按如下方法设置定时器的超时时间：

$$T_{timer} = PDU_{max} \times 8 \times 5/B \tag{8.3}$$

其中，$T_{timer}$ 为定时器的超时时间；$PDU_{max}$ 为最大协议数据长度，通常可以用一个固定值 1500B；$\times 8$ 将数据长度转换为比特；$\times 5$ 表示连续 5 个包均收不到；$B$ 是信道带宽。显然，$T_{timer}$ 是唯一地由信道速率决定的，与信道长度及其传播延迟无关。对常见的信道速率，定时器的超时值 $T_{timer}$ 如表 8.1 所示。

表 8.1　信道速率与失效定时器的关系

| 信道速率 | 自愈定时器值 | 信道速率 | 自愈定时器值 |
|---|---|---|---|
| 2Mbps | 30.000ms | 622Mbps | 0.096ms |
| 45Mbps | 1.333ms | 2.5Gbps | 0.024ms |
| 100Mbps | 0.600ms | 10Gbps | 0.006ms |
| 155Mbps | 0.387ms | | |

从表 8.1 中可以看出，仅当信道速率很低时（例如 45Mbps 或更低），定时器的值才会对自愈时间产生影响，对信道速率大于 45Mbps 的情形，定时器的值对自愈时间没有什么作用。对层次式网络而言，边缘节点连接多个用户接入网，因而边缘节点向上层的信道总是在 45Mbps 以上的。而层次网结构如果向下推进到用户接入网内部（例如用户接入网中只使用了层次式交换机和以太网交换机两种设备），由于用户网内部距离很近，通常采用 100Mbps、GE、10GE 等技术，速率也远大于 45Mbps。

虽然一般情形下骨干网信道速率很高，设一个固定的定时时间（例如 2ms）就可以了，为了避免特殊情况下出现信道速率小于 45Mbps 而引起定时值设置得过小的情形，还是要判断一下信道的速率。对小于 45Mbps 的信道，按式(8.3)计算失效定时器的超时值；对信道速率大于等于 45Mbps 的情形，由于微秒级的定时器超时过于频繁，会使处理开销变大，故在 2～5ms 之间选择一个值就可以了。将高速和低速信道定时时间综合在一起考虑，可按式(8.4)选择 $T_{timer}$：

$$T_{timer} = \max(PDU_{max} \times 8 \times 5/B, 0.002) \tag{8.4}$$

式(8.4)表示 $T_{timer}$ 取式(8.3)计算结果和 2ms 中之较大者。其中的 $PDU_{max} \times 8 \times 5$ 是一个常数。

在层次式交换网络中，接收包的处理程序很容易知道所处理端口的速率 $B$，既可以从配置表或转发表中获得，也可以向下层的驱动程序查询。

### 8.5.6 信道切换

信道切换包含两种情形：一种是发现正在工作的信道突然失效，将应分配给它的负载转分配给其他正常信道，叫做信道的切出；另一种情形是发现失效信道已经恢复，要将其重新投入使用，叫做信道的切入。信道的切入和切出，由 CPU 处理完成，占用的时间很少，对自愈的速度影响很小，通常可以忽略。

在层次网络的物理信道管理中，描述了利用 Hash 表进行多条物理信道之间实现负载均衡的方法。该方法可被用作信道切换，但要作适当的补充和修改。对一条逻辑信道，设立一张 Hash 表。为了获得细粒度的负载均衡效果，每一条物理信道映射到表中的一批表项。一条物理信道对应多少表项，与该物理信道带宽占该逻辑信道总带宽的比例成正比。要将失效物理信道的通信负载切换到其他信道时，只要把失效物理信道对应的 Hash 表项中的信道标识改用其他正常信道的标识，便实现了信道的切出；要将刚恢复正常的信道重新投入使用，只要把该物理信道对应的 Hash 表项中的其他信道的标识改回自己的信道标识，就实现了已恢复信道的切入。

信道切换常见的方法是 $N+1$ 备份法，即实际使用 $N$ 条信道，另加一条平时不用的备用信道，当 $N$ 条信道中任意有一条失效时，将该失效信道切换到备用信道上去。这种方法有两个缺点，一是失效信道的数量不能超过一条；二是备用信道平时不用，造成浪费，特别是对 $N$ 等于 1 的场合（例如 SDH 环）浪费更为明显；另外，如果多条在用物理信道的速率差异很大，备用信道只能按最大速率部署，浪费很大。

层次式交换网络的逻辑信道包含的多条物理信道（设为 $N$ 条）被看作一个整体加以管理，让 $N$ 条信道同时投入使用，互为备份，任一信道失效，将其切出，即本应分配给它的通信负载由其他信道分担。这样做，允许同时失效的信道数量可以超过一条，并且平时所有信道都可以被用到，不造成浪费。

为了使信道的切出和切入，不影响已有的实时通信的质量，可以用下列方法为实时通信分配信道资源（由于同时出现两条或两条以上信道失效的概率极小，可以按单信道失效分配资源。即使出现一条以上信道失效的情形发生，只要将下述的利用系数 $\alpha$ 选用保守的较小值，仍然不影响已有实时通信的质量）。

设逻辑信道 $L$ 由 $N$ 条物理信道 $L_i (i=1,2,\cdots,n)$ 组成，设各物理信道的容量（即带宽）为 $C_i$，$L$ 的总容量为 $C = \sum C_i$，各物理信道中，最大一条的容量为 $C_{\max}$。可用于实时通信的容量为：

$$C_{\mathrm{rt}} = \alpha \times (C - C_{\max}) \tag{8.5}$$

其中 $\alpha$ 为一个小于 1 的利用系数。它的取值要考虑两个因素：一是为非实时的通信量保留一部分带宽；二是出现实时通信峰值突发时，通信量不超过（或以极小的概率超过）$C - C_{\max}$。

这时能用于非实时通信的容量为：

$$C_{\mathrm{nrt}} = C - C_{\mathrm{rt}} = (1-\alpha) \times C + \alpha \times C_{\max} \tag{8.6}$$

当信道失效时，最坏情况下是容量为 $C_{\max}$ 的信道失效。剩余容量为 $C - C_{\max}$，显然仍能满足式(8.5)中 $C_{\mathrm{rt}}$ 的要求。这时可用于非实时通信的容量变成：

$$C_{nrt} - C - C_{rt} - C_{max} = (1-\alpha) \times (C - C_{max}) \tag{8.7}$$

在上述容量分配方法中,对 $N$ 条信道的总容量只按 $N-1$ 条信道的可用于实时通信的容量去分配。$N-1$ 条信道中不能用于实时通信的部分以及另外一条信道的全部容量,均可用于非实时通信,例如,电子邮件、文件传输、WEB 的非实时应用等。任一物理信道失效时,其实时通信的负载被切换到其他 $N-1$ 条信道,减少的只是用于非实时通信的带宽。在信道失效其间,非实时通信用户的感觉,只是略感延迟增大。

利用 Hash 表实现层次式交换网络逻辑信道容量分配和负载均衡的方法不属于本章讨论的范畴,为了利用 Hash 表实现信道的切入和切出,简单描述如下:

设 Hash 表有 $H$ 个表项(例如 256 个),如表 8.2 所示。对到达的一个实时数据包,利用其目的地址、源地址等标识参数,选择一个随机性好的 Hash 算法进行 Hash 运算,结果随机地选中 $H$ 个表项之一。每条物理信道根据其容量占整个逻辑信道总容量的比例分配到一定数量的表项。每个表项中至少有物理信道标识的记载,它由节点号(即交换机号,SID)和端口号(PID)两个字段组成。

因为每个到达的数据包都要经 Hash 计算后查询表 8.2,为了加快速度,并没有在表 8.2 中设立信道状态字段及失效后切换到哪条物理信道的字段。信道的容量、状态、标识等信息,每一个到达数据包是不去查询的,因而由信道管理模块另行管理,如表 8.3 所示。当信道失效或恢复时,信道管理模块在表 8.3 的状态字段中作标记。如果是某信道失效,则将该信道在 Hash 表(见表 8.2)中的所有表项,均衡地分摊到其他信道,即把 SID 和 PID 改为其他信道的标识;如果某信道恢复正常,在修改表 8.3 的同时,把该信道在表 8.2 中的项改回自己的 SID、PID 标识。这样,在为数据包选择物理信道时,不会选中已经失效的信道,而所有正常的信道,都能参与承担相应的通信量,实现了信道的切换。

表 8.2　负载分配与负载均衡 Hash 表

| SID | PID |
|-----|-----|
|     |     |
|     |     |

表 8.3　信道状态表

| SID | PID | 容量 | 状态 |
|-----|-----|------|------|
|     |     |      |      |
|     |     |      |      |

## 8.6　4 种自愈方式的比较

依赖重新生成路由、端到端的差错恢复方式实现自愈,需若干秒到分钟级的恢复时间,不适用于提供实时的话音和视频服务。网络中两个同时失效点有可能造成网络的分割。

SDH 方式能满足自愈的要求,但信道利用率低,网络设备复杂,成本高,管理层次多,环状布线及环间互连复杂、缺少灵活性。环中某段光缆过分长时,自愈时间也会相应增加。另外,环中同时出现两个失效时,有可能使网络变成两个小环,失去连接性。SDH 的本意是提供信道复用和专线出租能力,在目前有大量光纤存在及 DWDM 技术提供大量光波的情况下,IP over DWDM 是最简洁、便宜和高性能的。下面多一层 SDH,对互联网的复杂性、可靠性和成本都是不利的。

RPR 的自愈很有特色,但它主要适用于城域网。如果使用于远程网络,不仅其以太网的可管理性、可靠性等问题会暴露出来,而且拓扑发现过程时间延迟大,大大降低了自愈的性能,影响对应用的质量保证。另外,与 SDH 一样,一个环上串联的节点数不能过多,否则影响点对点的通信效率。

层次结构网络的自愈中,作为关键环节的失效感测工作不对信道引入额外的开销,因而能在最短的时间内感测到失效,感测失效的速度比 SDH 或 RPR 高。两个同时出现的失效,一般不会造成网络失去连接性。这是较好的自愈方法。表 8.4 列出了 4 种网络的自愈性能。从各方面看,层次结构网络的点对点自愈方式性能最好。

**表 8.4  4 种网络结构的自愈性能比较**

| 恢复方式 | 自愈时间 | 失去连接 | 复杂性 | 实现成本 | 信道开销 |
| --- | --- | --- | --- | --- | --- |
| 路由恢复 | 分钟级 | 可能 | 高 | 中 | 最大 |
| SDH 保护 | 50ms | 会 | 高 | 高 | 大 |
| RPR 保护 | 50ms | 会 | 中 | 中 | 小 |
| 层次网络 | 20～35ms | 可能性小 | 低 | 低 | 零开销 |

表 8.4 中的自愈时间与信道长度有关,假设失效的信道长 3000km 左右。失去连接指两个失效点造成网络失去连通性的可能性。复杂性指实现时硬件及软件的难度。实现成本与复杂性相对应。信道开销指占用信道带宽的多少。在路由恢复中,失效与恢复事件被 BGP 协议向全网通告,信道开销最大。SDH 保护时,保护信道备而不用,信道开销大。另外,RPR 技术主要适用于城域网,其他技术不仅适用于城域网,也适用于广域网。此外,层次网络的自愈,也适用于用户单位内部的网络。

# 第 9 章
# 管理域、协议域及服务域

从管理和运行的角度看，如果全世界只有一个 ISP 运行的层次式交换骨干网，其余都是用户接入网，当然是理想的。但从竞争、主权、行业划分等原因看，这是不可能的。正如目前的电话网，不但国家/地区之间有独立的运营商，一个国家内部也有不同的运营商，他们之间遵循一定的技术、管理和费用协议进行相互连接。我们把由一个独立实体运行的层次式交换骨干网络称为管理域，它对外界的连接构成了管理域边界。管理域边界分为两类，一类是上行连接，即从 ISP 层次式交换网（在本章中，ISP、ISP 网、ISP 骨干网等名词均指由一个 ISP 运行的层次式交换骨干网）顶层节点域（树根）上连出去的网络，统称上游网络。上游网络可能是另一个 ISP 层次网，也可能是一个非层次网络（基于路由的网络）。前者称为上游 ISP 网络，后者称为外网。另一类是下行连接，即从 ISP 骨干网边缘端口向下连接的网络。下连的网络有 3 种可能：非层次的用户接入网（基于路由器、以太网交换机或主机直接接入），层次式的用户接入网（用户网络中也使用了层次式交换机、节点域，或多个节点域组成的树），另一个 ISP 层次网。对不同的管理域边界，其配置和控制方式会有差异。

管理域由独立的实体来管理和运行，所有的设备属于本实体，参数配置、网络管理等工作，都只能由本管理域内的网络管理员和节点域管理员实现。对用户网络中的层次交换网也一样，它也是一个独立的管理域，其配置和管理由用户自己负责，ISP 不能去干预。因此，管理域的管理实体可以是一个 ISP，也可以是一个用户单位。从这种意义上看，各管理域是严格独立的。从网络所有权和管理权看，管理域与现有网络的自治系统（AS）相似，但有根本的差别：管理域没有类似 AS 号的编号；管理域内部并不运行自选的内部协议，其运行的协议与其他管理域是统一的。

各管理域执行相同的层次式交换协议，用户数据包要穿越所有的管理域才能到达外网或层次网内部的另一个用户接入网，这要求所有级联的管理域互相配合、协调，相互交流必要的管理和控制信息。从这种意义上看，管理域之间不是孤立的，而是相互合作和协调工作的。这种合作和协调，从层次网协议的角度，把所有互联在一起的各层次网管理域（包括 ISP 的和用户的）看作一个整体，称为协议域。协议域的边界与非层次网相连接，只有两种类型：下层是非层次用户接入网，上层是外网。对协议域，它的上层总是非层次的外网。协议域的下边界即边缘端口，连接用户网络中的路由器、以太网交换机、hub 或用户主机、服务器等。即使用户网络中取消了路由器，但以太网交换机、hub、主机和服务器等是永远不会取消的，它们并不执行层次式交换协议，因此也是非层次网。从这种意义上,一个用户网络可以是纯的非层次网,也可以是一个管理域加一个或多个非层次网。

除了管理域和协议域以外,还有一个重要的域,称为服务域。服务域的边界在网络服务运营商和用户之间。这里把除用户网络以外的部分统称为服务域,它由多个 ISP 网络以及外网互联而成,是为用户提供服务的。有些服务如 VPN 等,用户是服务的需求方,网络服务运营商是服务的提供方。服务域划分了服务的需求方和供给方之间的边界。

图 9.1 表示了管理域、协议域和服务域的范围和边界。对于图 9.1 所示的 3 类域,需要特别注意的是,域与边界的关系。管理域强调一个 ISP 的对外边界,协议域强调层次网与非层次网的边界,服务域强调用户网与网络服务商之间的边界。因此,管理域、协议域和服务域的边界既有不同也有相同,其原因就是这三类域边界的划分是从不同角度出发的。例如,当一个 ISP 层次网连接了非层次的用户网(图 9.1 中的边界①),该边界同时属于管理域边界、协议域边界和服务域边界。同一个边界被用于划分不同域时,其边界执行的不同协议成分分别服务于不同域。域用于描述整体和功能,边界用于具体协议成分的实现。我们先针对图 9.1 中的四种边界(图中分别用①②③④表示)讨论最基础性的连接处理方法,实现基本的连接功能,然后讨论某些全局性功能是如何实现的。先讨论基础性功能,后讨论全局性功能的原因,一是全局功能是叠加在基础功能之上的,二是很多全局功能通常属于增值服务,将来会不断出现新的功能要求,目前的讨论只能枚举而不能穷尽。

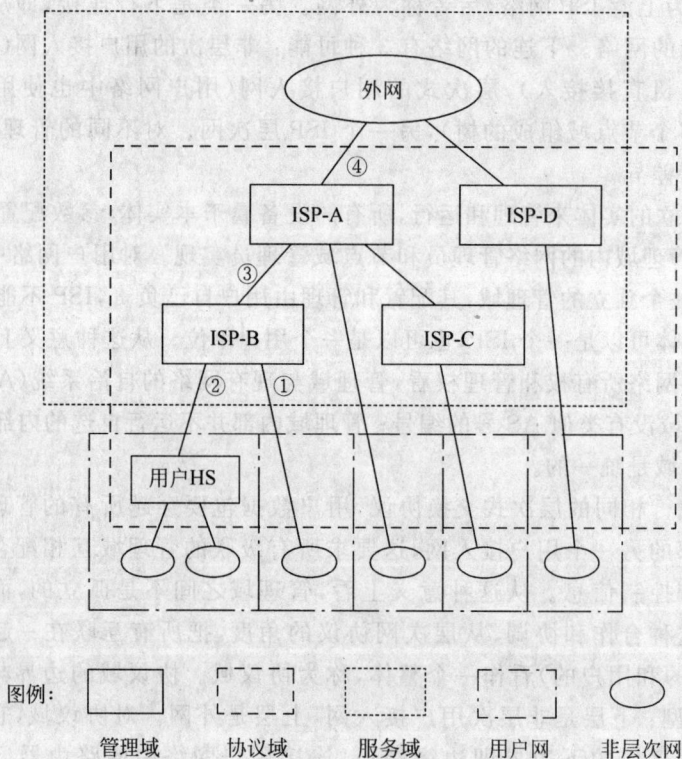

图 9.1 管理域、协议域和服务域

## 9.1　ISP 层次网的下游连接

ISP 层次网的下游连接,有 3 种情形:下游 ISP 层次网、非层次用户接入网、层次式用户接入网。其中后面这种情形,虽然连接的也是层次网,但与下连 ISP 层次网是不同的,正如图 9.1 中边界②和③所标示的,在边界②上,除了有管理域边界外,还有服务域边界,而在边界③上,只有管理域边界。拥有不同的边界,其协议软件的功能就有所不同。

### 9.1.1　连接下游 ISP 层次网

ISP 层次网与下游 ISP 层次网之间的连接(图 9.1 中的边界③)是最简单的,它只有管理域的边界,没有协议域和服务域的边界。除了网络管理功能及其相应的控制信息不能穿越该边界外,其他所有的协议、服务等,不存在该边界,像在同一个 ISP 中一样。

### 9.1.2　连接非层次用户接入网

从资产归属、资源管理、安全管理、服务质量保证、VPN 服务等众多方面看,ISP 的骨干网与用户接入网是相互独立的。为了在安全、稳定、服务、管理等方面得到保证和正常运行,ISP 不允许自己的用户来介入骨干网的任何事务;反之,用户网络里的行为,ISP 也无法干预并且也不允许干预。在 ISP 骨干网与用户接入网之间有一个严格的管理域边界。ISP 运行层次网络协议,用户接入网可能有不同的传统设备如路由器、以太网交换机等,并不执行层次交换协议,因而这里也有协议域边界。当为用户提供 VPN、基于 SLA 的 QoS、多宿连接等服务时,还有服务域边界。

对路由技术和路由器的替代,主要体现在骨干网。因为用户接入网是个规模有限的末端网络,即使沿用现有的路由技术和路由器,其路由表也很小,其路由行为也很简单。基于这种原因以及保护现有路由器设备投资价值等考虑,用户接入网的技术和设备将是多元化的。层次式交换骨干网的边缘端口与非层次式交换用户接入网之间相互连接时,用户网络一侧,设备可能是路由器、以太网交换机、hub、单台主机等 4 种情形。当用户网络经 hub 或单台主机连到 ISP 网时,都用以太网协议,与经以太网交换机连到 ISP 骨干网的方式完全相同,故上述 4 种情形可归纳为 2 种:路由器和以太网交换机。图 9.1 中的①标示了这种边界。怎样与路由器、以太网交换机、hub 及主机连接,超出了本章的范围。

### 9.1.3　层次式交换机接入

对规模较大的用户网络,拥有大量的以太网,如果要摒弃路由器,级联过多的以太网交换机有可能降低用户网络的通信效率。这时在用户网络中设置一个层次式交换节点域(如果对可靠性没有特别的要求,也可以只用一台层次式交换机。目前很多用户网只用一台路由器连到 ISP,就属于这种情形)是一种很好的选择。我们仍然不考虑多宿连接的情形。其连接方式如图 9.2 所示。

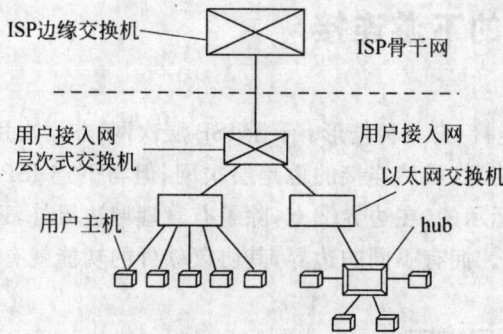

图 9.2 用户网经层次式交换机接入

这种接入方式是层次式交换网络向用户端的自然延伸,使得未来有可能只需要层次式交换机和以太网交换机两种网络设备,彻底摒弃路由器,减少设备品种,简化网络管理,降低网络成本,增加网络安全。虽然在图 9.2 的用户接入网中只画出了一台层次式交换机,实际上,视用户网络规模的不同,可以用单台层次式交换机,也可以用单个有多台层次交换机组成的节点域,还可以采用由多个节点域组成的树。这些不同的组网方式在技术上是相同的,但为了叙述简单,我们都只用一台交换机来代表。

这种方式带来一个特殊的管理边界和技术边界的划分问题。从管理上看,边界是极其明确的,应该严格按照管理域来划分边界,如图 9.2 中横向虚线所示,ISP 只能管理到自己的边缘端口,用户网络中的层次交换机是用户的资产,只能由用户自己管理。网络的通信质量、网络的安全等,都各自负责。但从技术上看,就有一系列的问题,例如,用户层次交换机的内部地址空间是属于 ISP 层次网地址空间还是属于用户地址空间? IPv4 隧道封装在用户层次交换机进行还是在 ISP 边缘端口进行? 对用户包的安全性(合法性)检查在用户交换机做还是在 ISP 边缘端口做? QoS 控制(资源预留、准入控制、流量监管等)在用户交换机边缘端口执行还是在 ISP 边缘端口执行? VPN 服务在用户交换机边缘端口提供还是在 ISP 边缘端口提供? 除了提到的这些问题外,以后新功能的增加,都可能涉及技术界线划分的问题。事实上,对上述各种不同的情形,答案是不同的,它们分别属于协议域边界和服务域边界的问题,我们将在后面进一步讨论这些问题。

## 9.2 ISP 层次网的上游连接

对一个 ISP 层次骨干网,除了图 9.1 中的下游边界①、②和相对于 ISP-A 的下游边界③外,还有与其他上层 ISP 的连接(图 9-1 中相对于 ISP-B 的上游边界③)和与外网的连接(图 9.1 中的边界④)。

一个 ISP 层次式交换骨干网向上的连接,对方可能是现有的基于路由器的非层次网络,也可能是一个上层的 ISP 层次式骨干网。正如前面已经叙述过的,把非层次的高层网络称为外网,而把层次式的高层网络,称为上游 ISP 层次网,自己则是它的下游 ISP(或用户)层次网。

对边界③,两个 ISP 之间只有上行信道和下行信道的关系,除了网络管理属于不同单位实体外,与同一 ISP 层次网中两个上下层节点域之间没有区别。

对边界④,当一个 ISP 层次骨干网的顶层节点域上方存在外网时,称这个顶层节点域为"相对顶层节点域"。当一个 ISP 骨干网的顶层节点域上方不存在任何网络时,就称为"绝对顶层节点域"。

对相对顶层节点域,把外网看作默认的出口。IPv6 数据包到达相对顶层节点域后,如被选中的逻辑信道是上行信道,就送往外网。对 IPv4 数据包进行隧道封装时,如果目的 IPv4 网号不在本协议域中(即隧道封装服务器中不存在相应的表项),就用相对顶层节点域的上行边缘端口作为隧道终点,将 IPv4 包默认地送给外网。

对绝对顶层节点域,如果从下行信道收到的数据包不满足下行的条件(对 IPv6,其目的地址前缀与绝对顶层节点域的 IPv6 地址前缀不同,要求继续上行;对隧道封装的 IPv4 数据包,隧道的终点是绝对顶层节点域的上行端口,表示全网内部找不到目的 IPv4 网号,向绝对顶层上方作为默认路由送出去),显然这两种情形都是错误的数据包,应该扔掉。具体处理时,可以有两种做法:第一种做法是在绝对顶层节点域定义一个上行端口,这样,绝对顶层节点域与有外网的相对顶层节点域的处理没有任何差别(设想存在一个虚拟的非层次外网),向上送出去也就是丢弃。第二种做法效率更高,可以把不合法的数据包提前丢弃。做法是在所有节点域的配置中增设一个外网类型标志(outside network type,ONT),可取 4 种值之一:0 表示存在绝对顶层节点域(无外网),1 表示存在相对顶层节点域(有外网),2 表示本节点域是绝对顶层节点域,3 表示本节点域是相对顶层节点域。这样,对顶层节点域,该标志可能的取值为 2 或 3;其他所有节点域,该标志的可能取值为 0 或 1。默认值为 0。有了这个标志,可以节省很多不必要的处理和通信开销。例如,当标明本节点域为绝对顶层节点域时,对进入节点域的 IPv6 数据包,进行逻辑信道选择后,如发现选择了上行,就立即丢弃。这就避免了 ISL 封装和内部传递数据包等开销。又例如,在边缘端口对 IPv4 数据包进行隧道封装时,一旦边缘端口在隧道配置服务器中找不到目的 IPv4 网号,如果边缘端口知道存在相对顶层节点域(顶层节点域标志的值为 1,有外网),就将隧道终点指向连接外网的上行端口;如果边缘端口知道存在绝对顶层节点域(标志值 0),表示没有外网,就在边缘端口直接扔掉该 IPv4 数据包,避免隧道封装和传输的开销。这样,当标志指出存在绝对顶层节点域时,边缘端口在处理包时并不需要知道这个绝对顶层节点域的地址前缀或其他任何信息。应注意的是,如果一个连接用户网络的边缘端口处于绝对顶层节点域或相对顶层节点域中,其标志值 2(绝对顶层节点域)隐含了标志值 0(存在绝对顶层节点域);标志值 3(相对顶层节点域)隐含了标志值 1(存在相对顶层节点域)。端口处理时,也分别按标志值 0 和标志值 1 对进入边缘端口的 IPv4 包加以处理。当然,正常情况下是不会让用户接入网连到高层节点域的,更不会直接连到顶层节点域的。

如前面提到的,从管理域看,ISP 与用户网络之间是相互独立的,ISP 层次网之间、ISP 层次网与外网之间也是相互独立的。因此,整个层次网络是由一系列独立的管理域相互连接而成的。如果忽略短接信道,所有连接关系都只有上下层次的树结构特性。

考虑到 ISP 之间及 ISP 与用户之间既是相互独立的,又必须相互协调,共同完成用户通信所要求的各种功能,我们在下面各节叙述它们是怎样既独立又相互协调的。

## 9.3　管理域

　　划分 3 类域是为了有助于说明不同网络功能的作用范围和如何实现的。管理域、协议域和服务域中，实现的功能和提供的服务是不同的。协议域和服务域是完全封闭的，而管理域仅对网络管理是封闭的，对协议域和服务域则是开放的，因为协议域和服务域的控制信息要穿越管理域。

　　从网络管理的角度，ISP 是独立自主的。所有与网络管理有关的工作如节点域配置、网络运行信息的收集、网络状态的监控、必要的网络性能和故障测试等，都由节点域管理员和本 ISP 网络管理员相互配合完成，都只在一个管理域内部进行(参见第 14 章)。

　　有两种低层管理信息的交换，是在邻居节点域之间实现的，无论相邻的两个节点域属于同一个 ISP 还是属于不同的 ISP，是没有差别的。一种是信道状态测试和恢复，ISP-A 和 ISP-B 之间的信道状态的监测、信道失效后的自愈、失效信道恢复并重新投入运行等操作，都是在低层自动完成的。另一种信息是相邻节点域之间交换节点域参数，即节点域地址前缀和前缀长度($d/m$)以及节点域交换字段位置和交换字段长度($a/b$)(参见第 12 章)。这两类信息只在邻居节点域之间交换，不受管理域、协议域或服务域边界的限制。

## 9.4　协议域

　　协议域是层次式交换网络最重要的一个域，域的覆盖范围为外网以下，非层次用户网以上，跨越多个 ISP 管理域和用户 HS 管理域。即协议域是由全部相邻管理域构成的。为传输用户数据包所要执行的全部协议，都是在协议域中执行的。本节先讨论地址空间问题，然后讨论适合于在协议域执行的一些功能。

### 9.4.1　协议域内部地址空间

　　协议域跨越多个管理域(ISP 和用户 HS)，内部地址空间是以管理域为基础还是以协议域为基础，是首先要解决的问题。

　　如果内部地址空间以管理域为基础，每个 ISP 和用户 HS 都有独立的内部地址空间，安全性当然很好。但带有内部地址空间的内部包将无法穿越管理域边界。而实现跨管理域的协议域功能时，很多内部包必须穿越管理域。如果这些内部包到达管理域边界时，在管理域边界作内部地址空间的转换，使得内部包能穿越任意多个管理域，也是可以实现的。但这样做效率很低，软件更复杂。

　　如果让整个协议域处于同一个内部地址空间，协议域中的所有内部包将通行无阻，十分方便。这样做是否缺乏安全性？不会。因为无论是 ISP 管理域还是用户 HS 管理域，都是网络管理人员，是一个特殊的群体。将协议域的地址空间与用户地址空间相分离的根本目的就是要保证层次交换网络的设备不能被任意用户来访问、攻击或引入病毒，而各管理域的网路管理员这个特殊群体,不属于"任意用户"。在传统的电话网中,各电话运营商的网络互相连接,并且采用相同的信令,用户单位也可以拥有程控交换机(PBX),也采用同样的信令。并没有因为网络延伸到用户单位后就变得不安全了。

如果用户网络中的层次网连接的是 IPv6 主机或 IPv6 子网,其地址由树的逻辑端口决定,不可能伪造源 IPv6 地址,且边缘端口阻止有内部地址的包从用户设备进入层次网;如果连的是 IPv4 主机或 IPv4 子网,则用户层次网的边缘端口需要网络管理员配置 IPv4 子网号,伪造 IPv4 源地址的包也不能进入层次网。另外,用户的层次网设备也属于内部地址空间,外人不可能访问这些设备。因此,用户接入网中的层次交换网部分,与 ISP 的网络一样,是安全的:既不会受到外人的访问和攻击,也不容许伪造源地址的不良数据包进入。因此,无论是 ISP 还是用户 HS,所有运行层次交换协议的网络,都处在同一个内部地址空间。

## 9.4.2　IPv4 隧道

层次式交换骨干网交换的依据是 IPv6 数据包的目的地址,每个节点域负责处理 IPv6 地址中某个确定的字段,但对在 IPv6 骨干网中穿越的 IPv4 数据包,只能用 IPv6 外壳对其进行隧道封装后才能进行交换。因此,IPv4 隧道协议是对 IPv4 数据包实现交换的基础性协议。

显然,隧道的全路径都是执行 IPv6 交换功能的层次式交换机,隧道的两端所连接的设备,都是 IPv4 的设备。隧道两端的边界就是协议域的边界。故 IPv4 隧道协议就是协议域中实现的功能。

协议域是跨越管理域的,IPv4 隧道也必须穿越管理域。可以有两种方法实现跨管理域的隧道:一种是各管理域之间不完整地交换隧道信息,隧道以管理域为基础,把一条完整的隧道做分段实施,每穿越一个管理域就使用一段隧道,在管理域入口进行隧道封装,在管理域出口拆除封装。进入下一个管理域时,再做一段隧道,直到最终的隧道末端。另一种方法是跨管理域传递完整的隧道信息,让任何一个隧道起点拥有所有协议域边界的隧道终点的信息,隧道起点在做封装时,忽略管理域的存在,直接用最终的隧道末端信息来封装,在整个协议域中建立一条单一的隧道。显然后一种方法效率高。但需要有在协议域中交换全部隧道信息的协议。详细可参见第 11 章。

## 9.4.3　协议域源地址检查

源地址的合法性检查分为 IPv6 和 IPv4 两部分。无论是 IPv6 还是 IPv4,因为检查的是源地址,任何一个来自用户接入网的数据包,必先走上行信道,故只对数据包在上行路径上进行检查就可以了。外网来的数据包,是无法检查其源地址合法性的,这不是层次网的过错,是外网的责任。只有当层次网被充分普及、不存在外网以后,才有可能对所有数据包的源地址实现合法性检查。

对 IPv6 的源地址合法性检查,应在所有节点域的下行逻辑端口入口处(即上行数据包)进行。方法很简单:判断数据包的源 IPv6 地址前缀与数据包到达的逻辑端口地址前缀(节点域地址前缀＋该逻辑信道的交换字段值)是否相同。相同时,合法;不相同时,非法。对非法源地址的数据包,如出现在协议域边缘端口,除了丢弃该数据包外,还要在网络管理信息库中登记,向节点域管理员报警;如出现在其他非边缘节点域,简单地丢弃就可以了。事实上,为了减少处理工作量,除了在协议域边缘端口和后面要讨论的 ISP 服务域边界进行检查外,其他节点域可以不作检查。

对 IPv4 的源地址合法性检查,主要在协议域边界(隧道入口处)执行。协议域边缘端口对 IPv4 源地址的合法性检查的方法,是在封装前核对数据包的源地址前缀是否属于登记的合法 IPv4 网号。对非法 IPv4 包,除丢弃外,还要在网络管理信息库中登记,向节点域管理员报警。同样,对 IPv4 数据包的源地址合法性作检查,还应当在服务域边界端口进行。

值得提醒的是,协议域边界与在其他章节中说的层次网边缘端口是相同的,位于层次网与非层次网的交界处。当用户接入网是非层次网络时,协议域边界、边缘端口、管理域边界以及服务域边界都是一致的;当用户网络中也采用了层次交换结构时(称为用户 HS),协议域边界和边缘端口推进到用户网内部的用户 HS 与用户的非层次交换设备之间(用户网内部的以太网交换机、hub、主机、路由器等,均属于非层次网络设备),而 ISP 与用户 HS 之间只是管理域边界和服务域边界。

### 9.4.4  QoS 控制

提供 QoS 保证是网络运营商的职责。目前基于路由技术的互联网无法实现 QoS 保证(路径不确定、局部事件全局化、路由的振荡及很长的收敛时间、依靠端到端的 TCP 重传实现自愈等)。层次网络的设计目标之一就是能实现真正的 QoS 保证。

#### 1. QoS 的控制范围

对骨干网而言,随着网络规模的迅速扩展、网络用户群体的快速增长、视频通信应用的不断普及、新的带宽杀手应用的出现、互联网固有的交通量突发性以及网络通信量分布的不均衡性和动态性等原因,难以做到资源大于需求。在骨干网中提供 QoS 控制机制是必须的。

对用户接入网,由于用户群体相对较小,通信距离短,骨干网络中的高速通信速率(如10Gbps),可以很方便地在用户网络中使用,因而很容易做到资源大于需求。除了大型用户网外,通常可以不加 QoS 控制。但对大型单位的用户接入网,如果一概依靠资源大于需求,也不一定靠得住。

QoS 保证机制的实现点,既可以在服务域边界实现,即把 ISP 骨干网作为服务提供方,把用户接入网络作为服务使用方;也可以在协议域边界实现,即随着层次网结构向用户网的不断推进,把 QoS 控制能力也向用户网延伸,只要进入层次网的边缘端口,就开始执行 QoS 控制机制。

在服务域边界实现 QoS 控制,忽略了用户网络中的 QoS 问题,认为用户网络中的用户群体小,可以利用高速光通信技术提供充足的、能满足本单位(或小区)全体用户实时通信需要的资源,因而在用户网络中可以不实现 QoS 控制。这种思路是目前通行的想法,虽然还没有(也不可能有)实现的例子,但把 QoS 作为一种服务,要求用户单位为获得此项服务与 ISP 签署服务等级协议(SLA)并缴纳相应的费用的想法,就是基于服务域边界的一种服务模式。这种做法并没有考虑用户网络中的 QoS 控制机制问题。但是，即使从技术上假定用户网络中能做到资源大于需求而可以不加 QoS 控制，从管理和费用等方面看也会有问题的。SLA 是用户网络与相连的 ISP 签署的，如果粒度太粗，只让 ISP 知道为哪些网号（及子网号）提供 QoS 保证服务，则用户网络中属于这些网号的所有用户都可以使用 QoS 服务，用户网络管理员难以对特定用户、特定应用加以控制和管理，费用预算难以控制。如果粒度太细，在 SLA 中规定到用户网络中的每个用户，则缺乏灵活性，当需要 QoS 保证服务的用户发生变化时，要频繁地修改 SLA。对用户网管理员和 ISP 管理员都不方便。

在协议域边界实现 QoS 控制，让用户网管理员参与对用户的 QoS 服务管理，既免除了 ISP 在边缘端口上管理和控制 SLA 的负担，也给用户网络管理员带来了灵活性，他可以随时作改变：允许或撤销某些用户的 QoS 服务，实现有效的费用管理。

另外，选择在协议域边界执行 QoS 控制机制是一种长远的做法，未来当大型用户网络中不加 QoS 控制不足以满足通信质量要求时，至少还有一个解决办法：在用户网络中增设一个或多个节点域，把原来过大的非层次用户网络分割成多个较小的用户子网，保证每个子网的用户群体足够小，不加 QoS 控制也能满足通信质量的要求。或者干脆取消路由器，将以太网段（经以太网交换机）直接连到用户的层次交换节点域上去。而以太网段通常规模很小，目前的技术已经能保证资源大于需求。虽然 QoS 也涉及用户终端设备的性能，但已经超出了我们的讨论范围。

QoS 的控制应当包含资源预留与管理、准入控制、优先级调度策略 3 个环节。这 3 个环节缺一不可。没有资源的预留和管理，就不知道能否接纳新的通信要求；没有准入控制，过量的通信会争夺有限的资源，大家的通信质量都得不到保证；没有合理的优先级调度策略，高优先级的实时通信有可能被低优先级的数据包挤占信道。

在协议域边界实现 QoS 控制，除了上面谈到的可以向用户接入网延伸 QoS 的保证范围外，还有一个好处，即资源预留和管理可以统一在层次网边缘端口执行。如果在服务域执行 QoS 机制，则要区分层次网边缘端口和 ISP 边界端口，使得情形较为复杂：连接非层次式用户网络时，层次网边缘端口同时也是 ISP 的边界端口，执行 QoS 控制；连接层次式用户网时，处于用户网内的层次网边缘端口却不再执行 QoS 控制，而改在 ISP 的管理域边界端口执行。显然对协议软件的开发和管理，对层次网边缘端口和 ISP 边界端口的配置和管理等都是不利的。

本小节仅讨论在哪个域（边界）执行 QoS 控制，结论是在协议域边界（即层次网边缘端口）较好，具体的 QoS 控制方法，在第 16 章研究。

**2. QoS 的费用结算**

用户与 ISP 之间为 QoS 服务而发生的费用，显然只能在服务域边界上进行统计和结算。对 QoS 连接（为了方便，把通过信令包预留了 QoS 资源的一条端到端通信路径称为一个 QoS 连接）沿路经过多个 ISP 管理域时各 ISP 之间的相互结算，则与在服务域提供 QoS 服务还是在协议域提供 QoS 服务没有关系。当一个端到端的 QoS 通信连接建立后，用户承担的费用应该与他使用的资源相关联，计费的因素应包括通信的数据量（字节数）、通信的距离。其中通信距离，可以粗分为本地、国内和国际，也可以进一步把国际加以地区的细分。具体的实现细节超出了这里讨论的范围，但可以简单地描述一下：在用户发出 QoS 资源预留的信令包并建立 QoS 连接时,各 ISP 根据该信令包经过自己管理域时的路径长度和费用特征,在信令包中标明费率(每字节的费用),该信令包返回连接用户网络的边缘端口时,获得了沿途各 ISP 的费率和一个累加的费率,提供接入的 ISP 按照累加费率和通信量向主叫方用户收费,按照各 ISP 费率与通信量,向沿途各 ISP 作支付结算。各转接 ISP(包括末端 ISP,即数据流出口的 ISP),也在管理域的入边界端口记录流量和穿越费率,供与接入 ISP 结算时作为依据。

应指出的是,对各 ISP 而言,无论是对 QoS 连接的流量整形还是计费统计,都是只在流的入边界端口(管理域边界)进行的,不要求其他节点域作按流的管理和控制,故可扩展性不会受到损害。

计费问题是保证网络可持续发展和 ISP 正常资源投入所必须解决的问题,并且应当与提供的服务等级和服务质量相一致,也是目前互联网的一个软肋。在层次网络体系结构下,为解决这个问题提供了条件,但怎样具体实现,是另一个研究课题。

### 9.4.5 多播

多播通信的管理也应在协议域实现,多播包穿越 ISP 的各管理域和穿越用户网络中的层次网管理域是没有区别的。在协议域执行组成员管理(加入和退出)和多播数据包的转发,把整个协议域看作一个整体而不考虑管理域边界和服务域边界,对层次网协议的简单、一致、未来层次网的扩展等都是有利的。

多播的 QoS 控制和计费问题,是待研究的难点之一。

## 9.5 服务域

服务域的概念是为了区分服务提供方和服务使用方的界线而提出的。显然,ISP 和他们的层次式骨干网是服务提供方,用户和他们的用户接入网是服务使用方。层次网在该边界上的接口,就是服务域边界接口。

除了上面提到的 QoS 计费必须在服务域边界(部分计费工作也在 ISP 的管理域边界做)外,VPN 和源地址检查也应在服务域边界执行。

### 9.5.1 VPN

VPN 就是虚拟专用网技术。当用户在不同的城市拥有自己的网络,需要将它们用长途信道连接起来,组成一个专用网络时,除了租用长途物理专线信道外,还可以通过 ISP 的公用数据网络提供的远程虚拟信道。这就是 VPN 服务,它能使用户在获得与物理专线相同的性能(带宽和安全)的前提下,还能获得一些其他好处,例如,成本低、易管理、易扩充容量、获得比承诺速率更高的带宽等。

要求 VPN 服务的用户,并不关心两部分用户网络之间是单个 ISP 还是多个 ISP 串接而成的层次骨干网,因而是典型的服务域内提供的功能。

目前的互联网已经提供了 VPN 服务,但只能由单个 ISP 提供。不能提供跨 ISP VPN 服务的原因很多:在技术方面,VPN 技术标准过多,例如三层 VPN、二层 VPN、虚拟路由器 VPN 等,当不同的 ISP 选择不同的 VPN 技术时,互相不能沟通;即使采用相同的 VPN 技术,ISP 之间的竞争、费用磋商、对接技术、维护管理等方面,都使得跨 ISP 的 VPN 服务有很大的困难。如果用户有两个处在不同城市的用户网络 A1 和用户网络 A2,想要用 VPN 互联,而这两个城市分别由 ISP-A 和 ISP-B 提供网络接入服务,且中间还可能隔着 ISP-C、ISP-D 等可穿越网络,协调十分困难。由于不能获得跨 ISP 的 VPN 服务,该用户实际上无法获得 VPN 服务。在层次网络中,应采用一套统一的 VPN 协议,除费用结算外,忽略管理域边界,并且各 ISP 之间既可以并行地提供接入服务,也可以串接起来构成一个更大的层次网,竞争和合作并存,从而可以方便地提供跨 ISP 的 VPN 服务。由于 VPN 在保证用户带宽时可以利用 QoS 中的虚拟专线服务方式,各 ISP 之间相互的 VPN 服务费用结算,就可以利用前面讨论的 QoS 费用结算方式进行了。

这种跨 ISP 管理域提供 VPN 服务的能力,要求层次网提供的 VPN 技术是基于服务域的。VPN 服务的技术细节,与现有的 VPN 技术类似,本书不作进一步讨论。

## 9.5.2　服务域源地址检查

对用户数据包的源地址进行检查,在前面讨论协议域界面时,明确要求在协议域边界进行。这要求用户接入网管理员参与安全保障体系。为了双重保险,在 ISP 骨干网与用户接入网的边缘端口即服务域边界,也应该进行源地址合法性检查。对 IPv6 数据包,只要检查用户数据包源地址前缀与 ISP 边缘端口地址前缀是否相同;对已被协议域边界封装成 IPv6 内部包格式的 IPv4 用户数据包,在判断出是 IPv4 的隧道封装包后,检查其中的 IPv4 数据包源地址的合法性。为此,在 ISP 的边缘端口,也要求输入用户接入网的 IPv4 网号。这些 IPv4 网号仅用于源地址合法性检查,不再用于对 IPv4 进行隧道封装了。

# 第 10 章

# 短 接 通 信

严格的树状结构使网络连接缺少灵活性,并可能使相邻用户接入网之间的通信要绕道高层节点域,从而增长传输路径、不必要地增加高层信道的通信量负载。本章介绍的短接通信技术旨在克服这些缺陷。由于短接信道与树结构上的信道有本质的区别,处理不当将破坏树的特性,造成数据路径不唯一等问题。本章进一步研究短接信道可能发生的问题,并提出必要的对短接信道的使用和处理规则,以保证短接信道的正常运用。

## 10.1　节点域之间的短接

如果一个地区只有一个 ISP 向用户提供接入服务,在该地区存在唯一的树,用户网络的接入就比较简单合理。但当一个地区有两个或两个以上的 ISP 提供服务,并且这些 ISP 的树互相交叉重叠,就可能出现同地用户之间的通信要绕道远程的情况。为了避免这种情形的发生,有必要研究子树之间即节点域之间短接的方法。

我们先看一下什么样的场合需要子树之间的短接,然后在下一节讨论怎样进行短接。

## 10.2　短接的需求

有多种情形要求层次网络的树状结构在外观上不能是严格意义上的一棵树,需要在某些子树的节点之间有直接的连线,如图 10.1 中虚线所表示的那样。

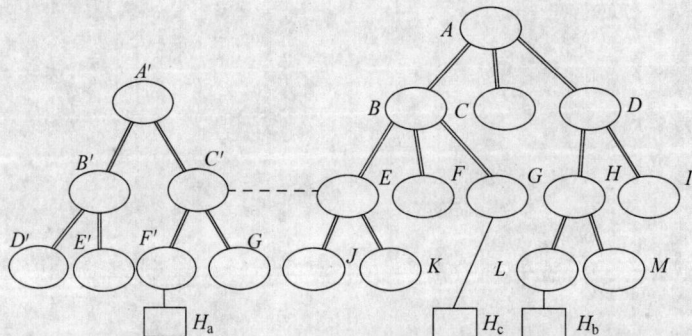

图 10.1　节点域之间的短接

有 4 种情形要求节点域之间有短接。一种情形是在同一地区(例如同一个城市)中有两个甚至更多的 ISP 用层次网络的结构向用户提供网络接入服务。这些 ISP 的层次网络的分支,可能互相交叉重叠,例如,处在同一城市的一批医院接到一个 ISP 的层次网上,同一城市的一些保险公司则接到了另一个 ISP 的层次网上。如果医院与保险公司之间的通信都要绕道两棵树的顶层才能到达对方,而这种互联的顶层可能在数千公里以外,显然是不合理的。

第二种情形是虽然一个城市内只有一个 ISP 提供层次网接入服务,只有一棵子树,但某些接入用户集团在该城市中不同的区有多个分支机构,相互之间有较大的通信量,或有较高的通信质量要求,而自己并不想维护各分支机构之间的信道,要求 ISP 在其有大通信量的分支机构所接入的底层节点域之间增设信道,直接连通。

第三种情形是 ISP 自己通过对网络流量的监测与分析,认为某两个区之间应增加一条直接的信道,可以优化通信,提高网络性能,形成两个区之间子树或节点域的短接。

上述 3 种情形的短接需求,主要目的是本地通信量不要绕道远程,使本地区内处于不同 ISP 层次网络或同一 ISP 层次网络的不同树枝上的用户接入网之间的通信更加合理。起局部优化作用,我们称用于这种目的的短接为局部性短接。

第四种短接需求称为全局性短接,短接的目的是通达对方的整个网络,而不只是对方的一棵子树。对全局性短接,除了涉及短接信道两侧的节点域外,还涉及其他节点域甚至根节点域。

## 10.3　节点域的短接方式

为了提供最大的联网灵活性,也为了在将现有的网状连接(mesh)的路由网转换成层次式树状交换网时能保留已有的任意连接的拓扑结构,对短接的方式应当不加任何限制,也就是允许任意的短接。

所谓的任意短接,包括如下各种含义:

(1) 允许层次网络中有任意多的短接信道;

(2) 允许一个节点域对其他任意多个节点域有短接信道;

(3) 允许处于树的任意不同层次的节点域之间有短接信道;

(4) 允许短接信道任意延伸。

为了便于提到这些特性,我们把它们简称为"四个任意"。有了任意短接的方式,现有的任意一个 ISP 的任意连接的网络,可以在网络拓扑结构不加任何改变的情况下,把基于路由的网络改变成基于交换的层次网络。

允许任意短接的一个网络的例子如图 10.2 所示。图 10.2 中的虚线是短接信道,如果需要的话,还可以任意增加。可以看出,有了短接信道,图 10.2 所示的网络拓扑结构可以表达现有的、具有任意复杂性的网络结构。这就是现有网络拓扑结构可以不加任何改变而被改造成层次式树状交换网络的基础。

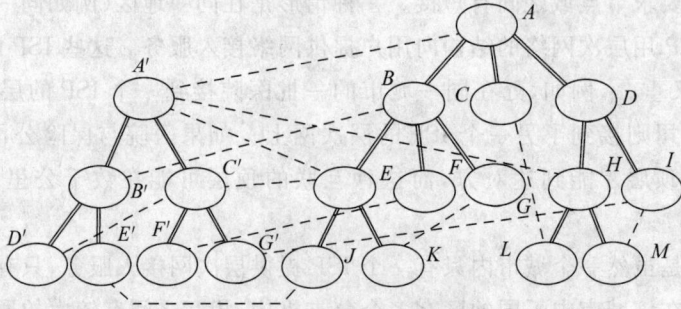

图 10.2　子树之间任意短接的例子

## 10.4　短接信道的控制与管理

如果把图 10.2 中的所有信道同等对待,网络就不再是树状结构了,也就无法利用地址字段对 IP 包进行交换了。我们要把拓扑结构的任意连接(网状连接)与层次式树状结构的控制相区别。正是为了做到这点,图 10.2 中的信道被严格地分为两类:树枝信道和短接信道。树枝信道也可以简称为树信道,它就是前面讨论过的逻辑信道,由一根或多根物理信道组成。短接信道就是图 10.2 中虚线表示的信道。短接信道也可以由一根或多根物理信道组成,但由于它不像树信道那样担负失效备份的功能,通常用单根物理信道就可以了(当然,为了扩充信道容量或增加可靠性,也可以由多条物理信道组成,其调度和负载平衡方法与树的逻辑信道一样),这样可以减少多根物理信道之间调度通信量的复杂性。

前面说过,一条短接信道的作用,可以是区域性的,也可以是全局性的。当然也可能两者兼有。我们先讨论区域性短接,再扩展到全局性短接。

为了处理短接信道,我们要对节点域的操作进行必要的修改。第 3 章中讨论过的对数据包的选路过程和转发过程,是针对树信道的,有了短接信道后,这部分操作本身没有任何改变。但对短接信道,我们要在处理树信道之前,先作一个判断,如果本节点没有短接信道或短接信道处于失效状态,则直接处理树信道;如果存在短接信道,则先处理短接信道,然后处理树信道。

有了短接信道后,交换机处理包转发的算法要作改变,按如下步骤转发数据包:

(1) 判断是否有短接信道表。如没有,转(2);如有,查短接信道表中的地址前缀是否与数据包目的地址的高位相同,如没有相同的项,转(2);如有匹配的项,但该短接信道处于失效状态,转(2);否则,向短接信道表中指明的短接信道(由 SID 和 PID 决定)上转发出去,交换过程结束。

(2) 判断是否上行转发(判断上行的算法见第 3 章),若是,上行转发;否则,转(3)。

(3) 选择下行逻辑信道,转发数据包。下行算法也见第 3 章,交换过程结束。

为了处理短接信道,在节点域的交换机中增加一张表,叫"短接信道表"。表的结构如表 10.1 所示。

表 10.1  短接信道表

| Node-Id | SID | PID | Bandwidth | Status |
|---------|-----|-----|-----------|--------|
| $A_1/B_1$ | 1 | 3 | 622 | 0 |
| $A_2/B_2$ | 3 | 2 | 155 | 0 |
| $A_3/B_3$ | 3 | 3 | 155 | 0 |

表 10.1 中,Node-Id 是短接信道对方所连接的节点域的地址前缀。其中,$A_i/B_i$ 的表示方法与 CIDR 表示方法相同。$A_i$ 为地址前缀,$B_i$ 为掩码长度。SID 是本节点域中连接相应短接信道的交换机,PID 是该交换机的端口。Bandwidth 和 Status 的含义与以前章节中介绍过的外部端口表中的含义相同。

上面讨论的为一个数据包选路的操作中,先插入一个针对短接信道的处理,判断数据包信宿地址是否与短接信道表中的某项相一致,如果一致,从表中得到 SID 和 PID。有了这个 SID 和 PID,就可以对数据包进行 EPID 的封装,然后根据 SID 和 PID 将 EPID 封装后的数据包送到短接信道所在的交换机和端口并转发出去。在这个过程中,短接信道相当于外部信道。

由于一个节点域的短接信道数量是很少的,通常不会超过 3～5 根,因此短接信道表也只有 3～5 个表项,查表处理的时间可以忽略。对于没有短接信道的节点域,短接信道表为空,就退化为只有向外部输出信道转发数据包的操作。

为了使增加的短接信道不影响树状结构的特性,我们把短接信道的作用也局部化。一条短接信道只有点对点的作用,把数据包送到短接信道的对方,就算完成了任务。在决定是否要经短接信道送出时,只考虑了对方节点域的地址,不考虑对方节点域的层次位置。这样做,就简化了对短接信道的处理难度,容易把树信道与短接信道分开,使得表面上看来是任意连接的网状结构,仍然具有层次式树状结构的一切特性。

短接信道两端直接连接的节点域,称为"直接短接节点域"。当短接信道用于两个直接短接节点域中的用户之间互相通信时(即两棵子树之间的通信),称为短接信道的"直接短接通信"。对短接信道的直接短接通信,上面的控制方法只能用于向下传送的过程(下行),即数据包到了对方直接短接节点域后,只能向下传送,不能向上传送(上行)。例如,图 10.2 中节点域 $C'$ 向节点域 $E$ 转发的数据包,如果短接信道表中只列出了节点域 $E$ 的地址前缀,其目的地只能是 $E$ 子树内的信宿主机,而不能从 $E$ 向上传送。其原因是 $C'$ 节点域在决定向 $E$ 传送时,用的判断条件是 $E$ 的地址前缀,数据包的信宿地址高位部分与 $E$ 节点域地址的高位部分完全相同,数据包到了 $E$ 后,不可能继续向上传送,数据包的接收者只能是 $E$、$J$ 和 $K$(子树)中的任意一个主机。

为了具备向上传送的能力,可以对短接信道表加以扩充。仍利用图 10.2 中节点域 $C'$ 和节点域 $E$ 的短接信道作例子加以说明。如果在节点域 $C'$ 的短接信道表中不但设置 $E$ 节点域的地址前缀,同时加入 $E$ 节点域所属的树的根节点域(A)的地址前缀,不仅高位地址与 $E$ 节点域地址前缀完全一致的数据包被传送到 $E$,$E$ 所在的整个以 $A$ 为根的树也可以到达。

如果希望能让节点域 $C'$ 通过短接信道 $C'$——$E$ 将目的地为另一子树(例如图 10.2 中的 $H$ 子树)的数据包转发出去,只要把节点域 $H$ 的地址前缀登记在 $C'$ 的短接信道表中即可。一旦数据包从 $C'$ 送到了 $E$ 后,它就在右侧的树中沿 $B$、$A$、$D$ 到达 $H$。前两站是上行,后两站是下行。

可以看出,通过短接信道表,只要对同一短接信道(由 SID/PID 表示)列出多个对方层次网的节点域地址前缀,就可以实现向对方全网或任意子网的数据包转发,而操作却十分简单,并不影响原有的树状结构及其特性。

上述对短接信道表的扩充,使得不直接与短接信道相连的其他节点域也可以放在短接信道表里。称这些与短接信道之间被树信道隔开的节点域为"间接短接节点域",以区别于短接信道两侧的直接短接节点域。当通过短接信道通信的两边用户中至少有一个是来自间接短接节点域的,这时称该通信为短接信道的"间接短接通信"。这样不论短接信道表中设置了多少节点域地址前缀,短接信道上的通信可以分为直接短接通信和间接短接通信两类。之所以要分成两类,是因为它们的通信特性不同。下一节将讨论它们的差别。

由于间接短接节点域到短接信道之间没有直接的连线(通过一条或多条树信道到达短接信道,或者是后文要介绍的通过另一条短接信道到达),我们称间接短接节点域与短接信道之间的关系为间接短接通信关系。

# 10.5　短接通信遇到的问题

在图 10.1 中,对于短接信道 $C'$——$E$,如果只允许直接短接通信,则子节点域 $C'$ 中的任何主机与子节点域 $E$ 中的任何主机之间进行通信时,无论是从 $C'$ 流向 $E$ 的数据包还是从 $E$ 流向 $C'$ 的数据包,均走过同一条路径。如果图 10.1 中的 $C'$——$E$ 短接线的右侧改连到节点域 $A$,变成 $C'$——$A$ 短接信道,并且只允许直接短接通信,则 $C'$ 子域内的所有主机可以与 $A$ 的整个树中所有主机通信,双向的数据包仍然能走相同的路径。极端情况下,如果短接信道为 $A'$——$A$,且只允许直接短接通信,则两棵树中的所有主机之间都能进行正常的通信,双向数据包走相同的路径。

在列出的 4 种采用短接信道的场合中,如果只是为了两个子树间的直接通信,避免绕道而行或短路大的流量,采用直接短接通信的方式是合适的。为了增加短接信道的通信能力,取消对短接信道的这种限制,必须用略微复杂的算法来解决间接短接通信存在的问题。首先分析间接短接通信的问题,然后提出解决办法。

## 10.5.1　短接通信问题之一:短接隧道

短接信道与树信道在传输能力上是有差别的。以图 10.1 为例,假设对短接信道 $C'$——$E$ 在 $C'$ 节点域中配置了节点域 $E$ 和 $H$ 的地址前缀。当 $F'$ 中的一台主机 Ha 要与 $L$ 中的一台主机 Hb 通信时,Ha 发给 Hb 的数据包可以经 $F'$、$C'$、$E$、$B$、$A$、$D$、$H$、$L$ 到达主机 Hb,但从 Hb 发给 Ha 的数据包却找不到主机 Ha。因为信宿地址是主机 Ha 的地址,要经过 $F'$ 才能到达,但数据包从 $L$、$H$、$D$ 到达节点域 $A$ 后,根据节点域按地址字段交换数据包的规则,节点域 $A$ 并不能将数据包下行送到 $E$ 去,而认为 Ha 的地址超出了本树状网的范围。本网找不到,就按照默认路径送到层次网以外的地方(外网)去了。

针对这个问题,如果让节点域 $H$ 中也配置 $C'$ 子域的地址前缀,并设立一张"短接前缀地址映射表"，把 $C'$ 子域地址前缀映射到 $E$ 子域的地址前缀。当 $H$ 中的任意一台主机 Hb 向 $C'$ 中的主机 Ha 发数据包时，数据包上行到 $H$，发现前缀地址映射表中有 $C'$ 的前缀，就用 $E$ 的地址封装数据包，在 $H$ 和 $E$ 之间建立一条隧道。这样该数据包通过隧道从 $H$ 送到节点域 $E$。到节点域 $E$ 后，拆去封装，从 $E$ 的短接信道表中发现数据包应通过短接信道送到 $C'$，然后由 $C'$ 送到主机 Ha。有了这样的算法，任意子节点域都可以被列入短接信道表中。为了方便，我们称这种封装为短接封装，称这种隧道为短接隧道。

值得注意的是，设立短接隧道并不是唯一的方法，要把数据包先送到 $E$，再由 $E$ 判断是否经短接信道将数据包送给 $C'$，还有更简单的办法。例如，利用 IPv6 的扩展报头的功能，其中的下一报头（next header）号为 0 的跳到跳选项报头（hop-by-hop options header）、下一报头号为 43 的路由报头（routing header）或下一报头号为 60 的信宿选项报头（destination options header），都可以用来实现我们要求的先将数据包送到节点域 $E$，由 $E$ 处理后再送到 $C'$ 的目的。我们以信宿选项报头（编号为 60）为例加以说明。Hb 发给 Ha 的数据包，上行到 $H$ 后，发现 $H$ 中有短接前缀地址映射表，并且有一个表项是 $C'$ 与 $E$ 的地址前缀对应关系，而数据包的信宿地址 Ha 中就含有 $C'$ 的地址前缀，正好与表项匹配，这时从表中查到 $E$ 的前缀，利用 $E$ 的前缀作为数据包的信宿地址，而把原来的信宿地址 Ha 保存在扩展报头的 Option 中，并在 Option 中标明适当的 TLV（类型、长度、值）将 Ha 保存在 $V$ 中。数据包被送到节点域 $E$ 后，$E$ 就是该数据包的信宿（临时信宿），它就检查其扩展报头信宿选项报头，根据自己定义的 TLV，知道这是间接短接的处理，从 Option 的 $V$ 字段取出数据包的原始信宿地址 Ha，作为真正的信宿地址，并取消扩展报头，将数据包恢复成从 Hb 发出时的样子，然后转发该数据包。转发时，当然先查短接信道表，发现表中有 $C'$ 的表项，并与数据包信宿地址 Ha 的地址前缀相同，就把它从短接信道上送到 $C'$。不难看出，数据包到达 $E$ 并在 $E$ 被恢复成原始数据包以后，就是正常的直接短接的处理。

上述例子中，数据包在 $H$ 被修改后送到临时信宿 $E$ 的过程，是正常的数据包转发过程，但到了 $E$，$E$ 成为数据包的接收者，这就有问题了。我们以前讨论过，只有内部报文（采用内部特殊地址的报文），才能被节点域、节点域中的某个交换机或节点域中的某个服务器接收，而一般的用户数据包只能被转发，不能被收下。要解决这个问题，有两种方法。一种方法是启用扩展报头功能。以前为了快速、简便，在层次网内部不检查 IPv6 数据包的扩展头，透明地将数据包转发到层次网的边缘出口，扩展报头由信宿自行处理。现在要求节点域对收到的数据包进行转发之前，先查一下是否有扩展头，如有，是否有编号为 60 的扩展头，如有，是否有自己特殊定义的 TLV 的 T 类型，如有，则作恢复原始数据包的工作。只要上述任意一个判断出现否，就做正常数据包的转发。第二种方法更简单，干脆在 $H$ 中将数据包封装成内部数据包。信宿地址是 $E$ 的地址前缀，信源地址是 $H$ 的地址前缀，并在信宿地址的低位部分，标明是由节点域接收该数据包。数据包到达 $E$ 后，加以处理，撤销封装，恢复原始数据包。这种方法就不需要启用扩展报头的处理了。

归纳起来，我们提出了 3 种方法来处理间接短接信道上反向数据包（从 Hb 发给 Ha 的数据包）的处理：

（1）在 $H$ 和 $E$ 之间建立隧道，在隧道终点做处理（撤销隧道封装）；

（2）启用扩展报头的处理，利用信宿选项扩展报头，让临时信宿 $E$ 检查 TLV 并作处理（恢复原始数据包）；

（3）封装成内部报文，在临时信宿 $E$ 撤销封装。

其实第（1）种方法中也避免不了要求节点域 $E$ 收下（而不是透明地转发）数据包的困难，只是我们没有细说而已。因而，最简便高效的方法就是第（3）种方法，自然地解决了节点域收下数据包的问题。第（3）种方法本质上也是隧道，是一种很容易处理的特殊隧道。为了简便，在后面的讨论中，一律简称为短接隧道。

但无论哪一种方法，都要增加数据包的长度，例如，封装成内部报文，至少要增加 40B（16B 信宿内部地址，16B 信源内部地址，8B TLV 形式的 Option。虽然信源内部地址可以不要，但为了数据包格式的规范化，加上较好；虽然 TLV Option 只要一个字节的 T 就够了，但 IPv6 的任何报头的长度都应是 8B 的整数倍，尽管内部报文可以特殊化，也以遵照为好）。为了满足 MTU 的要求，在 IPv6 查询路径最大 MTU 时，应考虑到这一点。

如果 $E$ 对短接信道 $C'$——$E$ 登记的短接节点域中，除了直接短接节点域 $C'$ 外，还有间接短接节点域（例如 $B'$）存在，则 $H$ 的"短接前缀地址映射表"中不仅有 $C'$ 到 $E$ 的地址前缀映射表项，还有 $B'$ 到 $E$ 的地址前缀映射表项。对方的直接短接节点域只有一个，但间接短接节点域可以有很多，在短接前缀地址映射表中应包括所有的直接和间接短接节点域。

当一条短接信道两侧都扩展了一批间接短接节点域以后，只要在双方的间接短接节点域中对称地设立了对方间接短接节点域的"短接前缀地址映射表"表项，双方的间接短接节点域之间的通信就完全可能了。

对于短接信道表或短接前缀地址映射表，每个表项都应有一个状态字段，标明短接信道是处于正常工作状态还是暂时失效，后面将要谈到，无论是直接短接节点域还是间接短接节点域，对处于失效状态的短接信道，将被视为不存在，数据包按无短接的树信道交换规则进行交换转发。通过两棵树之间的默认连接（例如，两棵树分别连到外界非层次网络），仍然可以通信，只是绕道会远一些。

"短接前缀地址映射表"至少应有表 10.2 所示的字段（以上面的例子为例）。

表 10.2　短接前缀地址映射表

| 目的短接地址前缀 | 本侧映射地址前缀 | 短接信道状态 |
|:---:|:---:|:---:|
| $B'$ 的前缀 | $E$ 的前缀 | 0 |
| $C'$ 的前缀 | $E$ 的前缀 | 0 |

这里形成了一条短接信道控制规则：对间接短接通信，如果短接信道的一侧（例如图 10.1 中的 $C'$）在短接信道表中包含了对方的间接短接节点域地址前缀（例如 $H$），则要求该间接节点域（$H$）中也要配置对侧（$C'$）的地址前缀，并建立短接信道两侧直接节点域地址前缀的映射表项（$C'$ 与 $E$ 的映射）及所有间接短接节点域地址前缀的映射表项（如 $B'$ 与 $E$ 的映射）。通过短接隧道的方式将数据包从间接节点域（$H$）送到直接短接节点域（$E$），然后由直接短接节点域（$E$）拆封后经短接信道送到对方直接短接节点域（$C'$）（如果目的地址不是 $C'$ 而是更远的 $B'$，则还要由 $C'$ 转发到 $B'$。这种转发就以常规的树信道转发规则进行），完成反向数据包的传递。

这条规则不仅保证了反向（从 $H$ 去 $C'$）数据包能送到目的地，还保证了正向（从 $C'$ 去 $H$）数据包与反向（从 $H$ 去 $C'$）数据包走相同的路径。

同样，在以图 10.1 为基础的上述例子中，当 $E$ 的短接信道表中除了包含直接短接节点

域 $C'$ 外还有间接短接节点域 $B'$，在 $B'$ 中也要有对方所有直接短接节点域 $E$ 和间接短接节点域 $H$ 等的短接前缀地址映射表项。两侧的处理方法是一样的。

做了短接隧道的安排，不仅使由直接短接节点域一侧（例如 $C'$）发起的通信在两个方向上的数据包走相同的路径，还保证了从间接短接节点域一侧（例如 $H$）发起的通信，通过在 $H$ 节点域做的隧道封装，也能到达对方（例如主机 Ha），并且双向也是走相同的路径。

## 10.5.2　短接通信问题之二：重复路径

短接信道还有一个问题，我们仍然用例子加以说明。设图 10.1 中 $C'$ 的短接信道表中包含了两个项，一个是 $E$ 的地址前缀，另一个是 $A$ 的地址前缀。$E$ 是直接短接节点域，$A$ 是间接短接节点域。当 $F'$ 中的用户主机 Ha 与 $L$ 中的主机 Hb 通信时，按照前面的短接信道控制规则，正向数据包（Ha 去 Hb）的路径是 Ha-$F'$-$C'$-$E$-$B$-$A$-$D$-$H$-$L$-Hb，反向数据包（Hb 去 Ha）的路径是 Hb-$L$-$H$-$D$-$A$-$B$-$E$-$C'$-$F'$-Ha，两个方向走的路径相同。由于 $A$ 中有 $C'$ 到 $E$ 的短接地址映射表项，原则上，$A$ 中的任何主机向 $C'$ 中的任何主机送的反向数据包，都能找到一条路径进行通信，但并不能保证双向走相同的路径。举例说明：设图 10.1 节点域 $F'$ 的主机 Ha 与节点域 $G$ 中的主机 Hc 通信，按照前面的规则，正向数据包（Ha 去 Hc）的路径是 Ha-$F'$-$C'$-$E$-$B$-$G$-Hc，反向数据包（Hc 去 Ha）的路径是 Hc-$G$-$B$-$A$-$B$-$E$-$C'$-$F'$-Ha，两个方向走的路径不同。正向路径只有 6 跳，反向路径有 8 跳，反向路径中 $B$ 出现了两次。从 $B$ 上行到 $A$，在 $A$ 中进行隧道封装后，再从 $A$ 下行到 $B$（因为 $B$ 中没有 $C'$ 到 $E$ 的短接地址映射表项，而 $A$ 中有，故数据包只能从 $B$ 上行到 $A$，在 $A$ 中封装后，才能下行经 $B$ 去 $E$），重复地走了 $B$-$A$ 和 $A$-$B$。如果能在 $B$ 中进行隧道封装后直接送到 $E$，这个重复的上行和下行原本是不必要的。上面的例子中，$E$ 和 $A$ 之间只有一个节点域 $B$，如果有多个节点域，情况更加严重，大量浪费层次网的高层信道资源。

为了克服这种错误，需要增加一条规则，不仅在间接短接节点域 $A$ 中保存 $C'$ 的地址前缀与 $E$ 地址前缀的映射表项，还要求在直接短接节点域 $E$ 与间接短接节点域 $A$ 之间的所有途经的节点域（本例中只有 $B$）都保存这个映射表项。这样，上例中的反向数据包（Hc 去 Ha）的路径是 Hc-$G$-$B$-$E$-$C'$-$F'$-Ha，与正向数据包走的路径相同。隧道封装不在 $A$ 中做，而是在 $B$ 中做，隧道始于 $B$ 终于 $E$。一旦数据包被第一个遇到的匹配映射表项进行隧道封装后，以后即使在路上再遇到节点域有映射表，因为数据包的信宿已经是 $E$ 了，也不可能再查表进行重复的封装了。

值得注意的是，上面说的"所有途经的节点域"是有限制条件的，只有当直接短接节点域（本例中的 $E$）向间接短接节点域（$A$）进发的路径上只用上行信道时，所有途经的节点域才要保存映射表项。只要出现过下行信道，就都不要保存映射表项了。我们称这种只有上行信道的路径为单调上行路径，而把只有下行信道的路径称为单调下行路径。单调上行路径和单调下行路径总称为单调路径。例如，图 10.1 中将节点域 $H$ 作为 $C'$ 的间接短接节点域时，$C'$ 中的主机只与 $H$ 子树中的用户主机才有短接通信，反向数据包在 $H$ 被封装，隧道始于 $H$ 终于 $E$，隧道路径是 $H$-$D$-$A$-$B$-$E$。显然，不需要在节点域 $B$、$A$、$D$ 中建立隧道，因而不需要它们保存映射表项。也就是说，从直接短接节点域 $E$ 向间接短接节点域 $H$ 进发的路上，一路上行到 $A$ 后，又下行到 $D$ 和 $H$，只要出现过下行，就不是单调上行路径了，沿路的节点域就都不要保存映射表项了。

综合上面两方面的问题及相应的解决办法,对间接短接通信的控制算法归纳如下:

(1) 在间接短接节点域中保存短接信道对侧所有直接短接节点域和间接短接节点域的地址前缀到本侧直接短接节点域地址前缀的映射表项。

(2) 如果从直接短接节点域到间接短接节点域的路段上是单调上行路径,则沿路所有途经的节点域中都要保存地址映射表项;如果该路段是非单调路径,则沿途节点域都不要保存地址映射表项。另外,从直接短接节点域到间接短接节点域的路段是不可能出现单调下行路径的。

(3) 转发反向数据时,遇到第一个拥有相应地址映射表项的节点域时,就要用隧道送到对应的直接短接节点域。

### 10.5.3　短接通信问题之三:循环回路

短接通信不仅可以用于两个不同的树状网络(通常由两个不同的 ISP 运行)之间,也可以用于同一个树状网络的不同子树之间,也不限信道两侧直接短接节点域所处的层次。作为例子,图 10.3 画出了 3 条同一树内节点域之间的短接。以 F-L 为例,如果仅允许 F 和 L 子域内的用户之间相互通信,就只有直接短接通信。如果在 L 的短接信道表中,还包含了间接短接节点域 E,就允许了间接短接通信。前面制定的对直接短接通信和间接短接通信的规则和相应算法,同样适用于同一树内的短接通信。但由于同一树中各子树地址都是上面各层节点域地址的子地址,如果短接信道使用不当,就会出现错误。

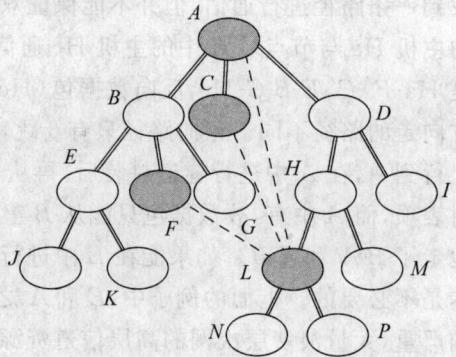

图 10.3　树内部节点域之间的短接

在 3 条短接信道中,F-L 和 C-L 是合法的,A-L 是不合法的。表面看来,A-L 可以减少 L 中的用户与 B、C 子树中用户之间通信的跳数,例如,将路径 L-H-D-A-B 缩短为 L-A-B。但这样短接后,按照先处理短接信道,后处理上行,最后处理下行的顺序规则,当 L 中的用户对其他节点域的用户通信时,永远只走 L-A,不再走 L-H 的路径了。如果通信对方是 A、B、C、E、F、G、J、K 各节点域中的用户主机,是正确的;如果通信对方是 D、H、I、L、M 各节点域中的用户,就不正确了。

错误分为两类。一类是对 D、H、I、M 各节点域用户的通信,本来应该沿树信道走的,现在却绕道 A,然后下行到 D、H、I、M 各节点域。这种绕道本身不合理,路远了,浪费了宝贵的高层信道 A-D 路段的带宽,还使两个方向上的数据包走不同的路径,例如,L 去 M 的数据包走 L-A-D-H-M,反方向的数据包走 M-H-L。对这类错误,虽有跳数多、带宽浪费和双向不同路径等缺点,但通信还是能完成的。另一类错误出现在 L 节点域内部或 L 的下层节点域(N 与 P)用户之间的通信。这时将出现数据包在树中无限循环的毛病。例如,从 N 发给 P 的数据包将走 N-L-A-D-H-L-A-D-H-L……,在由 L、A、D、H、L 构成的回路中循环,永远送不到目的地。

这两类错误都是不允许的。解决的办法是建立一条短接规则：短接信道两侧的直接短接节点域之间，如果为同一树的单调上行路径（对图 10.3 的 $L$ 而言）或单调下行路径（对图 10.3 的 $A$ 而言），是应被禁止的。如果是非单调路径，则是允许的。图 10.3 的 3 条短接信道中，$F$-$L$ 和 $C$-$L$ 是允许的，$A$-$L$ 是应被禁止的。这条规则只对同一棵树中的短接信道适用，对不同树之间的短接，没有这种限制。

## 10.5.4　短接通信问题之四：短接信道的延伸

短接信道可以通过互相衔接而加以延伸。在图 10.2 和图 10.3 中都已经出现过，只是没有加以特别的指出，也没有分析过它有什么问题。为了更清楚地研究短接信道延伸的特性，用图 10.4 作为例子加以说明。图中深色节点域表示参与短接的节点域，虚线表示短接信道，点划线表示间接短接关系而并不物理地存在。

图 10.4 中列出了两种短接信道延伸的情况。一种是通过直接短接节点域延伸，如 $F$-$L$-$M$。另一种是通过间接短接节点域延伸，如 $F$-$L$-$I$-$B'$。进一步，如果 $I$-$B'$ 再一次通过间接短接的方式扩展到了 $C'$，则存在 $F$-$L$-$I$-$B'$-$C'$，情况十分复杂。

不管有多少次延伸，有一个规律，直接短接信道可以连续出现，也可以在中间插入一个间接短接关系。延伸的次数原则上没有限制，只是过多的延伸，很容易使管理员感到复杂。

其实，无论直接短接信道（图中虚线）和间接短接关系（图中点划线）怎样互相延伸，怎样复杂，只要没有配置信息，即使有连线，也是互相没有关系的。例如，图 10.4 中虽然有 $F$-$L$-$I$-$B'$-$C'$ 通信的可能，但如果在 $F$ 的短接信道表中只包含了 $L$，则目的地为 $M$、$I$、$B'$ 和 $C'$ 的数据包进入 $F$ 后，是不会经短接信道 $F$-$L$ 送出去的。因而，连接关系可以任意复杂，而规定短接关系范围的是短接信道表和短接前缀地址映射表的配置信息。

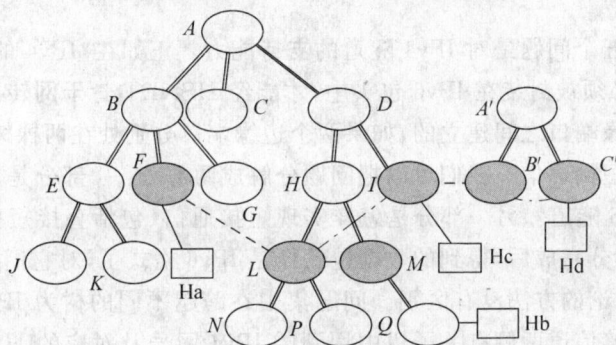

图 10.4　短接信道的延续

在图 10.4 中，如果要让 Ha 和 Hb 之间能实现短接通信，$F$ 的短接信道表中必须包含 $L$ 和 $M$，同样，为了通信的对称，$M$ 的短接信道表中也要包含 $L$ 和 $F$。当然，$L$ 中包含两个直接短接节点域 $F$ 和 $M$。如果要使 Ha 和 Hc 之间能对称地通信，$F$ 的短接信道表中应包含 $L$ 和 $I$，$L$ 的短接信道表中应包含 $F$，$I$ 的短接前缀地址映射表中应包含 $F$ 到 $L$ 的地址映射表项。这样配置后，$I$-$B'$ 的短接信道与 $F$、$L$、$I$ 3 个节点域组成的通信组没有关系。

如果要使 Ha 和 Hd 之间能通信，$F$ 的短接信道表中应包含 $L$、$I$、$B'$、$C'$，$L$ 的短接信道

表中应包含 $F, L$ 的短接前缀地址映射表中应包含 $B'$ 和 $C'$ 到 $I$ 的地址映射表项（注意,这时 $L$ 有双重身份,一方面它是 $F-L$ 短接信道的直接短接节点域,有短接信道表;另一方面它又是 $I-B$ 短接信道的间接短接节点域,有短接前缀地址映射表。故 $L$ 同时拥有两张表）, $I$ 的短接前缀地址映射表中应包含 $F$ 到 $L$ 的地址映射表项, $I$ 的短接信道表中要包含 $B'$ 和 $C'$（$I$ 也是双重身份）, $B'$ 的短接信道表中应包含 $I$、$L$、$F$, $C'$ 的短接前缀地址映射表中应包含 $F$、$L$、$I$ 到 $B'$ 的地址映射表项。Ha 和 Hd 之间的通信就是短接信道的延伸。看似复杂,其实配置的原则同样很简单,只要将远程的节点域地址前缀分别配置到两张表中即可。

在这个例子中, Ha 发向 Hd 的数据包,只在 $L-I$ 段上有隧道封装,在 $B'-C'$ 段上没有隧道封装。Hd 发向 Ha 的数据包,在 $C'-B'$ 段上有隧道封装,在 $I-L$ 段上也有隧道封装。

上述配置过程看似复杂,其实很有规律,配置取决于需要通信的范围。把要利用直接短接信道及间接短接通信关系互相进行通信的一组节点域称为一个短接通信组（有时简称"通信组"）。例如, $F$、$L$ 和 $I$ 可以组成一个通信组, $I$、$B'$、$C'$ 可以组成另一个通信组而与 $F$、$L$、$I$ 通信组没有关系。甚至 $L$、$I$、$B'$、$C'$ 通信组,也可以与 $F$、$L$、$I$ 通信组没有关系:对 $L$、$I$、$B'$、$C'$ 通信组, $I$ 中的短接信道表中包含 $B'$、$C'$, $B'$ 中的短接信道表包含 $I$、$L$, $L$ 中的短接前缀地址映射表中包含 $B'$ 和 $C'$ 到 $I$ 的地址映射表项, $C'$ 中的短接前缀地址映射表中包含 $L$ 和 $I$ 到 $B'$ 的地址映射表项。对 $F$、$L$、$I$ 通信组, $F$ 中的短接信道表中包含 $L$ 和 $I$, $L$ 中的短接信道表包含 $F$、$I$ 中的短接前缀地址映射表中包含 $F$ 到 $L$ 的地址映射表项。这样配置后,即使两个通信组有公共的短接节点域 $L$ 和 $I$,还有公共的 $L-I$ 间接短接关系,两个通信组相互之间仍然是独立的。而只有当把 $F$、$L$、$I$、$B'$、$C'$ 都组合在一个通信组中时（上面 Ha 和 Hd 之间通信的例子）,才需要把远程更多的节点域包含到两张表中。

### 10.5.5　短接通信问题之五：短接的 IPv4 通信

短接通信的第五个问题是对 IPv4 隧道的支持能力。正如在"IPv4 的封装与交换"一章中论述的,IPv4 包必须被封装在 IPv6 包头中,才能经 HSNET 骨干网转发。隧道是在一个层次网络的两个边缘端口之间建立的,如果两个边缘端口分别处在两棵树的某一子树中,怎样建立隧道并完成短接通信？我们可以把问题分解成两部分:一部分是怎样跨越不同的树为 IPv4 包建立 IPv6 隧道？另一部分是怎样实现短接通信（包括直接短接通信和间接短接通信）？其实前一部分完成后,得到的数据包已经是 IPv6 格式了,对它们所做的短接通信控制,与前面 4 节中讨论的方法没有区别。问题集中在跨越不同的树为 IPv4 包建立 IPv6 隧道上。这要求将短接信道两侧有关子树中用到的 IPv4 网号及对应的 HSNET 边缘端口地址前缀保存在两边各自的隧道配置服务器中,发起通信时,先做 IPv6 隧道封装,再进行短接通信的控制。关于跨树为 IPv4 建立 IPv6 隧道的内容,将在第 11 章中进行详细讨论。

## 10.6　短接通信的规则小结

从前面的分析看出,对短接信道的连接和使用很灵活方便,允许有四个"任意"（任意多根短接信道,任意层次之间互连,任意多个间接短接节点域,短接范围的任意延伸）,但并不是所有的连接都是合法的。本节归纳短接信道的连接规则,并说明有了直接和间接短接节点域后节点域对数据包的转发处理算法。

## 10.6.1　短接通信的连接规则

使用短接信道在子树之间进行旁路通信时,应遵守如下规则。

(1) 禁止在同一树中只含单调路径树信道关系的两节点域之间建立短接信道。

(2) 除了上述限制外,允许在同一树的子树之间或不同树的子树(包括根节点域)之间,出现任意数量的短接信道,在任意不同层次之间进行短接,一条短接信道可以包含任意多个间接短接节点域,短接信道可以任意延伸(简称四个任意)。短接信道的两侧可以有 3 种情况:一是两侧均只有直接短接节点域,二是一侧只有直接短接节点域而另一侧既有直接短接节点域又有间接短接节点域,三是两侧均含直接和间接短接节点域。

(3) 对仅用于两直接短接节点域之间通信的情形,只有短接信道表,没有短接前缀地址映射表,且对每一根短接信道,表中只有一个表项,它指明了对方直接短接节点域的地址前缀。对这种情形,发出数据包的一侧,数据包先上行到达本侧直接短接节点域,经短接信道送到对侧直接短接节点域,然后沿下行方向到达目的地。反方向的数据包也是这样,走相同的路径。

(4) 对既与对方直接短接节点域通信,也与对方一个或多个间接短接节点域通信的情形,必须在直接短接节点域配置短接信道表,表中含有对方直接短接节点域和所有间接短接节点域的地址前缀;同时在两侧所有间接短接节点域中建立一张短接前缀地址映射表,将对方直接短接节点域和所有间接短接节点域的地址前缀映射到本方的直接短接节点域地址前缀。通信时,从间接短接节点域子树内发出的、送往对方直接或间接短接节点域去的数据包,在间接连接路段上(间接短接节点域到本侧直接短接节点域之间)必须用隧道封装传输。用内部地址封装的内部报文格式来实现隧道封装是最简便的,因为信宿节点域可以接收并处理这样的报文。

(5) 如果从直接短接节点域到间接短接节点域之间的路径是单调上行路径,则要求该路径上的所有节点域也配置短接前缀地址映射表,并对与表项地址前缀匹配的数据包进行短接隧道封装。

## 10.6.2　短接通信的转发算法

有了间接短接通信后,节点域对进入的数据包的转发处理顺序为:

(1) 判是否数据包被短接封装过。判据为同时满足:

① 本节点域为数据包的信宿;

② 数据包是特定类型的内部包。

如没有被短接封装过,转(2);如已被短接封装成内部地址的数据包,则撤销封装,恢复成原始数据包,转(3)作常规转发。

(2) 判是否需要对数据包作短接封装。判据为同时满足:

① 存在短接前缀地址映射表;

② 数据包信宿地址前缀与该表中的某个表项匹配。

如不需要短接封装,转(3)作常规转发;如需要,作短接封装后转(3)作常规转发。

(3) 常规转发,包括短接转发、上行转发、下行转发3步。

处理算法用程序框图表示如图 10.5 所示。

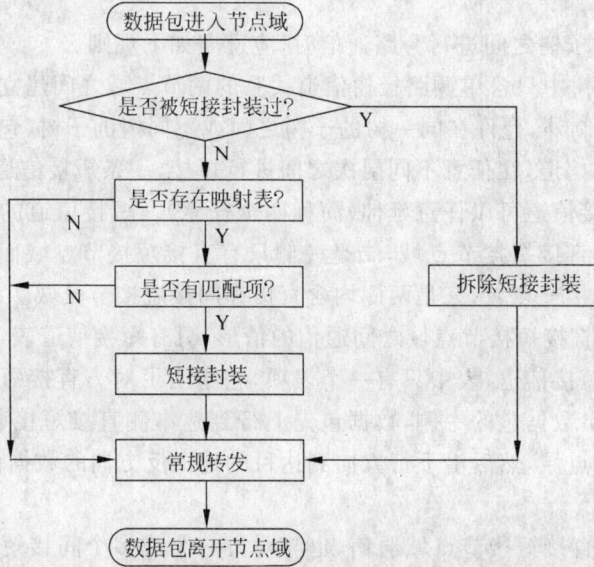

图 10.5　有间接短接通信时,节点域对数据包的转发处理过程

值得注意的是,无论短接连接怎样复杂,怎样延伸,首先要做的事情是划分短接通信组,然后为每个短接通信组进行配置。一旦配置正确后,上述算法将适用于所有的通信组,即使各通信组之间有相互重叠,算法也不会相互干扰。有关对通信组的配置技术,将在下一节讨论。

## 10.7　短接信道的配置

为了减少配置的复杂性,在配置短接信道之前,先规划出需要进行短接通信的节点域,把它们归为一个短接通信组。对短接信道的配置,以短接通信组为单位来进行。

从前面的讨论中看出,与一条短接信道相关的节点域可能有很多,分为两类:第一类是直接短接节点域,第二类是间接短接节点域。我们把单调上行路径上帮助封装的间接短接节点域也包含在一般的间接短接节点域中,归为第二类。第一类配置短接信道表,第二类配置短接地址前缀映射表。正如前面图 10.4 中的例子指出的,如果一个节点域既是一条短接信道的直接短接节点域,又是另一条短接信道的间接短接节点域,则同时拥有两张表。当需要短接隧道时,前一类总是隧道的终点,后一类总是隧道的起点。

在图 10.6 中,用虚线表示短接信道,用点划线表示间接短接节点域的连接关系,点划线并不物理地存在。$C'$-$E$ 是短接信道。图 10.6(a)的间接短接节点域 $D$,从 $E$ 走向 $D$ 的路径是非单调路径,故只有 $D$ 是间接短接节点域;图 10.6(b)的间接短接节点域 $A$,由于从 $E$ 走

向 $A$ 的路径是单调上行路径,单调上行路径上的所有节点域,都是间接短接节点域,故 $B$ 和 $A$ 都是第二类节点域。

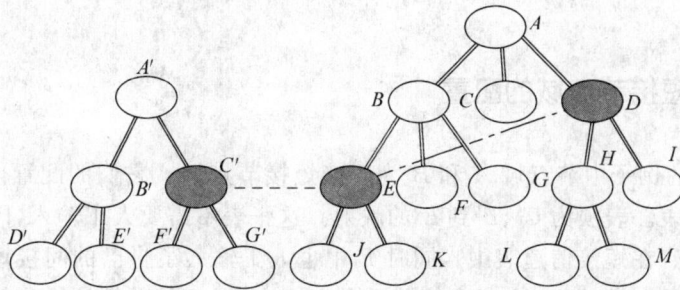

(a) 非单调路径间接短接节点域

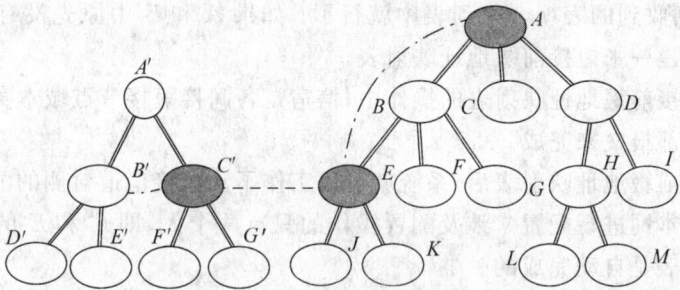

(b) 单调路径间接短接节点域

图 10.6 短接节点域的种类

对图 10.6(a) 的情况,右边的树,$E$ 为隧道终点,$D$ 为隧道起点。对图 10.6(b) 的情况,右边的树 $E$ 为隧道终点,$A$ 和 $B$ 都是隧道起点。在对短接信道 $C'$-$E$ 进行配置时,对右边的 $A$ 网,图 10.6(a) 只要配置 $E$ 和 $D$,而图 10.6(b) 要配置 $E$、$A$ 和 $B$。左边的 $A'$ 网也一样。

## 10.7.1 直接短接节点域的配置

在本小节中讨论怎样为节点域进行配置时,只用图 10.6(b) 作为例子。直接短接节点域 $E$ 的配置内容是一张短接信道表,表项为 $A'$ 网络中的直接短接节点域 $C'$ 和间接短接节点域 $B'$。这些内容是人为地指定的,只能由人工进行输入。

此外,也要人工地告诉 $E$,本网内利用短接信道 $C'$-$E$ 的间接短接节点域是哪些,本例中是 $B$ 和 $A$。$E$ 在为数据包做转发操作时,并不需要用到 $B$ 和 $A$ 等间接短接节点域的信息。$B$ 和 $A$ 并不进入 $E$ 的短接信道表中,而是设立第三张表,叫做"本网间接节点域表"。输入 $B$ 和 $A$ 的目的有两个,一是当 $E$ 作为隧道终点撤销隧道封装时,可以核对数据包的信源地址($B$ 或 $A$ 的节点域内部地址前缀)是否合法;二是下文要介绍的,可以让 $E$ 为 $B$ 和 $A$ 自动配置短接前缀地址映射表。这种自动配置是必须的,一方面可以简化节点域管理员的配置操作,尤其是当短接通信组的成员较多,甚至出现短接信道延伸的情况时,让很多不同节点域的管理员分别为同一个短接通信组作人工配置,就容易出错;另一方面,这些配置信息中,短接信道的状态是动态改变的,如果出现短接信道失效或恢复事件,人工去修改两张表是不能满足要求的,必须由直接短接节点域自动对各节点域中的两张表进行实时的状态更新。

## 10.7.2  间接短接节点域的配置

图 10.6(b)的例子中节点域 $A$ 和 $B$ 为间接短接节点域。它们的配置内容只有一张短接前缀地址映射表。表项为 $C'$、$B'$ 到 $E$ 的映射。这张表不需要人工输入,因为 $E$ 中已经有了 $C'$ 和 $B'$ 的信息(在短接信道表中),同时 $E$ 中也人工输入了自己的间接短接节点域 $A$ 和 $B$(在本网间接节点域表中)。由 $E$ 负责构造包含 $C'$、$B'$ 的短接前缀地址映射表表项,发给 $A$ 和 $B$。$A$ 和 $B$ 收到发来的表项后,如果自己已经有了针对其他短接信道的短接前缀地址映射表,则只要把新收到的表项合并到表中就行了;如果 $A$ 和 $B$ 中原先没有这种表,则利用新收到的表项创建一张短接前缀地址映射表。

由于发送短接前缀地址映射表的操作中,信宿是各间接短接节点域本身,故还要使用内部地址构造的内部报文来完成。

发送完短接前缀地址映射表后,系统就可以工作了。短接信道对侧的配置,操作完全一样。大家都只为本网进行配置。涉及配置操作的只有两个人,即 $C'$ 和 $E$ 的节点域管理员。其他节点域中的表是自动完成的。

## 10.7.3  短接信道对节点域管理的影响

我们讨论过层次网络的管理问题,原则上分两类,一类为全局性管理;一类为局部性管理。其中全局性管理侧重于网络的规划与设计,例如,全网地址交换字段的划分等,这些工作一旦做完,如果没有网络结构上的改变并作地址交换字段的重新规划,平时就无事可做了,也就是说,全局管理与日常运行的管理几乎没有什么关系。局部性管理,指对单个节点域的管理,与网络的日常运行、配置管理、失效管理、性能管理、安全管理、通信量统计、计费管理等有关。网络的日常运行主要依靠局部性管理。每个节点域有独立的管理员,管理的范围就是本节点域。当然,如果及时把各节点域局部管理的数据汇总到某个地方,也能得到全网的运行状况,但这些全网运行状况只是为了显示,全网管理人员并不需要去修改某节点域的配置。

短接信道的安排,尤其是间接短接节点域的设置,不是一个节点域管理员能独立决定的,因而属于全局性管理的任务。设立多少短接信道,设在哪里,信道容量各是多少,分别包含哪些间接短接节点域等,完全是根据全网运行的情况和用户提出的需求,由全网管理和决策机构作出统筹安排的。一旦由全局管理员完成了短接信道的连接地点、信道容量、短接通信组的构成等的安排后,全局管理也就完成了。其日常运行,仍由节点域管理员负责,仍是局部性的。可见,尽管短接信道是跨越多个节点域的,但其管理模式仍然没有违背 HSNET 的设计全局化、运行管理局部化的原则。从前面的描述清楚地看到,与短接通信有关的所有配置地点,都在有短接信道的那两个直接短接节点域完成。总部把安排通知给该节点域的管理员,由他执行。短接信道对侧的网络,操作也一样。

## 10.8　短接信道的失效处理

短接信道表中应该有一个字段表示短接信道的状态：正常或失效。连接短接信道的端口检测到信道失效后，将信道状态标为失效。对失效的短接信道，并不从短接信道表中删除。节点域发现短接信道失效后，不再利用它转发数据包，即使数据包的目的地址前缀与表项匹配，也只按树信道交换规则转发。

由于间接短接节点域中保持了该短接信道的短接前缀地址映射表表项。产生于间接短接节点域子树内目的地址指向短接信道对侧的数据包，仍会利用映射表建立隧道，将数据包送往本侧的直接短接节点域，企图通过短接信道送到对方，当然不能成功。为了让间接短接节点域不再转发这样的数据包，应在短接前缀地址映射表中也将相应的表项标识成失效状态。做法是让检测到短接信道失效的节点域，用控制包通知自己一侧所有的间接短接节点域。其控制协议与建立短接前缀地址映射表表项时完全相同，只是状态字段为失效。

为了保证控制包的正确到达，收到控制包的节点域，应该向发出控制包的节点域发回一个应答。收不到应答时，过一段时间再送一次。多次不能成功时，停止发送。

直接短接节点域不断测量短接信道状态的方法，参见第 8 章。

## 10.9　短接信道设计举例

尽管我们列举了多种使用短接信道的场合，但本质上目的只有一个，减少通信量绕道高层信道从而减少高层信道的负担。

这里举一个例子说明怎样利用短接信道解决层次网络高层信道可能出现的带宽瓶颈问题。在层次网络中，除了子树内部的通信外，很多远程访问的通信量都要上行到高层信道去其他子树，国际通信及与非层次网的通信主要从顶层节点域出去。这会使上层信道的通信量很大。虽然可以用多条物理信道构建上层的逻辑信道来减轻上层信道的压力，但仅依靠增加带宽是不够的，还应在网络结构中考虑怎样分流。在高层使用短接信道便是有效地解决该问题的手段之一。我们用一个全国性网络的例子加以说明。

图 10.7 是一个网络例子，这个例子与现有的电信网和 ISP 的 IP 高层骨干网十分相似：在全国 8 个主要城市设立骨干节点域，用全连接的方式互联，共使用 28 条信道（$N*(N-1)/2, N=8$）。8 个城市向高层节点域用树结构信道连接（实线），各城市之间的连接，均可以配置成简单的直接短接信道（虚线），任意两个城市之间通过短接信道直通，不必绕道其他城市。短接信道本身也是逻辑信

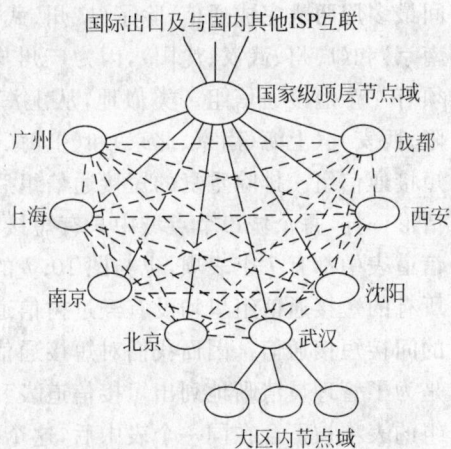

图 10.7　高层骨干网全连接短接设计例

道,可以有多条物理信道构成,以增加容量,提高可靠性。可见有了短接信道的配合,层次网的高层可扩展性是没有问题的。

每个大城市的节点域,可以用多台(例如 3 台)层次网交换机组成,向下连接一批区域内的下层节点域。

与传统电信网或 IP 网所不同的是,这里还设立了一个全国性的顶层节点域,国际通信、与本网以外的层次网或非层次网的通信以及当某城市之间的短接信道失效时,才有数据包流向去顶层节点域的信道,经顶层节点域出口或交换到别的城市。这个顶层节点域可以用地处上海、北京、广州的 3 台或更多的层次网交换机组成,用高速内部信道互联。

由于层次网的结构特点,下层子网内部或子网之间的通信不会跑到上层,不会出现无序的远程绕道,这样设计的网络,对高层信道的压力应该比传统 IP 网更好。

这种全连接的结构,使得各大城市之间只有一跳。即使最底层的用户之间通信,通常经历 8～10 个节点域便可到达。

如果想减少城市之间的信道数量,不用全连接结构,就要使用间接短接节点域。例如,在图 10.8 中就没有用全连接结构。

以广州为例,它与成都、上海和武汉之间都是直接短接,只有一跳。而广州到南京(经上海转发)、广州到北京(经武汉转发)、广州到西安(经成都转发)、广州到沈阳(经武汉转发)都是两跳。两跳或更多跳意味着有间接短接节点域存在。例如,从广州发起的到北京的通信,利用广州到武汉的短接信道,将北京作为间接短接节点域。数据包进入广州节点域后,经短接信道进入武汉节点域,由于武汉与北京之间拥有直接的短接信道,数据包到了武汉后就被转发到了北京。然而,由于所有的连接都是直接连接,北京返回广州的数据包可以有多种选择:经武汉到广州,经成都到广州,都是两跳。因此,在配置时要特别注意,把广州、武汉和北京组成一个通信组,广州的短接信道表中包含武汉、北京,武汉的短接信道表包含广州、北京,北京的短接信道表中包含武汉、广州。由于广州到武汉和武汉到北京这 3 个节点域之间依次有直接短接信道,这就是前面讨论过的短接信道的延伸,而且是情形最为简单的直接短接信道的延伸,通信路径中没有树信道的参与,因而 3 个节点域中只有短接信道表而没有短接前缀地址映射表,也不必使用隧道。这样配置后,两个方向走相同的路径。

在图 10.8 中,需要定义很多短接通信组。例如,对广州来说,为了能与所有其他城市之间最多用两跳完成通信,除了(广州、武汉、北京)外,还应有(广州、成都、西安)、(广州、上海、南京)和(广州、武汉、沈阳),因为广州与北京、南京、西安、沈阳 4 个城市之间没有信道,就必须有 4 个短接通信组。类似地,从上海出发的短接通信组有(上海、沈阳、武汉)、(上海、沈阳、西安)、(上海、南京、北京)和(上海、广州、成都)。对其他城市也一样,每个城市参与 4 个短接通信组。排除重复的短接通信组后,总共有 24 个。值得注意的是,与图 10.7 的全连接情形一样,每个城市节点域中只有短接信道表,没有短接前缀地址映射表。每个城市的短接信道表中都有 7 个表项,也与图 10.7 的全连接情形相同。造成表项数目完全相同的原因是所有的短接通信组里均没有经过树信道的间接短接通信,而只有经过直接短接信道作延伸的间接短接通信。因而我们对短接通信组的概念有了进一步的加深:短接通信组的概念只是为了管理员清晰地列出短接信道表和短接前缀地址映射表时用的,一旦表项列出后,不同组的表项被汇合在同一个表中后,这个概念就不重要了。当然,短接信道表是针对短接信道建立的,表中必须规定信道的标识和属性(表 10.1 中的 SID/PID 及 Bandwidth/Status),当这条短接信道的状态有变化时,受到影响的总是与这条信道相关的短接通信组。虽然图 10.7 与图 10.8 的短接信道表项数目相同,但去目的地时经过的 PID 是不同的。

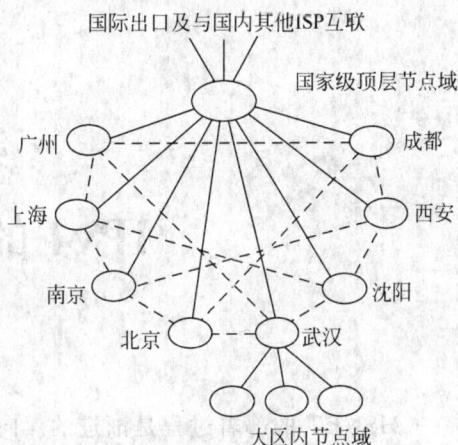

图 10.8  高层骨干网间接短接设计例子

如果把图 10.8 中的信道数量继续减少,将出现三跳甚至四跳,而且通信组的组成将更加复杂。对高层骨干网来说,不应过分减少短接信道的数量,尽量采用直接短接通信是重要的考虑原则。其实,现有的 PSTN 网和商用的 IP 网,已经实现了 8 大城市的全连接,因而高层的全连接并不是 HSNET 的独特要求。在 HSNET 中,全连接意味着最丰富的短接信道数量和只需要快速、简单的直接短接通信。全连接并不是单纯为了增加可靠性而以多设信道作代价,它也增加了骨干网络的总通信能力,改善通信延迟,并不浪费线路。

类似地,下一层的大区内节点域之间也可以按需要设置若干短接信道。

短接信道数量对短接关系的复杂性和短接信道的分流能力有很大的影响。增加短接信道的数量,分流能力自然增强;短接信道多了,尽量采用直接短接通信方式,短接关系简单,配置也就清晰而简单。增加短接信道的唯一限制是成本,但在当前信道成本大幅度下降的环境下,只要通信量出现饱和,增加树信道和短接信道的数量或提升它们的容量是唯一的选择,而有了短接信道"四个任意"的特性,就没有任何技术上的限制了。

本设计例子中用的结构,是层次网络中的较高三层(国家级顶层、大区层和大区内的下层),完全符合树状结构,但加了短接信道及其相应的控制后,既保持了树状结构的特性,又有了任意连接网络(mesh topology)的通信灵活性。

# 第 11 章

# IPv4 的封装与交换

HSNET 的部署过程是渐进的。向上可以逐步扩展到其他 ISP,向下可以逐步推进到以太网甚至单个主机,达到全网成为 HSNET 的目标。但在开始阶段,它主要针对存在众多缺陷的骨干网。它透明地把来自一个用户接入网(或外网)进入的用户数据包原封不动地送到另一个用户接入网(或外网)。因此,HSNET 没有作 IPv4-IPv6 转换的功能。对于接入网为 IPv4 的情形,进入 HSNET 边缘端口的 IPv4 数据包,其中 4B 的地址无法被 HSNET 交换机按层次地址解释,只能用透明隧道的方法,在 IPv4 包外面进行封装。与目前 Internet 的 IPv6 Over IPv4 或 IPv4 Over IPv6 的隧道方法不同:第一,它的隧道不是固定地在预先知道的两点或多点之间开通,因为一个 IPv4 接入网可能与 HSNET 中的任意一个 IPv4 接入网通信,也可能与世界上的任意一个 IPv4 网络通信,因而不可能事先配置好所有的隧道参数;第二,它的隧道工作只在 HSNET 骨干网内完成,不需要 IPv4 接入网的管理员参与任何工作。这两个特点使得 HSNET 传输 IPv4 包的隧道过程不可能由人工来完成,只能靠 HSNET 系统自动地进行。

由于 HSNET 赖以交换的地址是 IPv6 地址,因此,HSNET 传输 IPv4 包时,也用 IPv6 的报头作为封装材料。HSNET 对 IPv4 包进行封装后,只是利用封装后的 IPv6 报头将数据包送到目的地边缘端口以及标识必要的优先级和安全支持,所以封装时用的 IPv6 报头格式,不必严格与 IPv6 报头相同,只要信宿地址、信源地址、表明本数据包是封装的 IPv4 包还是真正的 IPv6 包的标志以及可能用于 QoS 控制、流量工程、VPN、网络安全等有关的字段外,其余部分可以省略。另外,HSNET 的各级交换机,只对 IPv6 包进行交换和转发,只用到它的基本报头,不处理扩展报头。因而,封装的部分只有基本报头。

由于 HSNET 天生支持 IPv6 的运行,因而如果用户接入网运行的是 IPv6,则不需要封装和隧道。对 IPv4 进行封装并自动生成隧道的工作只是在 IPv4 向 IPv6 过渡阶段使用,随着过渡的进展,封装和隧道的工作量逐渐减少,直到完成过渡,完全不再使用本章描述的封装和隧道机制。

## 11.1 IPv6 基本报头

IPv6 包的基本报头格式如图 11.1 所示。图 11.1 中,版本号为 6。通信流类型用于区分服务(DiffServ)的 QoS 控制。数据流标识用于标记交换。16 位的有效载荷长度可以表示 64KB 的载荷长度,载荷长度表示了除基本报头(定长,40B)外的数据包的所有字节数。128 位的信源地址和信宿地址结构见 RFC4291(IP Version 6 addressing architecture)[17]。

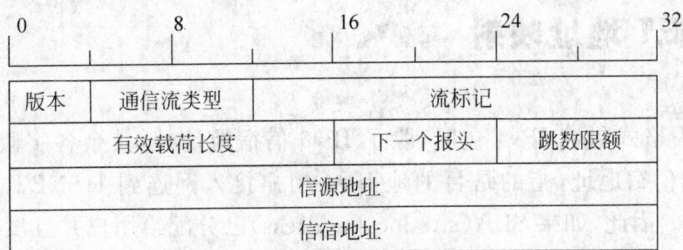

图 11.1　IPv6 的基本报头

## 11.2　IPv4 封装报头

对 IPv4 包进行封装时,封装报头采用图 11.1 所示的 IPv6 格式,但只需要保留 IPv6 基本报头的部分字段,流标记、下一个报头和跳数限额字段,可以不用。

对封装报头中各字段说明如下所示。

* 版本号:值为 6。
* 通信流类型:将 IPv4 包中 TOS 字段的信息复制过来,作 QoS 控制用。如果此值不为 0,HSNET 交换机可以按照 IPv4 中 TOS 字段各位的意义控制传输质量。由于 IPv4 的 TOS 与 IPv6 的通信流类型一样,都是 8 位,可以指望两者对这些位作相同的定义。
* 数据流标记:本字段不用,置为 0。在 HSNET 中,本来已经用交换代替了路由,没有必要再采用任何形式的标记交换。
* 有效载荷长度:填入整个 IPv4 包的总长度。总长度的值就是 IPv4 报头中的"总长度"(total length)字段的值,单位为字节数。在 IPv4 中,有两个长度:一个是"互联网报头长度"(internet header length,IHL),它以 4B(32 位)为单位表示 IPv4 报头的长度;另一个长度就是上面讲的"总长度",这个总长度包括了 IPv4 报头和用户数据的长度,因而它代表了整个 IPv4 包的长度。在 IPv6 中,基本报头的长度是固定的 40B,该有效载荷长度是基本报头以外的所有部分的长度,包含扩展头和上层协议数据。对 IPv4 封装后,只有 IPv6 基本报头和 IPv4 包,没有扩展报头,因此只要把 IPv4 包中的总长度值填进去就可以了。
* 下一个报头:不用,置为 0。封装报头只有基本报头。如前面所述,HSNET 交换机并不使用扩展报头。
* 跳数限额:不用,置为 0。HSNET 中没有回路,不必用跳数限额来丢弃长期游荡在网络中的无用包。
* 信源地址:16B。隧道入口处边缘端口的 IPv6 地址前缀(内部地址格式)。
* 信宿地址:16B。隧道出口处边缘端口的 IPv6 地址前缀(内部地址格式)。

区分原生态 IPv6 数据包还是将 IPv4 封装后形成的 IPv6 包头,主要依靠内部地址格式,即 IPv6 地址中最低 64 位中的 *T-X-Y* 字段。参见第 6 章,其值为 5-0-1。

## 11.3 HSNET 地址映射

用 IPv6 报头格式封装 IPv4 包时,除了 IPv6 信宿地址外,其余各字段均很容易填写。IPv6 封装报头的信宿地址,指的是目的地 IPv4 用户接入网连到 HSNET 时用的 HSNET 边缘端口的地址。因此,如果 SLA(site local address)已分配给用户并且没有采用层次交换机来控制其交换,仍用路由器连接由 SLA 地址划分的各子网,边缘端口地址的前缀部分就是 SLA 以上的部分;如果 SLA 部分也参与了层次交换,即层次网的边缘已经向下推进到了最末端,则不论这部分交换控制由 ISP 负责管理还是由用户负责管理,边缘端口(即协议域边缘端口)地址前缀就是比特 0 到比特 63 的全部 64 个比特。为了突出隧道的性质,把封装包头的信宿地址称作隧道末端地址或隧道出口地址,将封装包头中的信源地址称为隧道始端地址或隧道入口地址。隧道的入口和出口是相对于数据包流动方向的。对具有双向数据流的一次通信,同一边缘端口既是一个方向上的入口,又是反方向上的出口。为了表述的方便,称发起通信的第一个包所走的方向为正向,响应通信的包走的方向为反向。

由于数据包进入层次网的边缘端口时,边缘端口知道自己的地址前缀,很容易填写封装包头的信源地址。封装的关键是要获得隧道末端地址。这是通过查询一个叫做隧道配置服务器的内部服务器完成的。隧道配置服务器中设立一张地址对应表,以 IPv4 的地址或汇聚地址前缀为索引找出相应的隧道末端地址。表格的形式如表 11.1 所示。

**表 11.1 隧道末端地址映射表**

| IPv4 地址前缀 (4B) | IPv4 前缀长度 (1B) | IPv6 隧道末端内部地址 (16B) |
|---|---|---|
| | | |

表 11.1 中,IPv4 地址前缀是 32 位的主机地址。IPv4 前缀长度为 1B,以无符号整数来标明 IPv4 地址前缀的有效位数。每个表格记录项可以表示一个子网(前缀长度小于 32),也可以表示一台主机(前缀长度等于 32)。当多个记录项在相同的掩码长度下的子网号相同时,可以合并,以减少表格的长度。但合并时必须注意,能否合并的关键是它们是否使用同一个边缘端口接入。例如,一个 C 类地址被等长地划分为 4 子网,分别用于一个公司的 4 个分公司,它们地处不同的城市(例如北京、上海、天津和重庆),每个子网在不同的城市接入 HSNET 的不同边缘端口,则表格中 4 个子网的记录都应出现,不能被汇聚成一个具有更短掩码的 C 类地址。另外一种情形,如果该 C 类地址的 3 个子网都在北京并且接入同一个 HSNET 边缘端口,1 个子网在上海,接入当地的一个边缘端口,则上海的子网单独出现(例如掩码为 255.255.255.192,前缀长度为 26),则北京的 3 个子网中,有两个子网可以合并出现(合并后的掩码为 255.255.255.128,前缀长度为 25),另一个子网仍单独出现(掩码为 255.255.255.192,前缀长度为 26)。

IPv6 隧道末端内部地址为 128 位,用特殊内部地址方式表示。高 64 位中包含出边缘端口的 IPv6 地址前缀(出边缘节点域的地址前缀＋出边缘端口的交换字段值)。如果出边缘端口的 IPv6 地址前缀的长度不满 64 位,右边以比特值 0 补满 64 位。低 64 位中,IID 为内部地址,PL 为出边缘端口所在节点域的地址前缀长度,Type＝5,X＝0,Y＝1。值得注意,该内部地址给出了隧道末端的节点域地址前缀及其长度,也给出了出边缘端口交换字段的值,却没有给出交换字段的长度。这是没有问题的,一旦封装后的数据包到达出口节点域时,该节点域知道本节点域的交换字段长度。

## 11.4　隧道配置服务器及其缓冲

在网络的适当位置设立隧道配置服务器,存放表 11.1 所示的隧道配置表并提供地址映射服务。虽然隧道配置服务器可以设立在层次网络的任何一个节点域,但从访问的速度和效率考虑,如放置在根节点域,与树的各分支的距离较均匀。也可以像域名服务器那样设立多个隧道配置服务器,内容相同,分担负载。其中一个为主服务器,保持更新的内容,每次更新内容后复制到其他辅服务器。最极端的情形就是在每个有边缘端口的节点域(即边缘节点域)都设立一个辅服务器。边缘端口要查映射表时,只在本节点域的服务器上查,可以加快查询速度,减少网络流量。

虽然隧道地址映射表中只包含了一个 ISP 层次网中的 IPv4 网络部分,表的规模应当远比执行 BGP4 协议的核心位置路由器中维持的表项少。而且随着逐渐向 IPv6 过渡,表格会越来越小。这样的表存放在专用服务器中,显然要比存放在所有核心路由器中容易得多。

由于边缘端口要为每个进入的 IPv4 数据包进行封装,即使每个边缘节点域都有一个隧道配置服务器辅本,每次都去查该表,效率也不会高的。因此在边缘端口所在的交换机中应设立缓存器(cache),保存正在使用的或已经使用过并预计在未来最大可能还要用到的记录项。对一个数据流,仅第一个包可能要去服务器查找,后续的包就都能在缓存器中找到。对实时通信,预留资源的建立连接请求包有可能需要查询服务器,而通常对该建立连接的控制包并没有苛刻的高速和实时性要求,后续的高速数据流有很强的实时性要求,只需要查交换机中的高速缓存器就可以了。缓存器中保存的表项,只为一个边缘端口服务,用户群体很小,因而表格不会很大,命中率较高,查询速度远比目前 Internet 中路由器对路由表或转发表的查询快得多。

在 HSNET 的边缘端口设置缓存器来暂时保存此边缘端口已经知晓的用户 IPv4 地址与其接入 HSNET 所使用的边缘端口 IPv6 内部地址的映射关系时,缓存器的管理主要包括数据的装入、替换等。缓存器的数据装入有两个途径,一是将隧道服务器返回的 IPv4 地址和边缘端口 IPv6 地址的映射关系装入缓存器,这样下一次就不需要为此 IPv4 地址请求隧道配置服务器了;另一个途径是在对数据包进行拆除封装时进行,即将从 HSNET 到达目的边缘端口进行了封装的数据包的 IPv6 封装头中源地址与其封装的 IPv4 数据包的 IPv4 源地址建立映射关系,装入边缘端口本地缓存器。这后一种途径得到的缓存内容显然只是针对单个主机而不是针对子网的,因而其"IPv4 前缀长度"的值为 32。这样做能有效地解决反向数据包的封装,避免查服务器。这种表项只是保存在缓存器中,并不需要送到隧道配置服务器中去保存。

虽然对一个用户接入网只有有限的用户对外通信,缓存器条目数量不会太大,毕竟边缘端口本地缓存器的容量不可能占用过多,缓存器需要一定的替换策略来保证存放使用率较高的表项,使缓存有较高的命中率。因此,与隧道配置服务器中的表项不同,缓存器中每个表项的生存期受到限制:缓存器中放不下时,要将最长时间内没有被使用过的表项替换掉。为此,对缓存器中的每一地址映射关系条目都设立一个生存期 TTL(time-to-live)数值,每隔时间 T 将所有 TTL 数值减 1。每次从服务器查得一个表项并登记在缓存器中时,或每次查阅并使用缓存器中的某表项时,都复位该表项的 TTL 初值。TTL 字段减为 0 时,不再减1。对这样的表项,如缓存空间够用,仍可留在缓存器中;如缓存空间不够,新条目将替换掉TTL 值最小的条目。当用户网络中撤销某个 IPv4 网号时,更新信息被送到所有隧道配置服务器,在隧道配置服务器中撤销相应表项时,可以在缓存器中将相应表项的 TTL 改为 0,也可以不处理,等更新 TTL 的例行程序将其 TTL 递减到 0。缓存器中地址映射记录的格式见表 11.2。

表 11.2　缓存中的隧道末端地址映射表

| IPv4 地址<br>(4B) | IPv4 前缀长度<br>(1B) | IPv6 隧道末端地址<br>(16B) | TTL<br>(2B) |
| --- | --- | --- | --- |
| | | | |

表 11.2 中,前 3 个字段与隧道配置服务器中的隧道末端地址映射表(见表 11.1)相同,第 4 字段表示条目在缓存器中的生命期,用 16 位无符号整数表示,TTL 初值的大小,可以由管理员选择。例如,默认值设为 86 400,减 1 操作的时间 T 选为 1s。这样,1 天内没有被用过的表项,TTL 就减为 0 了。这些数值只是一个例子,具体选择时,还要看缓存器有多大、用户接入网的大小、对外通信伙伴的离散程度等因素。

## 11.5　隧道配置服务器的配备

IPv4 隧道协议是对 IPv4 数据包实现交换的基础性协议。由于涉及了数据平面,其隧道封装的速度就显得至关重要了。而要改善封装的速度,隧道配置服务器的配备方式将起关键性作用。

层次式交换骨干网自动将从各边缘端口收到的 IPv4 网号登记项汇总到 IPv4 隧道配置服务器。这些汇总后的登记项有两个用处,一是将全部 IPv4 网号经骨干网的顶层节点域向外界非层次网络宣布(在第 9 章中,称外界非层次网为"外网",称连接外网的顶层节点域为"相对顶层节点域"。另外,下文提到的管理域、协议域和服务域等概念,也参见该章),以便外界用户主动发起与这些 IPv4 网络通信时,能将包送到 ISP 的骨干网顶层节点域来。这就是对外宣布网号的 BGP4 协议功能。顺便指出,层次网本身相当于一个自治域,而且是一个末端自治域,它不需要接收来自外网的邻居 AS 边界路由器送来的网号可达性信息。IPv4

网号汇总表的另一个用处是在层次骨干网中传输用户的 IPv4 包时,利用这些登记项与层次网边缘端口 IPv6 地址前缀的对应关系自动地构造隧道,以便在 IPv6 的层次骨干网中穿越。

## 11.5.1　IPv4 隧道配置服务器的设置方案

用户接入网中的 IPv4 网号,必须用某种安全可靠的方式输入边缘节点域的配置服务器中,通常可以用两种方式来实现:一种是由 ISP 边缘节点域管理员与用户网管理员之间签订接入协议,由边缘节点域管理员人工登记用户接入网中的 IPv4 网号;另一种是允许用户网络管理员自动将 IPv4 网号登记进来。但为防止伪造网号的混入,应对用户网络管理员发放身份证书,验证身份后,利用特别提供的命令经边缘端口向边缘节点域的配置服务器输入用户网号。不管使用哪种方式,初始 IPv4 网号的输入,都有人工参与操作,这对 IPv4 网号配置的安全可靠和准确性是至关重要的。称这样输入的用户网络 IPv4 网号为初始 IPv4 网号。

有了初始 IPv4 网号后,ISP 将自动把所有边缘端口登记的初始 IPv4 网号汇总到一个 IPv4 隧道配置服务器中。对上游 ISP 网络,如果其下行端口也连接了若干用户网络,也有人工的初始 IPv4 网号输入;如果其下行端口连接的是一个下游 ISP 层次骨干网,就不能再用人工的方式来登记由下层 ISP 汇总过的所有 IPv4 网号。一方面,下游 ISP 可能汇集了成百上千的用户接入网,数量太大,人工难以完成登记;另一方面,来自下游 ISP 的 IPv4 网号,不可能被不良用户伪造,不需要靠管理员之间签订的协议和人工操作来保证。为此,应该让下游 ISP 把汇集后的 IPv4 网号自动上传给上游 ISP。这种上传完全用内部协议报文进行,没有人工干预,也不需要身份的认证。

如果只有一个 ISP 网络,下连用户网,上连外网,则用一个隧道配置服务器汇集本 ISP 网络所有边缘端口上登记的初始 IPv4 网号就可以了。但当多个 ISP 级联时,下游 ISP 必须把自己汇集到的 IPv4 网号交给上游 ISP 网络进一步汇集,否则上游 ISP 无法构建通往下游 ISP 用户的隧道。同样,如果上游 ISP 不把来自自己直接连接的用户接入网的 IPv4 网号或来自其他下游 ISP 的 IPv4 网号告诉下游 ISP,下游 ISP 只能构建局部的隧道,即一个起止点都在本管理域的隧道段,使得整条隧道由穿过级联各管理域的所有隧道段串接而成。这种隧道方式称为"分段隧道方式"。这样,隧道的封装和解封装次数等于穿越的管理域的个数,效率较低。为了能一次构建一条完整的隧道,必须把整个协议域中所有级联的 ISP 中汇集的全部用户 IPv4 网号汇总在一起,构成一张 IPv4 总表,并且让所有的自动隧道组装点都能容易地获得此总表的全部内容。这种隧道方式称为单一隧道方式。

ISP 层次网络的边缘端口的连接对象有 3 种:

(1) 下连 IPv4 用户网络的边缘端口(简称 v4 边缘端口);

(2) 下连 IPv6 用户网络的边缘端口,用户网络中只有 v6(简称 v6 边缘端口);

(3) 下连用户的层次交换机。

对(1)的情形,上面已经说过登记用户网络中 v4 网号的方法;对(2),用户网络全部是 v6,不存在隧道封装问题;对(3),如果用户网络中全部都是 v6,则与(2)相同。如果用户网的层次交换机下连接有 v4 网络,则在用户层次交换机连接 v4 网络的边缘端口(也就是 v4 边缘端口)输入 v4 网号。可以看出,人工登记 v4 网号的地点是协议域的所有下边界。如第 9 章所述,为了双重检查 IPv4 源地址的合法性,对配备 HS 的 IPv4 用户网络,也要将 IPv4

网号在 ISP 的服务域边界登记。这些 IPv4 网号,并不用于 IPv4 隧道封装。

所有为 IPv4 包构建的隧道,其隧道起点或终点的所在地,要么在 v4 边缘端口,要么在相对顶层节点域的上行端口,简称 v4 外网端口。v4 边缘端口可以有很多,但 v4 外网端口只有一个(逻辑端口只有一个,可有多个物理端口)。如存在绝对顶层节点域,则不存在 v4 外网端口。

完整的 IPv4 网号总表,只在两个地方被用到:v4 边缘端口和 v4 外网端口。前者使用 IPv4 网号总表自动构建隧道。后者则如前所述有两个用途:以 BGP4 协议向外界宣布自己的全部 IPv4 网号;对来自外网的 IPv4 包,利用 IPv4 网号总表进行隧道封装,其隧道终点是层次网内部的某 v4 边缘端口。因此,有了初始 IPv4 网号后,怎样生成 IPv4 网号总表,并让所有 v4 边缘端口和 v4 外网端口获得该表,是协议域中必须用内部包来实现的功能。

为了让所有 IPv4 单一隧道的构建点都在 v4 边缘端口或 v4 外网端口,应当让这些端口所在的节点域都拥有 IPv4 网号总表。

让所有 v4 边缘端口和 v4 外网端口拥有 IPv4 网号总表,按配置粒度的不同,可以有 3 种方案:

(1) 在整个协议域设立根隧道配置服务器。v4 边缘端口和 v4 外网端口需要做隧道封装时,去查询该根隧道配置服务器。

(2) 除根隧道配置服务器外,每个管理域(包括 ISP 的和用户的层次网)各设立一个隧道配置服务器。

(3) 除根隧道配置服务器外,每个 v4 边缘端口和 v4 外网端口所在的节点域中都设立隧道配置服务器。

在下面各小节分别讨论这 3 种方案的实现方法和优缺点。

### 1. 根隧道配置服务器

在根隧道配置服务器方案中,仿照目前的根域名服务器,在全网设立一个根隧道配置服务器主本和若干根隧道配置服务器副本,它们同时提供服务。将主、副本根隧道配置服务器都在元服务器中登记注册,可以解决根隧道配置服务器的定位问题。而元服务器属于知名服务器,其位置是众所周知的。当查询者找不到根隧道配置服务器时,向元服务器查询。元服务器返回全部主、副本根隧道配置服务器的地址(节点域地址前缀及前缀长度)。有了元服务器的帮助,根隧道配置服务器不一定非得处于相对顶层节点域中。但从前面介绍的 v4 网号总表的两个用途看,都与 v4 外网端口有关,显然将其设置在相对顶层节点域中更加合理。

只用根隧道配置服务器的方法,好处是信息汇总简单。各边缘端口管理员输入用户接入网的 IPv4 网号后,立即报告根隧道配置服务器主本进行汇总,边缘端口的网号有变动时,也送主本进行更新。主本进行汇总或更新后,将网号信息送给各副本进行汇总或更新。

该方案的致命缺点有两个:第一个缺点是查询量大,查询的通信量占用较多的资源。由于传输 IPv4 包的频度很高,在边缘端口要求查询新的隧道出口封装地址的频度就会很高。大量的查询交通量聚集在根隧道配置服务器所在的节点域(通常是相对顶层节点域),在那里形成一个拥挤区域是很糟糕的事。需要注意的是,表面上看,根隧道配置服务器与域名服务器一样,每次出现新的通信对象后,只要查询一次,后续的同一流中的数据包只要使用缓存中的信息就可以了。但域名系统是层次化的,借助缓存的帮助,并不需要频繁访问根域名服务器。例如,一个通信参与者通过对根域名服务器的一次访问获得了 CN 顶级域名服务器的地址,保留在缓存中,以后对所有处在 CN 下的域名的地址解析,都只要找 CN 服务器而不再访问根域名服务器了。而对根隧道配置服务器的访问就不同,它没有层次化服务系统所带来的好处,每次新的通信,都要访问它。当网络规模和用户群体很大时,它的可扩展性是有问题的。第二个缺点是查询的速度慢。慢的原因有两方面:服务器忙碌和长途通信带来的延迟。如果查询太慢,进入 v4 边缘端口的数据包必须大量地缓冲,很可能会因缓存溢出而丢包。

### 2. 每个管理域设置隧道配置服务器

在这个方案中,除了保留根隧道配置服务器外,让每个管理域都设立一个隧道配置服务器,称为管理域隧道配置服务器。将所有隧道配置服务器都在元服务器中登记注册。查询者找不到可用的隧道配置服务器时,向元服务器进行查询。元服务器根据查询者的位置(从查询包的源地址可以看出其位置),回复根隧道配置服务器主副本的地址和一个离查询者最近的管理域隧道配置服务器地址。查询者记住这些隧道配置服务器地址。当边缘端口有IPv4 网号变动时,向根隧道配置服务器主本报告;当边缘端口需要封装信息时,向最近的管理域隧道配置服务器查询。这样,根隧道配置服务器并不提供查询的功能,就不存在可扩展性的问题了。由于不提供查询,根隧道配置服务器只设一个主本和一个或两个副本就行了,主要目的是防止单点失效。

该方案中隧道配置服务器的更新分两步,第一步是有变动的边缘端口直接向根隧道配置服务器主本报告,在根隧道配置服务器主本中更新;第二步是由根隧道配置服务器主本将更新信息沿着树逐层向下广播,沿途各节点域收到更新包时,除了继续向下层转发外,如果本节点域中有管理域隧道配置服务器,则进行更新。同时,主本还要将更新信息送给副本进行更新。如果根隧道配置服务器主本不在相对顶层节点域中,下行广播前,先要将更新包送到相对顶层节点域,然后才能沿着树下行广播。为此,强烈建议将根隧道配置服务器的主本设置在相对顶层节点域中,除了便于 v4 外网端口对 v4 网号总表的两个用途外,还可以避免下行广播之前的上传过程。由于副本不再用来分担负载,只是用作主本的热备份,因而建议把副本也放在相对顶层节点域中(相对顶层节点域中的各交换机通常覆盖多个城市,因而副本可以是异地的),一旦主本失效,由副本承担主本的作用时,更新信息也能直接沿着树向下层广播了。

该方案的好处是查询的通信量被分散在各 ISP(及用户层次网)管理域中。缓解了单一根隧道配置服务器的两个致命缺点。但仍然有进行远程查询带来延迟的缺点。例如,一个全国性的 ISP 网络,其查询者和管理域中最近的隧道配置服务器之间可能要经过长途信道进行查询。又例如,访问元服务器获得最近的隧道配置服务器地址,再查询该隧道配置服务器获得隧道信息,有两次远程往返,假定有 40ms 的延迟,对 10Gbps 的用户接入信道,最坏情况下,可能向 v4 边缘端口输入了 3 万多个 IP 数据包,要求 50MB 缓冲,是难以做到的。

### 3. 每个 v4 边缘端口设置隧道配置服务器

把第二种方案的配置粒度进一步细化,让每个 v4 边缘端口和 v4 外网端口所在的节点域都设立一个隧道配置服务器,就可以克服上面两种方案的所有缺点。

在这种方案中,全网仍然有一个类似于前面两种方案的处于相对顶层节点域(v4 外网端口所在之处)中的根隧道配置服务器(可以设主副本防止单点失效),除主、副本根隧道配置服务器外,其他节点域的隧道配置服务器都不需要在元服务器中登记注册。

所有的查询都只在本地边缘节点域中进行,既避免了服务器忙碌的问题,又避免了通过长途信道进行查询的延迟。与域名解析系统相比,性能有极大的改善。

由于层次网络中有服务与交换相分离的特点,在一个节点域中设立一个隧道配置服务器是很简单的事,成本也不高。其代价是所有 v4 边缘端口所在的节点域及 v4 外网端口所在的一个相对顶层节点域都须存储全部 IPv4 网号总表。目前,全球 BGP4 的 IPv4 网号约 24 万个。在层次网络中,每个 IPv4 网号的表项应包含 IPv4 网络地址前缀(4B)、IPv4 地址前缀长度(1B)、相应的出边缘端口的 IPv6 内部地址(16B)以及可能的属性参数和备用字节(3B),总计 24B。24 万个表项约占 5.76MB。如果一个协议域是在一个国家内部,例如中国,则 IPv4 网号的表项可能小于 4 万个,存储量约为 960KB。对于节点域内专设的服务器来说,存储负担并不大。随着从 IPv4 向 IPv6 的过渡,IPv4 网号不会有很大的增长,反而会逐渐减少。

由于边缘节点域的隧道配置服务器所服务的对象是非常有限的,这就有两种好处,一是查询的频度不高;二是有限的用户群的通信对象和访问站点也是有限的,隧道映射表中的大部分内容可能长期不用。因而边缘节点域的隧道配置服务器中还可以根据用户使用的统计数据生成一张较小的表,进一步改进查询速度。

对本节点域服务器的查询,如果在 5ms 内获得结果,最坏情况下,边缘端口对输入数据包的缓冲,有几兆字节就够了。考虑到 10Gbps 不会总是充满,多数通信流利用 cache 中的封装信息等因素,设立小于 1MB 的缓存就可以了。另外,对 TCP 数据流,第一个建立 TCP 连接的包就去查询隧道末端地址映射表,在 TCP 连接完成前是没有后续高速数据包发出的,因而不需要因等待查询而设的缓冲存储。

与第二种方案一样,隧道配置服务器的信息更新也分两步:第一步,各 v4 边缘端口有 IPv4 网号变动时,查询元服务器获得主本的地址,将所有更新包送到相对顶层节点域中的主本,对主副本根隧道配置服务器进行更新;第二步是从相对顶层节点域沿着树下行广播,每个有 v4 边缘端口的节点域,除了向下广播转发外,要更新其隧道配置服务器。没有 v4 边缘端口的节点域,只向下广播转发就可以了。下行的路,终止在 v4 边缘端口和 v6 非层次网边缘端口。v4 网号更新包采用内部地址空间及相应的传递机制,该内部包与 BGP4 的 update 包的内容与格式不同,但其作用是一样的,我们也可以称它为 update 包。

当某边缘端口的 IPv4 网号发生变化时,管理员重新配置完成后,发出新的、完整的 update。因为一个 v4 边缘端口的 IPv4 网号数量不多,故不必像 BGP4 那样采用增量方式来更新(BGP4 不可能每次有变动时都重新传输全部可达性路径信息),而是重新发送该 v4 边缘端口的全部 v4 网号。这样,各隧道配置服务器进行汇集时,先在总表中搜寻该 update 中的 v4 边缘端口的 IPv6 地址前缀,如存在,则先删除该 v4 边缘端口所对应的全部 IPv4 网号表项,然后将 update 包中的所有 IPv4 网号全部汇集进总表;如不存在,则直接创建新表项。这就保证了总表中不会有已被废弃的 IPv4 网号表项,不需要类似 BGP 中的 withdrawal 包。

如果一个边缘端口连接的 IPv4 网号很多,不能在一个包中放下所有隧道映射表项,可以分多个包发送,包中设一个 M(More 的意思)标志位,该位的值为 1,表示还有后续包;

0 表示最后一个包。同时设一个序号字段,对每个包填写 1、2、3、4 等序列号。上行和下行广播时,均以单个包独立地进行。各隧道配置服务器收到这些 update 包时,将 M=1 的包缓冲起来,直到收到 M=0 的包,并且该包的序号以前的所有编号包都已收到,才开始更新隧道配置服务器总表。一定时间内收不齐全时,丢弃各包,不作更新。由于每个 v4 网号仅占 24B,一个数据长度为 1200B 的内部包,能携带 50 个 v4 网号,一个用户单位是不会有这么多不可汇聚的 v4 网号的,因而,多包传送的情形是极少出现的。

为避免总表中可能出现的不准确性,各 v4 边缘节点域的配置服务器,可以设立一个定时器,每隔一个较长的时间重发一次 update。例如,对没有 IPv4 网号变动的边缘端口,定时器时间可以设为一天甚至更长;对有 IPv4 网号变动的 v4 边缘端口,定时器时间可以设为 10 分钟,连续发出 10 个 update 后,状态改成没有变动的 v4 边缘端口,定时时间改为一天。对各 v4 边缘端口 update 的重发不必同步地进行,只要在边缘端口网络管理员完成 IPv4 网号配置的时刻(同时启动定时器)发首个 update 起,每当定时器超时,就重发一次 update 并重启定时器。这种定时发送的机制,可以使 update 包采用 UDP 协议传送,不要求收方应答,效率更高。

对 IPv4 包进行封装时,在隧道配置服务器中(或经高速缓存)查找目的 IPv4 网号对应的隧道终点 IPv6 内部地址。查找不到时,如果"顶层节点域标志"(见第 9 章)值为 1 或 3,表示存在相对顶层节点域,使用 v4 外网端口的 IPv6 内部地址作为默认值进行封装。与其他进入高速缓存的表项一样,默认表项一旦被引用,也应进入高速缓存,避免后续的同一 IPv4 目的地的包再去穷尽总表,耗费时间。该 v4 外网端口默认表项是由相对顶层节点域作为一个 update 向下广播后到达所有隧道配置服务器的。如果"顶层节点域标志"值为 0 或 2,表示存在绝对顶层节点域,即不存在非层次的外网,说明该 IPv4 包的目的地址是不存在的,丢弃该 IPv4 包。

从上述 3 种隧道方案的分析结果看,显然应该选用方案三,即在 v4 边缘端口和 v4 外网端口处设立隧道配置服务器,保存隧道配置总表,提供本地查询服务。

对于存在绝对顶层节点域的情形,不存在 v4 外网端口,所有的隧道都只在 v4 边缘端口之间建立,因而不再需要根隧道配置服务器了。Update 包的处理方法不变,一路上行,到达绝对顶层节点域后向下广播。

## 11.5.2　针对短接信道的 v4 隧道封装

在第 10 章中,我们没有说明怎样跨越直接短接信道或间接短接信道为 IPv4 数据包建立一条边缘端口到边缘端口的隧道。在那里看 IPv4 的隧道封装问题,显得十分复杂:隧道封装服务器怎样放置?怎样跨越短接信道交换隧道封装信息?尤其是在间接短接信道的场合,即使对 IPv6 数据包的传送,在一个方向上因为有一段通往短接接口的下行路段,也需要作一次隧道封装,这与 IPv4 数据包的隧道封装构成了两层隧道,内层为 IPv4 包隧道封装,外层为间接短接信道隧道封装。采用了上述在边缘端口配置 IPv4 隧道服务器并拥有完整的隧道封装信息总表后,IPv4 的隧道封装与短接信道完全没有关系,在隧道起点的边缘端口对 IPv4 数据包进行封装时,根本不管其目的地边缘端口应该怎样到达,封装成 IPv6 包后,与普通的 IPv6 数据包一样进行常规的交换,至于是否要经过短接信道传送,完全是由封装包中的 IPv6 目的地址以及节点域的短接信道表决定的。

虽然封装方法和传输控制方法是一样的,但收集跨越短接信道的 v4 封装信息的方法,却需要一定的专门处理。

实现方法也很简单。如果短接信道两侧的层次网络拥有共同的顶层节点域,则两侧的网络在同一个协议域中,就不需要任何特殊的处理,各边缘节点域隧道配置服务器自然就拥有了所有的 IPv4 网号的映射表项;如果短接信道两侧不在同一棵树中,则两边各有自己的相对顶层节点域。把短接信道端口看作 v4 边缘端口,接受来自自己相对顶层节点域广播下来的映射表项。然后从中整理出自己对应的直接、间接子树的所有 v4 边缘端口的 IPv4 网号映射表项,转交给短接信道的对方。对方收到后,也像普通的边缘端口一样,向自己的相对顶层节点域发送 update 包,汇入总表,再向下广播到所有的 v4 边缘节点域。这样,双方的映射表中均包含了对方的直接和间接子树的所有 IPv4 网号及其对应的映射表项。

## 11.6 隧道信息交换与 DNS 及 BGP4 路径向量交换的比较

从前面的叙述可以看出,IPv4 隧道配置服务器的工作,其查询工作与域名解析系统相似,每次新的通信只查询一次;其总表更新工作,与 BGP4 update 相似,把 v4 网号的变动向整个协议域报告。

但是,与域名解析系统相比,域名解析时,不仅需要远程查询,而且解析中出现递归过程,速度较慢。而隧道封装服务中,只在本节点域中进行查询,且查询寻找过程只有一遍。当表格项以某种规则(例如地址字段值的大小)排序时,每次查表并不需要穷尽全部表项,最多十几次比较就可得到结果。

在与 BGP4 相比时,也有本质的不同。BGP update 的事件,包括信道状态的变化、设备状态的变化、路由配置的变化以及网络号码的变化等。而在隧道配置服务中,只有网号变化一种事件需要通报,而网号变化是不频繁的,即使定时通报,也可以用很低的频度(例如一天)发更新包。

每个隧道配置服务器都要存储全部 IPv4 网号表项,不仅占用一定的存储量,查表也需要时间。这与基于 BGP4 路由的网络中核心路由器要保存全部 IPv4 网号有些类似,但两者在性能上却有很大差别。

(1) 存储位置的差异带来查表速度的差异。在 BGP4 中,由于存储路径向量和路由表的核心路由器处在网络的核心位置,面对很大、很分散的网络用户群体,待查询的目的地网号无论是数量还是网号的离散性都很大,要求增大高速缓存,否则高速缓存的命中率就会很低。而增大缓存容量,不仅对设备要求高,还会增大缓存的查询时间。在层次网中,隧道封装信息被存储在连接用户网络的边缘节点域,面对的用户群体很小,因而查询的频度低得多,待查的目的地网号的数量也要小得多,较小的缓存容量就可以获得很高的命中率。而小容量缓存的查询速度也要高很多。即使在核心路由器中再设置一个交换表,减少对路由表的直接查询次数,但每天上百万次的 BGP4 更新,不仅使路由表动态更新频率高,还使交换表也跟着以很高的频率作变动,效率仍然不高。

(2) 传递信息的方式不同使得占用的网络资源有很大差异。BGP4 传递可达性路径信息时,利用泛洪的方法,对每一条收到的路径通告(存在来自不同外部 AS-peer 的重复路径信息),要作决策选择、排除回路、计算路径的优先度等计算处理。选中的,在要添加上自己的 AS 号后,向来路以外的所有外部邻居 AS-peer 发送通告,其中大部分是重复的、要被丢弃的包,浪费了网络的信道资源和处理资源。对拥有多个 BGP4 边界路由器的自治系统,决策选择后,先要使用 IBGP 协议在 AS 内部传递,然后再在路径向量上添加自己的 AS 号,构建新的通告报文并用 EBGP 向外界泛洪。此外,为了将 BGP4 路径信息供本地转发数据包使用,要利用所有路径信息计算供本地使用的路由表。这些工作要求 EBGP、IBGP 和自治系统的内部协议(如 OSPF、RIP 等)相互配合,带来了复杂的计算量。为了便于复杂和烦琐的计算,BGP 协议对到达的信息、内部要使用的信息以及准备转发出去的信息分别保存在 3 个不同的数据库中,分别加以处理。对层次网的隧道信息汇总中,只有一个数据表,其操作也只有加入、删除和必要的排序。在层次网隧道信息的传递中,用的是特定内部包广播的方式,效率很高,没有一个传递的包是重复或多余的。虽然上文中我们用了"广播"这个词,只是为了强调所有的下行信道都要转发,实际上是一种高效的"多播",因为 update 被单播一路上行送到相对或绝对顶层节点域后,沿所有的下行信道转发,而每一个下行信道最终都是连接用户接入网的,这些用户接入网相当于多播组的成员。因而每一条下行信道上的转发,都是有用的,没有浪费。如果将来某些用户接入网彻底放弃了 IPv4,全部改用 IPv6,因而不再需要隧道信息表,向这些分枝上转发隧道信息,变成了多余,但随之而来的是传播 update 的数量也会随着 IPv4 用户网数量的减少而减少,终极情形是 IPv4 用户网全部消亡,连一个 update 也没有了。这种能高效地传递信息的根源在于,层次网隧道信息传递的路径是一棵有序的树,而 BGP4 路径信息传递的路径是一种无结构的、无序的网状结构,连接方越多,因泛洪传播而浪费的资源越多。

(3) 收敛时间有很大差异。BGP4 的一次路径变化(因设备、信道的失效或恢复,或管理员对路由策略的一次改变,或管理员的一个配置失误等造成)会引起全世界网络长时间的路由振荡。正如第 1 章中指出的,在美国核心节点 MAE-WEST 上注入一个错误路由,造成各国大批 ISP 骨干网平均约 3min 的路由收敛时间,最长的可达 15min 左右。由于基于路由的骨干网中局部故障全局化的特性,个别地方的一个变动,全世界都受到严重影响。对层次网络,局部地方的变动(例如某用户网络中一个 IPv4 网号被撤销),并不影响与该网号无关的任何人的通信,因而对正在进行的实时视频通信和语音通信质量,没有丝毫影响。也不会造成丢包或延迟增大等影响。对正在启动与该被撤销网号通信的那些通信要求,不能正常工作是理所当然的。而且撤销网号的这个变动,通知到所有隧道服务器的收敛时间也很短,国内网络能在数十毫秒内通知到,国际网络由于传播延迟的原因,也能在 $100\sim200\text{ms}$ 内完成。如果层次网中出现信道失效和恢复、交换机失效和恢复,依靠层次网特定的底层自愈能力,也是数十毫秒到一二百毫秒的恢复时间,对实时通信的质量没有可觉察的影响。这些失效事件,只影响逻辑信道上局部的负载再分配,对外界是透明的(外界觉察不到的,没有局部事件全局化的现象)。

(4) 查表次数的极大差异。在路由网络中,被传输的数据包沿途每经过一个核心路由器,都要查询一次路由表(或从路由表派生出来的交换表),而层次网络中,IPv4 包只在隧道起点查一次隧道信息总表(或高速缓存),以后沿途不再查此表了,到了隧道终点,拆除封装的工作既不需要查表,也没有什么处理的工作量。

（5）在 BGP 协议中，update 的数量巨大，不可能定时重发，为了避免对 update 信息的正确性进行确认，不得不采用开销较大的 TCP 协议，在相邻 AS 边界路由器之间建立并维护 TCP 连接。没有信息传送的时候，要定时地（例如 180s）发送 Keep-alive 以保持 TCP 连接。层次网的 update 信息，传输频度不高，可以定时重发，简单地用 UDP 协议就可以了，这能节省网络资源。

（6）关于隧道封装的开销问题，虽然层次网传送 IPv4 数据包要进行隧道封装，增加了隧道封装的开销，但在路由网络中，如果骨干网只运行 IPv6 协议，传送 IPv4 包也只能依靠隧道封装，并没有差别。如果路由网络中运行双协议栈，虽然不必为 IPv4 做隧道封装，但双栈本身增加了路由器的负担和处理量。因此，层次网中使用隧道传送 IPv4 包，也不是明显的不足。

## 11.7　地址映射算法

边缘端口收到进入的一个 IPv4 包，要完成隧道末端地址的查询，应执行如下步骤：

（1）从包头中取出 IPv4 包的信宿地址。

（2）以该信宿地址为指针，查询边缘节点缓冲器中存放的隧道末端地址映射表。若有，则用于封装 IPv4 包，转（5）；若没有，转（3）。

（3）执行地址查询协议。用 IPv4 信宿地址构成一个请求包（Type＝4，X＝0，Y＝130），发给本节点域中的隧道配置服务器。隧道配置服务器利用 IPv4 信宿地址查询自己保存的隧道信息总表。若有，返回 IPv6 隧道末端内部地址，转（4）；若没有，返回一个默认的隧道末端内部地址，该地址是 HSNET 连接外网（外部 IPv4 网络）的边缘端口的内部地址，转（4）。对于存在绝对顶层节点域的情形（ONT＝0，见第 9 章），如查不到有效表项，则返回一个错误指示，转（4）。

（4）将（3）中查到的隧道末端内部地址填写到本节点的缓冲器中，对错误指示则不作处理。

（5）利用（2）或（3）中获得的隧道末端内部地址作为信宿地址封装 IPv4 包；对错误指示，丢弃该 IPv4 包。

## 11.8　封装包的交换与解封装过程

封装后的 IPv4 包，拥有了 IPv6 报头，像普通的 IPv6 包一样被交换机逐级交换，送到目的地的 HSNET 边缘端口。由于该 IPv6 封装头的信宿地址是隧道末端边缘节点域的特殊内部地址，封装包到达后被末端边缘节点域拦截。根据目的地址中的交换字段值，送到隧道出口边缘端口。根据包头的标记（Type＝5，X＝0，Y＝1），目的地边缘端口发现它是一个用 IPv6 包头封装的 IPv4 包，做两件事：一是将封装拆除，将 IPv4 包原样送给目的地用户接入网；二是将 IPv4 包中的信源地址与 IPv6 封装报头的信源内部地址，一起保存到该边缘交换机的缓存器中（如果原先没有保存过的话）。为了避免为每个到达的封装包都做一次更新高速缓存的工作,开销太大,也可以不做这第二件事。为反向数据包封装时,一样去查映射表,然后建立缓冲。

## 11.9　隧道的逻辑端口与物理端口

在上述讨论中,为 IPv4 包进行隧道封装时,信源和信宿的内部地址格式是一样的,以信宿内部地址为例,包含了下列参数:隧道出口节点域地址前缀、隧道出口边缘端口的交换字段值(逻辑信道号)、内部包标志(IID)、节点域地址前缀长度(PL)、隧道标志(Type=5)、未用字段($X=0$)、隧道类型($Y=1$)。其中没有指定隧道出口的物理端口号。如果一个逻辑端口号包含了多个物理端口号,这些物理端口分别连接了不同的用户 IPv4 网络,封装包到达出口节点域后,只能确定出口逻辑端口,而不知道拆封后应该向哪个物理端口送出去。对 Type=5 的其他隧道(例如,安全加密隧道、间接短接隧道等)也有同样的问题。

由于只有逻辑端口号才能表示地址前缀,对边缘端口,其地址前缀同时也是用户接入网络的地址前缀。多个物理端口仅用于改善逻辑端口的单点失效和容量扩充。因此,连接用户接入网以逻辑端口为单位。每个用户接入网占用一个逻辑端口号。该逻辑端口可以拥有多个物理端口,但这些物理端口仅用于该用户接入网的多宿连接(multi-homing)、负载平衡等,不可用于连接多个不同的用户接入网。各物理信道上的负载均衡算法,可以像普通逻辑信道一样处理。实现边缘端口协议软件时应注意:它们均是逻辑端口。

对其他隧道(例如短接信道中的隧道)也一样,以逻辑信道为单位,多个物理信道仅用于增加可靠性、扩充信道容量和负载均衡等。

## 11.10　关于 MTU 的讨论

对 IPv4 包封装 IPv6 基本报头,使包的长度增加了 40B。容易出现超过传输路径上的MTU(最大传输单元)限额。为此,要求 IPv4 包的总长度比 MTU 小某个数值,封装后仍不超过 MTU。层次网内部的传输,主要的物理接口类型为以太网、POS 等,其中只有以太网接口有严格的长度限制,其有效载荷长度为 1500B,帧头尾信息为 18B。传统以太网卡的驱动程序为了对数据包作合法性检查,发现有效载荷超过 1500B 时,作为非法数据包加以丢弃,不能正常传输,为此,边缘端口在处理连接 IPv6 主机或其他设备时,应宣布允许的 MTU 为1388,即把 1500B 减去 40B 的 IPv6 封装报头长度、32B 的内部交换标识(ISL)、40B 的间接短接信道 IPv6 封装报头长度。如果为再一次的其他封装留有余地,也可以宣布 MTP 为 1348。

draft-farinacci-lisp-05 是 Cisco 最近提出的 LISP(Locater and Identifier Separation Protocol)协议草案之一,为了用 Locater IP 地址对带有 Identifier IP 地址的普通 IP 数据包加以封装,增加了一个包头的长度,有可能超出 MTU 的限制。MTU 一般不成问题,一次非正式的调查发现,几乎所有 ISP 网络的链路上,MTU 要么是 4470B,要么支持 9180B 的以太网超大帧(ethernet jumbo frames)。如果真出现 MTU 过大时,可以丢弃它,并用 ICMP Too Big信息包回应。

# 第 12 章

# 节点域参数配置

本章讨论节点域中交换机的参数配置。为了使配置过程简单易行、不易出错,配置过程应尽量采用集中配置(或称远程配置),避免为每台交换机进行分散配置(也称本地配置)。假设每台交换机都有一个出厂号,有了这个出厂号,希望能把所有的参数都进行集中配置。本章讨论应该为交换机配置哪些参数以及怎样对所有参数进行集中配置。

## 12.1　交换机出厂号

每台交换机出厂时在它的非易失存储器中设置一个出厂号。这个出厂号与交换机同存,永不改变。节点域管理员可以通过一个字符终端连到交换机的一个串行端口,向交换机发一个查询命令,交换机输出该出厂号。通常交换机出厂号被贴在交换机外壳上,管理员可以直接得到。

从节点域配置的角度看,只要用于同一节点域的各交换机的出厂号互不相同就可以了,不同节点域中的交换机的出厂号重复也没有关系,因为配置过程只限于一个节点域的范围。但如果有很多交换机的出厂号相同,使用时要避免被用于同一节点域,就给设备的采购和安装使用带来了不便。而出厂号是很容易做成唯一的,例如,设备出厂时递增地分配一个序列号,或把设备出厂时的年月日时分作为序列号的一部分。对此不作进一步讨论。

## 12.2　参数种类

交换机中的参数分为标识参数、基本参数、附加参数 3 类。本节介绍这些参数的意义和特点以及产生某些参数的一些算法。至于生成所有参数和表格的过程,将在下一节讨论。

### 12.2.1　标识参数

交换机的标识参数有交换机名字、交换机标识和交换机端口标识 3 个。

**1. 交换机名字**

在一个节点域中,管理员为了方便地称呼各个交换机,必须为每个交换机起一个名字,名字可以为英文或中文,或两者的混合,长度原则上没有限制,但为了处理和存储的方便,限制为不超过 16 个英文字母或 8 个汉字。两者混合使用时,总字节数不超过 16。由于一个节点域中的交换机数量一般很少,并且不同节点域中交换机的名字可以重名,因而 16B 就够用了。显然,节点域的管理员不应当为同一个节点域中不同的交换机起相同的名字。

为了简便,有时提到交换机名字时,用 SN(switch name)表示。

**2.  交换机标识**

名字供人使用比较方便,但机器使用时不方便。例如在第 3 章中定义对交换机的编址时,为了使地址格式紧凑,用了交换机标识 SID(switch ID),其长度为 8 比特。同样,同一节点域中各交换机的标识 SID 也应该是唯一的。

为了给各交换机设定 SID,最简单直接的方法是从交换机的名字经某种转换而得到。从名字转换成 SID,可以有多种不同的方法。通常可对交换机的名字作某种 Hash 运算,生成 8 比特运算结果用作本交换机的 SID。例如,对名字作 MD5 运算,生成 16B 的结果,以字节为单位作布尔按位加运算,获得 8 比特 SID。又例如,直接将名字的各字节以字节为单位作布尔按位加运算,获得 8 比特 SID。无论用哪种 Hash 算法,由于结果都超过 8 比特而用了按位加运算,就都可能出现相同的 SID(虽然概率极小)。一种更为简单的方法是,把每个 16B 的交换机名字作为一个无符号整数看待,以数值的大小排序,数值最小的,SID 为 1,次小的为 2,依此类推。例如,一个交换机的名字数值从小到大排在第 5 位,设定自己的 SID 为 5。由于名字是唯一的(由节点域管理员自己起的),其数值大小不可能有相同的。在作名字的 16B 数值比较时,如果一个名字长度不满 16B,既可以右对齐,左侧(高位)添 0,也可以左对齐,右侧(低位)添 0。取决于实现者的喜好。把所有名字规整成 16B 后,从高位字节开始,逐个字节比较大小进行排序,一定能得到唯一的、连续的 SID。例如,节点域中有 5 个交换机的名字为 A、B、C、D、E,通过排序运算,它们的 SID 分别为 1、2、3、4、5。

从交换机的名字生成交换机的 SID,是在配置服务器中进行的,只是一个简单的排序操作而已,并不需要人工的操作。

描述交换机的出厂号(PN)、名字(SN)及其标识(SID)的表格例子如表 12.1 所示。

表 12.1  交换机"出厂号-名字-标识对照表"例子

| 标识(SID) | 名字(SN) | 出厂号(PN) |
| --- | --- | --- |
| 1 | A | Y2004M08D25H11M35 |
| 2 | B | Y2004M08D25H12M23 |
| 3 | C | Y2004M08D27H09M17 |
| 4 | D | Y2004M08D28H15M50 |
| 5 | E | Y2004M09D12H16M10 |

在表 12.1 的例子中,出厂号用了年月日时分,容易辨认和记忆,还能反映出产品的出厂日期。名字是管理员起的。SID 是利用名字的排序自动生成的。表格项的顺序按 SID 的次序排,因为只有这个项是有自然顺序的,因而把它放在最左边,有索引的功能。

**3.  交换机端口标识**

交换机的接口卡参数通常是不需要人工配置的。交换机自己能判断背板槽或总线上插的接口卡的种类和位置。例如,以太网卡的类型标识是 ETH,ATM 卡的类型标识为 ATM,帧中继卡的类型标识为 FR,串行通信卡的类型标识为 Serial,POS 卡的类型标识为 POS,等等。交换机启动时,初始化程序对每个接口卡进行测试,发现接口卡的位置和接口卡的型号,并建立对照表,供发送数据包时使用。

接口卡的位置包括两部分,一部分是在交换机背板插槽(或总线)上的位置,例如,从左到右的插槽位置号依次为"0,1,2…",一个插槽上插的接口卡,可以提供多个网络接口。假如一个插在 0 号插槽上的以太网接口卡提供 8 个以太网端口,它们的种类和位置分别为"ETH0/0,ETH0/1,ETH0/2,…,ETH0/7"。斜杠前面的数字表示插槽的位置,斜杠后面的数字表示卡上的端口号。不同型号的接口卡在总线上是可以随便插的,系统能自动识别卡的位置和型号。卡的驱动程序还能识别接口卡的通信速率,只要调用,就可以返回速率参数。因此,具有即插即用能力的交换机,网络操作系统可以自动为每个端口确定接口卡标识。

在网络设备中,选择端口也就是选择信道。HSNET 为每个交换机的物理端口规定的标识称作 PID(Port ID),一台交换机的 PID 只在本交换机内定义。对一个节点域,二值组(SID,PID)唯一决定了一台交换机的一个物理端口。PID 用 16 比特表示。PID 只用来表示是第几号端口,不包含端口类型或端口速率。因此,可以把上述的 ETHi/j 等形式的接口卡标识与 16 比特的 PID 建立映射关系。

第一种映射方法是将 16 比特的 PID 分为两个字节,高字节用于标识插槽位置,低字节用于标识一个接口卡上的端口号。例如,ETH0/7,其 PID 为 0007x(或 7x,x 表示十六进制);ETH9/6,PID 为 0906x。对一台交换机,最大可表示 256 个插槽,每个插槽上最多可以有 256 个端口,总共可表示 65 536 个端口。显然没有一台设备能有这么多端口的。这种 PID 编号方法是将插槽位置和卡上端口号映射到一个 16 比特的二进制整数,编号不连续。我们称这种编号为绝对编号,只要卡的型号和位置确定了,其编号也就确定了。

第二种映射方法是将一个交换机的端口进行连续的顺序编号,例如,"1,2,…,N"。方法是将插槽位置和卡上端口号统一连续编号,先从 0 号插槽开始,把该槽的卡上所有端口顺序编号,然后对下一槽进行编号。遇空槽就跳过去。例如,一个交换机有端口 ETH0/0、ETH0/1、ETH0/2、ETH0/3、ETH1/0、ETH1/1、POS2、ATM3/0、ATM3/1,用了 4 个插槽共 9 个端口。可分别将这些端口映射成 PID 为 1~9 的编号。我们称这种编号方法为相对编号,编号不仅依赖于本卡的型号和位置,还与左侧各插槽中所插其他卡的数量、型号、每卡的端口数和位置有关。

虽然第一种编号方法号码不连续,但从编号中能看出一个端口在插槽中的位置以及在卡上属于第几个端口,一旦本卡的位置确定了,编号也就确定了,与别的卡无关,管理员能很直观地进行配置。建议使用这种 PID 编号方法。由于编号不连续,以 PID 端口号作为表格的索引号进行查表,就不方便了。好在 PID 的使用是不需要进行查表的。PID 的使用方式分为两种情形,一种是在交换机内部转发表中使用。为用户数据包选择好逻辑信道号后,由负载均衡算法选择物理端口号,确定(SID,PID)对,然后根据交换机内部转发表将数据包送到 SID 指明的交换机,并由该交换机将数据包从 PID 端口发送出去。针对这种 PID 的应用方式,不需用 PID 为索引号进行查表,因为 PID 能直接反映出网络接口卡的位置和卡上的第几个端口,交换机可以直接将数据包送到该端口相对应的队列。另一种使用 PID 的情形是在某些内部地址编号中,128 位的内部地址中最低 16 位为 PID,同样可以直接确定到物理端口,不需要查表。因而 PID 不连续是没有问题的。另外,表格本身不大,不用索引的方式查表,也没有什么关系。

一般情况下,网络管理员不应该(也不需要)经常更换卡的位置。一旦改变了卡的位置或卡的种类,都要重新生成 PID 号。这可以由管理员从配置服务器向各交换机泛洪一个命令包就能做到。

### 12.2.2　基本参数

基本参数包括交换机端口的类型与属性、节点域地址参数以及为了完成交换功能而必须配置的各种控制表格和表格参数。

#### 1. 交换机端口类型与属性

为了避免混淆,我们把前面谈到过的 ETH、ATM、POS 等称为"网络接口卡类型",或简称"接口卡类型",英文写成 NIC type;而把端口的用途如外部端口、内部端口等称作"端口类型",英文为 port type。

交换机端口的配置是最烦琐的,包括端口的类型、端口的属性和端口之间的连接关系。其中最不容易做好的是端口之间的连接关系。有了连接关系,才能生成交换机内部转发表、负载平衡 Hash 表等。本小节只介绍端口类型和属性,连接关系在下一节专门讨论。

交换机端口有内部端口、外部端口、边缘端口和短接端口 4 种类型。内部端口用于节点域内部节点(内部节点包括交换机和服务器两类)之间的连接。外部端口用于节点域对外界的连接,通常是连接父节点域和子节点域。连接用户接入网和外界网络的端口,也属于外部端口,但它有很多特殊的控制和管理,因而单独归一类,叫边缘端口。短接端口连接短接信道,用于短接通信。为了方便,我们把需要特殊控制和管理参数的边缘端口和短接端口称为特殊端口。

节点域中的交换机可以同时具有这 4 类端口,但节点域中的内部服务器,只有内部端口。

确定了内部端口类型,可以界定节点域的范围。节点域内部经常要使用泛洪方式传递控制信息,例如,向整个节点域的所有节点通知交换机或端口的失效与恢复;配置服务器生成配置信息后,用泛洪方式送到所有的交换机去;多播组管理服务器把多播转发表送给节点域内的所有交换机等。交换机执行泛洪时,如果已经知道了端口是外部的还是内部的,就只向内部端口转发泛洪包。外部端口、短接端口和边缘端口都禁止转发这类泛洪包。这样,泛洪包只被限制在节点域内部传播了。

确定了外部端口类型,节点域除了可以不断测试外部信道状态外,还可以向对方查询对方的节点域地址前缀($d/m$)和交换字段的位置和长度($a/b$)(方法见下一节)。这种信息交换都是层次网络上下层之间的信息交换,获得了上下层的节点域地址前缀和交换字段的位置和长度,可以方便地实现某些内部控制报文的逐跳传输,而不必启用 IPv6 中的扩展报头来实现逐跳传输,使节点域保持简单、透明的原则。逐跳传输在 QoS 资源预留、多播、安全、内部服务查找、短接隧道等协议中都可能用到。

对短接类型的端口,应输入必要的参数,通常有 3 类参数:一类是短接信道对方的直接短接节点域地址前缀;第二类是对方的间接短接节点域地址前缀;第三类是本侧间接短接节点域地址前缀。其中前两类用于控制数据包的交换,第三类只是为了向本侧间接短接节点域传送配置好的短接隧道表。详细内容见第 10 章。

对连接了用户接入网或其他 ISP 网络的边缘端口,还要输入必要的参数。边缘端口的参数也会随着网络功能的增加而不断增加,但最基本的功能应包括正确处理与用户接入网的连接、正确处理与外界网络的连接。

对用户接入网的连接处理,包括用户网络运行 IPv6 和 IPv4 两种不同的协议版本;用户网络采用不同的接入设备如主机直接接入、经 hub 接入、经以太网交换机接入、经路由器接入等;用户网采用不同的接入路由协议 RIP(RIPng)、OSPF(OSPFv3)、BGP4(BGP4+)等。实现时,用户主机、hub、以太网交换机等不同设备的接入,处理上没有什么差别。边缘端口主要的协议处理,是对用户边界路由器发来的信息给予简单的、适当的应答,以告知 HSNET 边缘端口是正在工作着的。通常可让用户接入网的管理员,把 HSNET 作为他的上游 ISP,设置成默认路径。

对外界 ISP(也称上游 ISP)的连接,也分 IPv4 和 IPv6 两种协议版本,设备只包括路由器,协议可以有 RIP(RIPng)、OSPF(OSPFv3)、BGP4(BGP4+)等,对较大的、独立的层次网运营商,常用 BGP4(BGP4+)。边缘端口执行 BGP4(BGP4+)协议时,将自己的网络地址前缀宣布出去就行了。由于 HSNET 不提供 transit 功能,不需要接收并保存外来的网号。更为简单的做法,可将上游 ISP 的连接作为默认路径处理,即把所有地址前缀超出本HSNET 范围的数据包,默认地送到上游 ISP 去。

端口的属性包括逻辑端口号和通信速率。逻辑端口号和速率都可以由管理员配置,但难度很大,很容易搞错。例如,一个以太网端口,可能以 GE(1000Mbps)通信,也可能以 FE(100Mbps)通信,还可能以 10Mbps 进行通信,取决于对方以太网端口的通信能力,管理员常常很难确定。因此,端口的速率参数(属性)应由交换机自行测定。交换机操作系统在测定接口卡的位置和类型时,同时测定了接口卡上各端口的速率。逻辑端口号也一样,例如,连接某下层节点域的逻辑信道,其逻辑信道号就是下层节点域的地址前缀 $d/m$,这是由下层节点域管理员配置的,如果在本层中让管理员输入逻辑信道号,不仅量较大,一旦与下层管理员配置的 $d/m$ 值不一致,系统就无法正常工作。因此逻辑信道号也应当让系统自动生成。

### 2. 节点域地址参数

节点域有两个地址参数,一个是节点域地址前缀,形式为 $d/m$,$d$ 为 128 位的节点域地址(IPv6 的表示方式),$m$ 为地址前缀的长度,即 $d$ 的最高(左边)$m$ 位是节点域的地址前缀。另一个参数是本节点域交换字段的位置和长度 $a/b$,$a$ 表示交换字段的开始位置,$b$ 表示交换字段的位数。例如,18/8 表示从 IP 地址的第 18 位开始(从最高位即最左边开始数)的 8 个比特为本节点域的交换字段。由于交换字段的位置与长度直接与 IP 地址前缀相关($a=m+1$),故把交换字段的参数归为节点域地址参数一类。

这两组地址参数是由网络的全局管理人员对网络层次进行规划设计后分配给各节点域管理员的。在配置完 SN、SID、PID 等参数后,节点域管理员应该在配置服务器上输入这两组参数,泛洪给本节点域所有交换机。

如果选用人工配置注册服务器(即元服务器)地址(也是 $d/m$ 和 $a/b$ 的形式),可以作为节点域附加参数输入,与节点域地址参数放在一起。

**3. 控制表格**

除了上述参数和表格外,交换机和节点域还需要生成一系列控制交换的表格,如邻居节点域表、交换机端口表、节点域综合端口表、服务器位置表、节点域外部端口表、交换机内部转发表等,由于这些表都可以由交换机自动生成,我们在后面讨论配置方法时对其作介绍。

## 12.2.3　附加参数

附加参数指完成交换机基本交换功能以外的其他功能需要的参数,例如,QoS、安全、多播、IPv4 自动隧道、多宿连接等功能需要的参数。这些参数的配置通常只在相应的内部服务器中进行,完成配置后,把形成的表格送给交换机,由交换机按照表格指出的规则执行相应的控制功能。因而其配置过程并不要求交换机参加,我们将在讨论各种附加功能时分别加以说明,这里不再作进一步的讨论。

# 12.3　配置方法

了解了交换机、端口、节点域必须配置的参数后,我们讨论怎样进行配置。配置应遵循两个原则:配置过程应是顺序地、逐步地进行的;配置过程应先易后难,即基本的参数和容易配置的参数先做,难操作的、容易出错的参数后配置并尽量让交换机自动进行。以下各小节叙述完成整个配置的过程。

## 12.3.1　获得交换机的出厂号

交换机启动后,可以从某个指定的串行口上用命令查询 PN。首先利用一台字符终端或能仿真终端行为的 PC,将其串行接口连到交换机的指定串行口上,向交换机发一个查询命令(PN 命令,product number),交换机返回 PN 值,例如 Y2004M08D25H11M35。管理员记下这个号码,将它标注在交换机的机壳上。

如果交换机的出厂号在出厂时已经被标注在机壳上了,则可以省去这步操作。

## 12.3.2　配置交换机名字和标识

在配置服务器上设置一张交换机标识表。为了更容易理解配置的过程,我们以 Web 方式进行配置作为例子较细致地描述配置的过程。例如,可以单击"配置交换机标识"栏,系统提示管理员输入 PN 及与该 PN 对应的交换机的名字 SN。多次单击该栏,对所有交换机均输入了名字后,单击"提交"。配置服务器获得这些 PN-SN 参数对后,对各交换机的名字作排序计算,得到各交换机的 SID,生成表 12-1 那样的交换机出厂号-名字-标识对照表。该表不仅被保存在配置服务器中供管理员可能的使用,同时用泛洪方式发给所有交换机。由于这时交换机并不知道自己的端口类型,做不到"只向内部端口转发泛洪包"。对这种特定类型的泛洪包,要求交换机在转发泛洪包时遵守两条规则:只有发现自己的 PN 出现在泛洪包中,才能收下该泛洪包,并向所有端口(包进入的端口除外)转发泛洪包;如果泛洪包中没有自己的 PN,则丢弃该泛洪包,并且不做转发。这样,即使泛洪包被传到了父或子节点域,也被立即丢弃,只在本节点域的所有交换机中传递。本节点域的交换机,收到并转发过该泛洪包后,一定时间内重复收到的同一个包,不作任何动作,直接丢弃。

经过这一步配置操作,各交换机拥有完整的表 12.1,不仅知道了自己的 PN-SN-SID,也保存了其他交换机的这些标识。

### 12.3.3 生成交换机本地端口表

交换机生成表 12.1(出厂号-名字-标识对照表)后,启动一个探测程序,发现自己所有的接口卡种类和位置,并按前面介绍的 PID 表示法(反映位置和卡上端口号),自动建立自己的本地端口表如表 12.2 所示。每个端口一个表项,除了 PN-SN-SID 外,还包括 PID(如 0302x)、接口类型(如 ETH3/2)、接口速率(如 622)、接口状态(如 0 或 1)等。

**表 12.2  交换机本地接口表**

| PN | SN | SID | PID | 接口类型 | 接口速率 | 接口状态 |
| --- | --- | --- | --- | --- | --- | --- |
| ⋮ | ⋮ | ⋮ | ⋮ | ⋮ | ⋮ | ⋮ |

该表只是交换机自己通过驱动程序查询而得到的本地属性,并没有反映出端口对侧的连接关系和端口的类型,而是建立了交换机接口参数与 PID 的对应关系。

### 12.3.4 配置节点域地址参数

单击"配置节点域地址参数"栏,系统提示管理员输入节点域地址参数 $d/m$ 和 $a/b$ 两个参数。前者是节点域地址前缀参数,后者是节点域交换字段参数。如果人工配置元服务器地址,同时输入元服务器的 $d'/m'$ 和 $a'/b'$ 参数。为了避免对不可到达的 IPv4 进行无用的封装和传输及对不可到达的 IPv6 包的无用传输,还应输入一个外网类型标志 ONT(outside network type)。该标志可取 4 种值之一:0 表示存在绝对顶层节点域(无外网),1 表示存在相对顶层节点域(有外网),2 表示本节点域是绝对顶层节点域,3 表示本节点域是相对顶层节点域。该标志的用法见第 9 及第 11 两章。输入完成后,单击"提交"栏。

配置服务器获得这些地址参数并接到提交命令后,向整个节点域各交换机泛洪节点域地址参数 $d/m$ 和 $a/b$、元服务器地址参数 $d'/m'$ 和 $a'/b'$ 及外网类型标志 ONT。泛洪包的类型指明这是交换机标识和节点域地址参数的配置包。同样,这时交换机的端口类型还没有配置过,交换机并不知道哪些端口是内部端口,哪些不是。对这种特殊的泛洪包,与前面描述过的泛洪方式一样处理,泛洪时附带本节点域所有交换机的 PN 号,只有自身 PN 号与泛洪包中的 PN 匹配时,交换机才收下包并转发。重复收到的包,丢弃。这样,节点域地址参

数组 $d/m$ 和 $a/b$ 不会被邻居节点域接收及转发。

交换机收到这种泛洪包后,把包中的地址参数 $d/m$、$a/b$、$d'/m'$、$a'/b'$、ONT 存放在表 12.3 所示的"节点域地址参数表"中。对元服务器所在的节点域,$d/m=d'/m'$,$a/b=a'/b'$。

表 12.3　节点域地址参数表

| $d/m$ | $a/b$ | $d'/m'$ | $a'/b'$ | ONT |
|-------|-------|---------|---------|-----|
| ⋮ | ⋮ | ⋮ | ⋮ | ⋮ |

## 12.3.5　配置交换机特殊端口

前面已经讨论过,交换机的端口有 4 种类型,其中的边缘端口和短接端口是无法让交换机自己识别出来的,并且它们有特殊的参数,称为特殊端口。本节描述对它们的配置过程。

由于配置服务器已经保存了 PN、SN、SID、$d/m$ 和 $a/b$ 等参数,对特殊端口或其他端口作配置时,有些不便于人工输入的参数如 SID、PN 等,可以由配置服务器从输入的 SN 自动转换而成。

### 1. 边缘端口

边缘端口向下连接用户接入网,向上连接外部网络。这些用户接入网和外部网络,都被假定是非层次式交换网络,因为如果它们也是层次式交换网络,则连接的方式就是层次式交换网络所规定的方式,连接的端口就是一个层次式交换网络节点域之间的外部端口而不是边缘端口。因此,当我们说到边缘端口,总是指与非层次式网络的连接。对边缘端口,不仅要用一个标识来指明它是一个边缘端口,还要为它配置若干参数,这些参数有:

(1) 该边缘端口接的用户接入网或顶层外部网是 IPv4 还是 IPv6 的区分标记;

(2) 该边缘端口的 IPv6 地址前缀;

(3) 对 IPv4 的用户接入网,输入用户网络的 IPv4 网号;

(4) 边缘端口连接的对方网络设备和所用的路由协议(主机、hub、以太网交换机、RIP、OSPF 等)。

在表 12.4 中,v6/v4 表示本边缘端口连接的用户接入网或外界网络是 IPv6 网(用 0 表示)、IPv4 网(用 1 表示)还是两种协议都有(用 2 表示)。地址前缀指本端口的地址前缀,对下接用户接入网的边缘端口,它是本节点域地址前缀后加本边缘端口的交换字段的值(即逻辑端口号或逻辑链路号)构成的。这个地址前缀也以 $d/m$ 的形式表示的。如果用户接入网是 IPv6 网络,它就是用户接入网的 IPv6 地址前缀或 IPv6 网号。如果用户接入网是 IPv4 网络,该地址前缀代表了用户网络的隧道出/入口地址。对连接用户接入网络的情形,其 $d/m$ 值永远不会出现 $0/0$ 这样的值。对于顶层连接出去的外部网络,该字段的值通常没有特别

表 12.4　边缘端口表

| SID | PID | v6/v4 | 地址前缀 | 接入协议 | IPv4 网号表指针 | 端口状态 |
|-----|-----|-------|---------|---------|---------------|---------|
| ⋮ | ⋮ | ⋮ | ⋮ | ⋮ | ⋮ | ⋮ |

的用途,故可以取 0/0,用以表明连接的是外部网络而不是下层的用户接入网。

接入协议规定如下所示。

0:主机、hub、以太网交换机。

1:RIP(RIPng)。

2:OSPF(OSPFv3)。

3:IS-IS。

4:BGP(BGP+)。

5:备用。

6:备用。

IPv4 网号表指针,指向另一张不定长的表,列出了一个用户接入网中的全部 IPv4 网号或子网号,用 CIDR 方式表示(即 32 位 IPv4 地址加上掩码长度)。该表称为 v4 网号表,如表 12.5 所示。

**表 12.5  v4 网号表**

| v4 网络地址 | v4 网络掩码 |
| --- | --- |
| ⋮ | ⋮ |

端口状态为正常(0)或失效(1)。如何测试端口是否正常,可以有很多方法,例如,底层信道自愈协议就是一种,不再细述。

为边缘端口作配置操作时,管理员从 Web 网站上单击"配置边缘端口"栏,提示管理员输入交换机名字(SN)及端口的标识(PID),配置服务器自动将其转换成(SID,PID)、表 12.4 中 v6/v4、地址前缀和接入协议等参数,同时对 IPv4 的用户网,输入 v4 网号表。当单击"提交"时,配置服务器自动添加 PN 和本节点域的 $d/m$ 后,用特定类型的泛洪包向节点域各交换机泛洪出去。节点域转发这种特定包时,遵守下列规则:

(1) 只有 PN 相符的交换机收下该包,用包中的参数填写边缘端口表(见表 12.4)和 v4 网号表(见表 12.5),并填写后面要介绍的交换机端口表(见表 12.12)。由于该包的目的地只有一个,收下该包的交换机不再转发泛洪包。

(2) 所有收到该泛洪包的交换机,只要是自己记录的 $d/m$ 值与泛洪包中的 $d/m$ 值相同,但 PN 不相符因而不收下该泛洪包的,就都要转发(除包的来路之外);否则不转发。对还没有获得 $d/m$ 配置的交换机,视为 $d/m$ 值不相同。这样可以防止该包进入尚未配置 $d/m$ 的邻居节点域后被转发。

这两条规则保证了既能把包转发到拥有该边缘端口的交换机,又避免在邻居节点域中转发该泛洪包。

交换机收到这两张表后,自动在表 12.4 中填写 IPv4 网号表指针及端口状态等参数。

### 2. 短接端口

对短接端口,关键是要生成"短接信道表"和"短接前缀地址映射表"。前者用于对用户数据包的短接交换;后者用于反向路径隧道封装(详见第 10 章)。为了生成这两张表,短接信道两侧的管理员分别输入两组参数:一组是本侧连接短接信道的交换机号和端口号(SID,PID);另一组是本侧属于该短接通信组的所有直接、间接短接通信节点域成员的节点域地址前缀($d/m$)列表。该表称为本侧短接通信节点域表,如表 12.6 所示。其中第

**表 12.6  本侧短接通信节点域表**

| (SID,PID) |
| --- |
| $d/m(*)$ |
| $d/m$ |
| $d/m$ |
| ⋮ |

一个 $d/m$(用 * 做标记)是直接短接节点域,其余均是间接短接节点域。

短接信道两侧的交换机有了本侧的短接通信节点域表后,互相交换,获得对方的短接通信节点域表。

利用本侧和对侧的短接通信节点域表,可以生成表 12.7"短接信道表"和表 12.8"对方短接通信节点域表"。

<table>
<tr><td colspan="6" style="text-align:center">表 12.7　短接信道表</td><td style="text-align:center">表 12.8　对方短接通信节点域表</td></tr>
<tr><td>SID</td><td>PID</td><td>端口速率</td><td>端口状态</td><td colspan="2">对方短接通信节点域表指针</td><td>对方短接节点域地址前缀 1</td></tr>
<tr><td>⋮</td><td>⋮</td><td>⋮</td><td>⋮</td><td colspan="2">⋮</td><td>对方短接节点域地址前缀 2</td></tr>
<tr><td></td><td></td><td></td><td></td><td></td><td></td><td>⋮</td></tr>
</table>

表 12.7 中每个表项代表一个由(SID,PID)连接的短接信道的短接通信组。当一个节点域有多条短接信道时,从多个(SID,PID)连出去,信道对方如果也在同一个节点域,则属于同一个短接通信组,各短接信道属于同一条逻辑短接信道;如果对方不属于同一个节点域,则属于不同的短接通信组,各自独立处理。表中的对方短接通信节点域表指针,指向表 12.8 所示的列表。因而,表 12.7 和表 12.8 是一体的,并对表 12.7 中的每一项,如果属于不同的短接通信组,就对应一张独立的表 12.8。

表 12.9 短接前缀地址映射表是为反向数据流作局部隧道封装用的:凡目的地为表中对方短接节点域的,用本侧直接短接节点域 $d/m$ 作为隧道末端加以封装,数据包到达隧道末端后,拆除封装,进行正常的交换。表 12.9 的每一项代表一个短接通信组,对不同的通信组,列表指针指向不同的对方短接通信节点域表,因而表 12.9 和表 12.10 也是一体的,每个表 12.9 的表项,对应一张表 12.10。

<table>
<tr><td colspan="3" style="text-align:center">表 12.9　短接前缀地址映射表</td><td style="text-align:center">表 12.10　对方短接通信节点域表</td></tr>
<tr><td>本侧直接短接节点域 d/m</td><td>端口状态</td><td>对方短接通信节点域表指针</td><td>对方短接节点域地址前缀 1</td></tr>
<tr><td></td><td></td><td></td><td>对方短接节点域地址前缀 2</td></tr>
<tr><td></td><td></td><td></td><td>⋮</td></tr>
</table>

除了表 12.6 是节点域管理员输入的以外,其余表都是系统自己生成的。

为了确定短接通信隧道的起点,如"短接通信"一章所述,直接短接通信节点域还要将表 12.9 和表 12.10 发送给间接短接节点域和单调上行路径上的各节点域,不再赘述。

## 12.3.6　节点域综合端口表

前面已经谈到,节点域中的交换机端口,总共有内部端口、外部端口、边缘端口和短接端口 4 种类型。配置完边缘端口和短接端口这两类特殊端口后,只剩下内部端口和外部端口没有配置了,而这两种端口,往往有复杂的连接关系,而且这些连接关系的变动性比较大,人工配置不但有很大的工作量,还很容易搞错。特别是当一个节点域的各交换机地理上相距很远时,一个外地交换机要换一块板子,连接的端口可能发生变化,要把这些细节通知远方的管理员进行统一的手工配置,稍有差错,系统就无法正常工作。为此,研究这两种端口的自动配置并自动确定连接关系,就显得很重要了。

自动配置前,我们已经让各交换机从配置服务器得到或自己生成了 SN、SID、PID、$d/m$、$a/b$ 等 5 种参数(自身拥有的 PN 参数,以后基本上可以不用了,因为 $d/m$ 决定了节点域的边界,而 SN 和 SID 在本节点域范围内是唯一的,所以不必再使用 PN 了),我们还假定交换机也知道了自己的哪些端口是边缘端口和短接端口,并且完成了相应的参数配置。

自动配置的过程描述如下:

各交换机获得上述配置信息后,在除了已被指定的特殊端口以外的所有端口上向对方发送"联络请求包"。联络请求包一方面向对方通告本节点域和交换机的 5 个参数,另一方面要求对方发回"联络应答包",通告其节点域和交换机的 5 个参数。联络请求包和联络应答包的格式和内容由实现者自定。

交换机发出"联络请求包"后,有下列几种情形。

(1) 发出几次,对方没有应答。表示该端口没有启用,或已经失效(失效部位有 3 处:本地端口失效,对方端口或交换机失效,通信线路失效。这 3 个部位的失效,通常无法分清,但效果是相同的)。在交换机端口表(见表 12.12)中标明失效状态。应指出的是,在节点域的正常运行阶段,可以使用高效(不争用信道容量)、快速(在数毫秒到数十毫秒内完成)的信道状态测试和自愈的底层算法模块,但在配置阶段,直接用联络包相互联系来测试状态,虽然效率不高,但更直接简单。

下面的情形都是针对收到"联络应答包"的。

(2) 如果对方的交换字段或地址前缀比自己节点域的交换字段或地址前缀层次更高,说明对方是自己的上层节点域,该端口连接的是上行信道。在端口表中将该 PID 端口对应表项的端口类型标志为上行端口,在邻居节点域参数表(见表 12.11)中记录上层节点域的 $d/m$ 和 $a/b$。

表 12.11　邻居节点域参数表

| $d$ | $m$ | $a$ | $b$ | 说　明 |
| --- | --- | --- | --- | --- |
| … | … | … | … | 父节点域参数 |
| … | … | … | … | 子节点域参数 |

表 12.11 只有两个表项,第一项为父节点域参数,向上层节点域做逐跳传输时,要求确切知道父节点域的 $a/b$ 值。由于父节点域只有一个,只要一个表项就够了。第二项为子节点域参数。下层子节点域可以有多个,它们的 $a/b$ 参数中的 $a$ 是一样的,$b$ 有可能不同。但在向下做逐跳传输时,并不严格要求知道下层节点域交换字段的长度值($b$),只要知道交换字段的起始位置($a$)就可以了。因此,对所有的子节点域只要设一个表项就够了。

(3) 如果对方的交换字段或地址前缀与自己的一样,表明对方是自己同一节点域中的一个交换机,该端口连接的就是内部信道。在交换机端口表中把该 PID 端口对应的端口类型标志为内部端口,同时将对方给出的 SID 和 PID 填入交换机端口表。

数据包在节点域内部转发时,依靠内部转发表,该表中指明要到达目的地 SID 应从自己的哪个内部端口转发出去,用到的是内部端口的 PID。因此,内部逻辑信道号并没有什么用处,不需要规定它们的编号规则。如果考虑到内部信道的可靠性、容量可扩充性和系统通用性,可以用多条内部物理信道组成一条内部逻辑信道,则需要规定内部逻辑信道的表示方法。这里要强调的是,组成一条内部逻辑信道的多条内部物理信道,是连接同一对交换机的。因此,内部物理信道之间的负载平衡,只在同一个交换机上进行,不像外部信道的负载平衡那样复杂。本质上,它是同一对交换机之间的多条物理连接,属于传统的 Trunk 技术,与本书提出的节点域之间的逻辑信道概念相比,在功能上是一样的,但在控制方法上是不同的。对 Trunk 信道技术,很容易控制和实现其负载均衡和互为备份等功能。但为了和外部逻辑信道的表示方法统一,我们仍然可以为 Trunk 信道分配一个内部逻辑信道号。在相互交换了联络包后,可以用双方的 SID 构成内部逻辑信道号。一种简单的方法是将两个 SID 的值看作 8 位无符号整数,取其低 6 位的值,把它们拼接起来,构成一个 12 位的无符号整数。拼接时,统一将值小的 SID 拼在高 6 位,将值大的 SID 拼在低 6 位。同时将第 15 位置成 1,使其数值大于 16 384。由于一个节点域中的交换机数目不可能超过 63 个,截取 6 位后并不丢失 SID 信息,因而获得的内部逻辑信道号是唯一的。虽然表 12.12 中的端口类型字段能够区分外部端口和内部端口,但利用逻辑信道号的取值范围,也可以区分:数值小于 16 384 的是外部逻辑信道,数值大于等于 32 768 的是内部逻辑信道。这里描述的生成内部逻辑信道号的算法同时在内部信道两侧的交换机中进行,两边得到的结果是一样的。

(4) 如果对方的交换字段或地址前缀比自己的层次更低,表明对方是在自己的下层节点域中,该端口连接的是下行信道。在端口表中将端口类型标志为下行信道,同时填写本端口的交换字段的值。该交换字段的值就是本下行信道的逻辑信道号或逻辑端口号。

下行信道的逻辑信道号即本节点域交换字段中对应于该端口的交换字段的值。该值不是本节点域管理员输入的,而是利用本节点域管理员输入的 $d_i/m_i$ 和 $a_i/b_i$ 参数以及下层节点域管理员输入的、通过"联络应答包"返回来的 $d_{i+1}/m_{i+1}$ 和 $a_{i+1}/b_{i+1}$ 参数进行计算获得的。计算方法如下:将下层节点域的 $d_{i+1}/m_{i+1}$ 和 $a_{i+1}/b_{i+1}$ 与本节点域的 $d_i/m_i$ 和 $a_i/b_i$ 作比较。首先将自己地址前缀的下一比特开始到对方地址前缀的最后一个比特为止的部分截取出来,记为 $k$,如果其长度(两个地址前缀中 $m$ 值的差,即 $m_{i+1}-m_i$)与本节点域的 $b_i$ 值(交换字段的长度)相同,说明本层节点域与下层节点域紧邻,中间没有层次空缺,$k$ 即该下行信道的逻辑信道号。如果 $k$ 的长度与 $b_i$ 不同,并且比 $b_i$ 大,说明下层节点域的交换字段与本节点域的交换字段不是紧挨着,中间有空缺层。这时截取 $k$ 的最高 $b_i$ 位的值,作为该端口的逻辑信道号。要注意的是,在有空缺层的情形下,下层管理员设置的节点域地址前缀中,对应空缺的位都应该置成 0。如果 $k$ 的长度比 $b_i$ 小,说明下层与本层的交换字段有重叠部分,管理员做了错误的配置,应向管理员发出告警,纠正配置错误。

通过上述过程,交换机获得了对方的参数,在交换机端口表中标记了上行/下行/内部信道类型和逻辑端口号。在邻居节点域参数表中记录了上层和下层邻居节点域的参数。

较完整的交换机端口表的格式如表 12.12 所示,随着功能的不断增加,以后还可能增加某些新的字段。

表 12.12 交换机端口表

| SN | SID | PID | 端口类型 | 端口速率 | 端口状态 | 逻辑端口号 | 对方 SN | 对方 SID | 对方 PID | 服务器类型 |
|----|-----|-----|---------|---------|---------|-----------|---------|----------|----------|-----------|
| ⋮ | ⋮ | ⋮ | ⋮ | ⋮ | ⋮ | ⋮ | ⋮ | ⋮ | ⋮ | ⋮ |

表 12.12 所示的交换机端口表,是交换机经过与邻居的探询后自动填写的。交换机名字 SN、SID 和 PID 已经在前面说明过了,由管理员在配置服务器上配好后泛洪给各交换机

的。端口类型一览表示端口的上行、下行和内部3种不同的性质。这3种端口类型也是探询后自动填入的,端口类型编码分配如下所示。

0:上行端口。

1:下行端口。

2:内部端口。

3:边缘端口。

4:短接端口。

5:服务器端口。

6:待用。

端口类型编号是可扩充的,例如,可以用新的编号表示一些边界端口,如管理域边界端口、服务域边界端口等。由于这些端口与上面6种端口不是互斥的,因而也可以用特定的编号表示端口类型的组合。例如,10表示既是管理域边界端口,又是上行端口;14表示既是管理域边界端口,又是短接端口;21表示既是服务域边界端口,又是下行端口。这些实现细节不再讨论了。

表12.12中的逻辑端口号分配如下所示。

65 535:上行逻辑端口号(FFFF)。

0~16 383:下行逻辑端口号(0000~1FFF)。

16 384~32 767:短接逻辑端口号(4000~7FFF)。

32 768~49 151:内部逻辑端口号(8000~CFFF)。

虽然边缘端口和短接端口是单独输入的,并在前面的表12.4、表12.6、表12.7、表12.8、表12.9和表12.10中保存了参数,但对边缘端口,也要参加交换数据包的过程,并且也分为上行(连接外网)和下行(连接用户接入网)两类,因此也应被包含在这张表中。针对边缘端口的表项,在表12.12的端口类型字段填写3表示边缘端口,逻辑端口号字段的填写,要反映出上行和下行的逻辑端口号。具体做法是,取出表12.4(边缘端口表)的"地址前缀"字段的值,如果该值为0/0,表示上行端口,用65 535填写表12.12的逻辑端口号;如该值为非0/0的 $d_{i+1}/m_{i+1}$ 值,则它与本节点域参数 $d_i/m_i$ 的差别部分(即前面提到的 $k$)就是该下行边缘端口的逻辑端口号,填入表12.12的逻辑端口号字段。

逻辑端口号只有下行信道端口才有使用意义,其值为上面计算的 $k$ 值。0~8191的取值范围表明,一个交换字段的最大长度可以达到13个比特,通常不可能用这么长交换字段的。对方交换机的SN、SID和PID,对内部端口有意义。邻居节点域的交换机名字SN、SID和PID(从外部端口上探询得到的),当管理员查询交换机配置信息时,可以显示给管理员参考,以便域管理员与上层或下层域管理员之间叙述问题时更加方便,但不能(也不需要)在控制程序中使用。

(5) 如果收到的应答包不是来自交换机,而来自服务器,则除了填写本交换机的SN、SID和PID外,还要填写服务器类型。允许多种服务放在一个服务器上运行。

在"联络请求/联络应答"的包中,应设立一个字段,叫端口类型。在上述6种端口类型中,只有3、4和5是事先知道的:3和4是人工配置的,交换机知道自己的哪些端口已经被管理员配置成了边缘端口或短接端口;5是服务器端口,节点域内所有的各种类型的服务器,收到联络请求包后,都在联络应答包中把端口类型置成5,同时列出本服务节点提供的所有服务种类(以服务类型标识即 ServerID 表示)。

在"联络请求/联络应答"的过程中,对端口类型 3、4 和 5 的处理较为特殊。边缘端口(3)是不发送联络请求的,对侧设备也不会向它发送"联络请求"的。因此它没有参与"联络请求/联络应答"的过程。对连接服务器节点的交换机端口(5),没有从人工配置中告诉过它连的是服务器,也是通过发出"联络请求"并从服务器节点收到"联络应答"后才知道对方是个服务器节点的。服务器节点是不主动发送"联络请求"包的,但它能收到对方的"联络请求"包,并给出相应的"联络应答"包。对短接端口(4),管理员已经人工配置了它是个短接端口,并输入了对侧和本侧相关节点域地址前缀,同样不参与"联络请求/联络应答"的过程。

对人工配置中没有被指定为特殊端口类型(3、4、5)的所有其他端口,都属于 0、1 和 2。由于在执行"联络请求/联络应答"前和正处于"联络请求/联络应答"过程之中,交换机一般不能确定自己端口的确切类型,所以在"联络请求"包和"联络应答"包中,不填写端口类型,收到包的交换机或服务器,也不处理这个字段,忽略它。完成了"联络请求/联络应答"过程的端口,其端口类型及逻辑端口号也就确定了。

有了上述交换机端口表后,交换机知道自己的哪个端口连接了服务器。通过前面的配置,交换机已经有了元服务器地址信息,就可以给服务器发一个内部包,将元服务器地址($d/m,a/b$)送给本地的各种服务器。为了简便,无论本地的服务器是局部的还是全局的,统一地收下元服务器地址信息,并保存起来。

每个交换机通过"联络请求/联络应答"得到了表 12.12 所示的交换机端口表后,可在节点域内部用泛洪包进行交流和汇总,生成一张包含节点域中所有交换机的、完整的交换机端口表,成为"节点域综合端口表",见表 12.13。它与表 12.12 的格式完全一样,只是综合了节点域的所有端口,表项更多而已。虽然表 12.12 与表 12.13 的格式一样,但表 12.12 只是一张中间表格,每当改变交换机配置时,重新启动"联络请求/联络应答"过程生成表 12.12,然后交流汇总成表 12.13。所以交换机中应同时保留这两张表格。利用节点域综合端口表,可生成服务器位置表、外部端口表、交换机内部转发表这 3 张重要的表格。因此节点域综合端口表是一张基本数据表,它的部分内容是人工输入的,其余更复杂的内容是自动生成并相互交换后综合而成的,同样的表格保存在所有的交换机中,便于交换机在本地生成其他表格。对不同性质的端口,用到的字段并不一样,生成不同目的的其他表格时,在里面抽取有用的字段。

表 12.13　节点域综合端口表

| SNM | SID | PID | 端口类型 | 端口速率 | 端口状态 | 逻辑端口号 | 对方 SNM | 对方 SID | 对方 PID | 服务器类型 |
|---|---|---|---|---|---|---|---|---|---|---|
| ⋮ | ⋮ | ⋮ | ⋮ | ⋮ | ⋮ | ⋮ | ⋮ | ⋮ | ⋮ | ⋮ |

当配置进行到表 12.12 阶段后,所有的泛洪包在泛洪时,一律只在内部端口上转发(来路除外),就不要别的控制泛洪转发范围的机制了。包括交流汇总成表 12.13 的过程,都可以只在内部端口上进行泛洪。

## 12.3.7　服务器位置表

服务器位置有两个含义:服务器在一个节点域内部的位置;服务器在整个层次网络中的位置。前者解决的问题是,当一个服务请求包进入本节点域后,怎样将它送到设在本节点域内的相应的服务器；后者要解决的问题是，服务申请者怎样找到服务器所在的节点域，并把服务请求包送到该节点域。这里分别加以讨论。

**1. 服务器在节点域内的位置**

在表 12.13 中，对应交换机(SID,PID)的表项，如果该端口连接的对方是一台服务器，则在表最右侧的字段有特定的服务器种类。把这些表项复制到一起，组成一张只含有服务器位置的表，就是服务器位置表。以后节点域中其他交换机要将报文送给某类服务器时，查此表就可以找到了。服务器位置表的样子如表 12.14 所示。

表 12.14　服务器位置表

| ServerID | SID | PID | 端口状态 | 主/辅(0/1) | 说　　明 |
| --- | --- | --- | --- | --- | --- |
| 0 | 3 | 0302 | … | … | 元服务器 |
| 0 | 2 | 0202 | … | … | 元服务器 |
| 1 | 1 | 0101 | … | … | 参数配置服务器 |
| 2 | 2 | 0204 | … | … | 隧道地址映射服务器 |
| 3 | 2 | 0201 | … | … | 资源管理服务器 |
| 3 | 3 | 0103 | … | … | 资源管理服务器 |
| 4 | 1 | 0302 | … | … | 多播管理服务器 |

在表 12.14 中，ServerID 表示服务器种类，SID 和 PID 指明该服务器的位置。这个位置表示交换机 SID 的 PID 端口连接了 ServerID 服务器。

任一交换机的一个外部端口上收到了服务请求包并为其进行交换时，由于它是个封装了内部地址格式的内部报文，就要进一步根据地址的低位部分判断内部包的类型，如果是指向服务器的，取出请求包内的服务类型 ServerID，然后从表 12.11 查出目的地交换机的位置(SID,PID)，进行 ISL 封装，通过内部转发表投递出去。到了目的地 SID，拆除 ISL 封装后，从 PID 端口发送出去。服务器收到的是没有 ISL 封装的内部包。

为了系统的可靠性，同一个节点域中的同一类服务器可以有多个。例如，表 12.14 中有两个元服务器和两个资源管理服务器，当某一个失效时，在端口状态字段中标出后，可以使用另一个。因而端口状态栏也被从表 12.13 中复制过来了。当端口状态发生改变时，表 12.12、表 12.13 和表 12.14(以及从表 12.12 衍生出来的其他含有端口状态字段的表格)都要同时被更新。测出端口失效的交换机，很容易修改本交换机内维护的表格，但对节点域综合端口表，在各个交换机中都有，要依靠泛洪将失效/恢复的状态通知到所有交换机，同步地修改所有包含端口状态字段的表格。由于状态变成失效或从失效中恢复是频度很低的，因而同步地修改多种表格的状态字段并不会带来明显的处理工作量。另外，同类的多个服务器之间的数据同步，是服务器管理的事，例如，一旦服务器中有数据被更新，可以相互同步一次。但这已经超出了这里讨论的范围。从更新内容的角度，定义主/辅服务器是方便的，但从使用服务的角度，它们是完全平等的，谁的状态正常就用谁，有多个状态正常的同类服务器时，任意选用一个。

**2. 服务器在层次网中的位置**

表 12.14 中对服务器的描述，只涉及在本节点域内各种服务器的位置和状态信息，只具

有局部的意义。当某种服务器用作全局服务器时,可以为其他节点域服务,其他节点域怎样发现需要的服务器处在哪个节点域? 怎样把服务请求包送到该节点域?

　　解决的方法是设立一个专门的服务器,叫注册服务器或元服务器,将为全局提供服务的所有服务器在该元服务器中进行注册登记。注册登记的内容包括服务器种类、服务器地址前缀和所在节点域的交换字段,即位置信息三值组$(ServerID, d/m, a/b)$。后两个值可以从表 12.3(节点域地址参数表)中获得。处于其他节点域的服务请求者要使用服务时,如果它已经知道了服务器的位置信息三值组,可以利用 $d/m$ 和 $a/b$ 构建内部报文的目的地址,将携带有服务种类(ServerID)的服务请求包送到目的地节点域。如果服务请求者不知道所需服务器的位置三值组,先向元服务器查询,得到最近的所需服务器的位置信息三值组后,再使用内部报文将服务请求发给服务器所在的节点域。一旦服务请求包到达服务器所在的节点域后,就可以通过表 12.14 找到服务器了。服务器的服务结果,可以通过服务应答包,送回给服务请求者(利用服务请求包中的源 $d/m$ 和 $a/b$ 值,构造内部报文的目的地址)。一旦查询到某服务器的位置三值组后,可以缓冲下来,以后再要使用相同的服务时,就不必再查了。

　　元服务器的位置是统一规划的,并且在前面的节点域地址参数配置时,已经配置过了。

　　各节点域中的全局服务器向元服务器进行注册,是服务器之间的操作协议,不必在交换机中要求任何配置操作,不再作进一步的讨论了。

## 12.3.8　节点域外部端口表

　　从表 12.13 中的上行信道和下行信道对应的端口加上边缘端口对应的端口(边缘端口也有下行或上行的逻辑端口号,是人工输入的,也被填在表 12.12 并汇总在表 12.13 中,并被复制到表 12.15 中),可以组成外部端口表。由于节点域所有交换机的外部端口都被汇集、罗列在一起,故该外部端口表被称为节点域外部端口表,其例子如表 12.15 所示。

表 12.15　节点域外部端口表

| Lport | SID | PID | Bandwidth | Status | 说　明 |
|---|---|---|---|---|---|
| 65 535 | 1 | 0103 | 622 | 0 | 上行信道 |
| 65 535 | 2 | 0202 | 155 | 0 | 上行信道 |
| 3 | 2 | 0203 | 155 | 0 | 3 号下行信道 |
| 3 | 1 | 0203 | 45 | 0 | 3 号下行信道 |
| 5 | 3 | 0303 | 155 | 0 | 5 号下行信道 |

　　表 12.15 中,规定了每条逻辑信道对应的物理信道的位置(SID,PID)、参数(带宽)和状态。该表与第 3 章中的外部端口表一样,只是为了完整性,重复列出于此。

## 12.3.9　交换机内部转发表

　　在交换数据包的过程中,根据数据包目的地址中相应的地址交换字段,确定逻辑端口号,然后从表 12.15 所示的外部端口表查得 SID 和 PID。为了把数据包送到目的 SID,就要利用内部转发表,按照其规定的交换路径,进行 ISL 封装后逐站将数据包传递出去。由于每台交换机都要独立地生成自己用的一张内部转发表,故称为交换机内部转发表,如表 12.16 所示。

表中,

- SID:目标外部物理信道所在的目标交换机标识。
- N-PID:去目标交换机要经过的转发端口的 PID。

**表 12.16  交换机内部转发表**

| SID | N_PID |
| --- | --- |
| 2 | 0103 |
| 3 | 0202 |
| 4 | 0102 |

交换机内部转发表也在第 3 章中介绍过了,只是做了最大限度的简化。一旦表 12.16 中的某 N_PID 变得不可用(失效),就会立即启动一次内部拓扑重构过程,重新建立各交换机之间的内部连通性。交换机内部转发表的作用范围只在一个交换机内部,各交换机都有自己的内部转发表。交换机执行一次拓扑测试过程,就能生成交换机内部转发表。

考虑到底层信道状态的测试能力(参考第 8 章),一条近程(如两交换机处在同一个城市)内部信道出现状态变化(失效或恢复),往往在数毫秒内发现;一条远程(连接不同城市)内部信道的状态变化,也可以在二十毫秒左右被发现。重构过程如下:

(1) 任意一个内部端口(或内部信道)失效(或恢复),底层自愈协议能立即感知失效事件并触发一次节点域拓扑重构。

(2) 交换机执行拓扑重构时,向本交换机所有内部端口泛洪发出一个拓扑测试包。拓扑测试包中包含自己的 SID。启动一个定时器(例如,200~500ms)。

(3) 首次收到他人拓扑测试包的交换机,做如下操作。

① 向来路以外的所有内部端口转发该拓扑测试包。

② 如果自己没有发出过拓扑测试包,立即启动自己的拓扑测试包(含有自己的 SID),向自己所有的内部端口泛洪,也启动定时器。

③ 把收到的拓扑测试包中的始发者身份 SID 取出,填入表 12.16,并把第一次收到该包的内部端口号填入 N_PID。

(4) 在定时器超时之前,丢弃任何重复收到的拓扑测试包。

(5) 定时器超时后,关闭定时器。同时删除曾经收到过的拓扑测试包的记录,为下一次启动新的拓扑测试过程作好准备。

上面生成交换机内部转发表的方法,假定内部信道双向速率相同,这对节点域的场合是成立的。因为节点域的内部信道,一般不用低速信道,也不用卫星等不对称信道。另外,虽然定时器的时间设得较大,但完成一次拓扑重构的时间却是很短的。

由于节点域规模小,连接丰富,大部分交换机之间都可以一跳直达,最大跳数不超过 2,故上述拓扑重构生成的内部转发表不会有转发回路和转发振荡。假设有路径 A-B-C,即 A 发向 C 的数据包经 B 转发。简单的逻辑推理:由于首发或转发拓扑测试包时不受端口队列的影响,是按最快速度发出的,既然 A 从 B 最先得到了 C 的拓扑测试包,B 就不可能从 A 最先得到 C 的拓扑测试包。因而 B 去 C 的数据包一定不会让 A 转发。

在讨论交换机内部转发表时,还有一点需要指出,即最短路径或最佳路径的衡量标准问题。我们上面讨论的方法,拓扑测试包优先发送,不受用户数据包队列的影响,最先到达的路径被选用。而影响最先到达的因素有 3 个:跳数、端口速率和信道传播延迟。对确定的网络,这 3 个因素是固定的,不受当时端口待发数据队列长度的影响。因而生成的转发表是稳定的、相互没有冲突的。

### 12.3.10 固定端口交换机的处理

对低档次的交换机,没有接口卡,只有固定的接口。固定接口也可以有不同的接口卡类型(如 ETH、POS、Serial 等),只是它们的位置是固定的,交换机的驱动软件可以指定每个端口的"位置号"和"卡上端口号",之所以加上引号,因为可以把同一种接口用同一个"位置号"表示,尽管交换机内部结构中可能并不对接口做位置上的排序,但可以在交换机低层与设备驱动程序的接口软件中为它们指定。同一种接口的多个接口,用不同的"卡上位置号"表示,尽管没有卡的概念,接口软件也可以为它们指定这个"卡上位置号"。例如,一台交换机有 24 个以太网接口,4 个 POS 接口,两个 ATM 接口,它们的接口编号可以被指定为 ETH0/0、ETH0/1、…、ETH0/23,POS1/0、POS1/1、POS1/2、POS1/3,ATM2/0、ATM2/1。它们相应的 PID 为 0000x、0001x、…、0017x、0100x、0101x、0102x、0103x、0200x、0201x。这样处理后,就与插卡式的交换机端口配置过程相一致了。

## 12.4 配置过程小结

本节总结一下整个配置的过程,列出了配置的顺序,并用单线方框表示人工输入部分,用双线方框表示自动生成的部分,如图 12.1 所示。

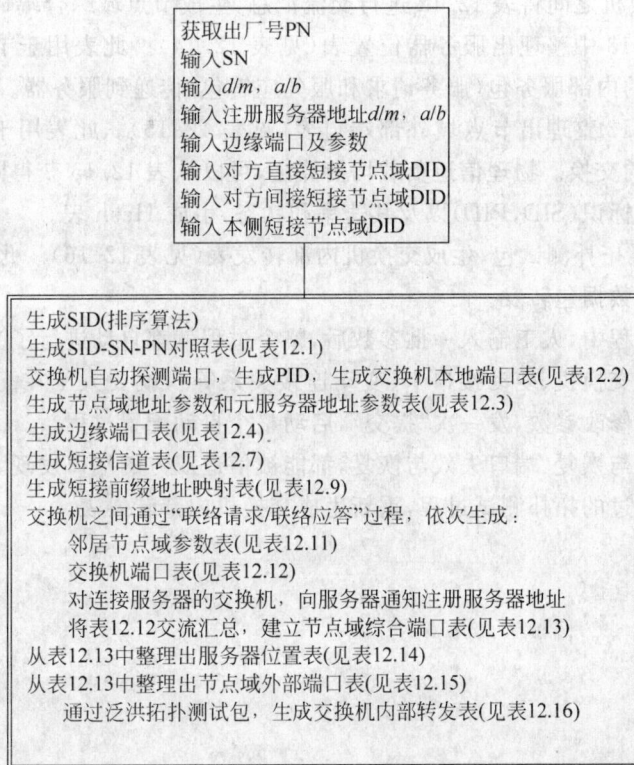

获取出厂号PN
输入SN
输入d/m,a/b
输入注册服务器地址d/m,a/b
输入边缘端口及参数
输入对方直接短接节点域DID
输入对方间接短接节点域DID
输入本侧短接节点域DID

生成SID(排序算法)
生成SID-SN-PN对照表(见表12.1)
交换机自动探测端口,生成PID,生成交换机本地端口表(见表12.2)
生成节点域地址参数和元服务器地址参数表(见表12.3)
生成边缘端口表(见表12.4)
生成短接信道表(见表12.7)
生成短接前缀地址映射表(见表12.9)
交换机之间通过"联络请求/联络应答"过程,依次生成:
    邻居节点域参数表(见表12.11)
    交换机端口表(见表12.12)
    对连接服务器的交换机,向服务器通知注册服务器地址
    将表12.12交流汇总,建立节点域综合端口表(见表12.13)
从表12.13中整理出服务器位置表(见表12.14)
从表12.13中整理出节点域外部端口表(见表12.15)
    通过泛洪拓扑测试包,生成交换机内部转发表(见表12.16)

图 12.1 交换机/节点域配置过程

从图 12.1 可以看出,人工只配置了 SN、本节点域参数 $d/m$ 和 $a/b$、元服务器地址 $d/m$ 和 $a/b$、边缘端口及其参数、短接端口及其参数。这些需要人工输入的参数,直观简单,不容易搞错,而且不大变动。配置时在一个 Web-form 中完成,然后泛洪给所有交换机。

其余复杂的表格和参数,都是交换机自动完成的:

(1) 首先用名字排序法生成 SID,建立 SID-SN-PN 对照表(见表 12.1)。

(2) 第二步是探测自己的所有接口,确定接口种类及位置,生成 PID。建立交换机本地端口表(见表 12.2)。

(3) 根据输入的节点域地址参数和元服务器地址参数,建立表 12.3。节点域地址参数 $(d/m,a/b)$ 表用于邻居接点域之间相互交换,以便实现内部包的逐站或非逐站转发。也用于交换机发现信道对侧邻居的上下层或同节点域的关系。元服务器地址(也是 $d/m,a/b$ 形式),用于将元服务器的地址通知本节点域中的服务器。

(4) 生成边缘端口表(见表 12.4)。

(5) 生成短接通信用的短接信道表(见表 12.7)和短接前缀地址映射表(见表 12.9)。

(6) 执行"联络请求/联络应答"过程。

(7) 建立邻居节点域参数表(见表 12.11)。

(8) 生成交换机端口表(见表 12.12),本表列出了本交换机人工设定的(边缘端口和短接端口)和自动发现的(上行端口、下行端口、内部端口)全部端口。该表用于交流汇总。

(9) 交换机知道了连接本节点域各服务器的端口,向服务器通知元服务器的位置等参数。

(10) 通过交换机之间将表 12.12 进行交流汇总,生成节点域综合端口表(见表 12.13)。

(11) 从表 12.13 中整理出服务器位置表(见表 12.14)。此表用于节点域内部转发过程,把进入节点域的内部服务包(服务请求和服务应答包)传递到服务器。

(12) 从表 12.13 整理出节点域外部端口表(见表 12.15)。此表用于选择外部逻辑信道,实现对数据包的交换。物理信道负载均衡算法,可以从表 12.15 获得同一逻辑信道对应的全部物理信道的标识(SID,PID)以及其速率和状态,生成 Hash 表。

(13) 通过泛洪拓扑测试包,生成交换机内部转发表(见表 12.16)。此表用于 ISL 封装,实现节点域内部的数据包转发。

在上述配置过程中,人工输入一批参数后,整个过程就都自动进行了。当节点域结构有变动时(例如,增减交换机、变动接口卡、变动连接关系等),就要人工在配置服务器的 Web 界面上重新输入或修改参数,发一次"提交",启动整个自动配置过程。

对交换机失效与恢复、端口失效与恢复,都能被信道双方的端口发现。由发现失效的交换机启动前面讨论过的拓扑测试过程,重新生成交换机内部转发表。

# 第 13 章

# 内部服务管理

前面已经提及,从网络管理和服务的角度将网络划分为运营商子网和用户子网,在运营商子网和用户子网之间有一条明确的边界。运营商子网的目标是为用户子网提供安全、高效、有服务质量保证的数据转发服务。为实现这个目标,在运营商子网内部,除完成数据的转发功能外,还需要实现诸如安全、服务质量资源管理、多播管理、VPN 管理、隧道配置、网络管理等管理和控制功能。这些功能在运营商子网内部以内部服务的形式,在运营商内部提供相关功能的服务,对用户子网是透明的。

当前互联网对这些功能的实现、部署、配置和管理是相当混乱的。早先的 Internet 体系结构注重于在合作自律的用户之间协商而实现尽力而为的可达性,在各个独立的路由器上捆绑了可达性逻辑和数据传送功能。控制与管理没有完全分化和独立出来,决策逻辑和数据层面紧密耦合并位于同一个盒子,造成全网决策逻辑随路由器分布到多个网络元素中,控制与管理的极端分布式特征是 Internet 复杂而脆弱的根本原因之一。为实现诸如安全、可靠性、多策略路由、流量工程、可管理性等更广泛的目标,针对每一个具体功能需求,就提出一种专用的解决方案附加在互联网的体系结构上。这种没有统一规划的打补丁方式也直接导致协议的复杂和多样性,产生了一个粗糙而复杂的控制/管理体系结构。如今渐进式努力的路线是引进更多的专用方案到控制平面中,它只会加剧管理的复杂程度。一些路由协议、传输控制协议、互联网控制管理协议以及为实现其他特殊功能而制订的专用协议(如 RSVP、IGMP 等),都需要独立地实现配置与管理、分布式协议信息收集与发布等模块,这些重复的模块增加了网络的复杂性。现在的互联网特别脆弱,表现出一个不稳定的复杂巨系统特征,一个局部的小事件(如某个路由器接口的错误配置)以雪崩形式造成全局的严重后果。

现有网络控制和管理结构的缺点在于其涉及的点面太多。从横向角度看,涉及分布式网络中所有的网络元素,从纵向角度看涉及协议栈的所有层,导致网络控制和管理层面过于复杂。以设备为中心的分布式协议设计,将决策逻辑分布于分布式系统中,每个路由器和交换机都隐含地嵌入了一些决策逻辑,使得多实体参与的分布式决策算法实现与消息传递的分布式系统问题交织在一起。多种协议共存于同一个交换机/路由器,共同影响最终的控制信息,造成控制信息的不同步和不一致。为实现某些网络层面的高层目标如流量工程、健壮性、安全以及各种强制策略等,需要遍及网络中所有设备上进行大量底层的手工配置,这些配置信息进而通过分布式协议以间接隐晦的方式形成网络的控制信息。全局网络目标表达为各种分散的底层配置信息的人工决策过程和烦琐的手工配置过程,容易引入错误,难以理解、难以维护。简而言之,操作的复杂性困扰着今天的Internet。

针对以上问题,HSNET 内部服务体系遵循两个原则:一是将服务功能与数据交换功能严格分离;二是建立统一的内部服务管理框架。

将具有明确目标的内部服务功能从交换系统中分离出来,集中于独立的服务器。服务逻辑运行决策和管理算法,根据当前网络级视图(拓扑、流量、资源状态),将网络级服务目标(可达性、负载均衡、访问控制、服务质量、多播组管理、安全等)分解为一系列可以直接配置到各交换机数据层面的控制参数(资源分配表、转发表、包过滤、包调度与队列管理参数等),由服务器或者通过与其他相应服务器之间的协同工作共同完成。当前路由器既要完成高速的数据包转发,又要进行复杂的路由协议的交互与计算,同时还要进行各种辅助的内部服务和策略控制。路由计算和内部服务操作将大大降低路由器的效率、增加路由器的复杂性。在每个节点部署内部服务模块既浪费了资源也降低了效率。将内部服务从路由交换设备中剥离出来,让其专注于数据的交换,简化了网络交换设备的复杂性。比较单一的交换功能有利于设计高速专用的设备,降低成本提高效率,延长设备的生命周期。内部服务逻辑的集中控制也简化分布式协议的复杂度。从组织结构上看,它将原来的多方协商变成了单方决策,将多方之间的信任关系变成了相邻对等服务器之间的双边信任关系,减少了复杂的交互和需要存储的状态。保证内部服务控制逻辑和用户数据转发逻辑上的分离,避免用户数据访问决策平面,阻挡来自不良用户的攻击。数据转发交换功能是相对稳定的,而服务功能是动态变化的,因此将服务功能集中起来有利于服务的升级。评价数据交换性能的标准是数据包的转发效率,测量参数为吞吐量、延迟、丢包率等。内部服务强调的则是服务功能的完备性、准确性和简单性。

HSNET 网络体系结构为所有的内部服务提供了一个开放、通用的管理机制——内部服务管理框架,成为所有内部服务统一的共享平台。它以逻辑节点域为基本单位配置和管理各种内部服务,并为这些服务提供必要的分布式处理功能。内部服务管理框架剥离了互联网各种分布式协议中的决策逻辑,完成网络元素各种实时状态信息的收集、向各网络元素发布控制命令并提供控制参数。

本章着重论述 HSNET 网络内部服务管理的基本概念和内部服务管理框架。HSNET网络内部服务管理框架定义了一种开放通用的内部服务提供系统,以及在此服务提供框架上配置、管理和控制各种内部服务的一组方法集合。内部服务管理框架实现服务的定义与注册、标识与寻址、服务在层次式交换网络上部署与配置,以及实现服务的实体——服务进程在节点域内部的管理与控制方法、服务消息在层次式交换网络内部的交换方法、节点域内部交换节点与服务节点的协同操作等。

## 13.1　内部服务管理的概念与术语

本节给出了内部服务管理相关的概念和术语,定义了节点域服务、全局服务、服务地址、服务进程、服务进程的访问点、元服务和服务节点等。

- 节点域服务:根据服务分布的不同,将服务分为两种:一种是节点域服务,一种是

HSNET 网络全局服务。节点域服务分布在 HSNET 网络的每个节点域内,其服务范围和管理局限于节点域范围内,通常与相邻节点域同种类型的服务交互与协同,在全网范围内完成某种服务,如 QoS 管理、多播管理等。

- 全局服务:HSNET 网络全局服务的服务范围覆盖整个层次式交换网络范围,不要求分布于所有的节点域中,通常分布在层次式网络的特别位置,如分布于顶层节点域或底层边缘节点域,提供边缘接入服务、安全服务等。一般采用就近服务的原则。

- 服务地址:标识某一类特殊服务。服务地址格式定义遵循节点域的内部地址定义,由其所在的节点域地址前缀与众所周知的服务类型号通过一定的规则确定,服务地址随其提供服务的服务进程所在节点域的位置不同而不同。内部服务地址格式以及地址指定详见第 6 章。

- 服务进程:实现某种内部服务的活动功能实体,一个服务进程通常独立完成一个服务。一般,一种类型的服务可能对应有多个功能相同的服务进程。对于节点域服务,可以有若干个分布在节点域内不同服务器上的功能相同服务进程,其中只有一个主服务进程处于激活状态,提供该种类型的服务,其他服务进程处于热备份状态,这些服务信息可以用服务进程表记录。对于 HSNET 范围的全局服务,一般采用分布式服务方式,每个服务进程就近提供服务。提供全局范围服务的服务进程不仅需要受其所在的节点域管理,而且一般需要定期到顶层节点域注册。顶层节点域元服务负责管理全局服务的各服务进程。

- 元服务器:元服务器为其他各种服务器提供注册服务,其服务地址是众所周知(well-known)的。服务使用者要使用某服务而又不知道服务器的地址,可向元服务器查询。虽然元服务器可指称服务器的物理设备,元服务可指称该设备中的服务进程,但我们经常混用这两个词来表达元服务进程。

- 服务节点:为提供内部服务而运行一个或多个服务进程的节点。节点域包含两类节点:交换(机)节点和服务(器)节点。服务节点可以是一台独立的计算机,也可以是插入交换机背板的一块卡片式处理器。虽然卡片式处理器在物理上与交换机共体,但逻辑上和功能上与交换机是完全独立的。服务节点运行的内部服务进程,接收、处理和分发各种内部服务控制和管理消息。服务节点只与节点域内部的交换机节点用内部信道相连接。

- 服务进程访问点(SAP):由 SvrID 与 SvrPort 两部分组成。SvrID 是运行该服务进程的服务器节点标识号,SvrPort 是服务进程在该服务器的服务端口号(16 位)。服务进程与服务进程的服务访问点一一对应,通过服务访问点可以将服务请求信息包递交到相应的服务进程。

## 13.2 内部服务体系结构

第 9 章根据管理或者技术等方面的需要把网络分成管理域、协议域以及服务域。本章关注的是服务域,服务域由多个 ISP 网络以及外网互联而成,内部可能包含 HSNET 协议域或其他非 HSNET 协议域。

图 13.1 是 HSNET 网络内部服务管理构架示意图。为叙述的方便,在各种网络元素的交界处,我们定义了一些参考点。

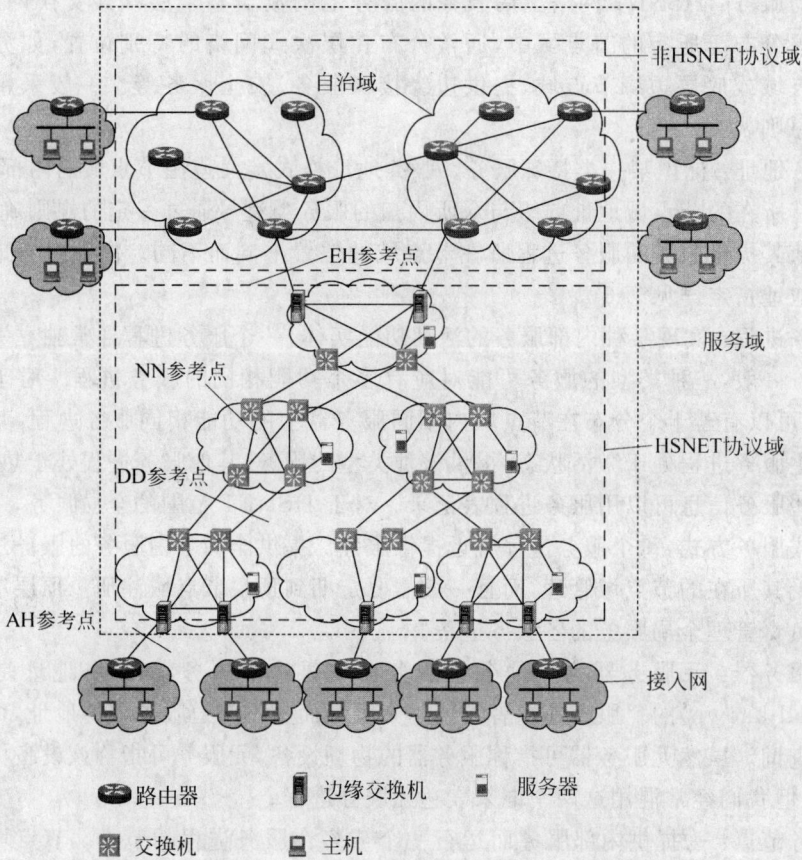

图 13.1　HSNET 网络内部服务管理架构

- EH 参考点:定义在外部非层次骨干网络(简称外网)与 HSNET 网络边界。
- AH 参考点:定义在用户接入网络与 HSNET 网络边界。
- DD 参考点:定义在 HSNET 网络内节点域之间的边界。
- NN 参考点:定义在节点域内节点之间的边界。

在 HSNET 协议域边缘,将 EH 参考点、AH 参考点相连的端口称为边缘端口。在 HSNET 协议域内部,将 DD 参考点相连的端口称为外部端口。在 HSNET 节点域内部,将节点之间即 NN 参考点相连的端口称为内部端口。

HSNET 内部服务管理框架依附于 HSNET 协议域内,以节点域为基本单位部署。在节点域内部,服务节点与交换节点之间的服务协议实现节点域内部服务的管理与控制;在节点域之间,通过服务消息的交互实现域间服务的协同,以此为基础构造 HSNET 网络内部服务系统,提供各种内部服务。

HSNET 内部服务管理框架并不具体实现各内部服务的业务逻辑,但为 HSNET 网络的内部服务提供必要的分布式处理等基础功能。它允许方便地定义、配置并部署各种服务，通过标准的服务交互协议实现各种内部服务在全网范围内涉及多个节点域的信息交换和协同工作。

　　图 13.2 描述了一个服务节点的模块结构，显示了内部服务管理框架与内部服务和层次式交换网络协议栈之间的关系。内部服务管理框架作为连接服务进程和 HSNET 基本协议栈的中间层，对下层协议栈屏蔽服务进程的部署位置、服务访问点等信息，并为上层各种内部服务提供统一的接口完成内部服务的部署、注销、管理和信息同步等功能。

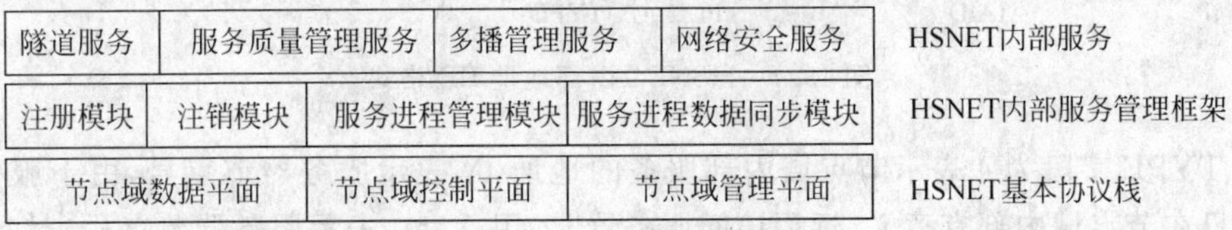

| 隧道服务 | 服务质量管理服务 | 多播管理服务 | 网络安全服务 | HSNET内部服务 |
|---|---|---|---|---|
| 注册模块 | 注销模块 | 服务进程管理模块 | 服务进程数据同步模块 | HSNET内部服务管理框架 |
| 节点域数据平面 | 节点域控制平面 | | 节点域管理平面 | HSNET基本协议栈 |

图 13.2　服务节点模块结构

## 13.3　内部服务管理框架的概念数据结构

### 13.3.1　服务地址

　　内部服务禁止公众用户直接访问，对普通用户透明。层次式交换网络内部服务系统涉及的所有内部元素，都应使用特殊的地址格式和特殊的控制方法。普通用户只能提出服务请求申请，由 HSNET 内部特定的系统代理访问内部服务。所有来自用户的内部服务请求申请，在经过边缘端口进入层次式交换网络时，检查请求的合法性，拒绝对内部服务的非法直接访问，这对网络的安全是至关重要的。

　　内部服务的服务地址采用 HSNET 内部地址格式。HSNET 内部地址属于 IPv6 全局单播地址空间，格式前缀（format prefix）位模式不为"000"。内部地址包括地址前缀、保留位和 IID 组成，如图 13.3 所示。对于内部服务，服务地址前缀就是其所在节点域的地址前缀。假设地址前缀为 $n$ 位，则网络前缀剩余的 $64-n$ 位保留，以 0 填充。后面 64 位是 IID，其编址格式如图 13.4 所示。包括内部地址空间唯一性标识 IAID 字段、特征及前缀长度 PL 字段、地址类型 TYPE 字段、$X$ 字段和 $Y$ 字段。IAID 字段，24 位，$c$ 比特设置为特定的 $c$ID 值、$u$ 比特设置为 1、$g$ 比特根据需要设置为 0 或 1。PL 字段 8 位，其中的低 6 位（见图 13.4 中的 $p$ 位）表示地址前缀的长度，第 7 位（$h$ 位）为逐域（domain-by-domain）特征位，置成 0 表示非逐域处理，用于全局服务，内部数据包到达目标地址所指向的节点域后，递交到该节点域中的服务实体进一步处理；置成 1 表示逐域处理，用于节点域服务中，内部数据包沿途经过的每个节点域都要接收并递交到服务实体进行处理；第 8 位（$r$ 位）保留。TYPE 字段 8 位，$X$ 字段 8 位，$Y$ 字段 16 位，这些字段的组合可以标识节点域内部各种类型的实体元素。

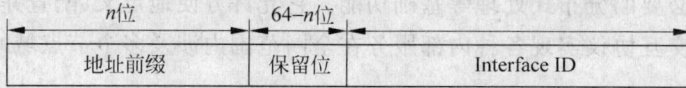

图 13.3　HSNET 网络内部地址格式

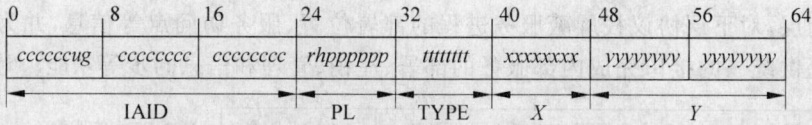

图 13.4　HSNET 内部地址 IID 格式

当 TYPE 字段为 4 表示节点域内部服务的地址，$X$ 表示服务器节点号，由于服务器的节点号只在节点域内部有意义，远程访问服务器时，用 $X=0$ 表示服务器节点号未知。$Y$ 取值为 $1\sim255$，标识节点域内的服务端口号即服务类型；其中 1 为元服务，其所在节点域地址前缀是众所周知的，由管理员配置。$2\sim127$ 表示节点域内的服务，$128\sim255$ 表示全局服务。不管这些服务器的物理接口地址怎样变化，只要知道某个服务所在的节点域的地址前缀和该服务器的类型号，外界就可以访问该服务。可以根据 $Y$ 值范围区分全局服务和节点域服务。已定义的服务类型号见表 13.1。

表 13.1　服务类型号分配表

| 服务类型编号 | 服务类型 |
| --- | --- |
| 1 | 元服务（即服务的服务，其他服务在此注册） |
| 2 | 服务质量资源管理服务 |
| 3 | 多播管理服务 |
| 4 | 配置服务 |
| 5 | 间接短接通信隧道服务 |
| $6\sim127$ | 保留 |
| 128 | 安全认证服务 |
| 129 | 密钥管理服务 |
| 130 | IPv4 隧道地址配置服务 |
| $131\sim255$ | 保留 |

## 13.3.2　服务进程表

在各节点域中，一种类型的内部服务对应唯一的服务地址，该服务地址由其所在的节点域地址前缀与众所周知的服务类型号通过一定的规则确定。节点域内所有节点存储并维护一个服务进程表。整个节点域内所有可用的服务都会在服务进程表中有一个代表该服务的表项。转发模块根据服务进程表中的信息得知要将服务请求发送到的目的地。服务进程表结构如表 13.2 所示。

表 13.2　服务进程表结构样式

| SrvID | SrvPortID | Service Address | Primary/Backup | Update time |
|-------|-----------|-----------------|----------------|-------------|
| ⋮ | ⋮ | ⋮ | ⋮ | ⋮ |

- SrvID：部署并运行该服务进程的服务节点标识号。在节点域内，服务节点与其他节点统一编号。
- SrvPortID：服务端口号。与 SrvID 一起组成服务进程的服务访问点，服务请求信息包到达节点域后，根据服务节点号（SrvID）送到服务节点，根据服务端口号（SrvPortID）交给相应的进程。
- Service Address：内部服务地址。由图 13.3 和图 13.4 所示格式构成。
- Primary/Backup：置 1 表示此服务进程是主服务进程，置 0 表示提供备份服务。
- Update time：本项服务进程信息上次更新的时间。如果距离上次更新时间超过预先设定的值，表明此记录代表的服务进程失效。

## 13.3.3　全局服务位置表

顶层节点域的元服务为层次网内所有可用的全局服务维护一张全局服务位置表，记录 HSNET 网络各节点域内提供全局服务的服务进程信息。各节点域中的服务节点部署全局服务后，需要到顶层的元服务器注册，除了定期在节点域内公告本服务进程信息外，还要定期向顶层元服务器发送自身信息，以告知元服务器本服务进程能正常提供服务。表 13.3 是全局服务位置表结构。为了达到服务访问的及时性和高效性，全局服务不指定唯一的主服务进程响应层次网内所有的服务请求，而是采用就近原则，对于一个服务请求，由距离该请求最近的全局服务进程为其提供服务。在这种情况下，为了达到同类全局服务的不同服务进程间信息的一致，信息同步可由任何一个发生改变的服务进程发起，使其他服务进程及时了解其改动。元服务维护的全局服务位置表中没有表示"主/备份"服务进程的项，这点和服务进程表不同。

表 13.3　全局服务位置表结构样式

| SrvID | SrvPortID | Service Address | Update time |
|-------|-----------|-----------------|-------------|
| ⋮ | ⋮ | ⋮ | ⋮ |

其中，SrvID、SrvPortID、Service Address、Update time 项的含义均与服务进程表中对应项的含义相同。

## 13.3.4　ICMP 报文

内部服务管理框架内部通信使用特定格式的 ICMP 报文，针对不同通信目的有不同的 ICMP 报文类型号和报文结构。ICMP 报文发送方根据通信报文的目的填写相应的报文类型号。接收方接收到 ICMP 报文以后，根据报文类型号来判断下一步交给哪一类报文接收函数处理。报文类型号的分配及报文主要结构如表 13.4 所示。

**表 13.4  ICMP 报文结构**

| 报文名称 | Type | Saddr | Daddr | Data |
|---|---|---|---|---|
| 全局服务信息请求报文 | 100 | 请求者内部地址 | 元服务地址 | 服务类型号 |
| 全局服务信息响应报文 | 155 | 元服务地址 | 请求者内部地址 | 服务进程相关信息 |
| 全局服务信息注册报文 | 154 | 发送者内部地址 | 元服务地址 | 服务进程相关信息 |
| 信息同步报文 | 153 | 发送者内部地址 | 同类服务其他服务进程的内部服务地址 | 服务进程之间的同步内容 |
| 节点域内服务信息公告报文 | 152 | 公告者内部地址 | 无 | 服务进程相关信息 |

其中,

- Type：ICMP 报文类型号。
- Saddr：发送报文的源地址。
- Daddr：接收报文的目的地址。
- Data：报文携带的内容信息。

## 13.4  内部服务管理框架功能

### 13.4.1  内部服务注册功能

当部署提供某类内部服务的一个服务进程时,首先要对该服务进程初始化。初始化过程包括配置过程和服务进程信息公告过程两个阶段。配置操作在提供服务的服务节点中进行,配置内容有服务地址、服务访问点以及与服务相关的参数等。配置完成后,启动服务进程信息公告过程,在相关的服务范围内宣告其提供的服务。节点域局部服务的公告范围为其所在的节点域,全局服务的公告范围不仅包括其所在的节点域,还需要到元服务器中注册。

### 13.4.2  服务进程管理功能

每个服务进程启动后定期发布其服务进程公告消息,服务进程公告消息包括服务进程的服务访问点、内部服务地址等信息。其他节点的内部服务框架收到服务公告消息后维护服务进程表(见表 13.2)。对于新的服务进程,在服务进程表中添加一条记录,为该服务进程记录设置并启动一个定时器。如果某条记录超时没有更新,则删除该条记录。对已存在的服务进程,节点收到其服务进程公告消息时,重置(RESET)定时器。类似地,元服务根据收到的全局服务进程信息来维护全局服务位置表(见表 13.3)。图 13.5 描述了服务进程信息的交互过程。

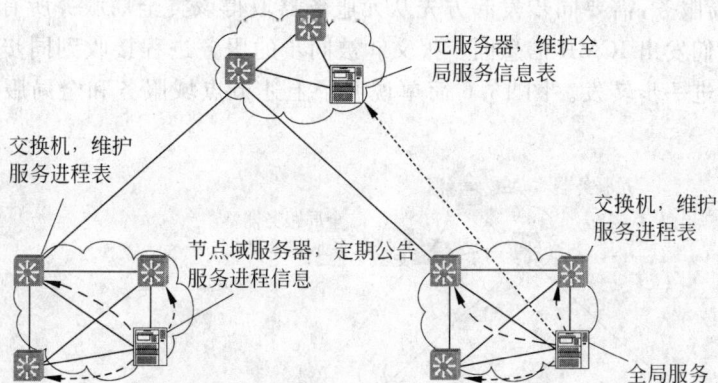

图 13.5  服务进程信息交互过程

### 13.4.3  主/备份服务进程切换功能

对节点域服务,在每个节点域中为每一类服务设置一个主服务进程,同时设一个或多个备份服务进程。主、备服务进程运行在不同的服务器中。对全局服务,服务进程不分主、备身份。

为节点域服务进程设立主、备副本是为了防止服务节点单点失效。由于主、备服务器均处在同一个节点域,服务节点的编号(SrvID)与交换节点的编号(SID)是统一编号的,可以将 SrvID 最大的服务进程设为主服务进程,其他进程则为备份服务进程。

当交换节点收到服务进程公告消息后,如果是新的服务进程,需要比较该新服务进程的 SrvID 与主服务进程 SrvID 的大小,若新进程的 SrvID 号比较小,则新加入的进程为备份服务进程,否则新加入的服务进程为主服务进程,原来的变为备份服务进程。若因未收到服务进程公告消息而使主服务进程定时器超时,则被从服务进程表中删除,并从该类服务的其他可用服务进程项中选择一个新的主服务进程。

对全局服务,服务器通常分散在多个节点域中,并且都在元服务器中进行了注册。服务申请者要求元服务器提供服务进程信息时,元服务器根据申请者的位置信息,返回一个或多个离申请者近的服务进程信息。申请者从中选择一个代价最低(即最近)的服务进程,请求其提供服务。判断代价高低即距离远近的依据,是服务申请者的地址前缀和服务提供者的地址前缀相同部分的长度。相同的比特数越多,距离就越近。

### 13.4.4  服务进程间的信息同步

对每一类服务,必要时主、备服务进程会进行切换。为保证主、备服务进程切换后能够保持先前服务的延续性和正确性,节点域内同类服务的主、备服务进程需要进行实时的服务数据同步,即要求同一服务的各备份服务进程的服务数据与主服务进程的服务数据保持一致。当主服务进程完成一次服务事务后,在修改服务数据的同时进行服务数据的同步。对于节点域服务,通过查服务进程表找出此类服务的所有服务进程信息,再发出 ICMP 信息同步报文；对全局服务，需要同步发起方先从元服务器取得该类全局服务所有服务进程的位置信息，再向它们发出 ICMP 信息同步报文。被同步的服务进程接收到同步报文后更新相关数据，不再做进一步转发。图 13.6 简单说明了上述节点域服务和全局服务的信息同步过程。

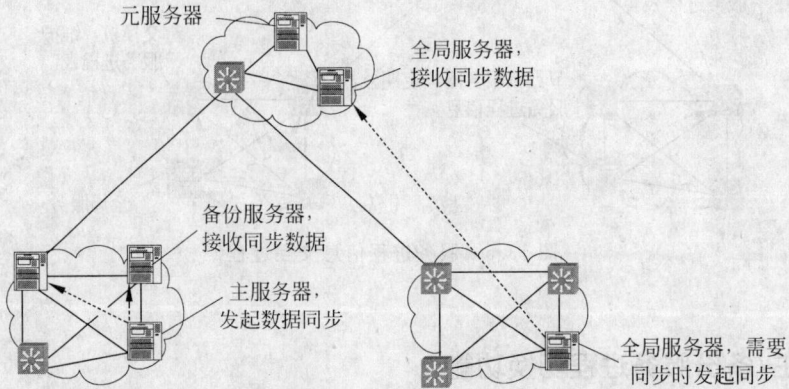

图 13.6　服务进程间信息同步

信息同步发起的原因由特定服务进程自身决定。例如，对于隧道服务进程来说，当它维护的 IPv4 网号与隧道端点 IPv6 地址前缀对应表发生改变时便发起信息同步。

## 13.4.5　内部服务访问过程

访问内部服务分以下 3 个步骤。

(1) 获取内部服务地址，然后将服务请求按服务地址发送给服务进程。对节点域服务，根据服务类型号就可以在服务进程表中查得服务地址(service address)和服务进程访问点(SrvIP,SrvPort)。对全局服务，如本地 cache 中没有保存服务地址(或保存的信息已超时)，就向元服务器查询此类服务的多个服务进程位置信息，再选用距离本节点域最近的服务进程，取得其服务地址。然后将服务请求发给该服务地址对应的节点域。

(2) 服务进程提供服务的过程。服务请求消息到达服务器所在节点域后，首先查找服务进程表，确定服务进程访问点，在节点域内部传递服务请求信息包，到达目的服务节点(SrvID)后交给服务端口(SrvPort)对应的服务进程。

(3) 服务应答过程。服务进程处理服务请求并完成服务后，向服务请求者发服务应答消息。

## 13.4.6　节点域对内部服务消息包处理流程

由于内部服务信息交换包存在于 HSNET 骨干网内部，来源于 HSNET 骨干网并终止于 HSNET 骨干网，源、目的地址采用内部地址，属于内部数据包。内部数据包交换和寻址的方法本质上与用户数据包的交换和寻址方法相同，即根据地址前缀决定上行还是下行，根据交换字段的值(逻辑信道号)选择下行的子节点域。区别在于：对用户数据包来说，骨干网络是一个传输网络,只承担用户数据包的存储转发和交换任务;对内部数据包,为提供各种内部服务和控制功能,节点域除了对其转发和交换外,还需要对其作必要的处理。因此,节点域做数据包交换前需要区分内部数据包和用户数据包:如果是用户数据包则做正常的数据包交换处理;如果是内部数据包,需要进一步判断该包是否终止于本节点域内部(称该节点域为终止节点域),是否应收下并处理后继续转发(逐域处理并转发)等。

节点域对收到的数据包进行如下处理:

(1)判断是否内部数据包,条件是$(u=1)$&$(companyID=cID)$。如果不是内部数据包,常规转发,过程结束;如是内部数据包,转(2)。

(2)判断本节点域是否终止节点域,条件是 PL 字段指示的数据包目的地址前缀部分与本节点域地址前缀完全相同。如是,处理内部包,过程结束;如不是,转(3)。

(3)判断 PL 字段中的 $h$ 位(逐域位)是否为 1。如是,表示逐域处理并转发,处理内部包,常规转发,过程结束;如不是,表明既不是终止节点域也不是逐域处理,常规转发,过程结束。

## 13.5　内部服务管理框架的应用

内部服务管理框架为各种内部服务提供了通用且统一的应用环境平台。一方面,服务设施是封闭的:服务申请者来自内部,服务器设置在内部,服务的执行过程也发生在内部。这样,就像电话网络的内部信令一样,互联网用户看不到这些设施,保证了内部服务设施的安全性;另一方面,服务框架是开放的:无论增加什么新的服务种类,都能在这套服务框架中运行。

在第 6 章介绍内部地址结构、内部包的格式、内部包的传递与终止过程后,给出了 3 个内部服务的例子,即 IPv4 自动隧道封装、QoS 资源预留和网络管理的例子。虽然那里强调的是内部包格式和 IID 的编码及使用方法,其实也涉及了元服务器、隧道配置服务器、资源管理服务器以及节点域网络管理服务器等服务框架元素。这里不再重复这些例子。但从这些应用例子可以看出,有了内部服务框架及其构成元素,无论各种服务的目的、性质、服务方式等怎样地千差万别,都会以相同的方式使用元服务器、节点域服务、全局服务、服务进程的远程访问方法与节点域本地对服务进程的定位、服务数据库的同步与更新、内部控制报文等一系列服务框架元素。正是这种相同的使用方式,使得未来新的服务如多播、安全管理、VPN 甚至目前还想不到的新服务,也都能在这套框架中运行。

# 第 14 章

# 网 络 管 理

网络管理以管理域(即 ISP)为单位。拥有一个层次式交换网络的 ISP,对整个网络的管理被分为两个层次:节点域管理和全网管理。其中节点域管理是基础性的,全网管理要依赖节点域的管理。每个节点域的管理员负责节点域的参数配置,统计和收集节点域中的流量情况和信道状态。

节点域管理服务器(简称域管理服务器)的作用分两部分,一部分是把配置好的参数送给节点域内的各交换机及服务器;另一部分是向各交换机探询统计信息和状态信息。配置参数的工作在第 12 章中介绍,本章只介绍统计信息和状态信息的采集及处理。

本章所讨论的内容只涉及层次网络管理的基本方法和思路以及功能描述,不讨论具体实现的细节如数据结构、软件模块的划分、显示图表曲线的种类和外观等,这些都留给系统实现者去设计和考虑。

## 14.1 层次网络管理总体结构

层次网络管理的总体结构可参考图 14.1。

图 14.1 中只画了 3 个节点域的层次式骨干网络,它们属于同一个 ISP,其管理范围包括 3 个节点域内部的全部设备(交换机、服务器、内部信道)、节点域之间的信道(仅出现在父子节点域之间)、层次网与用户接入网之间的信道以及层次网对外界网络(可以是层次网,也可以是现有的路由网)的连接信道(图中未画出)。两类管理服务器(全网管理服务器和节点域管理服务器)均处在某个节点域中。

全网管理服务器可以设置两个,它们的关系是主备关系,只有主服务器正常工作,它既可以发出命令,也可以接收数据。备服务器只从主服务器那里接收数据,自己不发探询命令,也不处理中断。当主服务器失效时,自动启动备服务器投入主服务器的角色。为了能在多处显示网络状态和流量特性,还可以设置更多的网络显示服务器,它们都只能接收来自网络管理服务器的数据并加以显示,而不能起管理的作用,相当于多台远程显示器,但其显示的内容则可以由当地的管理人员操作指定,因为它们自己保存了必要的数据。

全网管理服务器可以放置在任意一个节点域中,主备的两台全网管理服务器,既可以放置在同一个节点域中,也可以放置在不同的节点域中。

每个节点域设置一个节点域网络管理服务器(见图 14.1 中用小方块表示),它们是整个

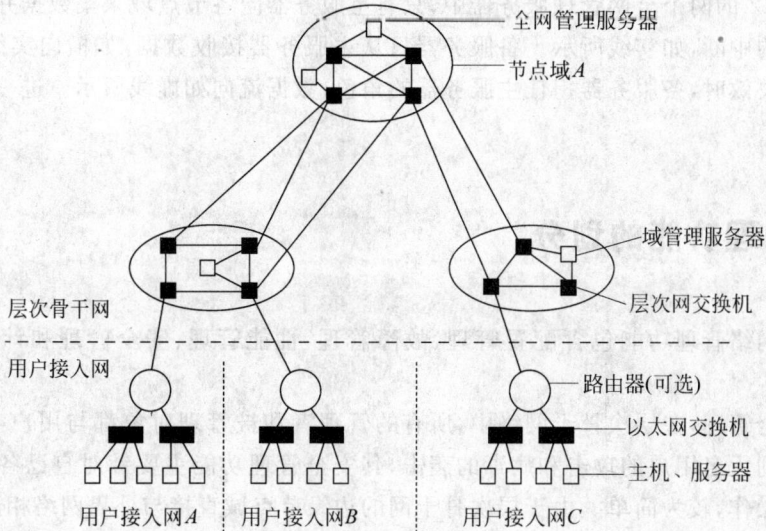

图 14.1　层次网管理结构

网络管理的基础,其管理范围包括本节点域内的所有设备和信道,以及节点域与外界的连接信道。节点域内的设备有两类,一类是交换机;另一类是各种服务器,节点域内的信道就是将各种域内设备互联起来的内部信道。外界信道,对不同的节点域,它们的用途和种类不同,例如,对顶层节点域,包括连接子节点域的域间信道和连接外界互联网的信道;对底层节点域,包括连接父节点域的域间信道和连接用户接入网的信道;对中间层节点域,只有上行和下行的域间信道。但从网络管理的角度,所有这些信道是没有差别的,只关心它们的状态和数据流量。因而在域管理服务器中,对不同信道的管理方式是完全一样的。

在整个管理结构中,除了全网管理和域管理两个层次外,还有一个最低的管理层次,在图 14.1 中没有画出来,这就是网管代理(Agent)。Agent 是驻留在节点域内所有交换机和服务器中的守护进程,实时地记录各设备的状态和各端口(信道)的流量,供域管理服务器来采集。

三层管理实体的数据流向和相互关系如图 14.2 所示。图中用双箭头连接上下层网络管理实体,箭头向上的方向表示统计信息和状态信息的流向,箭头向下的方向表示控制命令的流向。全网管理服务器只能通过节点域管理服务器获取信息而不直接与 Agent 打交道,可以大大减轻全网管理服务器的负担。节点域管理服务器只管理本节点域内数量很少的设备,因而也很轻松。

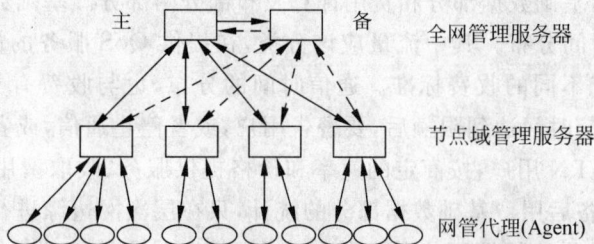

图 14.2　三层网管实体的数据流向

185

在图 14.2 的两个全网管理服务器中,只有主服务器向各节点域采集数据并接收来自节点域服务器的中断,如实线所示。备服务器只从主服务器接收数据,如横向实线箭头所示。当主服务器失效时,备服务器担任主服务器的角色,数据流向如虚线所示。进一步的讨论见后面的小节。

## 14.2　管理功能的划分

常规的网络管理功能包含配置管理、故障管理、性能管理、安全管理和计费管理 5 个方面。

对于安全管理,在层次骨干网络中,所有的管理者和被管理对象都与用户空间隔离,因而不容易遭到无名用户的攻击和病毒的袭击,其安全管理功能主要针对自己各地管理员可能产生的误操作,较为简单。由于层次骨干网的边缘节点域直接与外界网络相连,堵截不良报文的工作由边缘节点域负责。这种堵截很简单:进入包的地址(源地址及目的地址)是用户地址空间的,一律放行,因为它们只是穿过层次骨干网络,即使内部含毒,也不会对层次骨干网络有任何损害;如果进入包的地址冒用了层次网内部地址空间,一律丢弃。因而无论是管理员误操作还是边界控制,都是节点域的管理责任。

配置管理是节点域管理员的事,只在节点域管理服务器上运行,详见第 3 章。

故障管理也是以节点域为基础的。节点域内部的设备和信道出了故障,当然由节点域管理员负责处理。节点域与外界的信道出了故障,也是由节点域管理员发现后与用户网络管理员、外界网络管理员、邻居节点域管理员共同处理(即由失效信道两端的管理员合作解决)。因而层次网的故障管理全部由节点域管理员承担,全网管理员不做这件事。

性能管理分为两部分:节点域内部设备端口和信道的流量,由节点域管理员负责监视、优化和升级。节点域之间的逻辑信道以及与外界网络互联的逻辑信道,节点域管理服务器也可以监视其性能,但这些信道的优化和升级应该由全网管理员负责,故相关数据应该送交全网管理服务器。逻辑信道体现了总容量,调整物理信道的数量或调整物理信道的速率,都可以调整逻辑信道的总容量。例如,需要 40Gbps 的总容量,既可以使用一条 40Gbps 的物理信道,也可以使用 4 条 10Gbps 的物理信道。选哪一种方案,取决于价格的计算和电路运行商提供信道的能力和条件。与用户接入网之间信道的性能,由用户自己管理,因为只能由用户自己决定该信道的速率配置是否合理,是否需要信道容量的调整,是否需要限制某些流量以确保另外一些流量的畅通等。

计费管理也包括基础数据部分和费用计算发布部分两部分。基础数据包含用户接入网的流量以及通信的时间分布。其中流量应该分类,在提供 QoS 服务的情况下,不同服务质量等级的流量可能有不同的收费标准。通信时间的分布,也与收费有关。例如,包时制收费,当记录到用户通信时间达到限额后,要警告用户,或者停止通信,或者外加费用获得超时后的继续使用。对 VPN 用户,按商定的速率和价格提供服务、收取费用。但同时也应作流量和时间的统计,以备后用。基础数据部分的统计,只在层次网边缘进行:即在连接用户接入网的边缘节点域和连接外界网络的边缘接点域进行,这部分工作与性能管理不同。性能管理侧重于资源利用率的监测和资源配备是否合理,不一定需要详细到哪个用户、哪个子网、哪个 IP 地址。但计费用的基础数据,则要求尽可能的详细、具体。当然,也可以把性能管理的统计数据做得详细、具体,交给计费软件从中抽取与费用有关的数据,计算出收费账单。计费管理中的费用计算发布部分,由全网管理服务器来处理。全网管理服务器利用从节点域管理服务器得到的数据,根据制定的收费规则,计算出费用账单并从网上通知用户网络管理员。

综上所述,全网管理只涉及部分性能管理和部分计费管理。节点域管理涉及配置管理、故障管理、安全管理、部分性能管理和部分计费管理。全网管理的短时间中断,不影响网络的正常运行。而节点域的管理,对网络的正常运行有重要的作用。所以层次网络的管理是以节点域管理为基础的。

## 14.3　管理代理与信息收集方式

管理代理驻留在所有的交换机和服务器中,收集所有设备端口上的流量数据和状态信息,保存在 MIB 数据库中。通常有两种不同的方式向节点域管理服务器提供 MIB 数据:一种是在 Agent 中设置定时器,周期性地向节点域管理服务器发出信息包。这种方式称为中断方式或自陷方式。另一种方式是由节点域管理服务器主动发出查询信息包,Agent 以响应包给出统计信息,称为探询方式。

中断方式由 Agent 决定数据采集周期,不够灵活。虽然节点域管理服务器也可以发命令让所有的 Agent 改变定时器超时周期,但实现较复杂。另外,各 Agent 发出中断信号的时间是不同步的,当一个采集周期较长时,例如 5min,来自不同 Agent 的数据时间上最大就会有 5min 的差异,很难在同一张图表或同一根曲线中使用这些时间差异很大的数据。

探询方式实现简单,节点域管理服务器随时可以根据需要改变探询周期,相当灵活,从不同 Agent 得到的数据基本同步。但当探询周期较长时,就不能及时获得信道状态信息。当一条信道失效时,如果要等 5min 以后才让节点域管理服务器知道,就太不及时了。

最好的做法是探询与中断相结合,统计信息用探询方式,状态信息用中断方式。这样做,既能得到探询方式的优点,又能及时反映信道状态的变化。

## 14.4　节点域管理

节点域管理的操作是封闭性、局部性的,与节点域以外的网络没有任何关系。由于节点域的规模很小,被管理域的拓扑结构非常简单,域内各交换机之间的距离通常只有一跳或两跳,不需要当前互联网管理中那样复杂费时的拓扑发现过程。管理操作可由域管理员实施。显示的拓扑图和流量图也很简单。

节点域的管理实体执行 4 个功能:

(1) 周期性地向 Agent 查询统计信息并处理来自 Agent 的信道(端口)状态中断信息。

(2) 将获得的信息加工成便于较长时间存储和便于向全网管理服务器提交的形式,分别保存在数据库中。这些数据既可以在本地使用,也可以上交全网管理服务器使用。节点域内部信道和端口的数据细节可以对外屏蔽(不上报全网管理服务器),只在节点域管理服务器上存储、处理、显示、失效统计分析等。这样可以减少上传的数据量,减轻全网管理服务器存储和处理数据的负担。

(3) 在本地显示或输出各种图表曲线,供网络监控用。

(4) 当全网管理服务器来探询时,用约定的格式上交相关的数据。当发现外部信道(域间信道、连接用户接入网的信道、连接外界网络的信道)状态变化时,也用中断的方式向上报告。

域管理服务器也可以给 Agent 发出指令,要求后者归零某些或全部统计信息。

域管理服务器只向本节点域中的交换机提取数据,比较容易,只要设计一个域内广播包(要求所有节点接收)利用泛洪法将包送到域内所有交换机和服务器。对交换机,主要提供流量分类统计及状态信息;对服务器,不同服务器可能提供不同的信息,需要特殊设计。

## 14.5  全网管理

全网管理由两个主备关系的全网管理服务器执行。主管理服务器执行如下正常管理功能:

(1) 对流量数据,周期性地向各节点域管理服务器发查询包,接收来自节点域管理服务器的响应数据包。对信道状态变化的信息,节点域管理服务器主动中断全网管理主服务器,及时报告。

(2) 将获得的信息加工成便于较长时间存储和便于备查的形式,保存在数据库中。上交全网管理服务器的数据包括域间信道、用户接入信道和连接外界信道的流量显示数据、状态显示数据以及计费所需的数据等。这些数据有两个用途:显示当前或历史的网络性能图表、曲线和失效统计;提供用户收费数据。为了让全网管理者了解节点域的工作情况,在全网拓扑图中,把节点域画成一个点,收到节点域正常、部分部件失效、严重失效等情况报告后,全网管理服务器用不同的颜色显示。同样,在拓扑图中,把节点域之间的多条物理信道只用一条逻辑信道表示,在逻辑信道旁用 $u/v$ 的形式表示逻辑信道的可用性,其中 $v$ 为逻辑信道的总容量,$u$ 为当前未失效各物理信道的总容量。

(3) 显示或输出当前和历史的各种图表曲线、全网性能统计分析报告等,供网络监控用。

(4) 处理和输出用户收费报告和用户存疑时的查询报告。为了减少全网管理服务器的数据收集量,收费报告可以分层放置:全网管理服务器只提供每个用户单位一个月的费用总量,至多细到每天的费用量;如果用户有疑问需要查询更多细节(例如按用户单位 IP 地址分列每天、每月的费用)时,可自动转到连接用户接入网的边缘节点域的管理服务器,那里存放了用户一个月内各种通信的细节。这些细节的具体内容及分类统计方法,根据收费管理的需要,由具体实现人员确定。

向各节点域提取数据,要用到内部通信包域间传送功能,其方法在第 6 章和第 13 章中介绍。

当全网管理主服务器周期性地向各节点域管理服务器探询数据或接收节点域管理服务

器主动发来的信道状态失效或恢复信息(中断)后,主服务器在收下并保存数据的同时,主动把收到的全部信息,按原样送给备服务器。除了主服务器定期向备服务器发送数据外,主服务器还以更高的频率(例如 5s)向备服务器发送一种短小的 Hello 包,称为心跳(Heart-Beat)包。备服务器设立一个定时器,收到主服务器发来的数据包或心跳包时将定时器复位并重新开始计时。当主服务器失效时,备服务器就收不到数据包或心跳包,定时器超时,主动担任主服务器的工作:主动向各节点域管理服务器发探询包。各节点域管理服务器发现探询包的源地址变化后,不但将应答包送给新的源地址,还将可能出现的报告信道状态的中断包也送给新的源地址。

主备服务器交接转换过程中有可能丢失数据,例如,主服务器收到一次探询数据后,没来得及送给备服务器就失效了,备服务器接手后再去探询时,得到的是下一周期的数据。对这种交接失误,可以有如下两种不同的处理方法:

第一种方法是任其丢失而不加处理。由于主服务器产生失效交接的频度是很低的,丢失数据量很少。假如平均每周交接一次,丢失一个探询周期的数据,造成的漏计数据只占很小的比例。以 5min 探询周期为例,每小时探询 12 次,则每周的数据丢失百分比为 $1/(12\times24\times7)$,即 $0.05\%$。如果主服务器能在 1min 之内收集齐全所有节点域的一个周期(5min)的统计数据,则一次交接中丢失数据的可能性只有 $1/5$。上述百分比变成了 $0.01\%$。无论是性能曲线的显示还是收费,这样的误差是允许的。

第二种方法是争取在交接过程中不丢失数据。例如,要求节点域管理服务器保存连续两个统计周期的数据,在响应探询时,应答包中的数据要标明每个统计周期的起止时间。主、备服务器交接时,刚接手的服务器首次发的探询包,有标志指明这是首次探询,节点域管理服务器就同时将上一周期和本周期两个时间段的统计数据一起应答给全网管理服务器。而对非首次探询,则只应答最新一个周期的统计数据。新接手的全网管理服务器收到两个周期的数据后,如果发现前一周期的数据在接手前就已经从原先的主服务器那里收到过了,就将其丢弃;否则,补上交接中丢失的数据。

失效的管理服务器一旦恢复正常,可以作为备服务器投入工作,主动向正在运行的管理服务器要求传输指定时刻开始的全部数据,以保证数据的完整性。在保持两服务器数据一致后,新恢复的服务器可以在管理员的干预下,向后任的主管理服务器发一个争夺包,夺回主管理服务器的资格,继续因失效而一度失去的主管理服务器的功能。正处于主管理服务器工作状态的服务器,收到争夺包,自动退回备服务器的角色。如果管理员没有干预,主、备服务器就调换了角色。

## 14.6　内部数据包种类

节点域管理和全网管理是两个不同的服务进程,设立了两个不同的服务端口号。节点域管理:Type＝4,X＝0,Y＝4;全网管理:Type＝4,X＝0,Y＝5。它们之间的通信涉及 4 种包。

(1) 域网管服务器向节点域内交换机发的探询包。包的目的地址指向域内所有交换机节点,地址类型为 Type＝2,X＝255,Y＝3,地址前缀为本节点域的内部地址前缀。这种类型的泛洪包要求节点域内所有节点收下并处理。

（2）各交换机向节点域管理服务器发的响应包。包的目的地址为发出探询的域网管服务器。目的地址类型为 Type＝4，$X＝0，Y＝4$，地址前缀为本节点域的内部地址前缀。

（3）全网管理服务器向各接点域服务器发的探询包。包的目的地址类型为 Type＝4，$X＝0，Y＝5$，地址前缀为要收集网络运行数据的节点域的内部地址前缀。

（4）节点域网管服务器向全网管理服务器发的响应包。包的目的地址类型为：Type＝4，$X＝0，Y＝5$，地址前缀为全网管理服务器所在节点域的内部地址前缀。

收到探询包的进程，记住探询包中的源地址（主要是节点域地址前缀），用来构建响应包的目的地址。响应包的内容分 3 类，一类是流量统计，另一类是用于计费的日志，还有一类是信道状态信息。全网管理服务器高频率地收集网络信息时，一般只收集流量统计参数（如流量、带宽使用率、延迟、丢包率、信道失效及恢复情况等），这类数据的量较小，适合于实时显示。用于计费的日志，不必高频率地探询、处理、显示（例如可以每天一次）。域网管服务器可以用较高的频率（例如每隔 5s）向交换机探询，经过统计、分类、合并等处理后，将一天的数据归总后保存，等待全网管理服务器来探询时提交。对从用户接入网进入的通信量突然出现不正常情况时，全网管理服务器可以不关心，由域网管服务器及时反映出来并及时通报用户，因为域网管更接近用户接入网。

上述 4 类包中，可以设置一些特征位，以便区分应答包中是否要求传送日志数据，是否为新接手全网管理服务器的首次探询等。

另外，两个全网管理服务器之间传送数据的包以及转换主备角色的争夺包等控制包、应用户要求而进行的计费信息查询包等，也应实现，不再细述。

# 第 15 章

# 网 络 安 全

互联网在人们的生活中变得越来越重要,但又不得不痛苦地忍受日益泛滥的网络恶意攻击和网络垃圾。网络安全已成为一个社会难题。各国政府对此都注入了极大的努力,但效果甚微。由于人类的社会活动和经济活动正在越来越多地依赖互联网,互联网安全方面的缺陷也就显得越来越严峻。要充分发挥互联网的巨大应用潜力,保障社会稳定、促进经济快速发展,网络安全是个刻不容缓要解决的问题。网络安全问题涉及面很广,既有技术层面的,也有管理层面的。我们不讨论管理层面应采取的措施。就技术而言,主要的工作方向不外乎两点:一是设法保护网络中的所有设施(通信子网中的各种设备,资源子网中的各种计算机系统和信息、数据文件等);二是能定位作案嫌疑人。层次网的安全措施,不可能提供用户计算机中的任何保护,但能很好地解决通信子网的安全和定位作案嫌疑人两个要害的问题。

## 15.1 网络安全问题概述

网络安全问题包括了很多方面,例如,传输信息的加密、当事人的身份认证(既要防止虚假或仿冒的当事人,又要防止真正的当事人否认自己的参与)、防止恶意的网络攻击、防止不适当地使用网络资源、防止仿冒他人网络地址做违法事情、防止不良网络内容的传播,等等。其中加密、认证和不良网络内容各项,属于网络应用层的工作,网络系统结构的改进,对它们影响较小。但好的网络体系结构,在阻止恶意的网络攻击、阻止不适当使用网络资源和防止仿冒他人网络地址等活动,是可以有所作为的。而这些恰恰是当前网络管理中最严重、最感头疼的事。

从网络安全的环节来看,大致有网络基础平台、网络应用和人 3 个层面。层次网络是网络基础平台的一部分,它不可能控制和管理网络应用中的不安全因素,更不能对涉及网络的各类人员(网络设计人员、网络系统集成人员、网络管理人员、网络使用人员、网络黑客等)加以控制和管理。因此,我们要研究的就是怎样从网络基础平台的角度增强网络安全。当我们把网络基础平台划分为骨干交换网络和用户接入网络两部分后,HSNET 就承担了骨干交换网的功能。作为一个 ISP 的骨干网,如果能克服现有骨干网对恶意攻击和网络垃圾无能为力的状态,哪怕是部分地改善这种状态,并能尽量隔离和定位网络的不安全因素,就能极大地遏制这些网络恶意攻击和网络垃圾的泛滥,阻止不适当地使用网络资源,对互联网的应用和发展十分有利。本章研究 HSNET 可以从哪些方面改善网络的安全。

现有的以路由器连接的网络,为了增加灵活性并充分发挥路由器的智能,用户数据包在网络中并不走固定的路径。网络的连接是任意的、没有规律的,具有恶意的黑客数据包,可以伪造自己的 IP 地址、偷用别人的 IP 地址,其结果是既不能隔离网络攻击,也不能对网络攻击加以追踪和定位。这导致网络恶意攻击和网络垃圾的泛滥。目前解决网络危害进展甚微的主要原因就是现有网络结构难以对有害的网络行为进行隔离和定位。不能查到作案者,作案就更加肆无忌惮。

不适当使用网络资源,是两方面造成的。一方面是网络协议设计中允许了过分的、不适当的开放性。一般网络用户可以使用常规的工具(如 Ping、Traceroute 等)来探询和测试网络设备,经常造成网络资源被占用,影响网络的正常运行。例如,很多研究人员和攻读学位的学生,为了对网络进行性能分析,利用现有的软件工具或自己编写的测试软件,在全球范围内对 Internet 进行长时间的探测。有些数据的获得,需要夜以继日地连续数周、数月地向网络上的一些关键路由器发送测试信息,并从这些路由器获得响应。有时,为了探测网络的承受能力,还对网络设备进行高强度的测试。这些不适当的使用网络资源的行为,虽没有恶意,但由于无法控制对网络进行这种测试的人数、测试的时间长度和测试的强度,客观上还是给网络资源的可用性带来了危害,效果与恶意攻击中的拒绝服务(DOS)攻击很相似。

有些网络设备虽然能关闭对特定端口的访问或设置访问控制列表(ACL),例如,可以将路由器设置成对 Ping、Traceroute 或任意一种合法的网络命令报文拒绝响应。网络管理人员以为这样做了就能不受攻击了,其实不然,这种关闭是不彻底的,仍然会消耗大量网络资源的。例如,一个测试者想测试核心网络中的某一路由器时,将大量测试报文发给该路由器,骨干网信道上传输了这个测试报文,信道资源已经不受控制地被消耗了。核心路由器的下层协议设施如物理层和数据链路层则将其看作普通的用户数据包一样地处理,消耗了处理数据包所需的资源。在核心路由器的网络层,要对 IP 包进行分类和分析,发现其目的地 IP 地址指向本路由器时,虽然可以知道这种指向本路由器的包不是普通的用户数据包,但还不能简单地将其丢弃,因为它可能是网络管理软件发来的包,要求路由器回应 MIB 管理数据。只有将 IP 数据包交给 TCP/UDP 层(第四层)后,才能对端口进行分析,发现该包应被丢弃。因此,这些包被丢弃之前,路由器中的大量协议层次已经消耗了 CPU 和存储资源对其进行了处理。更为严重的是,路由器的很多端口是不能随便关闭的,例如 Telnet,网络管理人员要依靠它登录到路由器,进行设置和管理。当恶意地、大规模地组织一批计算机针对某个核心路由器的端口发送这种不良包时,该核心路由器不可避免地会瘫痪。

设置了访问控制列表的路由器,由于要对所有的 IP 包中的目的地址和源地址甚至端口号进行检查,看其是否属于列表中规定的禁止之列,决定是否在 IP 层就对其丢弃,当访问控制列表比较大时(例如达到上千个表项),路由器的工作速度成倍地下降。严重时,路由器的速度会降低到标称速度的 10% 以下。这时如果加上大量的善意或恶意的探测包,路由器就更容易瘫痪了。

除了网络协议没有严格控制外,网络拓扑结构的任意性,也给问题增加了复杂程度。在现有的 Internet 中,每个路由器都可以接入用户网络或用户主机,使主干网设备与用户设备之间没有清晰的区域边界,难以设立"边防站"。

对比一下传统的电话网,除了网管人员外,交换机对用户透明。用户只能与对方的电话用户之间进行通信,不能使用自己的终端设备(如电话机、传真机、modem 及通过 modem 接入的计算机等)与程控交换机进行通信,更不能对电信部门的交换设备、通信线路、信道复用设备等进行测试。虽然交换机与用户设备之间有信令的交互,但这种交互不让用户参与,至少用户不能更改信令规程。因此,电话网络自身的安全性相对要好得多。电话网的这种安全方面的好处,在 HSNET 中几乎是同样可以得到的。

## 15.2　HSNET 的安全性能

层次网络借用了传统电话网的拓扑结构,利用其自身的特点,很容易获得与传统电话网类似的安全性能。我们从地址的隔离与 IP 源地址定位、清晰的网络边界、阻断用户对网络设备的访问、内部服务器对用户不可见等方面考察 HSNET 提供安全的能力。

### 15.2.1　IP 源地址定位

HSNET 的结构将网络分为交换骨干网和用户接入网两层结构,用户接入网之间没有直接的连接,一个用户的网络要与另一个用户的网络进行的任何通信,都必须经过 HSNET 骨干网。用户的数据包,从一个 HSNET 边缘端口进入,从另一个 HSNET 边缘端口出去。这样,它就无法逃避边缘接入端口对其信源地址真伪的检验。

由于一个 HSNET 的边缘端口,只连接了一个用户接入网或一个小型 ISP 网络,这些接入网络是末端网络(stub network),不是过路网络(transit network),因此,这些接入网的地址空间都是由管理 HSNET 的 ISP 分配的(可通过 IPv6 邻居发现协议自动从 HSNET 边缘端口获得地址前缀或通过层次网管理员分配 IPv6 地址前缀)。管理员和 HSNET 边缘端口确切知道接入网的地址范围。如果攻击者不伪造他人地址而用属于自己的地址对别人进行攻击,则很容易根据信源地址将攻击者定位在一个接入网内。如果攻击者伪造他人 IP 地址进行网络攻击,攻击者的行为可能有 3 种情况:

(1) 处于一个用户接入网中的攻击者企图伪造其他用户接入网的地址。为此他必须将自己发出的数据包中的 IP 源地址前缀部分作伪造。在 HSNET 边缘端口处,很容易对进入的数据包的 IP 源地址进行检查,其地址前缀部分应该与该 HSNET 接入端口的地址前缀完全相同。如果不同,说明发出该数据包的用户伪造了自己的源地址。这时 HSNET 的边缘接入端口可以立即将该数据包丢弃,并报警通知该逻辑节点的管理员,然后通知该用户接入网的管理员作进一步的查处。这种情况,说明由于 HSNET 简单的 IP 源地址检查,使得跨用户网的攻击不但不能得逞,还会被发现加害人处在哪个用户接入网中。

(2) 对于恶意攻击者伪造本用户接入网中他人的地址,不改变 HSNET 边缘端口分配的地址前缀,而被攻击对象在其他用户接入网的情况,虽然 HSNET 边缘端口发现不了地址的伪造,但受害人一定能从数据包的源地址知道该数据包发自哪一个用户接入网。这是因为加害人发出的攻击数据包中的源地址的前缀部分是真实地属于该接入网的(否则数据包进入 HSNET 时,会被边缘端口发现),因而知道是从哪个 HSNET 的边缘端口进入的。

这样,加害人被定位在一个用户接入网之内。

（3）对于伪造本用户接入网中他人的地址,受害对象也在同一用户接入网的情况,由于数据包未进入 HSNET,HSNET 不能发现它,在客观上,HSNET 隔离了危害者对其他任何用户接入网的危害,将受害面限制在单个用户接入网之内。这种情形,受害人也能很容易地从攻击数据包的源地址中发现攻击者就在本用户接入网内。

对上述（2）和（3）两种情形,地址伪造者只能伪造本用户接入网中他人的 IP 地址,由于范围很小,接入网的网络管理员很容易利用简单的监测手段发现。例如,当伪造的数据包发出时,接入网中的监测设备可以检查其网络层地址（IP 数据包的源地址）和链路层地址（通常是以太网地址）之间的对应关系。如发现不符合,就是伪造了他人的 IP 地址。将 IP 源地址与以太网 MAC 地址绑定的技术,已经成熟并被很多用户网管理员采用,因而（2）和（3）两种情形,也可以忽略 IP 源地址的仿冒问题。

如果用户接入网是 IPv4 网络,由于 HSNET 入端口知道自己所连接的用户接入网中包含了哪些网络或子网号码,也可以对其 IP 源地址进行合法性检查。其结果与上述 IPv6 接入网的 3 种情况完全一样。

现有的 Internet 是否也能在路由器连接用户以太网或用户主机的边缘端口上同样对信源地址进行检查从而定位加害人呢？答案是否定的。因为网络连接的任意性,所连接的用户网络或 ISP 网络,既有末端网络,又有过境网络,路由器边缘端口无法定位一个伪造地址的数据包的属地范围。即使路由器厂家提供了这种能力,很多原因使得对攻击者的定位无法做到。第一,ACL 对路由器性能的严重影响,路由器的管理人员不愿意设置过多的 ACL 表项；第二,管理人员无法完备地把所有可能危害的地址都列在黑名单中；第三,攻击者不断变换攻击的源地址,网络管理员不可能及时跟上这种变换；第四,路由器的主人有数十万甚至成百万,不可能要求他们都能规范地进行路由器的安全控制配置。

现有的互联网,也有不少人在考虑对 IP 源地址的仿冒进行控制,但想做到这一点,要设计一套十分复杂的协议。这套协议要包括：

① BGP 协议层次的 IP 源地址认证协议；

② 自治域内的 IP 源地址认证协议；

③ 用户网络内 IP 地址与 MAC 地址的绑定。

除了第③点可以很容易实现外,①和②的实现都是很复杂的,会给网络核心路由器增加很大的协议处理负担。另外,由于这种部署涉及设备更新和大量投资,部署后只限制了自己,有利的是别人,也就缺少部署的动力。实施难度极大。

但在层次式交换网络这一新的体系结构下,边缘端口进行的 IP 源地址检查,只检查 IP 数据包源地址前缀是否与自己边缘端口地址前缀一致,因而没有什么处理、存储和通信方面的开销。

## 15.2.2　阻断用户对网络设备的访问

HSNET 体系结构设计的特点之一,是将网络内部地址空间与用户网络地址空间相分离,两个不同地址空间中的客体,是不能相互访问的。处于协议域边界的层次网络边缘端口,对进入层次骨干网的用户数据包作简单的检查,如果发现来自用户网络（或外部网络）的任何数据包使用了层次网络内部地址空间的地址,可以立即丢弃并报警。

层次骨干网的内部控制协议,其控制包全部使用内部地址。这些控制包始发于协议域内部,终结于协议域内部,不进入用户地址空间。同样,用户数据包使用用户地址空间的地址,它可以穿越层次骨干网,但不会终止于层次骨干网。这样,用户数据包不可能给网络设备引入病毒或任何不良代码,用户也不可能组织一批处于用户地址空间的设备对层次骨干网内的设备进行 DDOS 攻击。

现有的 Internet 中,路由器端口与用户主机都处于相同的地址空间中,无法判断用户数据包中的信宿地址是否指向某台核心路由器,因而也不可能在数据包进入骨干网的边界对其进行过滤。

### 15.2.3 隐藏服务器

在第 6 章中谈到,运行 HSNET 的 ISP 不但能对 HSNET 的交换机及其端口分配内部地址,还可以将一些专用的网络服务器分配内部地址,使得这些服务器处于与用户网络不同的地址空间,被隐藏起来。用户看不到这些服务器,因而无法对其进行攻击。这种特殊服务器的例子如网络管理服务器、IPv4 隧道封装服务器、网络安全认证服务器、密钥管理与分发服务器、多播管理服务器、VPN 管理服务器、节点域资源管理与分配服务器(即 QoS 管理服务器)等。这些服务器的使用方式是不同的,例如,网络管理服务器只接受 HSNET 内部特定权限网络管理人员的访问;IPv4 隧道封装服务器用于为 IPv4 数据包进行自动隧道封装,由隧道起点的边缘端口来访问;网络安全服务器负责对特殊要求的用户数据包进行边缘端口到边缘端口之间的加密时由边缘端口调用(例如 VPN 服务中对用户数据的安全性保护);QoS 服务器用于逐站预留资源的 QoS 信令,等等。它们是为用户服务的,却不能被用户直接访问,详见第 9 章。

现有的 Internet 中,任何特殊用途的服务器,与用户主机处在相同的地址空间。既不能从地址上判断其特殊身份,也不能阻止处于同一地址空间的任何人对其进行访问。严重地、有目的地对特殊服务器(例如网管设备等)进行攻击,也能很容易地使这些关键性的网络设备瘫痪。

### 15.2.4 防止网络截听

安全的另一个方面是用户数据包在网络中走过时,有可能被别的组织截听。在现有的任意连接的互联网中,不仅网络连接结构本身是任意的,一对用户之间通信,可能跨越多个属于他人的网络,通常其路由也是不确定的。例如,国内两个单位之间的通信,有可能绕道经过了国外的某些节点,这就增加了被截听的可能性。虽然能用源路由功能,由发送方提出送到目的地应走的路由,但这不仅要付出网络资源的代价,不可能在网络中大量地使用,而且一般用户也难以使用这种功能。

在 HSNET 中,用户数据包经过固定的路径,不会在网络中乱转。国内通信不会跑到国外的节点去,减少甚至防止了国内通信被国外截收的可能性。由于地址是从上到下逐层分配的,网络结构也在地理范围上从大到小逐层划分的,用户数据包总是尽可能在最小的子树内、以最短的路径、在最小的地理范围内走过,局部范围内的通信,不会跑到范围以外去,这也相应地增加了用户通信的安全性。

另外,HSNET 的用户网络只与 HSNET 的边缘端口连接,被 HSNET 骨干网送到目的地的 HSNET 边缘端口,然后到达目的地用户接入网。只涉及两个用户网络和由 ISP 管理的 HSNET 骨干网络,不会在其他竞争对手的网络或其他用户网络上越过,大大减少了被截收的可能性。

HSNET 的这些特点也与电话网类似。在电话网上,能利用电话交换机端口进行监听的人,只可能是电话网络运营商。除非国家安全、公安等部门要求运营商协助进行合法监听,出于法律的规定以及商业信誉,运营商自己是无权也不会去监听的。当然,无论是电话网还是 HSNET,在室外信道上进行监听都是可能的,这已超出了本章讨论的范围(例如采用端到端加密技术)。

## 15.2.5　VPN 及其安全

由于 HSNET 的结构特点,一对用户接入网之间的通信,路经是固定的,并且信源地址不可伪造,使得 HSNET 构造 VPN 十分简单、可靠、安全。例如,分布在各地的 $A$、$B$、$C$、$D$ 4 个用户接入网属于同一个企业,为了安全,要求构成一个 VPN。4 个用户接入网的地址前缀就是 HSNET 的 $A$、$B$、$C$、$D$ 4 个边缘端口的地址前缀。在 $A$、$B$、$C$、$D$ 4 个边缘端口各存储一张 VPN 表,列出本边缘端口允许到达的其他边缘端口的地址。例如,在边缘端口 $A$ 的 VPN 表中,列出了 $B$、$C$、$D$ 的地址,在边缘端口 $B$ 的 VPN 表中,列出了 $A$、$C$、$D$ 的地址,其余类推。当一个 VPN 用户数据包进入 HSNET 边缘端口时,首先检查其信源地址是否合法,即进入的数据包的信源地址的前缀部分是否与本边缘端口的地址前缀一致,防止伪造信源地址。然后检查源地址是否为合法的 VPN 用户。最后将数据包中信宿地址的高位部分与 VPN 地址表进行比较。只有在 VPN 表中存在的,才允许进入 HSNET 并发送到目的地边缘端口,再交给目的地用户接入网。这就进一步加强了网络通信的安全性。

根据企业的通信管理策略,各地的表格可以不对称安排,例如,$A$ 为公司总部,$B$、$C$、$D$ 为公司的分支机构,在边缘端口 $A$ 的表格中,列出了 $B$、$C$、$D$,但在边缘端口 $B$、$C$ 和 $D$ 的表格中,均只列出了 $A$。这样,公司总部可以与任何一个分支机构通信,而各分支机构只能与公司总部进行通信,相互之间就不能通信了。这种不对称的策略也增加了公司通信的安全性。分支机构 $B$、$C$、$D$ 的对外通信,只能经过总部 $A$ 的设备的转接,实现了对外通信的统一管理。

# 第 16 章
## QoS 控制

Internet 的最初设计目标是提高计算机数据通信的可靠性,提高传输信道的利用率,并没有顾及到通信的实时性要求。随着网络应用领域的不断扩展,迫切要求在 Internet 上提供多媒体实时应用。多媒体实时应用的主要传输对象,除了数据以外,就是音频和视频。其中音频信息包括语音、音乐及任何一种适合人类听觉系统频带范围内的信号。视频信息是任何适合人类视觉系统的信号,包括交互式的实时视频信息和非交互式的单向播放的视频信息。音频和视频信息与数据的主要区别是它们对实时性要求非常高,必须以不间断的、连续流的方式传递,才能适应人类感官的要求。图像信息虽然也是为人的视觉器官用的,但对它没有实时性要求,因而从传输特性上它与数据没有区别,可以归为数据传输一类。实时性是音频和视频服务对网络最基本的要求。

为了讨论的方便,可以用数据流来描述用户的实时应用。一次通信过程,可以有一对一的通信,也可以有一对多或多对多的通信,但都可以被分解为数据流。一串顺序流动的数据包,只要它们的源地址和源端口相同,目的地地址和目的地端口也相同,就被归入一个数据流。数据流是单向的,通信双方可能互相要向对方发送数据,也可能一个方向上发送的是数据而相反方向上发送的仅仅是应答,可以将两个方向上数据包的流动看作两个独立的数据流。

用户能直接感受到的服务质量,体现在 3 个方面,即包丢失率、延迟和延迟抖动。对网络设计者和网络服务提供者,要想让用户在这 3 个方面满足要求,就要保证满足用户通信过程中对网络资源的要求,涉及的网络资源是节点的处理能力、节点的缓冲区容量以及信道带宽。为了保证服务的质量,必须分析网络资源与丢包率、延迟和延迟抖动这些指标的关系,限制进入网络的数据流的数量,对每个已被允许进入网络的数据流的行为加以监督和限制,然后针对不同的数据流特征,为其分配足够的网络资源。用网络服务质量控制的专业术语,服务质量控制的过程被分为资源管理、接纳控制、数据流监管与整形、优先级调度等环节。

## 16.1 Internet 的 QoS 研究现状

自从实时多媒体信息上网以来,Internet 固有的"尽力而为"(best effort,BE)服务,不能满足这类应用的要求,不能在带宽、延迟、延迟抖动等方面保证实时通信流的通信质量。网络技术研究人员对 Internet 的服务质量问题进行了长期的、大量的研究。IETF 提出了多种方案,主要有集成服务与资源预留(IntServ/RSVP)、区分服务(DiffServ)、多协议标记交换(mult-protocol label switching,MPLS)与流量工程(traffic engineering,TE)和比例区分服务(proportional differentiated services,PDS)等。

### 16.1.1  集成服务与资源预留

集成服务与资源预留的核心是为实时通信流提供一套 QoS 信令,即在通信之前利用RSVP 建立一个 QoS 连接,在沿途的所有节点中预留每个通信流需要的资源(主要是带宽和缓冲区资源),同时确定对每个通信流数据包的传输策略,实现对每个通信流的精细控制。

在服务质量上,IntServ/RSVP 提供 3 种等级的服务。第一种是端到端质量保证服务(guaranteed service),在带宽、延迟和丢包率等方面提供严格的保证;第二种是控制负载服务(controlled-load service),虽不能严格保证服务质量,但也能获得相当于轻载网络中尽力而为的服务质量;第三种就是当前互联网提供的尽力而为服务。

在控制结构上,IntServ/RSVP 由 4 部分构成,分别是 RSVP、许可控制、分类器和调度器。RSVP 负责为每个流建立和拆除路径,沿路径预留资源,要求沿路所有路由器处理每个流的信令、维护每个流的路径状态和资源预留状态。许可控制保证网络资源不被过量使用从而避免拥塞。分类器根据数据包的头部信息(地址、端口、协议等)将数据包分类并与预留资源时记录的传输策略相关联。调度器则根据数据包的优先级安排队列和缓冲,在不同队列之间实施规定的调度策略。

理论上,IntServ/RSVP 对流的管理和控制很精细,能够保证实时通信流的服务质量。但实际应用中,它有明显的缺陷,主要有 3 点:

(1) 可扩展性差。对一个通信业务流,要求沿路所有路由器都参与维护业务流的路径状态和资源状态,并且维护的状态数量与业务流的数量成正比,核心路由器不得不承受巨大的处理和存储开销。

(2) 资源预留协议与路由协议存在矛盾。从路由的角度看是一条好的路径,但因资源不足而无法使用,使得 RSVP 要依赖 QoS 路由的支持,而 QoS 路由是极其复杂的、NP-难的。

(3) 路由的动态性。当网络中出现影响路由的事件时(如信道或设备的故障与恢复,管理员对配置的改变等),原先已预留资源的路径不再可用,不得不中断通信,重新选择路径并预留资源。有些文章提出同时建立两条路径并预留好资源,当一条路径不能用时,立即转到备用的路径上继续通信。这种方法也不实用:建立第二条路径时,要避开第一条路径用过的信道和路由器,本身是个 NP-难的问题;另外,一个网络事件很可能使两条路径都不可用。

因此,IntServ/RSVP 只有理论意义,并不能在互联网络中实施。十多年来的实践也证实了这个结论。

### 16.1.2  区分服务

针对集成服务的缺陷,IETF 提出了 DiffServ,其特点是简单高效、可扩展性好。DiffServ 的基本思想是将具有相同特性的业务流汇聚成宏流,网络面向宏流提供服务,与单流(这里称为微流)的数量没有关系。在 DiffServ 中,边界路由器为每个微流维护状态,核心路由器只根据简单的优先级标记对数据包进行转发处理,不维护微流的状态信息,因而具有很好的可扩展性。DiffServ 不再有复杂的信令处理,将重点放在宏流以及适用于全网业务等级的一套"逐跳行为"(per-hop behavior,PHB)上。边界路由器根据业务流的流量特征、服务质量要求和资源预留信息对业务流进行分类、调节,并将业务流进行汇聚,为数据包打上标记,即设定 DSCP。由于 DSCP 的取值范围很小,核心路由器只要根据不同的 DSCP 值进行分类、调度,提供相应的转发服务就行了。实际上,DiffServ 执行的是一种根据优先级进行调度的机制。

与 IntServ 类似,DiffServ 也定义了 3 种服务类型。第一种是奖赏服务(premium services,PS),为用户提供低延迟、低抖动、低丢包率和保证带宽的端到端或者网络边界到网络边界的质量保证服务。PS 服务是 DiffServ 中服务质量级别最高的服务种类,类似于传统电信网络中的专线服务,因此也称为"虚拟专线"服务。第二种是确保服务(assured services,AS),它不是绝对保证用户的服务质量,而是从统计上保证用户的带宽。其特点是当网络拥挤时,也能保证用户有一定数量的资源可用。AS 主要关注带宽和丢包率,而不太注重延迟和延迟抖动。AS 的实现较为简单,只要采用简单的标记和丢弃机制,网络不拥挤时,流中的包都能很好地通过,网络拥挤时,有选择地把某些带有标记的数据包丢弃,从而获得一定的传输质量保证。第三种就是目前网络已经有的尽力而为服务。

DiffServ 的逐跳行为 PHB 描述了一个节点调度转发宏流数据包和分配资源的策略。目前已经定义的 PHB 包括加速型转发、确保型转发、允许丢包的加速转发、默认转发以及准默认转发等。

为了保证应用获得所需的服务质量,用户必须与 ISP 签署服务等级协定(SLA),指定服务类别及每类所允许的业务流量。SLA 可以有静态的,也可以有动态的。动态的 SLA 需要借助信令协议的支持。ISP 之间也需要建立业务流协调协定(traffic condition agreement,TCA),规范 ISP 之间怎样协调地提供服务。

DiffServ 可以分区域运行,一个 DiffServ 区域(简称 DS 域)是连续的 DiffServ 节点的集合,它们具有统一的服务提供策略,且实现一致的 PHB 组。每个 DS 域通过域的边界节点与非 DS 域相连。按照业务流传输方向的不同,边界节点分为入口节点(ingress)和出口节点(egress)。

当应用数据流进入 DS 域时,入口节点维护业务流的状态,根据 SLA 对其进行分类、调节以使流量特征符合 SLA,标记数据包的 DSCP 值,将其加入相应的行为汇集(behavior aggregate)。出口节点也可以对变形的流进行调节和整形,以满足下一个 ISP 的 TCA 要求。当然,出口节点也可以不做调节和整形,由下一个 ISP 的入口节点去做。

DiffServ 与 IntServ 具有明显的不同。DiffServ 保存的状态数量只与有限的服务质量类别相关,而 IntServ 要保存的状态数量与业务流的数量成正比。因而 DiffServ 有很好的扩展性;另外,IntServ 要求所有路由器都参与保存状态及作复杂的分类和调度,而 DiffServ 只在边界节点作警管、整形、标记等处理。核心节点只简单地根据 PHB 进行数据包转发。这样,无论是设备的负担还是部署的难度,DiffServ 都是占优的。

但是,DiffServ 也是很难成功的。原因在于,任何一种 QoS 模型,如果不控制进入网络的业务流的数量,光有调度策略是没有用的。DiffServ 本质上只是一种调度策略,只有与接纳控制相结合,才能真正起作用。而接纳控制必须依赖网络内部资源的状态:当资源够用时,接纳一个业务流的申请;当资源不够时,拒绝一个业务流的申请。因而像 RSVP 这样的资源预留过程是不可缺少的。但是,互联网的路径不确定和路由随网络事件的动态改变等固有的体系结构缺陷,使得预留资源的路径变得不可用。虽然 DiffServ 中的业务流没有走固定路径的要求,一个业务流的某些数据包可以走别的路到达目的地,但这条"别的路"是没有被这个业务流预留过资源的,很可能资源不够用,质量也就得不到保证了。

## 16.1.3  多协议标记交换与流量工程

多协议标记交换(MPLS)是为减少路由表查询、以定长的标记对数据包进行交换而设计的,目前被推广应用到流量工程(TE)、VPN 和 DiffServ 的 QoS 控制等领域中。

当数据包进入 MPLS 的标记交换边缘路由器(LER)时,通过查找路由表将数据包归类为一个转发等价类(FEC),并为其分配一个标签。数据包逐站行进时,每个标记交换路由器利用数据包的入口标记查询标记交换表,获得出口标记、发送端口、QoS 参数等内容,将数据包中的入口标记替换为出口标记,并按照 QoS 参数信息对其进行调度后,从发送端口转发出去。

在 MPLS 中,标签的分发和标记交换路径的建立需要有专门的信令,常用的信令是标签分发协议(Label Distribution Protocol,LDP)。也可以对 RSVP 进行扩展,让它在承担资源预留功能的同时,分发标签和建立标记交换路径。

利用 MPLS 支持 QoS,关键是要找到满足资源需求的路由,通常利用 QoS 路由技术来实现。QoS 路由指在寻找路径时,要求找到的路径满足保证服务质量所必需的资源。这样的 QoS 路由技术有基于约束的路由技术(constraint-based routing,CR)、优先路由技术(priority routing,PR)、多路径路由技术(muli-path routing,MR)等。

CR 的目标不仅是找到满足 QoS 要求的路径,还要求均衡网络资源的利用率,即实现流量工程。这样找到的路径不一定是路由意义上最短的,但能充分利用网络资源。选择路径时,不仅考虑网络拓扑信息,还包括业务流对资源的要求、链路资源的可用性以及网络管理员指定的某些策略。

PR 要求寻找满足条件的多条路径,对各种不同的、不可比的要求加权后计算各条路径的优先级,最终选中优先级最高的路径。MR 技术与 PR 技术类似,也是寻找多条路径,只是最终选中的路径是多条,例如,一条主路径供实际使用,另一条供热备份。主路径失效时,切换到备份路径上去,避免临时再寻找满足条件的新路径,影响通信的连续性。

无论是哪种 QoS 路由技术,算法都是极其复杂的,很难真正实用。

利用 MPLS 提供 QoS 服务,如果计算多条 QoS 路径,受复杂性的影响而难以实用,例如,要让备用路径避开主路径用过的所有信道和所有路由器,要求所有核心路由器保存大量状态信息、执行极其复杂的计算,就严重影响系统的复杂性和可扩展性。另外,备用路径也必须预留资源,如果备而不用,造成资源的极大浪费;如果只用单一 QoS 路径,也避不开网络事件动态地改变路由从而使路径失效中断通信这样的体系结构缺陷。

为了避免链路或节点故障造成 LSP 失效,MPLS 还提出了一种局部绕道的技术。这种技术也是不实用的:如出现故障时动态地绕道,新启用的绕道路段未必有足够的资源;若事先为路径上的每一个元素(链路和节点)静态地配置好绕道方案,则不仅复杂性极大,在预留的绕道信道上大量保留资源而未必真正使用,也浪费了资源。

### 16.1.4　相对区分服务

区分服务分为绝对区分服务和相对区分服务(relative differentiated services)。如果区分服务的服务对象都在资源允许的范围之内(即有资源预留和接纳控制的约束),则服务质量是能得到绝对保证(奖赏服务)或基本保证(确保服务)的。因而,绝对区分服务要求将区分服务与资源预留和接纳控制一起使用。如果没有资源预留和接纳控制,不限制进入网络的通信流数量,也不考虑资源是否够用,仅将通信业务流分成不同的等级,按等级的高低进行资源分配和调度,就称为相对区分服务。相对区分服务中,实时通信业务被分为 $N$ 类,对业务类 $i$,网络承诺为其提供好于(至少不坏于)业务类 $(i-1)$ 的服务质量,其中 $1<i\leqslant N$。

由于没有 QoS 信令,也就没有资源申请等过程,协议十分简单。但服务质量参数也就只能用简单的延迟(参加排队的优先程度)、丢包率(占用缓冲区的优先程度)来衡量。在网络负载较轻的情况下,不同业务类得到的服务质量可能相同。但当网络较忙时,就无法保证服务质量了。因而,从严格意义上说,它不是一种保证服务质量的机制,而是不同业务类别的相对优先机制。即使是最优先的业务类别,当通信流数量过大、超过网络资源的服务能力时,也是不能保证通信业务的服务质量的。

## 16.2　面向连接的通信与资源预留

传统电话网络能保证通话实时性要求,在于电话网的两个特点:一是电路交换(也称线路交换)的通信方式;二是资源保证。两者是互相关联的。在电路交换的通信方式中,用户先要通过信令建立一条话路才能开始通信,这种通信叫做面向连接的通信。在建立连接的同时,沿路的节点为这次通话保留了足够的资源。电路交换的特点是通信路径固定并且与资源是绑定的。即使通信过程中沿途有设备、电路出现故障,底层的自愈和信道切换对高层是透明的,不仅切换能在较短的时间内完成,并且切换后的路径仍然能保证资源。

这个特点恰恰是现有互联网不具备的。由于互联网采用的是包分复用技术,为一个通信流建立的通信路径中的每一段信道都不是为该通信流专用的,而是同时参与了大量的其他通信路径。因而,当路径的某一段信道失效后,如果要改用其他信道,就可能得不到资源的保证(例如,其他通信流已经用满了这段待切入信道上的资源)。如果能做到快速自愈,将失效信道上承载的所有通信流同时切换到备用信道上,对上层应用透明,也就保证了资源。可惜互联网任意连接的结构做不到这一点。互联网只有端到端的反馈重传,而端到端的往返延迟可达数百毫秒。数百毫秒的中断,会对实时通信造成明显的质量缺陷。为了弥补这种不足,互联网的很多信道建立在 SDH 基础通信网上,利用 SDH 的自愈能力来应对信道失效。但是,引入 SDH 为网络增加了复杂性,增加了网络管理的工作量,增加了网络成本,增加了出现故障的概率,增加了信道容量的开销,更为严重的是,越来越多的信道(例如黑光纤)并不采用 SDH。当没有自愈能力的信道失效时,就失去了保证 QoS 的基础。

在 HSNET 中,树结构的逻辑信道和逻辑节点不受个别故障事件的影响,因而路径是固定的。这为面向连接的通信并绑定预留的资源提供了条件。为了继续遵守包分复用的技术路线,HSNET 可以用 QoS 信令建立虚拟连接并绑定资源,就能达到电话网电路交换并绑定资源同样的效果。能否实现 QoS 服务的关键不在于连接的特性是虚拟连接还是物理连接,而在于该连接在整个通信过程中会不会被破坏。这正好是 HSNET 与传统互联网最本质的区别。

电话网络是按通信中要求的峰值速率来预留资源的(例如,为未经压缩的语音通信预留 64Kbps 的信道带宽),对通信数据流处于非峰值状态时(例如,说话的间歇,没有数据流过),资源是浪费的。在包交换网络中,如果网络中每个节点的每个输出端口上的资源(包括信道带宽、节点用于该端口的处理能力、端口的缓冲区)数量大于或等于所有流经该端口的实时数据流的峰值速率之和,就能保证所有实时通信流的通信质量。要做到资源大于或等于各通信流的峰值之和,就必须限制流的数量。要限制流的数量,就必须在开始发出数据流之前先建立连接,并在建立连接的信令包中指明自己需要的峰值速率,不仅为通信选定一条固定的路径,还通知沿路节点该次通信需要的资源数量。当沿路所有节点当时的剩余资源能够满足要求,就接受这个通信请求;只要任一节点的资源不够,就拒绝这次通信请求。接受或拒绝通信请求的控制,叫做接纳控制(accept control)或准入控制(admission control)。可见,建立连接、预留资源、接纳控制是虚电路交换和绑定资源的必要环节。

在上面的描述中,可以得出结论:要能保证实时通信业务的 QoS,有 3 个条件:

(1) 通信是面向连接的;

(2) 预留了足够的资源;

(3) 一次通信中所有的包必须走固定的、预留了资源的路径。

这 3 个条件中任意一个不能得到满足,就无法保证 QoS。条件(1)和(2)是想不想做的事,只要想做,对任何网络都可以做到。时分复用的 PSTN 可以做到,包分复用的互联网也可以做到。虚拟连接可以获得物理连接相同的效果。条件(3)则不然,它是能不能做的事,是由网络体系结构决定的。对树状的电话交换网,路径是固定的;对互联网,路由是动态的、随时变化的,因而无法做到通信过程中始终走同一条路径。通信过程中更换路径,必须临时再申请建立一条新路径并重新预留资源,会有秒级的中断时间,会有大批数据包的丢失,会有新路径因资源不够而被拒绝的可能。

我们稍为详细地看一下就会发现,重建一条新路径远比初始建立路径慢得多。因为除了新建连接要花费时间外,发现原有连接不再可用也会花费很多时间。因为保证 QoS 的关键是骨干网,我们以本地 ISP 边缘路由器的边缘端口到远程 ISP 边缘路由器的边缘端口之间建立连接为例,要为所有与失效部件相关的实时通信流建立新路径而又不让用户参与(对用户透明),只能有两种方法,一种是端到端重建;另一种是局部修复。

端到端重建资源路径,由边缘端口发起新的连接请求。要让有关的边缘端口知道自己应为某些连接重建新连接,只能有 3 种方法:

① 边缘节点自己监测所有的通信流;

② 来自失效部件的通知;

③ 来自通信主机的通知。

自己监测通信流并发现路径不再可用,并不是简单的事情,也无法快速判断出来。让失效部件的邻居发通知,要求失效部件的邻居在极短的时间内感测到自己邻居的失效,然后查出哪些通信连接是在自己和失效部件之间通过的,再通知到这些通信流的源头边缘端口。这里要求每个中间节点为每个连接保存一批信息,例如,要记住每个连接两头的边缘端口是谁,才能向它们发失效通知。设一个失效部件的邻居有 $K$ 个(一条信道失效,$K=2$;一个节点失效,$K \geqslant 2$),邻居 $i$ 与失效部件之间的通信流连接数为 $C_i$,则要发出的通知数 $N = 2 \sum\limits_{}^{K} C_i$。假设节点 $i$ 与一个失效节点之间的信道为 10Gbps 带宽,每个压缩后的视频流的峰值为 384Kbps,路过的视频连接数近 3 万个。向不同的边缘端口发送数万个通知以及各边缘端口重建数万个连接,无论从消耗的网络资源还是要确保极短的完成时间来看,都是不可能做到的。让参与通信的主机发通知也是做不到的。当预留了资源的路径不可用时,由于路由技术的作用,后续的数据包自动走了别的路径,主机并不知道路径已经变了。另外,已经断了的连接,在沿路的节点中仍预留着资源,怎样通知它们释放资源,也是难以做到的。因为一对边缘端口之间,不可能再在这条断了的路径上传送任何信令,包括释放资源的信令。

局部修复技术是 RSVP 推荐的:每一个路由器为每个流记录资源路径的下一跳节点是谁,一旦路由发生了变化,下一跳不再可用,就做局部修复,部分或全部绕道新路径。在新路径上临时预留资源,问题同样存在:新路由是 BGP 协议生成的,而 BGP 的路由稳定过程需要分钟级甚至更长的时间;新路径未必有足够的资源可用;每个中间节点要保留的状态信息太多。另外,正因为残废路径上的资源难以释放,RSVP 不得不采用复杂、大量消耗资源的软状态技术。关于 RSVP 的工作方式及其存在的问题,下一节还要介绍。

可以看出,对通信过程中资源路径的改变,不存在满意的解决办法。因而不难预测,由于存在路径不确定这样一个由体系结构造成的先天不足,现有的 Internet 是无法提供 QoS 保障的。

# 16.3　资源预留过程

任何想要提供保证通信质量的服务方法,都无法避开建立连接和预留资源这个基本环节。在前面有关 IntServ/RSVP 的讨论中,我们强调了 IntServ 本身带来的可扩展性问题以及在现有互联网有缺陷的拓扑结构下 RSVP 存在的某些问题。在层次交换网络中,也必须依靠面向连接的方式,让实时通信被接纳前,先用连接请求包和连接确认包建立连接,预留资源。因而也要用到类似于 RSVP 这样的协议。但是,在 HSNET 中,已经不存在网络拓扑结构的缺陷,因而可以继承 RSVP 的某些思想而完全没有必要照搬其资源预留过程,克服 RSVP 存在的问题,使之更容易部署。

本节中,我们先分析已有的资源预留协议 RSVP 的特点和存在的问题,然后介绍 HSNET 预留资源的方法。

## 16.3.1　RSVP 的资源预留过程

为了在无连接的分组交换 IP 网络中沿通信路径预留资源,已经提出了多种预留资源的方法,例如 RSVP、DiffRes、YESSIR、扩展的 LDP 等,其中的典型代表就是 RSVP。

RSVP 利用两种基本信令消息建立预留资源的路径：PATH 和 RESV。其过程如下：

（1）源应用程序（发送方）通过应用程序接口将用户的通信业务特征和希望得到的服务质量要求送到 RSVP 进程，RSVP 进程根据要求形成 PATH 消息送到下一跳。

（2）中间节点的 RSVP 进程收到 PATH 消息，建立 PATH 软状态，保存该业务的参数和前一跳地址，并收集该节点可用资源的信息，形成新的 PATH 消息按照路由表转发至下一跳。

（3）目的主机的 RSVP 进程收到 PATH 消息，通过 RSVP 应用程序接口送给目的地应用程序，目的地应用程序根据收到的业务特征和可用资源情况，形成 RESV 消息，该消息中包含了服务质量参数和满足该参数的业务特征。然后将该消息按保存的前一跳地址沿原路返回。

（4）中间节点的 RSVP 进程收到 RESV 消息，建立 RESV 软状态，包括设置包分类器和包转发器的参数，并将该消息按保存的前一跳地址转发。

（5）源主机 RSVP 进程收到 RESV 消息，通过应用程序接口送到相应的应用程序。

（6）为适应路由、QoS 要求等的变化，RSVP 定期地发送 PATH 和 RESV 刷新消息。

RSVP 采用的所谓软状态（soft state），就是路由器保存的由 PATH 和 RESV 建立的状态，只有不断地收到刷新消息，状态才有效，超时后仍未收到刷新消息的，状态被自动清除。采用软状态的方法，可以适应路由的动态变化，并有利于资源的自动释放。

一旦某路由器发现路由变化后，就按照变化后的路由表在新路径上发 PATH。PATH 行进到新、旧路径的交汇点时，该交汇点立即沿新路径向上游发送 RESV 消息，完成新路径上的资源预留，这个过程叫做局部修复（local repair）。根据路由变化的不同情况，局部修复的路径，可能是路径中间的一小部分，也可能是整个路径。

RSVP 最大的问题是可扩展性和处理复杂性。主要表现在以下方面：

（1）节点的存储开销。每个中间节点要为每个资源预留保存大量的状态信息，包括 PATH 消息的入口、出口、资源预留量、分类规则、资源预留的形式、消息的发送方等。存储一个资源预留的相关状态大约需要 500B 的内存。如果骨干路由器同时有 100 000 个流，则至少需要 50MB 的存储空间。

（2）软状态的刷新消耗带宽。中间节点之间需要频繁地传递信令消息，特别是软状态的刷新会消耗大量的信道带宽。该带宽 $B_s$ 与节点中的资源预留数量 $N$、消息的长度 $S$ 和软状态刷新周期 $R$ 的关系可表示为：$B_s = N \times S/R$。假设每个流的速率为 $r$，则信令消息和用户数据所消耗的带宽之比 $\eta = S/R \times r$。例如，设有 $N = 100\ 000$ 个 RSVP 会话，软状态的刷新周期为 30s，消息长度为 350B，则 $B_s$ 约为 9.3Mbps。

（3）控制消息的处理开销。消息的处理开销与协议的复杂性直接有关。因为 RSVP 是一种收方发起的预留过程，路由器必须设计一种高效的将发送方生成的资源预留请求状态和接收方生成的资源预留状态进行快速匹配的算法，同时还要考虑网络拓扑的变化、多播场景下的一对多映射和共享预留下的多对一映射。这些匹配和映射，加重了节点的处理负担。

（4）资源预留状态的管理开销。RSVP 中，中间节点要单独管理每个资源预留会话，资源预留管理的复杂性与会话数量成正比。

## 16.3.2　HSNET 的资源预留过程

HSNET 的资源预留过程采用简单直观的正向预留,其工作过程如图 16.1 所示。

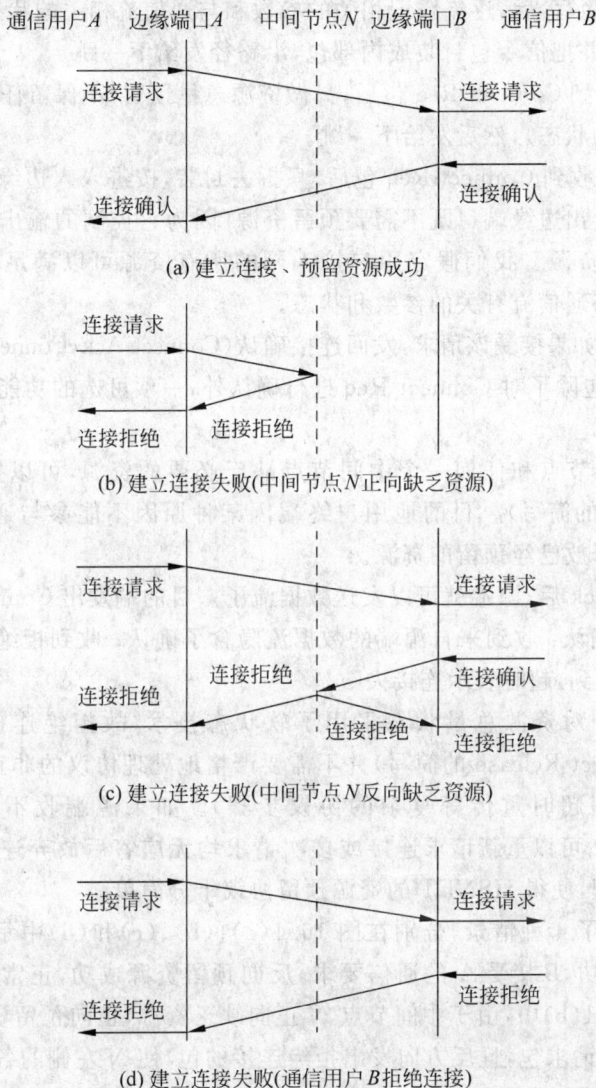

(a) 建立连接、预留资源成功

(b) 建立连接失败(中间节点 $N$ 正向缺乏资源)

(c) 建立连接失败(中间节点 $N$ 反向缺乏资源)

(d) 建立连接失败(通信用户 $B$ 拒绝连接)

图 16.1　建立连接和资源预留过程

在图 16.1 中,发起通信的用户 $A$ 请求与用户 $B$ 进行实时通信,先建立连接,发出“连接请求”包,其中指明通信的对象 $B$ 以及在正向路径(从通信发起方 $A$ 到通信接受方 $B$ 的方向记为正向)需要预留的资源数量及其他 QoS 参数。用户 $B$ 如接受 $A$ 与它的通信,发回“通信确认”包,并为反方向(从 $B$ 到 $A$ 的方向)的通信流预留资源。两个方向上需要的资源数量可以不相同,因而分别预留资源。

在 HSNET 中,通信用户均处在用户接入网里,用户接入网是个末端网络,不承担为其他网络转发数据包的任务,因而用户群体有限,用户接入网内部完全可以做到资源大于需求,不必做复杂的 QoS 控制,因而 QoS 只在骨干网的边缘端口之间实现。其资源预留过程十分简单:

(1) 入边缘端口收到源端(发送方)的资源预留请求(即连接请求包,Connect-Req, Connect-Request 的简写)后,逐流登记相关的参数和与通信流相关的状态,在输出逻辑信道上做资源总量预留,并把信令包封装成内部包,沿路径发给下一跳。

(2) 中间节点收到 Connect-Req 包后,只做资源总量预留(不保留任何与 QoS 有关的参数或与通信流相关的状态),然后发给下一跳。

(3) 出边缘端口收到 Connect-Req 包后,只拆去封装,按进入入边缘端口时的原样送给目的地用户接入网。出边缘端口既不需要预留资源(因为它控制的输出信道是用户接入信道,属于用户网络的资源。我们假定用户接入网的所有资源可以满足有限群体的质量要求),也不需要记录与通信流有关的参数和状态。

(4) 目的地用户如果接受该请求,发回连接确认(Connect-Ack,Connect-Acknowledgement 的简写)。连接确认包除了对 Connect-Req 进行确认外,一项可选的功能是预留反方向的资源(如果需要的话)。

(5) 如果入边缘节点和任何一个中间节点缺乏必要的资源,可以拒绝连接(Connect-Rej,Connect-Reject 的简写)。目的地用户终端因某种原因不能参与通信,也可以拒绝连接。拒绝连接信令释放已经预留的资源。

收到 Connect-Ack 后,源端就可以发送数据流了。目的端发出 Connect-Ack 后,并不需要等待来自源端的确认:收到来自源端的数据流隐含了确认;收到拒绝连接信令包表示连接失败;什么也没收到,超时表示连接失败。

由于 HSNET 中对资源总量状态采用了软状态技术,故拒绝连接信令或释放连接(Connect-Rel,Connect-Release 的简写)并不需要严格地处理协议的非正常事件(例如传输中丢失了,不必采用超时重传等复杂的协议步骤)。如果源端收不到 Connect-Ack 或 Connect-Rej,超时后,可以重新请求连接或多次请求均无应答后放弃连接。这种对协议非正常状态的简化处理,使得 HSNET 的资源预留协议十分简单。

图 16.1 中画出了 4 种情景,分别在图 16.1(a)、(b)、(c) 和 (d) 中示出。在图 16.1(a) 中,正向预留资源成功,B 接受 A 的通信要求,反向预留资源成功,正常完成了连接和资源预留过程。在图 16.1(b) 中,由于中间节点 N 正向缺乏资源,正向预留资源失败,N 不再向目的地(B)转发连接请求包,且反方向发出拒绝连接的包,使 N 左侧的各中间节点释放已为此连接请求预留的资源,并通知 A 连接失败。在图 16.1(c) 中,由于中间节点 N 反向缺乏资源,反向预留资源失败,N 不再向源方向(A)转发连接确认包,且同时在正、反两个方向发出拒绝连接的包。反方向的拒绝包,通知 N 左测已预留正向资源的各中间节点释放资源,通知 A 连接失败;正方向的拒绝包,通知 N 右测的各中间节点释放已预留的正、反两个方向的资源,并通知 B 连接失败。对图 16.1(d),用户 B 拒绝了建立连接的请求,直接应答连接拒绝包,在左边沿路释放已经预留的正向资源,并通知用户 A 连接失败。

虽然层次交换网络解决了个别部件失效后不必切断正在通信的实时连接、不必通知边缘端口重新建立连接、不必通知所有旧的已经残缺的连接释放资源等问题,极大地消除了这些复杂而数量庞大的处理开销和通信开销,但是,如果各中间节点为每一个实时通信流都保存一个记录,则当连接数量巨大时(例如数万甚至数十万个),仍有扩展性问题。为此,在为一个新请求的流预留资源时,只更新资源的总量,而不具体记录消耗的资源是哪个连接占用的,这种方法叫做资源的总量控制。关于资源总量的软状态校正方法,见后面的讨论。

## 16.4　虚拟专线与确保服务

在 HSNET 的 QoS 服务中,也提供 3 类服务,即虚拟专线服务、确保服务和尽力而为服务。当提供虚拟专线服务和确保服务时,如果把资源划分成两部分,一部分用于虚拟专线服务;另一部分用于确保服务,两类服务各在自己的资源池中申请与分配资源。对虚拟专线服务,以峰值速率预留资源;对确保服务,以承诺速率(CIR)等参数预留资源。真正能保证QoS 的服务是虚拟专线服务。确保服务以承诺速率申请资源,有一定的概率出现峰值突发,就不能保证服务质量,但即使在网络拥挤时,也能获得基本的质量保证,例如能保证承诺速率的带宽。虽然这种服务不能提供完美的质量保障,但对质量要求不高又希望相对便宜的用户是有用的。

### 16.4.1　虚拟专线服务

虚拟专线服务有严格的服务质量保证,用户按通信业务流的峰值申请资源。系统保证用户的全部数据包都能在有限的延迟范围内送到目的地。由于这样的业务流有较高的优先级,与保证峰值传输速率相比,其缓冲和队列的保证更容易满足。因而,对虚拟专线服务,可以把问题简化为带宽的保证,而不考虑因缓冲不够而引起的丢包及因队列过长而引起的延迟。每个通信流出现峰值的时间是很短的,大部分时间都处于平均值附近。即使所有虚拟专线业务流的峰值在同一时间出现(即峰值突发),网络也能胜任。因此,完全按峰值总量控制进入网络的通信流数量,对用户是有利的,但对网络运营商是不利的,因为网络资源没有被充分用于收费较高的虚拟专线服务。如果网络运营商不是百分之百的保证服务质量,允许以极小的概率(例如万分之一)出现瑕疵,就可以将资源分配给超量的用户业务流,提高网络资源的利用率。研究超量分配资源的虚拟专线服务,主要研究超量分配的程度与服务质量保证率之间的关系。

#### 1. 资源总量控制模型

设 $U_{reserved}$ 为当前信道已分配出去的带宽,$U_{permit}$ 为信道最大允许分配给实时通信服务的带宽,即允许实时通信占用的资源总量,$U_{new}$ 为一个新的实时通信请求所需要的带宽,$U_{old}$ 为请求拆除的连接要归还的带宽。新连接请求到达时,如果 $U_{reserved}+U_{new}\leqslant U_{permit}$,则接纳连接请求,并更新资源记录 $U_{reserved}=U_{reserved}+U_{new}$;当收到一个拆除连接的请求时,归还资源,更新资源记录 $U_{reserved}=U_{reserved}-U_{old}$。建立连接和拆除连接时节点对资源总量的控制模型如图 16.2 所示。

资源总量控制模型避免了为每个通信流单独设立记录,也就避免了庞大的表格存储和耗时的查表处理,有很好的扩展性。对于不同的应用,产生的通信数据流特性会有很大的差

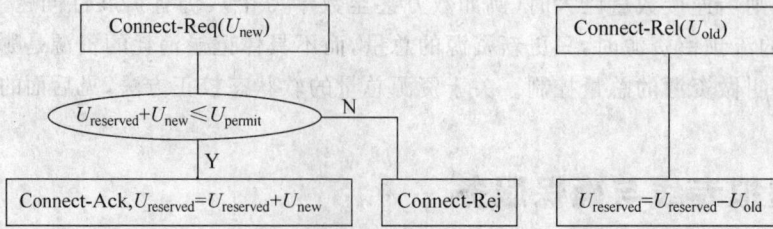

图 16.2 建立连接和拆除连接的资源总量控制模型

异,例如,有常比特率(constant bit rate,CBR)、变比特率(variable bit rate,VBR)等。即使都属于 VBR,其峰值速率(peak rate)与均值速率(average rate)的比值也会有很大的差异。对于语音通信,根据 Nyquist-Shannon 取样定律,每 $125\mu s$ 对模拟语音信号进行一次采样,每个采样值以 8 比特表示,则脉码调制(PCM)后获得 CBR 速率为 64Kbps 的语音数据流。语音中存在很多冗余的或无用的信息,例如,说话的间隙,没有话音信号传输。为了节省信道资源,可以对语音数据流进行压缩。使用不同的压缩算法,可以压缩成不同的速率,例如 32Kbps、16Kbps、10Kbps 甚至只有 5～6Kbps。经过压缩后的语音流,就不再是 CBR 了。对视频信号,一般每秒采样 25～30 帧就能获得满意的视频质量。由于帧之间有非常多的冗余信息,实际上总是尽量压缩后再传输,因而属于 VBR 数据流。不同的压缩算法获得不同的结果。例如,对标清视频信号,MPEG1 可以压缩成 1.5Mbps,MPEG2 可获得 2～8Mbps 的数据流速率,MPEG4 和 AVS 则可压缩成 1～2Mbps。对视频质量要求甚低的视频会议系统,384Kbps 就能满足要求。在物理专线上传输时,必须按峰值租用信道(例如 384Kbps、2Mbps 的电路等),在通信流的非峰值部分,信道空闲,造成浪费;但在 HSNET 上传输时,如果也按峰值分配带宽,既能为 VBR 实时通信保证峰值最大传输速率的要求,使其获得租用专线的效果,又可以将非峰值时空余的信道带宽用于非实时业务或因峰值错开而超量分配的实时业务。

图 16.2 所示的资源总量控制模型,对虚拟专线服务和确保服务是相同的。

### 2. 资源分配系数与过载系数

如果用峰值来计算资源占用率,当网络中所有信道的容量不小于该信道上全部虚拟专线实时通信数据流(为简便,以下简称"专线业务"或"专线服务")峰值的总和,就能保证各专线业务流的服务质量。实现时,可以为信道设立多个输出队列,只有当专线业务的队列为空时,才传送非专线业务的数据包。这样安排,对专线业务数据流而言,好像全部网络资源都属于它们,因此只要它们的峰值总量不超过资源总量时,自然保证了每个流的 QoS 要求。

对 $U_{reserved}+U_{new}\leqslant U_{permit}$ 的分配模型,令 $\alpha$ 为资源分配系数,表达分配给专线业务的带宽资源 $U_{permit-e}$ 占总带宽 $U_{capacity}$ 的比例。即 $U_{permit-e}=\alpha U_{capacity}$ 供专线业务使用;$U_{permit-a}=(1-\alpha)U_{capacity}$ 供其他业务使用。其他业务包括确保服务和尽力而为服务。为了给确保服务留出适量的资源,网络运营商可以根据需要选择分配系数 $\alpha$ 的值。

研究专线业务的资源分配与管理,只涉及带宽资源 $U_{permit-e}$。

专线业务数据流出现峰值的时间占整个业务流时间的比例是很小的。例如,2～8Mbps 的 MPEG2 码流中,大部分时间的通信速率都在 3～5Mbps 之间,任一时刻出现 8Mbps 峰值速率的概率很小。各业务流的峰值出现时间是相互独立的。因而,即使分配给专线业务的峰值总量超过 $U_{permit-e}$,理论上会以极小的概率出现峰值突发引起某些专线业务在某一瞬间出现少量的丢包或增大延迟。对实时视频通信而言,这种小概率的突发、少量的丢包、毫秒级的延迟抖动等,一般不会对人的感官有可觉察的影响,却可以大大提高网络资源的使用率。作为网络运营商,不应该 100% 地保证所有专线业务用户的通信质量要求,而应该以某个百分比(例如 99.999%,俗称 5 个 9,人们把这个百分比称为服务质量保证率)来保证专线业务通信用户的服务质量。这就是在提供满意的服务和合理利用网络资源之间进行折中,既能以很高的概率保证用户的服务质量,又能有很好的网络资源利用率。

由于专线业务的收益率比其他业务高,应当尽可能把资源分配给专线业务。即使专线业务用不完分配给它的带宽,也会把 $U_{permit-e}$ 中没有用满的部分自动让给其他业务(主要是尽力而为业务)使用,不会造成浪费。因而,在 $U_{permit-e}$ 带宽上超量分配专线业务是合理的做法。令 $k$ 为超量分配系数(即过载系数),实际可以为专线业务分配的带宽为 $U_{permit-ex}=(1+k)U_{permit-e}$,$k \geqslant 0$。这样,$U_{permit-ex}$ 是专线业务接纳控制的资源门槛值,相当于资源控制模型(见图 16.2)中的 $U_{permit}$。

既然适当的超量分配是合理的,超量分配中的过载系数 $k$ 值大到何种程度才合适,是需要分析后才能确定的。

### 3. 过载系数 $k$ 的确定

假设按峰值速率为每个实时通信分配了信道带宽,每个实时通信都相当于获得了专线,我们称这些实时通信获得了"百分之百"的服务质量保证率。显然,为了避免分析问题时过于复杂,这里忽略了信道误码率、瞬间的突发等因素造成的通信质量欠缺,因为像数十毫秒的失效信道自愈切换一样,从人的感官上没有觉察到传输质量有问题,就可以认为质量达到百分之百了。如果一路实时通信已经获得了按峰值分配的专线服务,可以说网络运营商为这路实时通信提供了"虚拟专线服务"。因此,上面说的服务质量保证率,指的是能保证获得"虚拟专线服务"的概率。在这种概念下,把 5 个 9 的服务质量保证率解释为:平均每个实时通信流获得专线服务质量的概率为 99.999%。用 $S_{qos}$ 表示服务质量保证率。

$U_{permit-ex}=(1+k)U_{permit-e}=\alpha(1+k)U_{capacity}$。当 $k=0$ 时,$S_{qos}=100\%$;当 $k>0$ 时,$S_{qos}<100\%$。现在要研究在已知的实时通信模式下,$k$ 与 $S_{qos}$ 有什么样的关系。

设某拥有 $U_{permit-e}$ 带宽的信道接纳了超额分配的 $N$ 路峰值为 $U$ 的实时通信,按峰值计算占用的总带宽为 $NU=(1+k)U_{permit-e}$,则有 $NU/(1+k)=U_{permit-e}$。设各实时业务流相互独立并具有相同的流量特征,在周期 $T$ 内每路实时通信出现峰值的总时间长度为 $t$,一个流在某确定时刻处于峰值状态的概率 $p=t/T$,不出现峰值的概率则是 $q=1-t/T$。假定实时流的工作模式为 on/off 方式,on 时以峰值速率通信,off 时以低于峰值的其他速率通信。

应指出的是,与一般研究排队系统的论文不同,这里只关心峰值同时出现(简称峰值突发)造成的资源不足,故并不要求 off 状态时该流的通信量为 0,只要不是峰值(略低于峰值)就行了。这样,概率 $p$ 的值通常是很小的。到底低于峰值多少才算非峰值的 off 状态,与超量分配的程度有关,例如,设超量分配程度为 50%($k=0.5$),则较合理的做法是当一个流的通信量低于峰值的 67% 时为 off 状态。这时的 $p$ 值也会比较大,例如,也可能在 0.3 上下(与流的特性有关)。为避免出现峰值突发的概率过大,难以做到电信级质量的服务,我们假

定超量分配限制在 $10\%\sim15\%$ 以内,并为实用起见,当通信流量达到申请峰值的 $95\%$ 以上时,认为处于峰值状态(on)。低于 $95\%$ 时,为非峰值状态即 off 状态。

在 $N$ 路实时通信数据流中,有 $n$ 个数据流的峰值同时出现的概率 $P$ 满足二项式分布

$$P = \binom{N}{n}p^n q^{(N-n)} \tag{16.1}$$

当 $nU = U_{\text{permit-e}}$,即 $n = U_{\text{permit-e}}/U$ 时,正好用完带宽,出现新来的通信峰值将被丢包或延迟发送,即可能引起质量瑕疵,其概率为

$$P_{\text{fail}} = \sum_{i=n+1}^{N} \binom{N}{i}p^i q^{(N-i)} \tag{16.2}$$

或

$$P_{\text{fail}} = 1 - \sum_{i=0}^{n} \binom{N}{i}p^i q^{(N-i)} \tag{16.3}$$

对每一路实时通信,都有 $P_{\text{fail}}$ 的概率不能保证获得电信级服务,所以每一路实时通信能获得电信级服务质量保证的概率 $S_{\text{qos}}$ 为 $1-P_{\text{fail}}$,即

$$S_{\text{QoS}} = \sum_{i=0}^{n} \binom{N}{i}p^i q^{(N-i)} \tag{16.4}$$

因为 $n$ 路通信的峰值之和正好占满 $U_{\text{permit-e}}$,故有 $(1+k)n = N$,$kn$ 是超量接纳的部分。将 $N = (1+k)n$ 代入上式(16.4),有

$$S_{\text{QoS}} = \sum_{i=0}^{n} \binom{(1+k)n}{i}p^i q^{((1+k)n-i)} \tag{16.5}$$

实际使用上述分析结果式(16.5)时,可以根据实时通信流的峰值特性得到 $t/T$ 值进而得到 $p$ 和 $q$,从 $U_{\text{permit-e}}$ 和每个业务流的峰值计算出可容纳的通信流数量 $n$,就可以用式(16.5)计算出 $S_{\text{qos}}$ 随 $k$ 变化的曲线(纵坐标为 $S_{\text{qos}}$,横坐标为 $k$),在给定的服务质量保证率 $S_{\text{qos}}$ 的某个值下(例如 $0.99999$),从曲线上查出允许使用多大的超量分配系数 $k$,然后按照 $U_{\text{permit-ex}} = (1+k)U_{\text{permit-e}}$ 来接纳虚拟专线实时通信的请求。

由于每一段信道是独立地参与不同实时通信业务流的通信路径的,理想的做法是让每个节点为自己的每条信道动态地计算过载系数 $k$,$k$ 值就能动态自适应地反映信道状况,保证本信道在满足虚拟专线服务的同时,接纳尽可能多的实时业务流。但是,节点要独立地计算一条信道的 $k$ 值,必须实时地测量信道的忙碌程度、统计各业务流的峰值特征 $t/T$。而让每个节点统计 $t/T$ 值,就需要记录各个流的峰值应该是多少,才能判断峰值是否已经出现、持续了多久。这显然要求每个节点记录大量的状态,与 IntServ 一样缺乏可扩展性。因此,现实的做法是,ISP 的管理员根据主要的通信业务类型,对不同流的特征以及各种流的比例,加权计算出统一的峰值特征 $t/T$ 值和平均的峰值,为自己的网络设置统一的过载系数 $k$。

### 4. 信道占用策略

由于实时通信流的属性差异很大,例如,语音通信和视频通信的带宽需求、$t/T$ 值等是截然不同的,视频通信也有多种不同的清晰度要求。上一小节讨论的用超量分配系数 $k$ 来指导接纳控制的策略,并不能简单地使用。我们可以对不同的实时通信类型分别采用不同

的控制策略。

对语音通信,相对于 10Gbps 及更大容量的骨干网带宽,考虑到参与语音通信的人口总数、每人每天的通话时间、地球的白天与黑夜、国际通话的语言障碍、长途通话与本地通话的比例等因素,电话通信占用骨干网信道带宽的比例不超过百分之一(见本章结尾处关于话务量的估算)。随着骨干网带宽的不断增长,语音通信在骨干网信道上的负荷可以忽略。因此,可以将所有语音通信标为比视频通信更高的优先级,并且不预留资源、不做接纳控制、不做流量警管与调节。这样,在每个骨干网设备中,语音通信总是比视频流优先通过,好像整个互联网的资源都是为它所用的,自然保证了语音通信的 QoS 要求。这种策略,可以极大地减少 QoS 信令的处理量。

对视频通信,我们并不考虑那些带宽需求在数百兆甚至 1Gbps 上下的特殊应用(这种特殊的视频通信流,应用场合有限,通信场点位置相对固定,更适合于目前已经成熟的光通路即 Light-Path 信道),只考虑常规的点对点或多点视频会议通信(常用 384Kbps 或 768Kbps)、现场实时视频播放、标清 TV 及 VOD(使用 MPEG4 时,峰值约 2Mbps,使用 MPEG2 时,峰值约 8Mbps)、高清 TV 及 VOD(峰值 15～20Mbps)等视频通信。在这些视频通信中,TV 与 VOD 的主要应用场合是家庭(相对于家庭,旅馆的数量是可以忽略的,使用 TV 的机关单位数量和使用的频道数量,也可以忽略),未来社区网络的发展,高性能的视频服务器可以为社区引入上百路或更多的 TV 供住户选择,设立 VOD 服务器供住户点播。

对社区网络的 TV 播放服务,其频道数量有限,既可以从社区外的互联网引入,也可以从 CATV 光缆引入到社区的服务器,再通过社区互联网播发给住户。如果从 CATV 光缆引入社区,则不占用互联网骨干网络的信道带宽;如果从外界互联网引入,由于上百路标清或高清电视要占用 1～2Gbps 的信道,而且通信场点是固定的(社区的服务器),完全可以采用光通路技术,避免在普通的互联网上占用带宽。

对社区 VOD 服务,服务器设在社区内部,也不占用外界骨干网信道。

通过上述信道占用策略的分析,我们看到,利用光通路技术后,使用最为广泛的家庭 TV 和 VOD 对互联网骨干信道的压力是不大的。互联网主要的实时视频应用来自视频会议、现场视频实时广播、点对点个人视频通信等要求带宽相对较低(例如 384～768Kbps 或峰值小于 2Mbps 的 MPEG4、AVS)的应用。为此,可以为这些常规画面质量的视频通信设立一个较语音通信优先级稍低的优先等级。而超量分配系数 $k$ 主要针对这类应用。对有限种类的、峰值数值和特征相差不大的实时通信流,比较容易估算 $t/T$ 和峰值参数。

**5. 其他质量控制环节**

除了建立路径、预留资源、许可控制外,要保证专线业务的质量,还必须在流量调节、分组调度、缓存管理等方面进行必要的控制。其中分组调度和缓存管理很简单,前者用高优先级(仅低于语音通信流)队列并优先调度;后者用足够的缓冲区保证不丢包。优先调度本身能减轻缓冲区的压力。

流量调节只在路径的入口处进行,对按峰值申请资源的虚拟专线业务,调节的依据就是用户实际进入的业务流是否超过其申请的峰值。如果用户企图少付费用,故意少报专线业务流的峰值,该用户得了便宜,但会影响别人的通信质量,也会给服务提供商造成经济损失。为了监测实际峰值,必须进行流量测量。

测量流量的方法应该尽可能简单。为每个专线业务流设立一个滑动的时间窗口 $T_w$。设当前时间为 $t$,统计 $(t-T_w)\sim t$ 之间的流量,除以 $T_w$,得到 $T_w$ 时间段内的平均流量 $U_w$。如果 $T_w$ 足够小,可以认为测得的 $U_w$ 是个瞬时值。为了简化时间窗口的处理,可以利用来自流分类器的事件触发流量统计模块。分类器查出某流的一个数据包,通知测量模块处理。测量模块将数据包的比特数以及当前时间 $t$ 一起记录下来,并在统计数中加上本数据包的比特数。同时检查是否有过时 $(t-T_w$ 以前)的记录,若有,在统计数中减去。测量算法如下:

$$\text{PIR}_i^{\text{new}} = \text{PIR}_i^{\text{old}} + (l_i^t - l_i^{(t-T_w)})/T_w \tag{16.6}$$

其中,

- $\text{PIR}_i^{\text{old}}$ 和 $\text{PIR}_i^{\text{new}}$ 分别为流 $i$ 在 $t$ 时刻以前和以后测得的峰值速率;
- $T_w$ 为时间窗口,一个较小的常量;
- $l_i^t$ 为流 $i$ 在当前时刻 $t$ 到达的数据包的长度;
- $l_i^{(t-T_w)}$ 为流 $i$ 在 $T_w$ 以前所有尚未被剔除的数据包的长度。

完成测量后,记测得的峰值为 $\text{PIR}_m$,用户申请的峰值为 PIR,对数据包颜色做如下标记:

```
if(PIRₘ≤PIR)
        将数据包标为绿色;
        将黄色计数器清成 0;
            else
                    黄色计数器 + 1;
            if （黄色计数器的值≤预设的门槛值 Th)
        将数据包标为黄色;
            else
        将数据包标为红色;
```

调度模块根据网络忙碌情况,可以丢弃红色甚至黄色的数据包,作为对不诚实用户的惩罚以及对网络服务能力的自我保护。

应当指出,这里的颜色标记与后面将要讨论的确保服务业务流的颜色标记的含义不同。在确保服务中,对诚实用户的通信流也要将超过承诺速率的部分标成黄色或红色。对虚拟专线服务的业务流,只要用户如实申报,是不会出现黄色或红色标记的。同时,对出现过黄色或红色标记数据包的情形,应当在网络管理的 MIB 数据库中有所反映,以便网络管理员提请用户注意。

由于测量、统计、颜色标记等工作都在边缘节点处理,因而处理负担不会很重。

## 16.4.2  确保服务

前面的讨论是针对虚拟专线服务的。对确保服务,资源控制模型和超量分配系数 $k$ 的计算与虚拟专线服务并没有差别。原则上,除了分配给专线业务的信道带宽外,其余带宽 $U_{\text{permit-a}} = (1-\alpha)U_{\text{capacity}}$ 均可用于确保业务。这样做,尽力而为服务只能占用两类实时业务的空隙带宽。由于确保服务类业务按承诺速率作为接纳控制的依据,会严重地过量分配资源,它自身用尽 $U_{\text{permit-a}}$ 还不够,信道忙碌时还不得不丢弃某些被标注为红色甚至黄色的超量数据包,一般就不会给尽力而为业务留下什么带宽资源了。所以,如果确实要为尽力而为业务保留足够的带宽，可以令 $U_{permit\text{-}a} = \beta U_{capacity}$，并且令 $(\alpha + \beta) < 1$，则有 $\gamma U_{capacity} = (1 - \alpha - \beta)$ $U_{capacity}$ 的容量固定保留给尽力而为业务使用。

资源分配系数 $\beta$ 可以由 ISP 选择。显然，ISP 在三类服务中获得的利益有个最佳点：确保服务价格比虚拟专线服务低，但确保服务可以容纳更多的客户。尽力而为服务最便宜，但它可以插空传送，使资源利用率更高。ISP 决定 $\alpha$ 和 $\beta$ 值时，主要考虑利益最佳点、三类客户的数量即市场需求、ISP 之间的竞争等因素。

确保服务业务的资源分配和管理，针对可用带宽 $U_{permit\text{-}a}$ 进行。与专线服务业务一样，分配资源时，网络管理员设定的接纳控制门槛值为 $U_{permit\text{-}ax} = (1 + k)U_{permit\text{-}a}$，这里的 $k$ 可以小于 0、等于 0 或大于 0，确保服务业务的资源分配，与专线服务业务有很多不同之处。

### 1. 通信流参数

对确保服务，申请预留资源的主要指标是承诺速率。这样，不能绝对保证服务质量，只能从统计意义上保证服务质量，质量取决于峰值突发出现的概率。当网络负载较轻，或流的数量很大使得峰值出现时间有更好的随机性，或允许有一定数量的丢包，或允许画面有少量的瑕疵时，用低于峰值速率的承诺速率分配带宽，可以接纳更多的实时通信业务流，提高网络的使用效率，降低用户的使用成本，增加运营商的收益。虽然(式(16-5))仍然可以使用，但对确保服务业务流，on/off 模型中划分 on 和 off 状态的分界线不像专线业务那样简单，不能再用峰值或 95% 峰值来作为 on 状态而其余时间作为 off 状态，更不能简单地认为某时刻某数据流有数据包在传输就是 on 状态，没有数据包在传输就是 off 状态。因为这样统计的状态不能反映流量的大小和占用带宽资源的多少，也不能反映用户实际进入网络的数据流量与申请的数据流量有什么关系。为此，对确保服务的业务，至少应当提供(PIR,PBS, CIR,CBS)四元组描述通信流特征，PIR 为峰值速率，PBS 为峰值突发，CIR 为承诺速率，CBS 为承诺突发。对一种确定的视频编码方式，峰值较容易估计，而平均速率与视频内容有关，很难有较好的估计，不如改用承诺速率，即要求运营商确保的速率。所以用峰值速率和承诺速率更实用。对峰值突发和承诺突发，可以根据以往的经验或对各种编码下不同视频样本进行大量统计后获得。每次使用时，为保险起见，应留有一定的余量。

用承诺速率代替平均速率作为资源预留的参数，还有一个原因：承诺速率是可以在很大范围内调节的，其调节范围为 0 到峰值速率之间。当用户申请的承诺速率为 0 时，不要求运营商对他的通信流有某种基本程度的保证，就回到了尽力而为服务；当用户申请的承诺速率处于 0 和峰值之间时，运营商只为用户保证承诺速率的通信，超过承诺速率的部分能否被正确传送，取决于当时网络的忙碌程度(看用户的运气)。从这个意义上说，这部分流量也是尽力而为的。承诺速率的高低，与用户获得的通信质量成正比关系；如果申请的承诺速率等于峰值速率，则变成了虚拟专线服务，获得完善的质量保证。这种用户可选的承诺速率参数，给用户提供了在通信质量和通信费用之间折中选择的自由。

要指出的是，这里提到的尽力而为服务，与非实时通信的尽力而为服务是不同的。这里是在为确保服务分配的带宽资源 $U_{permit\text{-}a}$ 中的尽力而为服务，即只能利用各确保服务业务流的空闲资源来尽力而为。当确保服务专用的带宽 $U_{permit\text{-}a}$ 不够用时，就将标记为红色甚至黄色的数据包丢弃。如果不使用颜色标记，简单地将超量的数据包在 DSCP 中改为与非实时数据包一样的低优先级，则它们就会被当作非实时数据流一样作尽力而为服务，就没有意义了：实时流中不能按时到达的、超出接收端缓冲能力的数据包，即使最后被送到了目的地，也要被接收端丢弃的。这样就白白浪费了资源。

为了更容易确定申请时提交的参数，也可以采用套餐的方式。在用户系统中制作几张表格。一张表格用于查询不同编码方式下的峰值速率和峰值突发；另一张表格可以将用户提出的感官上的质量要求映射为相应编码方式下的承诺速率；第三张表格可以查出该承诺速率对应的承诺突发。这样，用户只要提出感官上的质量要求，其他参数都由系统自动生成。这样设计的系统，既方便了用户，又能避免用户在申请资源时故意瞒报通信带宽的需求量而实际使用时向网络超量地注入通信量。用户申请的感官质量高的，自然就被映射为较高的资源申请量。

### 2. 入口警管

对确保服务，由于入口参数比专线业务多，且按承诺速率分配资源本身隐含了严重的资源超量分配，故警管工作更复杂也更严格。

与专线业务用户有所不同，专线业务的用户愿意承担较高的通信费用，看重完美的通信质量，因而一般不会冒着失去质量保障的危险而瞒报需求。一旦瞒报峰值率，很容易被监测到并得到惩罚（网络可丢弃红色甚至黄色的数据包），也会受到网络管理员的警告。而确保服务中，本来就允许用户超量使用，用户凭运气可能获得比申请的多得多的资源而且有很好的质量。这样，用户希望碰运气少报资源请求量而获得较好通信质量的行为就是一种很自然的事情。这对网络有效控制总负荷量极为不利。对确保服务业务而言，入口警管的主要任务有两个，一是监督用户通信流的行为特性，对实际使用资源量超过申请资源量的情况即非法超量加以限制；二是对如实申报的业务流的合法超量加以标识，以便对基本的业务流量加以保证，对超量部分尽力而为。

对确保服务业务的入口警管，主要有两种不同的标记方法。一种是基于流量测量的；另一种是基于双速率三色漏桶的。

1）基于流量测量的标记算法

这种标记算法分为两步，第一步是测量实时通信流的平均速率，第二步根据平均速率、承诺速率和峰值速率的关系对数据包进行颜色标记。流量测量也是用滑动窗口实现的，故称为时间滑动窗口三色标记器（tswTCM，the Time Sliding Window Three Color Marker）。

测量每个实时通信业务流实际流入边缘端口的平均速率 AIR 的算法如下：

$$\text{AIR}_i^{\text{new}} = (\text{AIR}_i^{\text{old}} * w + l_i^k) / (t_i^k - t_i^{k-1} + w) \tag{16.7}$$

其中，

$\text{AIR}_i^{\text{old}}$ 和 $\text{AIR}_i^{\text{new}}$ 分别为流 $i$ 第 $k$ 个数据包到达前和到达后测得的平均速率；

$w$ 为时间窗口的大小，常量；

$l_i^k$ 为流 $i$ 第 $k$ 个数据包的长度；

$t_i^k$ 为流 $i$ 第 $k$ 个数据包到达的时间。

正如前面说过的，依靠用户给出平均速率是靠不住的，而实际通信流的平均速率是一个重要的衡量通信流强度的量。将平均速率（AIR）、承诺速率（CIR）和峰值速率（PIR）联合起来对数据包进行标记的算法如下：

if (AIR≤CIR)

```
        将数据包标记为 green；
else if（AIR≤PIR）
        P0 = (AIR - CIR)/AIR；
        以 P0 的概率将数据包标记为 yellow；
        以(1 - P0) = CIR/AIR 的概率将数据包标记为 green；
else
        P1 = (AIR - PIR)/AIR
        P2 = (PIR - CIR)/AIR
        以 P1 的概率将数据包标记为 red；
        以 P2 的概率将数据包标记为 yellow；
        以 P3 = (1 - (P1 + P2)) = CIR/AIR 的概率将数据包标记为 green。
```

显然，tswTCM 算法中，如果平均速率小于承诺速率，所有的数据包都是 green 的；否则，只有 CIR/AIR 的数据包能被标为 green。如果平均速率大于峰值速率，则除了有 yellow 包外，还出现标为 red 的数据包。

值得指出的是，虽然这里的流量测量与虚拟专线的流量测量都用了滑动窗口，但它们有本质的区别。这里的滑动窗口 $w$ 只是一个足够长的时间段，取值范围没有严格的限制。通常取较大的数值，能更好地滤除和平滑突发的影响，计算得到的平均速率更准确。但在系统初始启动阶段，$AIR_i^{old}$ 的初值不应该设为 0，否则测出的平均速率比真实的平均速率小很多，经过一个过渡过程，才能达到正常值。$w$ 取值越大，过渡过程也越长。如果将 $AIR_i^{old}$ 的初值设为 70% 左右的承诺速率，则这个过渡过程对监控系统的正常运行是不会有什么显著影响的。从式(16.7)可以看出，测量过程是逐步修正以前的结果，是累计性的，并不剔除窗口时间段以前统计的数据包。而虚拟专线服务中的算法，计算的是 $T_w$ 之内的瞬时值，因而，$T_w$ 取值较小，且过时($T_w$ 以前)的所有数据包都要从统计值中剔除。

2）双速率三色漏桶标记算法

用双速率三色漏桶标记算法 trTCM(The Two Rate Three Color Marker)对确保服务的通信流数据包进行标记，已经有过很多研究。

常用的 trTCM 算法有四个参数：承诺速率（CIR）、承诺突发（CBS）、峰值速率（PIR）和峰值突发（PBS）。使用两个漏桶，一个为 green 漏桶，令牌到达速率为 CIR，漏桶容量为 CBS；另一个为 yellow 漏桶，令牌到达速率为 PIR，漏桶容量为 PBS。在时刻 $t$，green 桶中的令牌数为 Tc($t$)，yellow 桶中的令牌数为 Tp($t$)，数据包长度为 S，标记算法为：

```
if (Tp(t) - S<0)
        数据包标记为 red；
else if (Tc(t) - S<0)
        数据包标记为 yellow；
        Tp(t) = Tp(t) - S；
else
        数据包标记为 green；
        Tp(t) = Tp(t) - S；
        Tc(t) = Tc(t) - S。
```

由于漏桶算法 trTCM 中两个漏桶的令牌分别以 CIR 和 PIR 的均匀速率充入桶里，桶的容量分别为 CBS 和 PBS，如果没有用户数据到达，不消耗令牌，则当桶被充满时，新来的令牌使桶溢出而被丢弃，这样就控制了通信流的最大突发长度（等于桶的容量）。在对突发的控制方面,trTCM 算法较 tswTCM 算法有优势;但在概率丢包方面,则 tswTCM 算法较 trTCM 有优势。

上面描述的令牌桶算法中,只要 yellow 桶中还有令牌,就不会出现 red 包;一旦 yellow 桶中没有令牌,就连续地大量出现 red 包。研究表明,这种硬性的丢包规则是有缺点的,它可能使丢包集中地出现,不利于实时通信流接收端满意地对丢失的包用插补法加以弥补。在调度算法的研究中也有类似情形,如果简单地当队列缓冲区充满后才开始硬性地丢包,不但可能出现同一通信流连续丢包而影响插补恢复的效果,还会造成各通信流之间共享资源的不公平,甚至会触发 TCP 过多的慢启动过程。因而通常采用随机早期丢弃(RED,Random Early Drop)算法或加权的随机早期丢弃(WRED,Weighted Random Early Drop)算法。

一些研究表明,当数据包实际到达速率接近 PIR 时,以一定的概率,将到达的数据包分别标为 yellow 和 red 的话,可以更公平地共享资源。在 trTCM 算法中,桶中剩余令牌的多少,反映出通信流数据包到达的速度。当令牌数很少时,表明预约的资源将被很快用完,应该以较大的概率开始标记 red 包。反之,如果桶中令牌数量很多,表明资源还很富裕,可将数据包以较大概率标记成 green 或 yellow。使用令牌桶的充满程度 P,就可以为 trTCM 算法加入概率标记。例如,如果希望在 green 令牌耗尽,而 yellow 桶中仍有令牌时,以一定的概率将到达的数据包分别标记为 yellow 和 red 时,可以使用 yellow 桶的充满程度 P＝Tp(t)/BPS 作为概率因子,将数据包以 P 的概率标记为 yellow,以 1－P 的概率标记为 red。算法修改为:

```
if (Tp(t) - S<0)
        数据包标记为 red;
else if (Tc(t) - S<0)
        以 P = Tp(t)/BPS 的概率将数据包标记为 yellow;
        Tp(t) = Tp(t) - S;
        以(1 - P)的概率将数据包标记为 red;
else
        将数据包标记为 green;
        Tc(t) = Tc(t) - S;
        Tp(t) = Tp(t) - S。
```

如果希望更精细地选择丢包的概率因子,可以用更复杂一些的 P 的计算方法。

对标记了颜色的数据包,可以有不同的调度处理策略。例如,一种可能的策略是无条件地丢弃 red 包,保留 yellow 包。当网络有富裕的资源时,以与 green 包一样的 DSCP 优先级正常传送这些 yellow 包;当网络忙碌时,部分或全部丢弃 yellow 包。由于网络按承诺速率 CIR 将资源 $U_{permit-a}$ 分配给确保服务通信业务,当 CIR 比平均速率高出很多时(为了有基本的质量保证,通常 CIR 应比平均速率高出很多,在平均速率和峰值速率之间选一个值),就会有很多带宽余量来传输大部分 yellow 包。另一种可能的策略是,保留 red 包,发现网络忙时,先丢弃 red 包,如仍不能缓解网络的忙碌程度时,进而部分或全部丢弃 yellow 包。前一种策略过于激烈,red 包连尽力而为服务的机会也没有了。后一种策略较缓和,red 包有获得在 $U_{permit-a}$ 资源能力下的尽力而为服务的机会。

### 3. 其他调度因素

在虚拟专线服务中,当我们按峰值申请并分配了资源后,由于其高的优先等级,缓冲的安排和队列的发送次序等都受到优待,我们可以忽略缓冲和排队等因素的影响。因而只考虑峰值一个参数就够了。但在确保服务中,调节系数 $\beta$、超量分配系数 $k$、按承诺速率申请并分配资源等,只涉及了为通信业务提供带宽这一需求,还必须考虑缓冲(影响丢包率)和排队(影响延迟)的影响。确保服务可以被进一步细分成多个子类,取不同的 DSCP 值。有的希望丢包率较低,有的希望延迟较小。缓冲、队列、调度等策略中应该对不同 DSCP 值的数据包作相应的安排。这样,确保服务的连接请求包中的参数就要适当增加,以反映这些不同的质量要求。这里不再进一步讨论了。

## 16.5　资源管理

在层次网络中,为了减轻节点域内各交换机的工作负载,也为了简化交换机的控制协议,在每个节点域中设立一个专用的内部服务器。一台物理的服务器可以承担多种服务,相当于多台逻辑服务器。其中与网络资源和 QoS 有关的部分,叫作资源管理服务器或 QoS 服务器。资源管理服务器提供资源管理服务,为本节点域内所有的逻辑信道保留资源总量和资源使用状况信息。当一次实时通信发起连接请求时,边缘节点域根据该通信的数据流要走过的路径,确定用到的输出逻辑信道以及本次通信要求的资源量,向资源管理服务器发查询并预留资源,资源管理服务器查询相应逻辑信道的资源,如不够,则应答一个连接拒绝包;如够用,则将连接请求包继续向下一跳传递,并对相应的逻辑信道减去分配出去的资源量。当通信完成要结束连接并归还资源时,边缘节点域向 QoS 服务器发一个连接释放包,连接释放包中指明逻辑端口及要释放的资源数量。服务器收到后,在相应逻辑信道的资源登记项中增加归还的资源量,并向下一跳转发连接释放包。这里只提到边缘节点域将资源预留和资源释放的请求交给本节点域的 QoS 服务器处理,事实上,从入边缘节点域到出边缘节点域一路上经过的所有节点域的 QoS 服务器,都要处理的,详见后面。

粗看起来,这种将资源管理的工作移到专用服务器去做,似乎没有必要,因为让节点域内的交换机自己去做资源的减法(预留资源时)或加法(归还资源时),也只是对一个资源总量的变量进行一次加减法的操作,工作量不大,还可以避免交换机与服务器之间进行通信而带来的开销。实际上,有两个原因使得采用专用服务器来管理网络资源不仅是可行的,而且是必要的。第一个原因是,节点域是由一个或多个交换机组成的,上下相邻层两个节点域之间的信道资源,是一条逻辑信道,它由一根或多根物理信道组成,这些物理信道的总容量才是要管理和控制的资源量,而这些物理信道可能连到不同的交换机上。如果不用统一的服务器来管理,势必要由各个交换机来管理。用交换机管理一组连到不同交换机的物理信道,可能有两种方式:集中式和分布式。集中式管理是让节点域中的某一台交换机(通过某种协议选出来的或是由操作员指定的)来统一管理。这显然与专用服务器统一管理没有差别,甚至更复杂。负责管理的交换机要不断与其他交换机通信,交换资源请求和释放的信息,交换允许与拒绝接纳通信请求的信息等,该交换机负担很重。对分布式管理,因为可用的信道在不同的交换机上,各交换机之间也有很多协调和信息交换,绝不是简单地对一个资源总量的加法和减法。由服务器统一管理,相当于集中式管理,既免除了选举某个交换机做集中管理带来的负担,也避免了分布式管理带来的复杂性。第二个原因是这种资源的预留和释放,只是在建立连接和拆除连接时进行,节点域中各交换机只在收到资源请求和资源释放的信息包时,才需要与服务器进行通信,对正常的大量的数据流内的数据包,只作简单的交换。所以不在交换机内部做而移到服务器去处理,并不会增加交换机很多与服务器通信的负担。

我们讨论资源管理时,假设节点域内各交换机的处理速度、存储容量不是资源瓶颈。这对处理十分简单的层次交换而言,是容易做到的。另外还假设交换机之间的内部信道有足够的带宽,也不是资源的瓶颈。因为一般情况下,这些内部信道是短距离的,甚至只在同一个房间内,可以把容量做得很高而没有信道成本。因而研究 QoS 保证时,只对节点域之间的信道资源加以管理。

## 16.5.1 信道的管理层次

资源管理服务器是一个内部服务器,负责管理本节点域内部的全部信道资源。在层次交换网络中,信道的基本单位是逻辑信道,属于同一条逻辑信道的若干物理信道被作为一个整体加以管理。事实上,层次交换网络中信道的管理被分为低中高三个层次:最低的是数据链路层的管理,在每条物理信道的两端进行点对点的信道状态查询和应答,标识每条物理信道的状态。中层是节点域对物理信道的选择及负载的分配和管理,目的是保证各物理信道之间的负荷尽可能均衡。这种管理有为数据流选择具体物理信道的作用,因而属于负责选路的网络层。通过网络层的管理,各物理信道对外呈现单一信道的特性,即外界不再关心也不必知道这条信道的细节,例如它由多少物理信道组成,每条物理信道的容量如何,这些物理信道有什么物理特性等。高层管理是资源管理层,不再关心信道的容错、信道的容量扩展、信道的负载均衡等,而只关心更高层的管理属性:这条信道还有没有能力接纳新的实时通信请求。该高层管理的实施者就是资源管理服务器。本章只涉及高层的资源管理。

## 16.5.2 信道资源的管理方法

资源管理服务器对本节点域内所有的逻辑信道加以管理。保存一张信道资源表,每条逻辑信道占一个表项,每个表项至少应该有下列字段:逻辑信道标识($L_{port}$)、信道总容量($U_{capacity}$)、信道允许虚拟专线服务的资源量($U_{permit-e}$)、虚拟专线业务已经使用的量($U_{reserved-e}$)、虚拟专线业务的过载系数 $k_e$、信道允许确保服务的资源量($U_{permit-a}$)、确保业务已经使用的量($U_{reserved-a}$)、确保业务的过载系数 $k_a$ 等,其表格形式如表 16.1 所示。

表 16.1  信道资源表

| $L_{port}$ | $U_{capacity}$ | $U_{permit-e}$ | $U_{reserved-e}$ | $k_e$ | $U_{permit-a}$ | $U_{reserved-a}$ | $k_a$ |
|---|---|---|---|---|---|---|---|
| 65 535 | … | … | … | … | … | … | … |
| 0 | … | … | … | … | … | … | … |
| 1 | … | … | … | … | … | … | … |
| 2 | … | … | … | … | … | … | … |
| 3 | … | … | … | … | … | … | … |

在表 16.1 中，$U_{permit-e} = \alpha U_{capacity}$，$U_{permit-a} = \beta U_{capacity}$，分别为虚拟专线服务和确保服务的可用带宽资源。过载系数 $k_e$ 一般取正值，例如 0.1～0.2。过载系数 $k_a$ 则不一定取正值，因为按承诺速率申请资源，已经允许通信流有超过承诺速率的超量数据包进入网络了。$U_{reserved-e}$ 和 $U_{reserved-a}$ 是随连接请求时预留资源而动态变化的，当一个请求使得它们超过 $U_{permit-e}$ 或 $U_{permit-a}$ 时，拒绝该请求，否则接受该请求。信道容量的单位为 Mbps。表中逻辑信道号为 65 535 的是上行信道，其余为下行信道。

要注意的是，虽然所有的信道几乎都是双向的，但资源管理服务器只管理本节点域的输出信道。输入信道是邻居节点域的输出信道，由邻居节点域管理。因而，逻辑信道的若干物理信道中，配置一些单向信道，对资源管理服务器来说，处理时是没有差别的(由于单向信道不能用简单的点对点 Hello/Reply 信息来快速测定信道是否失效，一般在 HSNET 骨干网里，不建议使用单向信道。详见网络自愈一章)。

边缘交换机从用户网络收到实时通信连接请求包后，转换成内部包的格式，交给本节点域的资源管理服务器处理。

对信令包的处理，在虚拟专线服务中，进入边缘节点的连接请求包所带的参数与传递给中间节点的连接请求包所带的参数是相同的，都是峰值速率(其他可能的参数待研究)，这个参数在所有节点都被用于接受或拒绝连接请求。但对确保服务就不一样了，边缘节点为了对确保服务数据流进行警管和标记，要用到承诺速率、峰值速率及相应的突发长度共四个信令参数(其他可能的参数待研究)。而中间节点不做警管和标记，只需要一个承诺速率来判断自己的带宽资源能否满足承诺速率的要求，以决定接受还是拒绝连接请求。但为了将源端用户发来的信令包原样地送给目的地用户，用户发来的信令包沿途传送时被封装在内部包格式里，是不被改变的。

对数据流的处理，边缘节点要做分类、警管和标记，然后根据 DSCP 和颜色标记进行数据包的调度。而中间节点只做按照 DSCP 和颜色进行调度一件事。

资源管理服务器根据相应输出逻辑信道的剩余资源量，同意或拒绝连接请求。如果同意该连接请求，预留本站的资源后，将资源请求包向路径的下一节点域的资源管理服务器交换出去；如果拒绝连接，则不再继续向前转发该请求包，同时生成一个反向通知包，让沿路已经预留资源的各节点域释放资源，并通知到用户，拒绝该次通信请求。更复杂的情况见前面图 16.1 及其相应的文字描述，不再重复。

一旦通过了资源预留过程，边缘端口为该通信进行登记，并规范该数据流的行为。当通信非正常终止时，有可能用户不会主动拆除连接并释放资源，造成资源记录不准确。不再使用而又未释放的资源会造成"资源隐藏"，以后不能再分配给其他实时通信用。边缘端口在监控实时数据流行为时，还要看其是否非正常终止。如果超过一定时间没有数据包进入，意味着数据流非正常终止，就要主动发起拆除连接的包，以便释放资源。由于扩展性的原因，中间节点域是无法按数据流进行监控的，但边缘端口可以。一方面，它本来就负有对数据流整形、平滑、限制峰值等的工作，发现超时即非正常终止是顺便完成的事情；另一方面，一个边缘端口只负责一个用户接入网，实时通信数据流的个数有限。例如一个大型 ISP 拥有 10 000 个边缘端口的网络，平均每个边缘端口处理 1000 个实时通信流，这时全网可能有 10 000×1000 即一千万个流在活动。设每个流平均经过 10 个核心节点，就会有一亿个流-节点。设该 ISP 的网络有 1000 个核心节点，则平均每个核心节点要处理 10 万个流，是个很重的负担。但让一个边缘端口处理 1000 个流却是轻而易举的事情。

### 16.5.3　QoS 信令与内部服务框架

由于 QoS 信令包需要的处理与普通数据包的处理差异很大,而信令包的数量又远比数据包的数量少,如果将 QoS 信令包混在数据包中由同一个路由或交换设备来处理,效率势必很低。

传统互联网要求路由器具备超级计算机的能力,除了庞大的路由表外,部分原因就是将繁杂的事务都让路由器处理。层次式交换网络除了能高效地交换数据包外,它的交换路径唯一、专门设计的内部服务框架以及专门处理繁杂事务的内部服务器等特点,可以极大地简化 QoS 信令的处理。

目前的互联网由路由器直接参与并执行对特殊 QoS 控制包的识别和资源的分配与管理,不能做到将两者严格分离,其原因是一个建立连接的请求包到达边缘路由器时,它必须将路由过程与 QoS 信令过程紧密地结合在一起。即使采用 MPLS,在利用路由协议建立标记交换路径(LSP)之前,也不能确定路径。只有路径确定了,才可能预留资源。因此在 MPLS 中,路由协议、标号分配协议(LDP)、标号交换路径(LSP)建立协议与资源预留协议等有密切的联系,并且都放在路由器上处理,骨干路由器也不能幸免,而且负担比边缘路由器重得多。

层次交换网络则不同,当边缘端口收到来自接入网用户的连接请求包时,边缘端口从包的地址中知道它应该从哪一条逻辑链路输出。这种逐站的路径确定性特点,使它有条件做到将资源预留协议与交换数据包协议清晰地分开。在层次式交换网络的内部服务框架中,将服务与用户数据包分开。这样,不管有多少种不同的内部服务,统统归为一个类别:服务包。交换机只要判断一次,区分是数据包还是服务包。数据包由交换机直接交换出去;服务包送往内部服务器。服务器运行多种不同的服务类型,服务包类型的细分以及向相应的服务进程提交,都是在服务器中进行的。对服务请求的处理并给出响应,则更是服务器的事情。响应的服务包被送给交换机后,就与一般的用户数据包一样,被交换出去。因此,实际处理 QoS 信令的是资源管理服务器,交换机没有什么处理负担。这是 HSNET 的内部服务框架带来的好处。

虽然对服务请求的处理可能比较繁杂,但与用户数据包的数量相比,服务包发生频度是很低的,因此,一台普通规模的服务器,可以处理所有的不同类型的服务请求。QoS 信令,只是众多内部服务种类中的一种。

### 16.5.4　QoS 信令的传递过程

在 16.3.2 节中,我们从协议的角度描述了 HSNET 的资源预留过程。为了说明层次式交换网络建立虚拟连接和预留资源时,一个信令包进入 HSNET 骨干网入边缘端口后,是怎样逐跳到达出边缘端口并按原样交给目的地用户网络的,我们示例性地描述一个信令包的传递过程。其中的数据结构如怎样表达及在什么字段表达信令包的参数、详细的参数种类等实现细节,都不作描述。

以连接请求包为例。用户主机为实时通信建立连接的第一个信令包就是用于预留资源的连接请求包。该连接请求包如果是 IPv6 包(称为原生态 IPv6 信令包),则除了具有 IPv6 包的正常源地址和目的地址等字段外,在基本报头中,通信流类型(traffic classes)字段被置成需要的优先等级,下一报头的值置成扩展报头 46,表示 RSVP。扩展报头的参数用 TLV (类型、长度、值)的形式表达预留资源的参数。如果从边缘端口上收到的连接请求包是 IPv4 包,则在包的 TOS 字段设置了优先等级,在协议种类字段中标明是 RSVP 请求包并且也带了申请资源的参数。

在层次网内部对 QoS 资源预留的 IPv6 连接请求包或 IPv4 连接请求包从入边缘端口到出边缘端口一路上传递并预留资源时,采用内部控制包的封装格式。对原生态的 IPv6 连接请求包,封装后的内部报头中,源 IPv6 地址是入边缘端口的 IPv6 地址前缀,目的地 IPv6 地址为原资源请求包的 IPv6 目的地址;对 IPv4 连接请求包进行隧道封装时,先进行普通的 IPv4 隧道封装(根据 IPv4 目的地址找到出边缘端口,进行封装),再进行连接请求的 IPv6 信令包内部地址格式的封装。到达出边缘端口时,拆除两层封装。也可以把两层封装合并成一层封装,但要在内部地址的 $T-X-Y$ 中新设一个类型,表示既是 IPv4 的封装又是连接请求的封装。由于内部包格式的封装中 $h$ 比特置成 1(见地址空间的分离与融合一章),表示逐跳传递和处理;Type=4,X=0,Y=2,指向 QoS 资源管理服务器。一路上,逐跳将连接请求包交给本节点域的资源管理服务器处理,然后交给下一跳去处理。虽然对原生态 IPv6 包封装时,目的地址并不是出边缘端口的地址前缀,但逐跳传输时,一定会到达出边缘端口,被截住后拆除封装。

边缘端口将连接请求包封装成上述内部地址格式的内部包后,通过 ISL 封装后送给本节点域的资源管理服务器,资源管理服务器检查是否有足够的资源。如够,预留资源,将内部包转发出去;如不够,不再转发,生成一个反向的(目的地址指向源边缘端口)连接拒绝包,交换出去。

资源管理服务器将资源请求包交给交换机转发时,交换机发现其为内部包,并且逐跳转发标志 $h=1$,就可能发生再次将该内部包交给本节点域资源管理服务器的错误。为此规定,交换机从服务器端口收到的内部包(不包括泛洪包),只能进行 ISL 封装后交换出去,不再交给本节点域的服务器。只有来自外部端口(包括边缘端口和短接端口),并且指向本节点域某服务器的或 $h=1$ 的内部包,才送交本节点域的服务器。这样,资源请求包被沿着目的地方向的路径送到了下一个节点域。

下一节点域从一个外部端口收到了资源请求包后,发现是内部包,$h=1$,且 $T-X-Y$ 指向资源管理服务器,就作 ISL 封装后送给资源管理服务器。

当该资源请求包被送到最后一个节点域(即含有出边缘端口的目的地边缘节点域)后,同样先交给资源管理服务器处理。资源管理服务器发现其输出逻辑信道在自己的资源管理表(见表 16.1)中不存在(因为输出信道是用户接入信道,不做 QoS 控制),就不做预留资源的工作,直接将信令包交给相连的交换机,交换机作 ISL 封装后交换出去,送到目的地边缘端口。出边缘端口的处理模块将内部地址格式的封装拆除后,如果是原生态的 IPv6 连接请求包,则直接交给目的地用户接入网络;如果是隧道封装的 IPv4 资源预留信令包,则还要拆除隧道封装后,将 IPv4 的连接请求包交给用户网络。

正如前面讨论过的,可以认为用户网络规模小、负载轻、信道资源充足,不必作任何 QoS 管理方面的工作。用户网络的路由器或以太网交换机,像普通数据包一样将资源请求包送给目的地主机。这样做,不要求用户网络里的路由器或以太网交换机执行任何 QoS 有关的协议,我们定义的资源预留协议与现有的 RFC 规定的资源预留协议自然不存在任何冲突或兼容性问题了。唯一要求的是主机中的 TCP/IP 协议栈,其 socket 调用应能支持实时应用提出的连接请求、连接确认、连接拒绝、连接释放等调用,并生成相应的 IP 包后转发出去。以原生态的 IPv6 连接请求包为例,生成的 IPv6 连接请求包中,在通信流类型(traffic classes)字段设置了优先等级,在唯一的扩展报头中,设置了类型为 46(RSVP)的扩展报头,并以 TLV 的方式,在扩展报头选项中规定 QoS 信令包类型和资源预留参数。在 TLV 中,利用 $T$ 来规定连接请求、连接确认、连接拒绝、连接释放等包类型($T$ 的其他值可以用来定义更多的信令包类型),$V$ 可以指定 QoS 参数。这个新定义的扩展头,称为 QoS 信令扩展头。为了处理的效率,要求携带信令扩展头的 IPv6 包,不再携带其他任何扩展头。

对这些特定的控制包,在层次网络内部,只有边缘端口才对来自用户网络的每个 IPv6 包进行信令扩展头的分析,网络内其他设备都不处理扩展头。

上述 QoS 服务只对层次骨干网和接入层次骨干网的用户接入网有效,对外网,本来就没有 QoS 服务,也就谈不上兼容性问题了。

现有互联网的资源预留协议中,由数据流的接收方(目的地主机)反向进行资源预留(RESV 包),其本意是想让接收方决定预留的资源量(例如带宽)。这对同一个实时通信分解成多种视频质量的编码方案和多播组成员预留资源是有用的。关于多播的资源预留,在后面专门讨论。对分层视频编码方案,例如发送方把发送的视频数据流分解成若干层次 $M_0$、$M_1$、$M_2$ 等,如果接收方带宽有限,只收 $M_0$,画面分辨率很底、清晰度不高;如果有能力收 $M_0$ 和 $M_1$,占用了更多的带宽,画面质量就会好很多;如果收了 $M_0$、$M_1$ 和 $M_2$,则画面精美,但占用的带宽也更多。想要什么样的质量,付出相应的带宽成本,都由接收方自己决定。但是,这样的分层编码,不仅编码复杂,还要控制各层之间的同步、缓冲等,引入了复杂性。另外,本例中的 $M_0$、$M_1$ 和 $M_2$ 三个流,从传输的角度看,它们是相互独立的流。如果用户需要,也可以分别接收其中的一个或更多的流,分别建立连接并申请资源,收到后再加以综合。有些视频编码方案,对不同的对象分别进行编码,由终端收到后组合成有各种效果的流媒体。这并不是分层编码。实际应用中,对以太网用户,其带宽至少有 10Mbps,大部分都是 100Mbps(美国的 100×100 项目,想让每个家庭都有 100Mbps 的带宽),对普通的视频应用,没有必要分层传输。对目前广大使用 ADSL 的家庭用户,普遍使用 384Kbps 或 768Kbps 的视频通信,也没有采用复杂的分层传输技术。随着技术的进步,社区网、家庭网络等将逐渐兴起,接到家庭网关的视频设备,可以获得普通电视的质量,也不会使用复杂的分层传输技术。因此,不考虑同一个传输方向上发送方发出的速率和接收方接收的速率不相同的情况是合理的。这样,正向预留与反向预留并没有什么差别。

现有的互联网,由于网络拓扑结构的无序性以及 BGP 路径的单向性,一对通信端点之间的通信路径,正向路径和反向路径通常是不相同的。因而,如果希望 PATH 包走过的路径也是未来发送数据流的路径,则必须把路径轨迹逐站记录在 PATH 寻路包中,到达目的地后,供反向资源预留时走相同的路(类似源路由技术),或在每一个中间路由器为每个流建立状态,其中也记录前一跳的路径信息,反向的 RESV 包预留资源时,根据记录的前一跳信息回溯寻路。无论用哪一种实现方法,都是很麻烦的(前者效率不高,后者缺乏可扩展性)。如果不用 PATH 提供的路径信息,而是由 RESV 包决定路径并预留资源,反方向确定的路径,对正向的数据流未必是合理的。对层次式交换网络,正反向路径不仅是相同的,而且不受失效与恢复事件的影响,路径是固定的。因而协议简单得多。

### 16.5.5　资源隐藏、漂移与软状态

与资源预留相对应的操作是资源释放。参考图 16.1,在正向预留资源的过程中,如果中间某节点资源不够(见图 16.1(b)),拒绝了预留请求,或目的地主机拒绝了通信,都必须释放在正向路径上已经预留成功的资源。这由从拒绝点开始、发向通信用户 A 的连接拒绝信令包完成。如果在预留反向资源的路上出现了失败(如图 16.1(c)所示),则要向通信用户 A 和通信用户 B 同时发出连接拒绝包。发向通信用户 A 的拒绝包,释放预留的正向资源;发向通信用户 B 的拒绝包,释放预留的正向资源和反向资源。正常结束的实时通信,由通信用户 A 或通信用户 B 发出资源释放信令,释放两个方向的资源。

如果预留与释放过程都能正常地完成,资源管理服务器维护的资源信息是正确的。但当系统运行出现不正常时,例如用户通信结束后没有正常发出释放资源的信令包,或在网络某处丢失了释放资源的信令包,就可能对预留的资源不能正常地释放,造成资源的虚假占用即资源隐藏现象。随着时间的推移,隐藏的资源越来越多,造成系统有大量的资源不能分配给实时通信使用的不正常现象。我们称隐藏资源越积越多的过程为资源量漂移。应当有一个系统的方法来校正系统资源量的漂移。

为了校正由资源隐藏造成的资源量漂移,可以利用统计数据流量的方法,测量实际的信道占用状况。逻辑信道管理模块为每条逻辑信道设立一个定时器,启动定时器并开始统计流过该逻辑信道的虚拟专线服务数据流量 $D_e$ 和确保服务数据流量 $D_a$。经过时间 $T$,定时器超时,将统计得到的数据量 $D_e$、$D_a$ 和时间长度 $T$ 报告给资源管理服务器。资源管理服务器计算逻辑信道实际流量的速率 $D_e/T$ 和 $D_a/T$ 值,与自己保存的已预留带宽 $U_{reserved-e}$ 和 $U_{reserved-a}$ 比较,当差值超过某个数值时($\delta_e$ 和 $\delta_a$),将 $D_e/T$ 和 $D_a/T$ 的值赋给 $U_{reserved-e}$ 和 $U_{reserved-a}$。

我们称这种由定时器触发的对资源总量的校正方法为软状态资源总量管理方法。软状态方法的好处是,不管什么原因造成的资源量漂移,都能统一地、简单地加以校正。这样,不必对异常情况作极其复杂的协议处理。

由于资源隐藏与漂移是由释放资源时的异常造成的,异常事件的出现频度总是远低于正常事件的频度,故漂移是个慢过程,并且少量的漂移不影响系统的运行,测量和报告的周期 $T$ 可以取较大的值,例如 5~10 分钟一次,这样对系统不会有明显的负担。

RSVP 也用软状态维护实时通信流的资源预留状态,但必须周期性地传递 PATH 和 RESV 的刷新消息(例如 30 秒一次),超时后未收到刷新消息的,自动清除该通信流的资源预留状态信息,避免了显式地撤销状态的信令。这样做,增加了刷新协议和处理开销,还占用大量信道资源来传送刷新消息。HSNET 中对资源总量的软状态维护方式,是一个节点域内部的事,没有对外的传递。既不增加协议的复杂性,也不占用骨干信道资源。

虽然滚动时间窗口的测量,能更好地反映当前的信道实际传输速率,但是,我们要测的不是长时间的信道平均传输速率,而是最近一段时间 $T$ 内的平均速率。如果使用时间滑动窗口,要求对统计的数据量标上时间,随着时间窗口的推进,过时的数据量被丢弃,新进入时间窗口的数据量被计算进去。这样做会增加复杂性,而对很慢的漂移过程和不必太精确的

校正要求,必要性不大。上述简单的周期性测量和报告就能胜任了。

### 16.5.6　多播资源预留

多播通常应用于实时的视频和语音播放。由于一个多播源面向众多的组成员,只要有一个成员要求保证服务质量,从源到该成员的传输就必须预留资源,并且发送的每个数据包都被标记了保证 QoS 所对应的较高优先级。这样一来,就不允许没有进行资源预留的组成员接收这些多播数据包。否则,这些带优先标记的数据包在没有预留资源的路径上传输时,会对在此路径上预留了资源的其他实时通信业务流产生影响,成为盗用资源的非法数据包。因此,只要有一个组成员要求使用保证质量的多播服务,所有其他组成员也必须这样用。这样,多播服务只能走两个极端:要么一律不准使用质量保证的服务;要么全组成员都必须使用质量保证的服务。如果部分成员使用质量保证,另一部分成员不使用质量保证,只能让多播源对每一个数据包同时发出两份拷贝,一份是尽力而为等级的,另一份为高优先级的。相应的多播树也有两棵,一棵无质量控制,另一棵有质量控制。组成员也分成两拨,分别加入自己需要的多播树。这样,两棵树毫无关系(只是播送的内容是一样的),成为互相独立的两个多播过程,回归到上述的两个极端。

对一律不用服务质量保证的情形,不属于本章讨论的范围,这里只关心全组成员都使用服务质量保证的情形。

在层次式交换网络中,每个节点域中设置多播服务器来管理多播。由于组成员加入多播组时,加入消息(join)是沿着 HSNET 的逻辑树自下而上行进的,上行到第一个已经在组内的节点域(简称在组节点域)后就终止了,故能收到 join 消息的在组节点域知道这是多播树的一个新的分枝,没有预留过资源。该节点域的多播服务器调用资源预留协议,在本节点域(相当于源边缘节点域)与新成员进入的入边缘节点域(相当于目的边缘节点域)之间进行资源预留。不在组的节点域收到 join 时,只做向上传递的工作。

当组成员离开多播组时,发送离开消息(leave)。收到 leave 消息的节点域的多播服务器调用释放资源的过程(即连接释放信令),释放本节点域到该离开的组成员对应的边缘节点域之间预留的资源。与 join 一样,除了连接用户网络的边缘节点域外,凡能收到 leave 的在组节点域,该分枝上一定不会有其他组成员了。因为 join 和 leave 上行遇到第一个在组节点域后,不再上行了。

对连接用户网络的边缘节点域,如果用户接入网中也执行了多播协议,则对同一个多播组,接入网中已经将多个组成员进行了汇聚,边缘端口只会收到一个 join(第一个组成员加入)和一个 leave(最后一个组成员离开);如果用户网络里不实现多播协议,则各成员分别向边缘端口发出 join 和 leave 信息包,边缘端口必须记录所有的成员,并汇聚成唯一的 join 和 leave 后向上传输,即第一个组成员加入时,向上传 join,最后一个组成员离开时,向上传 leave。显然,对较大的用户接入网,如果不执行多播协议也是可以的,只是为了不启动过多的多播数据流,收看同一多播流的人,应尽可能集中到一个或多个视频会议室。

这样,资源的预留和释放都是由多播服务器发起的,并且是正向预留资源,因为多播服务器比用户更清楚多播数据流的特性。用户在选择多播组时,知道它是否有质量保证,但不必在 join 和 leave 信息包中关心并处理与资源预留相关的事情。

这里只从 QoS 控制的角度考察了多播路径上怎样预留资源,关于多播的详细协议,本书没有设专章叙述,因为当前互联网中的多播协议完全可以照搬过来使用。但有两个特点值得指出:第一,在 HSNET 中,网络的拓扑结构本身是树状的,因而可以省去生成多播树的过程;第二,组管理(组成员的加入和退出,多播转发表的生成等)工作,都在每个节点域的多播服务器中执行,然后由多播服务器将生成的或更新的多播转发表发送给节点域内所有交换机,后者实现对多播数据包的复制与转发。前一个特点使得层次网络的多播更加简单,后一个特点使交换机可以专注于对数据包的快速交换,简化交换机中协议的复杂性。

## 16.6　QoS 信令的安全性

预留网络资源并提供质量保证的服务,服务提供商为之付出了更多的资源,因而必须收取较普通服务更高的费用。在基于路由的互联网中,由于网络体系结构的限制,很难追踪仿冒源地址的不良行为者。这为对 RSVP 协议进行 DOS 攻击和偷盗攻击提供了方便。

不良行为者冒用别人的名义,发起大量的 RSVP 资源预留请求,占住所有的资源,即使他们不真正地发送数据流,别的想用资源的 SLA 用户预留不到资源,这就是对 RSVP 的 DOS 攻击。偷盗攻击分为两类:如果不良行为者冒用 SLA 用户的源地址和身份,获得 QoS 服务而不付费(费用计在被盗用户的账上),则称为仿冒偷盗攻击,偷盗的对象是别的用户;如果某用户未预留资源而擅自发出有 QoS 保证的高优先级数据包,称为资源偷盗攻击,偷盗的对象是网络运营商的资源。这种资源偷盗攻击不但盗用了网络资源,还会影响其他已预留资源用户的正常使用。上述 DOS 攻击和两类偷盗攻击对 ISP 和正常的 SLA 用户都是极为不利的。IETF 正在研究怎样为 RSVP 增加一系列复杂的身份认证过程,显然,这会极大地增加协议的复杂性和节点的处理开销,但是没有其他捷径可走。

在层次式交换网络中,由于源地址仿冒不再可能,只要根据 SLA 协议的规定,在入边缘端口检查资源预留请求包中的源地址合法性就可以防止各种攻击了。一方面,对预留者源地址的合法性进行检查,相当于身份认证;另一方面,预留资源时,在边缘端口进行了登记,利用这些登记信息对随后进入边缘端口的带有 QoS 高优先级标记的数据包进行警管,分类器将滤除未经资源预留擅自打上 QoS 优先级标识的数据包。这样就很容易防止 DOS 攻击和各种偷盗攻击。

对于语音通信,省去接纳控制简化系统的同时,是否会被滥用或为 DOS 攻击提供方便?其实,语音一律被标为高优先级,相应的收费较高,加上源地址不可伪造的特性,用户单位不可能故意滥用(如果真的出现滥用,与报道的 PSTN 电话打到信息台听音乐、聊天,造成上万元月电话费的事件是一样的),即使偶尔出现滥用,也很容易查处。不良行为者利用木马等在别人的计算机上发起语音呼叫,很容易在电话单上反映出来,并提示用户清除病毒。

另外,未来的网络电话主要是从运行 TCP/IP 的电话机上进行的,这种专用的设备较容易抵御病毒入侵。

对于手机(2G 或 3G)或 WiMAX(802.16e)等无线移动通信终端,当他们经某一基站通信时,基站的 IP 地址就是通信用户的源 IP 地址,仍然是可追溯的。而手机用户的身份,在基站与手机的 SIM 卡之间进行了认证,也是可追溯的。一旦发现了攻击或偷盗,第一步根据源地址定位到基站,第二步由基站的日志查出当时正在连接的所有手机。定位在一个较小的范围内。一部手机只做一两次偷盗显然是没有意义的。当同一部手机多次作案或移动到别的基站作案时,可以大量排除不重叠出现的手机号,进一步缩小嫌疑人范围。

## 16.7  关于 QoS 参数的讨论

目前网络界在 QoS 方面已经且正在做大量的研究和开发工作。大部分研究都导向极其复杂的控制机制,以至从运行效率和规模可扩展的角度看,是纸上谈兵,无法实用。

首先,将应用要求的质量和网络传输的质量混在一起,把问题复杂化了。实时通信应用,主要包括音频和视频通信(对一些时间要害的实时过程控制如远程设备操作、远程生产过程控制等,数据量小,可以给予特殊的优先级加以保证,不在这里讨论)。很多研究人员曾经试图将声音和画面的质量用一组参数描述出来,然后与网络的传输性能参数联系起来,建立一种映射关系。让应用仅指明声音和画面的质量参数,网络就能调整自己的 QoS 参数去满足它。这种方法是理想的,但它将应用与服务之间的界面搞得不简练、不清晰,因而无法有效地实现。应当将应用中的质量要求与网络的质量保证明确分开,并简化相互的关系。前者是表达信息的质量,后者是传输信息的质量。两者处在不同的层面上,各自有完全不同的特性。

其次,网络为保证实时应用的传输质量,到底要在哪些方面加以保证?目前普遍认为表达网络 QoS 有三个基本的参数:带宽,延迟和延迟抖动。

回顾一下传统网络对实时应用是怎样服务的。从应用的角度看质量,在传统网络上传送声音(电话网)和视频(电视网)时,我们唯一关心的是带宽,从来没有考虑过延迟或延迟抖动等问题。带宽不够,导致声音或视频画面质量差。如果在包交换网络中,能为一个实时通信在通信过程的任一时刻都保证了带宽,就像传统网络一样使实时通信获得了一条满足带宽要求的专线,还要不要考虑延迟和延迟抖动?答案是否定的:不需要。交互实时应用的数据信息在相隔遥远的两点之间传输,其过大的延迟会造成质量低劣,使得通信双方感到十分不便。例如早期通过卫星打越洋电话时,过大的延迟给通话带来很大的不顺畅。但这种延迟是由距离决定的,人类无法克服光速的限制。在包交换网络中的延迟,除了由距离造成的传播延迟外,还有存储转发延迟和等候使用信道的缓冲区排队延迟。下面分析存储转发延迟和信道缓冲区排队延迟有多大的影响。

在早期的包交换网络中,由于信道速率低,存储转发延迟对数据传输延迟起着十分重要的作用。例如传输 1500 字节的数据包,在 64Kbps 信道上的存储转发延迟约 187.5ms,在 2Mbps 信道上的存储转发延迟约 6ms。前者显然对交互式实时通信是不可忍受的。光走过半个地球的传播时间也不过 50～60ms。后者看起来不算太大,远小于长距离的信号传播延迟,但通常端到端要经历 15 站左右,各站存储转发延迟加起来,就有 90 毫秒时间,这已经能对交互实时通信的质量有不可忽略的影响了。但是,随着技术的发展,骨干网的信道带宽已经普遍使用 155Mbps、622Mbps、2.5Gbps、10Gbps 甚至更高(其实用户局域网中的速率也不低)。即使以 155Mbps 信道计算,1500 字节数据包的存储转发延迟也只有 $77\mu s$,经历 15 个站的总延迟约为 1ms。与 50～60ms 的传播延迟相比,其影响可以忽略。对更高速度的信道如 2.5Gbps,15 站存储转发延迟之和只有 72 微秒。因此,在现代的包交换网络中,存储转发延迟是可以忽略的。

　　至于排队等待延迟,完全取决于信道资源的使用程度。因为非实时应用随时让位于实时数据流,所以考虑信道资源的忙碌程度时,只要考虑实时数据流就可以了。当一条信道的容量能满足在该信道上所有实时数据流的峰值的要求时,即使所有的峰值同时出现,也为每个数据流准备了一条按其峰值速率分配的专线,不会有明显的排队等待。由于对信道利用率作了严格的限制,信道中大部分数据流的峰值同时出现,其概率很小,因而大部分时间排队缓冲区总是处于空闲。也就是说,实时数据流排队的队列,大部分时间里都是空的(也只有这种情况出现时,才有可能轮到非实时数据的传送)。对 2.5Gbps 的信道,一个 1500 字节数据包的发送延迟为 4.8 微秒,即使有 500 个数据包参与排队,也只有 2.4ms 的等待时间。这只是极端的情况。在给每个实时通信按峰值速率保证了相当于专线的带宽后,通常实时数据包一路上走过各交换机时,大部分队列都是空的或只有少数几个等待包,没有什么明显的等待时间。因此,在合理安排资源预留和使用的情况下,排队等待延迟也是可以忽略的。当把超额分配的 $k$ 参数选为 0 时,网络信道相当于为各路实时通信数据流安排了静态复用;当 $k>0$ 时,相当于安排了统计复用。这两种复用,前者是严格的专线,后者是统计复用意义上的专线,都拥有专线的通信能力。

　　正像传统的电话网和电视网一样,当包交换网络中既保证了相当于专线的信道带宽,又可以忽略存储转发延迟和排队等待延迟,就没有必要再去控制延迟和延迟抖动了。第一,因为它们很小,与传播延迟相比可以忽略,对它们加以复杂的控制没有意义;第二,这种延迟和延迟抖动的控制是非常复杂的,要消耗大量的网络资源,反而影响了实时数据流的通信质量;第三,以延迟为例(当延迟被控制在很小的值,并且主要取决于传播延迟时,延迟抖动的变化范围是很小的,因而它的作用是可以忽略的),我们对它并没有一个客观的、严格的标准。100 毫秒延迟算不算满足了交互式实时通信的要求? 200 毫秒呢? 利用前面描述过的方法,这些数值对优先的、有准入控制的、预约了足够资源的实时数据流而言,在现代的高速信道上是很容易做到的,人们还折腾什么呢? 美国得克萨斯 A&M 大学赵伟教授等人计算出 vBNS 只要实时数据流在各信道上的平均通信负荷不超过 0.36,就能保证实时数据流的QoS,其关心的也只是信道带宽资源的利用率。对新的实时通信请求的准入控制依据只是信道带宽,这是有道理的。

　　在讨论实时数据流的 QoS 时,始终没有考虑数据包的出错及因某种原因造成的数据包丢失带来的 QoS 问题。其实,这个问题与前面讨论的问题没有关系。前面所讨论的是怎样在包交换网络上提供"电信级服务"。事实证明,人们对电信级服务的质量,是基本满意的。而传统的电信服务,已经转向数字通信方式。传统的电视广播,正在逐步转向数字方式。它们在专线(或通过交换机建立的临时专线)上传输,同样会有误码和信息丢失的问题。解决这个问题有两种办法,一种是重传,这对非交互式的音频和视频广播或点播,只要留有足够的预播放缓冲,是可以让时间上赶得上的出错数据包通过反馈重传来加以校正的。但对于交互式实时通信,预播放缓冲是不允许的或者是极小的,一个数据包丢失或出错,通过反馈加以重传,一般不能赶上实时播放的要求。对这种情形,通常使用前向校错(FEC)的方法。前向校错需要一定的信息冗余,降低传输有用数据的效率。也可以对一些关键数据包进行FEC 校错,非关键的数据包的丢失不会严重影响质量,可以不加保护。例如将视频数据流分成 I、P、B 帧时,对关键的 I 帧可以加强误码的保护,其他帧出错时,可以用插补等方法解决。其实,对实时的视频而言,由于现代光纤的误码率极低,简单地对有误码的帧丢弃,然后进行插补,就完全足够了。端到端重传意义不大。

这些做法,对传输平台是传统网络还是包交换网络是没有什么差别的,能在传统网络上做到的,也能在包交换网络上做到。有些严重的信道质量低劣造成的数据包流的差错,使得包交换网络上无法保证实时通信的 QoS,但这些问题在传统网络上也一样存在。

下面介绍语音通信量的估算。

假定语音通信占用的带宽,在每条骨干网逻辑信道上的比例不超过 1%,其估算依据如下。

**1. 话务量估算**

(1) 全球 64 亿人口,忽略 10 岁以下和 70 岁以上人口的通话量,剩下约 48 亿人;

(2) 平均每人每天打电话的时间为 0.5 小时,即每天打电话的时间比为 0.5/24＝1/48;

(3) 两个人参与一个电话,电话个数为人数的 1/2;

(4) 每个电话的通信速率为 16Kbps(不计语音数据的占空比,使估算值更保守);

(5) 50% 为本地电话(接入网内部),50% 为外部电话。在骨干网中,假设逐层向上递减为 50%。这样,从用户接入信道开始,逐层向上,各层信道的话务量比例依次为 50%、25%、12.5%、6.25%、3.125% 等。

这样,用户接入信道的总话务量为:

$$16\text{Kbps} \times (4\,800\,000\,000/48/2 \times 0.5) = 400\text{Gbps}$$

骨干网信道逐层向上的话务量依次为 200Gbps、100Gbps、50Gbps、25Gbps 等。

**2. 信道数估算**

(1) 64 亿人,平均一个接入网 500 人,共有 12 800 000 个接入网;

(2) 骨干网分 5 层节点域(层间信道有 4 层),第 5 层节点域连接用户接入网,平均扇出数为 30(可连接 $30^5 = 24\,300\,000$ 个接入网);

(3) 除接入网信道外,上 4 层的信道数分别为 30、900、27 000、810 000。设用户接入信道带宽为 1Gbps,第四层骨干信道容量为 10Gbps,向上各层的信道容量依次加倍,分别为 20Gbps、40Gbps 和 80Gbps。

**3. 占用比例**

从接入信道开始,平均每条信道分配的话务量及占用信道的比例为:

| 信道层次 | 每条信道话务量 | 带宽占用比例 |
| --- | --- | --- |
| 接入信道 | 400Gbps/12 800 000＝31.25Kbps | 31.25Kbps/1Gbps＝0.003% |
| 第四层信道 | 200Gbps/810 000＝246.91Kbps | 246.91Kbps/10Gbps＝0.002% |
| 第三层信道 | 100Gbps/27 000＝3.70Mbps | 3.7Mbps/20Gbps＝0.02% |
| 第二层信道 | 50Gbps/900＝55.56Mbps | 55.56Mbps/40Gbps＝0.1% |
| 第一层信道 | 25Gbps/30＝833.33Mbps | 833.3Mbps/80Gbps＝1% |

在上述显然保守的估算中,语音负荷占互联网骨干信道的比例,在绝大部分信道中可以忽略,在最顶层的信道中,也只有 1%,也是可以忽略的。

# 第 17 章

# 多 宿 连 接

多宿连接(multi-homing)指一个用户接入网络用多于一条信道连到一个或多个上游 ISP 网络。随着用户的业务越来越多地在网络上进行,他们对网络的可靠性也越来越关心,任何网络的中断将可能给他们带来损失。例如实时的远程仪器设备的操作和控制、依靠网络的作业指挥、正在进行中的远程医疗手术、紧急的通话、各种基于网格的应用,等等,不允许网络突然中断。即使是一般的网络通信如视频会议、视频点播、网页信息或数据库的检索等,突然中断用户的工作,要求他们重新建立连接或中间丢失了实时的信息,用户都会不满意。Internet 越是被广泛地使用,用户越是更多地依靠 Internet 来开展他们的业务,对 Internet 的"电信级"服务就越来越迫切。所谓电信级服务,主要指通信被中断的概率小和满足用户通信质量的要求这两个方面。虽然这两方面是互相有联系的,但前者更多地依赖信道保护(自愈),防止通信路径上出现单点失效;后者更多地依靠 QoS 保证。多宿连接属于前者。

越来越多的用户网络要求使用多宿连接的一个客观条件是网络信道价格的大幅度下降。在早期的网络建设中,主要成本花在网络信道上。在技术上,当时能提供的信道速率低、成本高、可靠性差;在市场方面,由于电信管制严格,缺乏开放性,电信领域初始投入大等因素,使得新电信运营商难以进入市场,缺乏竞争机制,信道价格被进一步抬高。节省信道费用成为组建网络最重要的设计目标,绝大部分用户只追求连通就满足了,把连接的可靠性完全寄托在信道提供者身上。随着光通信技术的不断进步,信道速率的增长远远快于摩尔定律(CPU 的性能每 18 个月提高一倍),每 8 到 10 个月信道速率提高一倍。技术的发展使得信道成本大幅度降低,大量新的信道提供商以极大的性能价格优势与传统电信运营商进行竞争。一条同样速率的长途信道,其价格不到 10 多年前的万分之一。相当于每 8~10 个月价格降低一半,比 CPU 价格下降快得多。用户网络中,建筑群之间和建筑群内部的通信信道,一般自己建设光缆,以极低的成本建成用不完的信道能力。

由于上述信道发展的背景以及应用的实际需要,多宿连接的趋势已成必然。多宿连接固然对用户接入网带来了好处,但对骨干网络却带来了新的困难。在传统的以路由为基础的网络中,每个核心路由器中都要保存可达目的地的路由信息,以便为数据包选择正确的转发路径。边缘部位或有明确上游 ISP 的部位,只要列出本网覆盖范围内所有目的地的路由信息就可以了,对不属于本网范围内的其他目的地,统统设为默认路由。在为数据包进行选路时,只要路由表中没有查到,就向默认路由对应的路由器接口转发出去。这样,路由表的规模是有限的。但对网络的核心部位,成为众多大型 ISP 连接的枢纽点,对每个目的地都必须明确指出如何走,不存在默认路由。这种不存在默认路由的核心区域,称为非默认区(default free zone,DFZ),处在 DFZ 区域的核心路由器,叫做 DFZ 路由器。在 DFZ 中,每个目的地网号都必须在路由表中出现,这使得路由表极其庞大。近年来路由表达到 24 万个表项,并且保持每年 18% 左右的增长速度,除了新增的用户网络之外,新增的多宿连接也对路由表的增长起了重要的作用。

设平均一个路由表项占用 150 个字节,对一个拥有 24 万个路由信息的路由表,占用 36MB 内存。这样庞大的路由表带来三方面的困难:占用过大的存储资源;查询路由表速度慢;路由表更新开销大。因为路由表最长地址匹配算法的查询速度太慢,往往要对路由信息作预处理,生成另一张庞大的转发表,不仅更多地占用存储资源,由于路由信息的变动,频繁地重新生成转发表也是路由器的一个沉重负担。

如果不对多宿连接采取措施,Internet 的发展将会在可扩展方面遇到极大的困难。

来自 Cisco 公司的一些技术人员建议将用户主机的 IP 地址换成 PI 地址,且只作标识(identifier)来用,让 ISP 骨干网的边缘路由器或用户网的出口路由器的 IP 地址起寻路(locater)作用,让寻路与标识分离(locater and identifier separation protocol,LISP),希望用这种 LISP 技术来减少路由表规模。但该技术带来了一大堆的新问题,例如对所有 IP 包要增加一次隧道封装,要执行 Identifier 与 Locater 之间的映射,庞大的映射数据库的生成、分发、查询,首个数据包可能出现的超时,新协议的部署,等等。这些问题个个都是全局性的,会给网络带来很大的负担和开销。

# 17.1  传统路由网络的多宿连接

为了与 HSNET 网络结构相区别,可把现有的基于路由器的网络称为传统路由网络或传统网络。传统网络正在从 IPv4 向 IPv6 过渡,而两者对多宿连接有不同的要求和特点,我们分别针对这两个协议集进行简单的介绍。之所以占用篇幅介绍传统路由网络的多宿连接控制方法,一方面便于比较;另一方面,HSNET 中的多宿连接也用到某些现有的控制方法。在介绍可能的方案之前,首先看一下哪些目标是能做到的,哪些是做不到或至少在进一步采取更为复杂开销也更大的措施之前是做不到的。

## 17.1.1  多宿连接的目标和问题

现有的基于路由器网络的多宿连接,无论是针对 IPv4 还是针对 IPv6 的,其目标是当多宿连接中个别链路失效时,用户网络仍能与外界网络连通。但下列几点是难以做到的:选择最好的出口链路;在多个链路上实现负载均衡;对付上游 ISP 自身的失效。其中选择最好出口链路,不同用户的要求是不一样的,很难说清楚以什么判断标准来决定好坏,即使是一种很简单的要求,往往也很难实现。想做到负载均衡,并且在双向的信道上同时做到负载均衡,就要增加相当复杂的算法和协议,其效率和复杂性也很难估计。至于上游 ISP 的失效,超出了多宿连接界面的控制范围。好在多个上游 ISP 同时失效的可能性很小。

多宿连接带来的问题是 DFZ 区域路由器中路由表的大量增长。应该说,路由表问题是现有 Internet 最为核心也最让人头疼的问题,它将严重影响 Internet 的未来发展。即使在目前,DFZ 的路由器已经不堪重负,经常不得不丢弃小的地址前缀,影响小地址块的网络可达性。

目前缓解该问题的主要办法是设法让地址汇聚。但由于地址分配的无序性和网络拓扑的无结构性,汇聚的效果并不好。

现有的基于路由的网络,研究多宿连接的主要出发点,就是既要保证用户网络某上连链路失效时仍能通信(达到多宿连接的目标),又要尽量不增加 DFZ 的路由表。

## 17.1.2　IPv4 的多宿连接

多宿连接中,是否一定要接到不同的 ISP,有不同意见,因为各有利弊。如果多宿连接只接到同一个 ISP,可以从该 ISP 得到 IP 地址,则在该 ISP 的出口路由器中对外宣布该用户网的地址时,已经将地址汇聚在该 ISP 的地址前缀中了,对外界没有增加路由表项,也不存在 DFZ 路由器增加负担以及小地址块被丢弃等问题了。但有些用户希望接到不同的 ISP,它比接到同一 ISP 有两个额外的好处,一是如果一个 ISP 的网络出了问题,用户网络仍能通过另一 ISP 连通;二是可以利用不同 ISP 的资费政策,合理地在不同 ISP 中分配自己的通信量,以降低通信成本。但与只接到一个 ISP 相比,连接不同 ISP 也有弊端。首先是链路成本可能增加,例如只能有一条链路连到最近的 ISP,其余的链路很可能较远。连到多个 ISP,地址管理、配置管理以及各 ISP 之间的协调都比较复杂。另外,连到多个不同的 ISP,会增加路由数量,而要解决此问题,需要部署复杂的协议、损失通信效率。

对 IPv4 的用户网,通常每个主机分配一个地址,连到多个 ISP 时,分配地址的方法可以有多种。第一种是每个 ISP 都分给它一块地址(地址前缀)。如果接到 $N$ 个 ISP,就得到 $N$ 块不同的地址前缀。这些地址在用户网内部分配时,将用户网里的主机按地理位置或拓扑结构划分成 $N$ 个部分,靠近某 ISP 的部分就用该 ISP 给的地址。第二种分配方法是独立地申请一块地址,与所有 ISP 的地址无关,向所有 ISP 的连接上宣布这块地址。第三种分配方法是从 $N$ 个 ISP 中的一个 ISP 要地址,对与该 ISP 的连接,地址自然能被聚合,对其余 ISP 的连接,相当于独立申请的小块地址一样。后两种分配方法本质上没有什么差别,但有两个共同的弱点:一是要求所有上游 ISP、ISP 的上游 ISP 以及更高层次的 ISP,都不能对小块地址(长的地址前缀)过滤掉或因缓存溢出而丢弃。这点不一定能做到,一方面要与涉及的所有 ISP 去协商,让他们不过滤掉自己的地址前缀;另一方面,当路由表超载时,DFZ 的路由器不得不丢弃长地址前缀的路由表项,网络管理员对此也无能为力。因此,在研究多宿连接时,主要考虑第一种地址分配方法。

由于信道成本、管理成本及管理的复杂性等原因,大部分企业网的多速连接只用两条信道。我们重点讨论两条信道的情形,然后推广到 $N$ 条多宿信道的情形。

### 1. 自动路由注入法

路由信息的交换包括两个方面:一是企业边界路由器向 ISP 的边界路由器发送可达性信息;二是 ISP 的边界路由器向企业网的边界路由器发送可达性信息。前者涉及增加全局路由数量的问题,是要讨论的内容。后者不重要,因为企业网络通常是末端网络,可以对外使用默认路由,并不需要保存外界送来的可达性路由信息。

如果用户网的某个出口路由器知道,用户网与所有连接的 ISP 的路都是通的,它只要向自己所连接的 ISP 宣布由该 ISP 分配的一个地址前缀就行了(连到其他 ISP 的地址前缀由其他出口路由器向其 ISP 宣布),这个地址前缀被 ISP 汇聚,对 DFZ 路由器不会产生影响。

如果某路由器发现连到多个 ISP 的连接中某个或某些出现了故障,则存活的路由器就不能只宣布自己的地址前缀,还要把断连的那部分主机用的地址前缀也宣布出去,才能使外界保持对这部分主机的可达性。这些地址前缀就不能在上级 ISP 中汇聚,会增加 DFZ 路由器的路由表项。由于失效总是少数,且很快就能修好,故在 DFZ 中增加的表项不会占很大的比例,也不会持续很长的时间。

上述方法中,用户网内部的各连到不同 ISP 的边界路由器之间要有一种内部协商的机制,叫做"内部边界路由协议"(IBGP),来通知用户网的各边界路由器是通的还是断的,并互相告知不同 ISP 给的地址前缀。为此,所有边界路由器之间要建立和维持 IBGP 的对等协议连接(peering)。用户网边界路由器既能从外部 ISP 收到可达目的地的信息,也能经IBGP 分别收到用户网内部其他边界路由器送来的可达目的地的信息。在图 17.1 中,一个用户网用两个边界路由器 BR-A 和 BR-B 分别连到 ISP-A 和 ISP-B。两个 ISP 分配给用户网的地址前缀分别为 Pref-A 和 Pref-B。在 BR-A 和 BR-B 之间,有一个内部边界协议IBGP,不仅负责 BR-A 和 BR-B 之间的通信,使得两部分地址之间的通信不绕道 ISP 进行,还互相交换路由信息。如果边界路由器 BR-A 从其 ISP-A 收到的可达性信息与经 IBGP 从BR-B 送来的可达性信息有相同的部分(称为非空交集),表明边界路由器 BR-B 对外界 ISP-B 的连接正常,这时 BR-A 只要对 ISP-A 宣布 Pref-A 就行了。如果边界路由器 BR-A 从其ISP-A 收到的可达性信息与经 IBGP 从 BR-B 送来的可达性信息没有相同的部分(称为空交集),说明边界路由器 BR-B 对外界(ISP-B)的连接已经失效了,边界路由器 BR-A 就不仅要向 ISP-A 宣布由 ISP-A 分配给自己的地址前缀 Pref-A,还要向 ISP-A 宣布由 ISP-B 分配给用户网的地址前缀 Pref-B。这种方法被称为"自动路由注入法"。

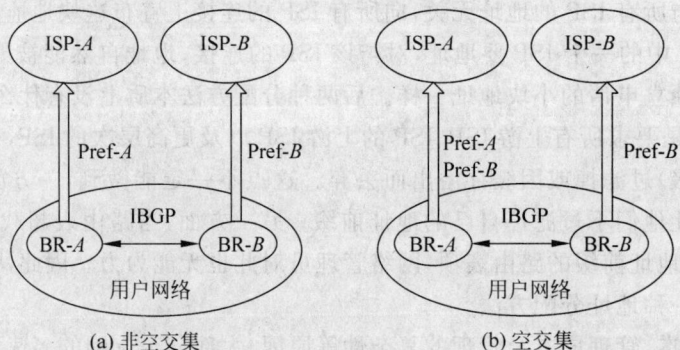

图 17.1  可达性信息的宣布

从实现的角度看,要比较可达性信息是否有相交的部分,当路由数量很大时,处理量是很大的。一种取巧的方法是只比较某些知名的或必然出现的路由,例如 ISP-A 和 ISP-B 的地址前缀。BR-A 从 ISP-A 收到的路由信息中有 ISP-B 的地址前缀,如果从 BR-B 送来的路由信息中也含有 ISP-B 的地址前缀,就算是非空交集;如来自 BR-B 的路由信息中没有 ISP-B

的地址前缀，就是空交集。

这种方法中，BR-*A* 宣布的 Pref-*B* 不属于 ISP-*A* 的地址聚类，宣布出去后，首先要求 ISP-*A* 不要把 Pref-*B* 看作非法地址而过滤掉（所以事先要与 ISP-*A* 签订协议）；其次，到达更远的其他 ISP 网络后，仍然可能被某些过载的 DFZ 路由器因地址块太小而丢弃，使得企业网中的 Pref-*B* 部分的主机有失去连接的可能性。

### 2. 隧道封装法

上节描述的方法，当所有的连接正常时，多宿连接不会给 DFZ 的路由器增加路由表项。但当有连接失效时，仍不能避免被过滤掉或 DFZ 路由超载而丢弃的可能性。这种做法，对全局网络而言，问题不大，因为毕竟失效的可能性是很小的，修复的时间段也是很短的，大量多宿连接的用户网同时出现失效信道的可能性也不大，因而对 DFZ 的路由信息量不会有明显的影响。但就某个用户网而言，是不满意的：多宿连接都正常时，没有问题，有一条信道失效时，这部分地址前缀因可能被过滤掉或在 DFZ 中被丢弃而无法通信，没有达到多宿连接的目的。本节描述一种改进的方法，它能完全消除多宿连接对 DFZ 路由表规模的影响，同时保证断连的地址前缀不被上游 ISP 过滤掉或在 DFZ 中丢弃。

在这种方法中，要求用户网中的边界路由器不仅维持与其直接相连的 ISP 边界路由器之间的 EBGP peering，还要求它同时维持与该用户网其他边界路由器相连的 ISP 边界路由器之间的 peering，这种 peering 称为间接 EBGP。在图 17.2 中，ISP-BR-*A* 和 ISP-BR-*B* 分别表示 ISP-*A* 和 ISP-*B* 网络中与用户网连接的边界路由器，*E*-BR-*A* 和 *E*-BR-*B* 分别表示用户网中使用 Pref-*A* 和 Pref-*B* 两部分前缀的边缘路由器。其他符号的意义与图 17.1 相同。*E*-BR-*A* 与 ISP-BR-*A* 有直接的 EBGP peering，*E*-BR-*A* 与 ISP-BR-*B* 有间接的 EBGP peering。对 *E*-BR-*B*

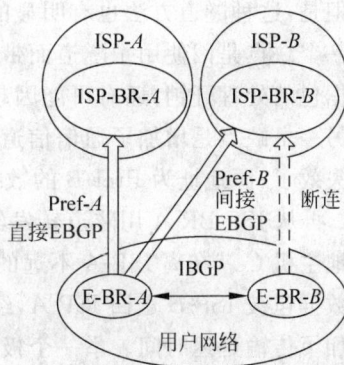

图 17.2　经间接 EBGP 宣布可达性信息

也一样，与 ISP-BR-*B* 和 ISP-BR-*A* 分别有直接和间接（图中未画出）EBGP peering。

对维持直接 EBGP peering 和间接 EBGP peering 的 ISP 路由器来说，它向下宣布外界的可达性信息时，在直接 EBGP peering 和间接 EBGP peering 上宣布的路由信息是相同的。对用户网边界路由器来说，它在直接 EBGP peering 上只宣布该直接 peering 的 ISP 分配给它的地址前缀，在间接 EBGP peering 上只宣布该间接 peering 的 ISP 分配给用户网的地址前缀。在 ISP 中，从直接 peering 上收到的路由，要比从间接 peering 上收到的路由优先。同样，在用户网络中，从直接 peering 上收到的路由优先于从间接 peering 上收到的路由。

从用户网发向 ISP 的数据包，在间接 peering 上转发的任何数据包，必须加以封装[20]。这是因为数据包中的源地址和目的地址将与所走过的路由不一致。如果不加封装，很可能被 ISP 的路由器过滤掉。例如，设 *E*-BR-*B* 和 ISP-BR-*B* 之间的信道失效了，源地址为 Pref-*B* 的数据包通过 IBGP 在用户网内部被送到 *E*-BR-*A* 再到 ISP-BR-*A*，再从 ISP-BR-*A* 转发给 ISP-BR-*B*。如果 ISP-BR-*B* 执行了源地址过滤，就会丢弃该数据包。如果数据包在 *E*-

BR-A 处加上隧道封装,外层 IP 包头的源地址为 Pref-A,目的地址为隧道出口 ISP-BR-B,则 ISP-BR-A 不会滤掉该数据包。数据包到达隧道出口 ISP-BR-B 后,先拆除封装,内层 IP 包头的源地址是 Pref-B,不会被 ISP-B 过滤掉。数据包到达 ISP-B 的网络后,Pref-B 自然与 ISP-B 的地址空间聚合在一起了。

从外界发向用户网的数据包,当用户网与 ISP-A 和 ISP-B 的连接都正常的时候,指向 Pref-A 地址的主机的数据包,从 ISP-A 到 ISP-BR-A 到 E-BR-A 然后进入用户网;同样,指向 Pref-B 地址前缀的主机的数据包,从 ISP-B 到 ISP-BR-B 到 E-BR-B 然后进入用户网。现假设 ISP-BR-B 与 E-BR-B 之间的连接失效了,这时指向 Pref-A 主机的数据包与原先一样走,但指向 Pref-B 主机的数据包,经 ISP-B 走到 ISP-BR-B 后就将数据包封装打包,封装包头的源地址为 ISP-BR-B,目的地址为 ISP-BR-A,到达 ISP-BR-A 后,拆封后交给 E-BR-A,然后用 IBGP 经 E-BR-B 送给 Pref-B 主机。

值得注意,这时不再会应多宿连接而对 DFZ 路由器增加路由信息,并且也不再担心有路由器把小地址网号过滤掉。还可看到,在图 17.2 中,ISP-B 中与 E-BR-A 建立间接 peering 的路由器,不一定是 ISP-B 中的边界路由器 ISP-BR-B,任何一个路由器都行。这样做,抵抗 ISP 中部分部件失效的能力更强。

但是,这种隧道方法也有明显的缺点:

一个缺点是因使用了隧道而带来的复杂性。隧道操作要求增加外层 IP 包头,不仅增加了数据包的处理开销,还有可能因超出 MPU 而需要将包分片,进一步增加复杂性和开销。

另一个缺点是增加了通信信道的开销和网络的负担。设 E-BR-B 和 ISP-BR-B 之间的信道失效了,源地址为 Pref-B 的数据包通过 IBGP 在用户网内部被送到 E-BR-A 再到 ISP-BR-A,再从 ISP-BR-A 用隧道转发给 ISP-BR-B,经 ISP-B 的网络送向目的地主机 C。如果目的地主机 C 就在离 ISP-A 不远的地方,数据包走了隧道绕到远处的 ISP-B,拆除隧道封装后的数据包被 ISP-B 送回 ISP-A,经 ISP-A 再到达 C。非常不合理,不仅浪费了资源,还大大增加了传输延迟时间。举一个极端的例子。设某公司的机构分两部分,分别在中国和美国。两部分的网络之间有一条中美之间的内部国际信道运行 IBGP 把两部分网络的出口路由器相互连通,两部分网络分别接到中国的 ISP-A(Pref-A)和美国的 ISP-B(Pref-B)。当美国的用户网络部分 Pref-B 与美国的 ISP-B 之间断连后,从 Pref-B(美国)向中国的用户主机 C 发送的数据包,要走过三次国际信道:第一次从美国经内部国际信道(IBGP 协议)从 E-BR-B 走到中国的 E-BR-A,第二次在隧道中从中国的 E-BR-A 经 ISP-BR-A 送回美国的 ISP-BR-B。解除封装后,再由美国的 ISP-B 第三次走国际信道送到中国的目的地主机 C。显然这是极其不合理的,对实时应用是不能满意的。

要解决上述三次穿越国际信道的问题,E-BR-A 对从 E-BR-B 用 IBGP 送来的数据包不能简单地做隧道封装,它还应当查一下数据包的目的地址 C 是否就在 ISP-A 或离 ISP-A 比较近的网络。反之,对 E-BR-B 也一样。这样做,要进一步增加对数据包中目的地址的检查和处理,还要查路由表,以便确定是否对该数据包进行封装。可能有人会争辩,对从 E-BR-B 经 IBGP 送到 E-BR-A 的数据包,E-BR-A 本来就要查目的地址的,例如从 Pref-B 送给 Pref-A 的数据包,就是因为查了目的地址,发现是在本地而不必封装后送给 ISP-BR-A 的。问题是,对这种内部通信,E-BR-A 只比较数据包的目的地址是否为 Pref-A 就可以了,并没有查询路由表。而要解决三次跨越国际信道的情形,目的地址 C 不在 Pref-A,而是离 Pref-A

较近的其他网络。这时不仅要查路由表,还要判断路由尺度(mctric),看主机 $C$ 离 Pref-A 近还是离 Pref-B 近,才能正确选择对数据包处理的方法。这样做显然是很费事的。

看来,要真正解决问题,在协议复杂性和通信效率两方面都要付出很大的代价。这样做的根本原因是:防止路由表变大,防止小地址块被忙碌的路由器丢弃。在 HSNET 中取消了路由表,不再怕路由表变大,也没有小地址块被丢弃的忧虑,就可能把多宿连接的问题大大简化。

### 17.1.3 IPv6 的多宿连接

IPv6 的多宿连接与 IPv4 的多宿连接本质上没有什么差别,基本方法是一样的,但与 IPv4 相比,IPv6 有些不同的特点,因而其多宿连接的特点也略有不同。我们只列出它不同的地方。

首先,路由表大小的问题在 IPv6 中更加突出。IPv6 地址空间和地址长度的增大对路由器的存储器和路由表的查询性能有了更加严重的负面影响。为此,IPv6 的地址设计,尽量让 DFZ 路由器中能有更好的地址汇聚。在 6bone 的操作指南中也建议,如果与对方(peer)没有特殊的约定,要求各自治域(AS)不要把非聚合地址块向 DFZ 宣布。显然要满足这种要求就希望网络结构和网络地址分配尽量区域化、层次化,地理位置上的小区分配相同的地址块,若干地理位置上靠近的小区汇接成一个中区,若干地理位置上靠近的中区汇接成一个更大的区域,依此类推。只有这样,才能有效地汇聚地址。但当网络允许无结构无层次地任意连接的时候,难以做到这种地址汇聚的要求。

在 IPv4 中,一个多宿连接的企业网,较简单的两种做法都有增加表项和被丢弃的缺点(即一种是独立申请一块地址,与上游各个连接的 ISP 无关,从多个 ISP 对外宣布;另一种是从其中一个 ISP(如 ISP-A)获得地址,从所有连接的 ISP 向外界宣布。无论用哪一种做法,都会向 DFZ 注入附加的路由,即自动注入地址)。只有使用内部 BGP(IBGP)、直接 EBGP peering 和间接 EBGP peering 三种路由过程相结合的复杂方法,才有可能避免在 DFZ 中增加路由表项且汇聚后不被丢弃。在 IPv6 中,也用这种方法,只是将直接 EBGP 换成主链路(primary link),将间接 EBGP 换成辅链路(secondary link),如图 17.3 所示。这不是简单地换一个名字,其工作方式也有所不同。

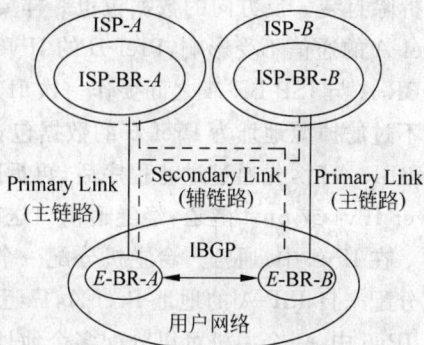

图 17.3 IPv6 的主/辅链路连接方式

这里仍然讨论只连到两个 ISP 的情形。$E$-BR-A 与 ISP-BR-A、$E$-BR-B 与 ISP-BR-B 分别建立主链路,$E$-BR-A 与 ISP-BR-B、$E$-BR-B 与 ISP-BR-A 分别建立辅链路。辅链路仍然是一条 IP Over IP 的隧道。在配置时,把主链路配置成强倾向(strong preference),把辅链路配置成弱倾向(weak preference)。在企业网内部,根据地理位置的靠近情况,主机分别使用两个 ISP 给的地址 Pref-A 和 Pref-B,内部互相交换路由信息,使得两部分不同地址主机之间可以通信。

对外部进入企业网的数据包,*E-BR-A* 将首先以强倾向在主链路上向 ISP-BR-A 宣布地址 Pref-A,然后以弱倾向在辅链路上向 ISP-BR-B 宣布地址 Pref-B;同样,*E-BR-B* 将首先以强倾向在主链路上向 ISP-BR-B 宣布地址 Pref-B,然后以弱倾向在辅链路上向 ISP-BR-A 宣布地址 Pref-A。

对企业网中出去的数据包,ISP-BR-A 首先以强倾向在主链路上向 *E-BR-A* 宣布默认路由(或特定路由),然后以弱倾向在辅链路上向 *E-BR-B* 宣布默认路由(或特定路由);同样,ISP-BR-B 将首先以强倾向在主链路上向 *E-BR-B* 宣布默认路由(或特定路由),然后以弱倾向在辅链路上向 *E-BR-A* 宣布默认路由(或特定路由)。

在这种配置下,两个方向上的数据包,一旦主链路失效,都能在辅链路上走。弱倾向的路由信息作为备用。对 IPv6 而言,这种方式既可以使用 BGP+,也可以使用 RIPng。

只有当主链路失效时,才启用辅链路。在辅链路上传递数据包时,也要采用隧道和封装技术,以避免 ISP 路由器根据源地址对辅链路上来到的数据包进行过滤。隧道是一种 IP Over IP 的封装和传输技术,例如 *E-BR-B* 与 ISP-BR-B 的主链路失效后,以 Pref-B 为源地址前缀的数据包,通过内部网关协议传到 *E-BR-A*,在 *E-BR-A* 与 ISP-BR-B 之间建立一条隧道(经过 ISP-BR-A)。如果两个 ISP 网络是 IPv4 网,则建立 IPv6 Over IPv4 或 6 to 4 隧道;如果两个 ISP 网络与企业网一样都是 IPv6 网络,则隧道为 IPv6 Over IPv6。

如果企业网是 IPv6,两个 ISP 网络不同,一个是 IPv6,另一个是 IPv4,则情形要复杂一些。例如设 ISP-A 是 IPv6,而 ISP-B 是 IPv4,平时走主链路时,Pref-A 的主机走 ISP-BR-A,用 native IPv6,Pref-B 的主机走 ISP-BR-B,用 IPv6 Over IPv4 或 6to4 的隧道走。如果 *E-BR-A* 与 ISP-BR-A 的链路失效,Pref-B 的通信不受影响,Pref-A 的数据包在内部被送到 *E-BR-B*,在 *E-BR-B* 与 ISP-BR-A 之间建立 IPv6 Over IPv4 或 6to4 的隧道,到达 ISP-BR-A 后拆除封装。反方向的数据包也一样要通过隧道。如果 *E-BR-B* 与 ISP-BR-B 的链路失效,Pref-A 的通信不受影响,Pref-B 的 IPv6 数据包在内部被送到 *E-BR-A*,为避免被过滤掉,在 *E-BR-A* 与 ISP-BR-A 之间要作一次 IPv6 Over IPv6 的隧道封装(如果与 ISP-A 商量,要求它不过滤掉源地址为 Pref-B 的数据包,则这个 IPv6 Over IPv6 的隧道封装可以省去),到达 ISP-BR-A 后,先通过过滤程序后,再拆除封装,送到 ISP-BR-B,再次进入一条隧道,即 IPv6 Over IPv4 或 6to4 隧道,经隧道出口送向目的地。

在 IPv4 中,通常一台主机分配一个 IP 地址,因而在 RFC2260 中假定靠近 ISP-A 的主机分配来自 ISP-A 的地址 Pref-A,靠近 ISP-B 的主机则分配来自 ISP-B 的地址 Pref-B。但在 IPv6 中,一个主机可以分配多个地址,尤其是可以有永久性地址和过渡性地址。

如果主机同时拥有 Pref-A 和 Pref-B 两个地址,就多了两种灵活性。一种是让主机自己选择地址:如果到 ISP-A 的链路失效,使用 Pref-B 作为数据包的源地址;如果到 ISP-B 的链路失效,选用 Pref-A 作为数据包的源地址。对于外界主机发起的通信,可以在 DNS 中提供两个地址记录,外界主机发现一个地址不通时,试用另一个地址。另一种灵活做法是把主链路配置成永久性地址,辅链路配置成过渡性地址。主机或路由器总是先用永久性地址,只有当永久性地址失效后,才使用过渡性地址。

与 IPv4 的情形一样,当企业网连接的 ISP 多于两个时,例如 N 个,如果企业网中使用 N 块地址前缀,每块建立一条主链路通向自己获得地址的 ISP,建立 $N-1$ 条辅链路通向其他 ISP,则主链路共有 N 条,辅链路共有 $N \times (N-1)$ 条。建立隧道时,其数量级为 $O(N^2)$。

无论是通信方式还是操作员对它们的管理,都太复杂了。可以把 ISP 分成两组,每组中各选一个 ISP,组成一对,用上面讨论过的一主一辅的方式加以配置。组对子时,要注意挑选两个组中不容易同时失效的成员配成一组。这样,隧道数量降低到 $O(N)$。

尽管 IPv6 比 IPv4 有了强倾向和弱倾向的区分,但建立隧道的复杂性并没有本质上的改善。IPv6 的主机可以拥有多个地址带来的灵活性,对多宿连接问题的解决是有好处的。

## 17.2  HSNET 的多宿连接环境

在 HSNET 体系结构下,多宿连接的环境与路由网络有很大的差异。分别从目标与问题、失效环节、连接种类和工作方式几方面加以考虑。

### 17.2.1  目标和问题

与传统路由网络中的多宿连接相比,HSNET 多宿连接的目标不同:前者主要考虑怎样减少路由表的规模,后者虽没有路由表问题,但因考虑用户数据包源地址前缀应当与上连信道(HSNET 边缘端口)的地址前缀保持一致。虽然这个要求并不是必须的,不保持一致也能正常通信,但会有一些不满意的地方,例如:对源地址合法性检查需要做一些修改,即把各多宿连接的地址前缀都作为合法的地址前缀加以放行;返回的应答数据包走不同的路径回来,对 QoS、VPN、安全加密等功能的实施可能带来不便。因此,在 HSNET 环境中实现多宿连接时最好能解决数据包源地址前缀与路径地址前缀的一致性问题。

### 17.2.2  失效环节

两个用户之间通信的路径上出现信道或部件失效的环节有三个:HSNET 骨干网;用户接入网内部;用户接入网与 HSNET 边缘端口之间的连接处。

用户接入网络内部的失效事件,由用户设计自己单位内部网络时考虑避免单点失效加以解决。由于地域小、网络简单,一般较容易解决,我们不去讨论它。对 HSNET 骨干网,已经考虑了单点失效的防护。利用节点域和逻辑信道的概念,任何一条物理信道、交换机的一个物理端口甚至一台交换机的失效,都不会中断网络的运行,因而这里也不讨论 HSNET 骨干网单点失效防护的问题。在用户接入网与 HSNET 边缘端口之间的连接上,有三个部件:HSNET 边缘端口(包括 HSNET 边缘交换机)、用户设备的边缘端口(包括路由器或以太网交换机)以及互连的信道。这三个部件中的任意一个失效,都会使用户接入网与HSNET 失去连接,其结果是一样的,因此在讨论连接失效时,不区分这三个部件中的哪一个部件失效,一律称为连接失效或信道失效。多宿连接的主要目的是避免该连接的单点失效。

### 17.2.3  多宿连接的种类

一个用户接入网与 HSNET 之间的多宿连接,可以有图 17.4 所示的多种方式。在图 17.4 中,用户接入网 A 的两条多宿信道连到两个不同的 ISP HSNET 骨干网,用户接入

网 $B$ 的两条多宿连接分别连到同一 ISP HSNET 的节点域 $L$ 和 $G$，$L$ 和 $G$ 处于 HSNET 的不同层次，用户接入网 $C$ 连到同一层次 $H$ 和 $I$，而用户接入网 $D$ 接到了同一个节点域 $J$。虽然连接的跨度依次缩小：两个不同的 ISP，同一 ISP 的不同层次节点域，同一 ISP 同一层次的不同节点域，同一 ISP 的同一节点域，但它们不能与物理距离挂钩。因为节点域 $W$ 和 $K$ 可能在同一城市，而节点域 $J$ 中的两个交换机则可能分散在两个不同的小城市。节点域 $L$ 和 $G$ 可能处于不同的城市，也可能处于同一个城市的不同地区。

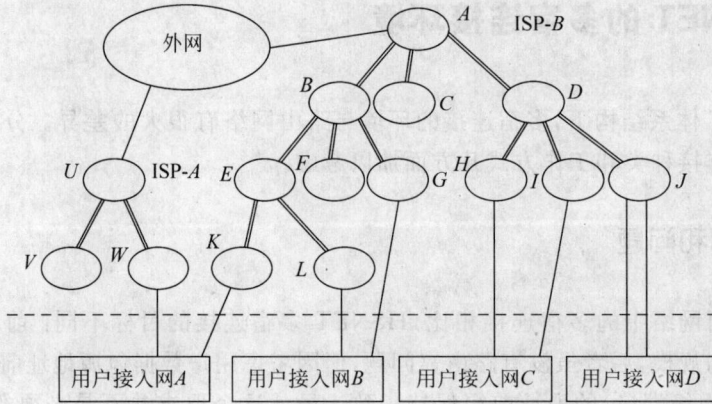

图 17.4　用户接入网多宿连接种类

　　无论用哪类连接，用户接入网从两条连接上获得的 IPv6 地址前缀总是不一样的。因而，从多宿连接的技术层面看，这四类连接没有差异。差异仅表现在可靠程度、资费政策、连接是否方便等方面。这些差异可供用户选择合适的连接方案。我们主要研究多宿连接技术，不再区分是哪种连接种类。

## 17.2.4　多宿连接的工作方式

　　设多宿连接中共有 $N$ 条信道，它们有两种工作方式。一种是一条信道作为备用，其余 $N-1$ 条信道处于工作状态。当 $N-1$ 条工作信道中的任意一条信道（或端口）出现故障时，启用备用信道，将故障信道上的负载转移到备用信道上，其余工作信道上的负载不变。这种方式称为 $(N-1):1$ 主备方式。对二宿连接，变成一主一备即 $1:1$ 方式；另一种是多条信道同时工作，并将负载分摊到所有信道上，称为负载分摊方式。当某条信道失效后，把它的负载均衡地转移到其他信道上。主备方式中，尤其是最常用的二宿连接，信道利用率低。如果两条信道的速率不相同，将大容量主信道的负载转移到小容量备用信道后，还会降低通信性能。故障信道切向备用信道时，切换方式可以是自动的，也可以是手动的。为了有效地使用信道，一般不采用主备方式，更不希望采用手动方式。负载分摊方式能充分利用信道，所以只研究这种方式，并尽量使得负载均衡地分配到不同的信道上。在前面讨论路由网络（IPv4 和 IPv6）的多宿连接时，虽大体划分 Pref-A 和 Pref-B 主机的连接去向，但没有考虑负载分摊。主要原因是多宿连接已经引入了复杂的隧道等协议，如果再要求实现负载分摊或负载均衡，复杂性将进一步增加。

## 17.3 HSNET 多宿控制

如前所述,多宿连接的用户接入网,用多条信道连接到 HSNET 的多个不同的端口,无论这些端口是否属于同一个交换机、同一个节点域、不同的节点域,甚至不同 ISP 的节点域,在 HSNET 中,它们拥有不同的 IPv6 地址前缀。因而在技术上,这些不同的连接方式是没有差异的,需要解决的技术问题是完全一样的。

为了叙述的方便,我们把发起通信的一方称为主发方,发出的数据包叫做主发数据包,把响应通信的一方叫做响应方,发出的数据包叫做响应数据包或应答数据包。为了简便,不管这些包携带的是数据还是控制信息,一律称为数据包。

由用户接入网发起对外界的通信时,启用不同的多宿信道,在数据包的源地址字段中就会填写不同的 IPv6 地址(通常只是前缀部分不同),对方的响应数据包,自然采用该地址作为目的地址。因而,主发数据包走过的路径与响应数据包走过的路径,从逻辑信道的角度看,是完全相同的。这是由 HSNET 的特点决定的。有了这个特点,选择多宿信道的工作、控制通信量在哪条多宿信道上走的关键是发起通信的一方采用哪条信道的地址前缀作为数据包的源地址。要控制信道负载的分摊和均衡,就要对通信发起方进行控制。另外,用户网络的出口路由器和 ISP 节点域,也可以通过修改源地址或建立隧道等手段来影响数据包的路径。我们分别研究用户接入网主机、用户接入网出口路由器以及 ISP 骨干网节点域对多宿信道可能的控制方法。

### 17.3.1 IPv6 用户主机的多宿控制

IPv6 主机可以拥有多个 IP 地址。设用户接入网有 $N$ 条上连到 HSNET 骨干网的多宿信道,无论连到同一个上游 ISP 还是 $N$ 个不同的 ISP,获得的地址前缀总是不同的。让主机来选择多宿信道,可以将多个不同的 HSNET 边缘端口的 IPv6 地址前缀存放在主机的一个表中,称为多宿信道表(表格式样如表 17.1 所示)。当主机要求通信时,从多宿信道表中选择一个地址前缀,生成数据包的源地址。以后属于该次通信的所有数据包,都用这个源地址。不同次的通信,可以选用不同的多宿信道。问题变成怎样从 $N$ 条多宿信道中选择一条,使得各多宿信道上的负载大致均衡。可以采用下面描述的方法。

表 17.1 主机多宿信道表

| 序号 | 地址前缀 | 前缀长度 | 出带宽 | 入带宽 | 状态 | 出负荷 | 入负荷 |
|------|----------|----------|--------|--------|------|--------|--------|
| 1 | … | … | … | … | … | … | … |
| 2 | … | … | … | … | … | … | … |
| 3 | … | … | … | … | … | … | … |
| ⋮ | ⋮ | ⋮ | ⋮ | ⋮ | ⋮ | ⋮ | ⋮ |
| N | … | … | … | … | … | … | … |

在表 17.1 中,多宿信道的地址前缀和前缀长度、多宿信道的数量 $N$、各信道的带宽等参数,在相对长的时间内是不变的。信道状态、信道输出方向上的负荷和输入方向上的负荷则是动态变化的。动态变化的部分以及信道带宽是选择信道的依据。地址前缀和前缀长度是多宿信道在 HSNET 边缘端口上的 IPv6 地址前缀及长度。带宽设两栏,可处理出/入方向上带宽不对称的情况。如出/入带宽相同,算法也没有差别。状态只有两个数值 0 和 1,0 表示信道正常,1 表示信道失效。出/入任意一个方向上信道中断或两个方向上同时中断,都标志为失效。出负荷指一定时间段内从该主机经多宿信道向外界输出的数据量,入负荷是同样时间段内输入本主机的数据量,它们的单位是字节数。用户网络内部的相互通信,与多宿信道无关,通信的数据量不计算在内。

信道使用率 $\eta$,是出负荷 $L_{out}$ 和入负荷 $L_{in}$ 分别除以出带宽 $B_{out}$ 和入带宽 $B_{in}$ 及统计负荷的时间段 $(t-T)$ 后得到的。时间段的选择方法是,主机中设立一个统计负荷的定时器,每隔固定的时间将所有的入/出负荷值清成 0,重新开始统计,并将该开始统计的时刻记为 $T$。将当前时间 $t$ 与统计开始时间 $T$ 的差值作为计算的时间段。由于只要求大体的统计效果,这种固定时间段测量比滑动窗口测量更为简单。

取入/出中使用率高的值作为信道使用率 $\eta$。下式是计算一条多宿信道 $i(i=1,2,\cdots,N)$ 的使用率 $\eta_i$ 的方法,其中的因子 8 将字节数转为比特数。

$$\eta_i = \mathrm{Max}\{L_{out\text{-}i} \times 8/[B_{out\text{-}i} \times (t-T)], L_{in\text{-}i} \times 8/[B_{in\text{-}i} \times (t-T)]\}$$

当主机发起一次通信时,查询多宿信道表,计算各信道的使用率 $\eta$,选用 $\eta$ 值最小的一条多宿信道作为本次通信之用。一次通信的后续数据包,都走该选中的信道,都要将字节数加到相应信道的负荷量中。发出和接收的数据包分别计算。对不是由本主机发起而是由远程主机发起的通信,也根据入/出数据包选用的多宿信道(对发出的数据包,从源地址可以确定是哪条多宿信道上发出去的;对进入的数据包,从目的地址中可以看出是从哪条多宿信道上到来的),在表中加以统计。

对处于失效状态的信道(状态 $S_i$ 标为 1),就不去选它,也不进行 $\eta$ 的计算。选择信道 $L$ 的算法为:

$$L = \mathrm{Min}(\eta_i \mid S_i = 0), \quad i = 1,2,\cdots,N$$

这种方法有以下几个特点。一是把多宿信道的容量分配与管理分散到各个主机中去做,假设每个主机对各多宿信道的使用是大体均衡的,所有主机对这些信道的总体使用也是趋于均衡的。由于没有集中的管理,容量的分配只能做到相对均衡。事实上,即使是集中管理,由于每次通信的数据量,甚至每个数据包的数据量都是差别很大的,不可能做到绝对均衡。但这种相对均衡可以满足多宿信道负荷分摊的要求。二是选路计算量被分散到各个主机中,不会对网络关键部件构成处理量的压力。三是同时控制了两个方向,按最坏方向考虑选路,即使通信不是本主机发起而是由外界发起的,也在多宿信道表中作了统计。

上述方法中,既实现了通信量在不同多宿信道上的粗略均衡分配,又考虑了某信道失效时,通信流自动避开失效信道,达到了多宿连接的两个主要目的(增加可靠性和负载均衡分摊)。如果不考虑通信量在多宿信道上的均衡分配,只要求信道的热备份,保证用户网络的可靠对外连接,则算法更简单,避免很多统计和计算,只要标出信道的状态(失效或正常)就可以了。这使得主机协议的修改更为简单。如果因价格等原因希望减少某个连接的通信量,则在表 17.1 中故意把它的带宽写小些。

靠主机选择多宿路径的一个不便之处是要求主机的协议稍加改动,以支持在多个源地址中选择一个进行通信的能力。另一个更为重要的问题是主机怎样知道多宿链路的状态?

要让主机知道多宿链路是否失效,可以有两种方法。一种是当主机使用多个源地址中的某一个进行通信时,通信不成功,超时后,就换一个源地址。同时将相应的多宿信道标记为失效状态。对失效的源地址,可以在一定的时间后(例如 5~10min)试用,以便该信道恢复后能再次投入运行。

另一种方法是利用多播或广播技术来解决这个问题。组织一个多播组,组成员包含用户网络中的所有出口路由器和全部主机。所有出口路由器均可为多播源,所有主机都是多播组的接收成员。当路由器发现多宿链路状态改变时,用多播包通知所有的主机。一旦某多宿链路失效,相应的出口路由器就多播一个失效通知。只要发送一次即可。如果有的主机因某种原因没有收到,该出口路由器仍可能收到以该多宿连接为源地址前缀的数据包,就再通知一次。当信道恢复后,出口路由器多播一个恢复通知。为了可靠地将恢复通知传给所有主机,可以每隔一个较长的时间后(例如 10 分钟)再通知一次。这种多播信息只在用户网内部传播,一方面,多播的范围很小,另一方面,由于失效和恢复是极少出现的事件,所以多播报文占用的信道资源和处理资源是可以忽略的。其实,比多播更为简捷的一个替代办法就是用泛洪(flooding)来广播通知整个用户网内的主机。在泛洪中,一个主机可能收到来自不同方向的通知包,因而更加可靠,不必重复发送通知包。同样,由于事件频度很低,且泛洪的源只有少量的多宿连接设备,不会带来可觉察的开销。

这种依靠多播或泛洪广播来通知信道状态的方法,虽然算法并不复杂,但要求多宿连接设备有发特定多播包或泛洪包的能力,如果用户网络是通过层次式交换机进行多宿连接的,则容易做到,而要求市售的路由器做这种多播,哪怕是很简单的改动,也是不容易的。同时,要求主机能理解这种多播包并作相应处理,也需要对主机通信软件作更多的修改。因而,主机通过超时机制获得多宿信道的状态,只涉及局部操作,更为简单。

利用主机多个 IPv6 地址进行多宿信道选择和负载相对均衡,还有一个更简单的方法。设多宿信道为"$A, B, C\cdots$",对应的地址前缀为"Prefix-$A$,Prefix-$B$,Prefix-$C\cdots$",网络管理员根据各多宿信道的能力、资费等因素,把用户分成多个组,每个组安排一个地址前缀作为优先地址,把别的一个或多个前缀作为次要地址。这样,只要优先地址是能工作的,都用自己的优先地址作为数据包的源地址。一旦优先地址不通了(用超时来判断)就顺次选用次要地址。

无论是利用自动统计负载的选路和负载均衡方法还是管理员人工分配的方法,用户主机选择多宿出口后,也就选定了出行数据包的源地址。用户网络内部的路由协议,应当把数据包送给相应的出口路由器。如果被送到了其他出口路由器,可以利用 IBGP 转送到正确的出口路由器,以保持数据包的源地址前缀与真正出行的多宿路径的地址前缀是相同的,这样,应答数据包就会从相同的路径回来。

利用主机拥有多个 IPv6 地址的方法实现多宿连接的负载均衡,对主机的改动是比较简单的,对出口路由器、上游 ISP 以及外部用户等,不要求修改。这种对主机的改动是可以逐步推广的,因为没有改动过的主机和改动过的主机,可以同时并存,只是对负载均衡的效果有些影响。

## 17.3.2　IPv6 出口路由器的多宿控制

对多宿信道的管理和负载分配,也可以让用户网络中的出口路由器执行。多宿连接的用户网络,可以从同一个出口路由器用多条信道连到 HSNET 的不同边缘端口,也可以用多个出口路由器,分别连到 HSNET 的不同边缘端口。后一种更为可靠,本书着重讨论这种情形。

由于用户主机不参与多宿连接的控制,它们构建的数据包中,源地址中的地址前缀是在各多宿地址前缀中随意选用的,不能保证在多个多宿连接中的负载大体均衡,也不能保证它们选的地址前缀对应的出口信道是处于正常状态的,更不能保证数据包的源地址前缀与选中的多宿路径的地址前缀是一致的。这只能由出口路由器来控制。

用出口路由器控制多条出口信道负载的方法,可以仿照前面讨论过的主机采用的控制方法,但有所不同。首先,主机是通信行为的主动参与者,而路由器是通信行为的被动参与者。主机对每个通信流了如指掌,很容易记录其状态、统计收发的数据包和通信量,并且清楚地知道每个通信流的开始和结束。因而,主机管理多宿信道时,可以做到以一次通信为单位。但路由器就不同,它较容易发现新流的出现,但难以知道一个流是否已经结束、何时结束。要想知道每个通信流的行为,需要分析数据包中高层协议的内容,这会使路由器的工作效率大大降低。其次,主机处理的通信流数量有限,而路由器要处理的通信流来自众多的主机,数量可能较大。

出口路由器可以不按通信流而按数据包分配多宿信道。用一张 Hash 表,利用数据包的源地址、目的地址和其他与通信流有关的参数,计算 Hash 值,结果落在 Hash 表的表项空间。根据 $N$ 条多宿信道的不同容量所占的比例,将 Hash 表空间分配给不同的多宿信道。这种控制的粒度是单个数据包,并对每条信道实际分配到的数据包的数据量进行统计,当由于数据包长度的差异或 Hash 分布的不均匀而造成各多宿信道上的数据量不均匀时,适当调整 Hash 表项空间的分配。上述 Hash 计算选择信道是为发出的数据包用的。对每条信道上到达的数据包,也可以加以数据量的统计,并计算各信道上的使用率。分配 Hash 表空间时,比较入/出两个方向上的不平衡度,按不平衡度更大的传输方向上的统计结果分配 Hash 表空间,这样可在发送和接收两个方向上进行均衡性控制。如果某条多宿信道失效,只要不让它在 Hash 表空间出现,就不会被选中。这种用 Hash 表空间控制多宿信道的方法,计算复杂程度与前面讨论的主机中采用的方法接近,只是路由器要对付整个用户接入网的通信量作处理。网络管理员对不同多宿信道的策略性控制(例如价格因数),也可以用改变 Hash 表空间的分配来实现。

但是,路由器采用按数据包而不是按通信流选择多宿信道,会产生新的问题。第一,是否出现同一个通信流的不同数据包走不同的多宿路径出去,数据包在路上经历的延迟会有差异,容易造成到达目的地时数据包的错序? 实际上,该问题并不严重,因为同一个通信流的数据包,用以计算 Hash 值的参数如源地址、目的地址、端口号或其他协议参数都是相同的,其 Hash 计算结果也是相同的,落在同一个 Hash 空间,选用同一条多宿信道。只是当 Hash 表空间进行调整时,才有可能使同一通信流的数据包改道,即使发生改道,延迟时间的差异也不一定达到产生两相邻数据包倒序的时间差异。第二,分配到不同多宿信道的通信流,其中数据包的源地址前缀(由发起通信的主机填写的)可能与 HSNET 边缘端口地址前缀(由路由器 Hash 计算结果选择的路径决定的)不同。为了让同一流的入/出数据包走相同路径以及为 HSNET 边缘端口必要的管理和控制提供条件,一种方法是出口路由器修改数据包中的源地址,即用新选中多宿信道的 HSNET 边缘端口地址前缀替代原先的地址前缀。问题是对方给出的应答包中,用的目的地址前缀也就被改变了,当主机收到这样的应答包时,发现其目的地址前缀与自己发出的源地址前缀不同,有可能出错,需要特殊处理才能正常工作。第二种方法是出口路由器对出行数据包修改源地址后,作出记录,对入行数据包,检查记录的表,如其源地址和源端口号在记录表中存在,则把目的地址改为原出行包的源地址。由于 IPv6 数据包没有校验和计算,并且只处理本用户网络涉及的部分通信量,这种改动的工作量对出口路由器的压力并不大。

　　用出口路由器实现多宿控制并均衡负载,需要对 IPv6 出口路由器的协议进行修改,因而并不是一种理想的做法。问题出在负载均衡上。

　　如果不要求实现负载均衡,则出口路由器利用 IBGP 实现的多宿信道控制方法,完全可以不加改变地用到用户网络连接 HSNET 的多宿连接场合,并且更加简单。图 17-3 中的 ISP-BR-A 和 ISP-BR-B 被换成 HSNET 的两个多宿边缘端口后,与后面要介绍的多宿边缘端口之间的隧道相配合,出行的 IPv6 数据包用出口路由器之间的 IBGP 从失效信道处转移到正常信道处,再由 HSNET 多宿边缘端口隧道转移到失效信道对应的多宿边缘端口;入行的数据包由多宿边缘端口之间的隧道将数据包从失效信道处转移到正常信道处,再由出口路由器转移到失效信道对应的出口路由器。这样,用户网络一侧,只要用 IBGP 在两个出口路由器之间转移数据包,HSNET 一侧,只要用隧道在两个多宿边缘端口之间转移数据包,各做各的,没有交互性。由于 HSNET 的两个多宿边缘端口都是 IPv6,不存在一个是 IPv4 另一个是 IPv6 的复杂性。另外,数据包源地址前缀与 HSNET 边缘端口地址前缀的一致性也得到了维持,往返的数据包将走相同的路径。因而,在不要求负载均衡的场合,应优先采用这种方法。

## 17.3.3　IPv4 出口路由器的多宿控制

　　对 IPv4 用户接入网,连到 HSNET 骨干网后,IPv4 数据包都要被封装在 IPv6 格式中,称为对 IPv4 数据包的隧道封装,才能穿越 IPv6 的 HSNET 骨干网。由于隧道的起点(执行封装)和终点(执行拆除封装)都在 HSNET 的两个边缘端口,因而不存在前面遇到的用户数据包源地址前缀与多宿信道路径的地址前缀不一致的问题。用户网络中的主发数据包走哪条多宿连接出去,完全是用户网络内部的事情。由于既没有了传统路由网络中控制路由表大小和小地址块被丢弃的难处,也没有了 HSNET 要求的数据包源地址前缀与 HSNET 边缘端口地址前缀相一致的难处,对 IPv4 用户接入网一侧,完全可以沿用传统路由网络的多宿连接控制方法,例如利用 IBGP 将数据包从失效出口转到正常出口。

　　对 HSNET 的边缘端口,由于一个用户接入网与多个 HSNET 边缘端口相连,用户接入网络中的所有 IPv4 网号,都必须在多个 HSNET 边缘端口登记。对用户网络中的主发数据包,从哪个端口进来,就用哪个端口的地址前缀作为隧道封装的源地址。但对来自隧道远端的应答数据包,封装时,选用哪一个多宿连接边缘端口作为封装包的目的地址前缀,并不那么简单。用图 17.5 加以说明。

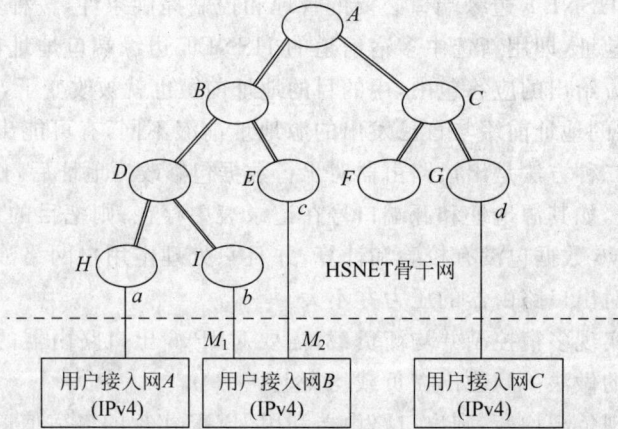

图 17.5　IPv4 到 HSNET 的多宿连接

在图 17.5 中,用户接入网 A 和用户接入网 C 是单宿连接,其接入的边缘端口分别是 a 和 d。用户接入网 B 是多宿连接,其接入的边缘端口是 b 和 c。用户接入网 A 与用户接入网 C 之间通信时,双向的封装源地址和目的地址是唯一的,分别是 a 和 d。多宿连接的用户接入网 B 与用户接入网 C 通信时,从 B 发向 C 的数据包,封装地址也是唯一的:从多宿信道 $M_1$ 进入的数据包,封装源地址为 b,封装目的地址为 d;从 $M_2$ 进入的数据包,封装的源地址和目的地址分别为 c 和 d。但对用户接入网 C 流向用户接入网 B 的应答数据包,封装源地址为 d,封装目的地址就有 b 和 c 两种不同的选择。虽然任意选一个,也能正确到达用户接入网 B,但两个方向的数据包可能不走同一条路径。这就要求节点域 G 的边缘端口执行隧道封装时,不能只简单地查询 IPv4 隧道末端地址映射表(参考第 11 章),还要保留更多的信息,即对主发数据包拆封装时,记录其原 IPv4 包的源 IPv4 地址,并与源 IPv6 封装地址相关联。称此表为 IPv4 隧道关联表。对应答包封装时,用数据包的 IPv4 目的地址查询该关联表,用查得的 IPv6 源封装地址作为应答包的目的封装地址。对所有的应答包,关联表中一定能查到;对主发数据包,关联表中查不到,就去查隧道末端地址映射表。

这种利用 IPv4 隧道关联表来确定隧道末端封装地址前缀的做法,对远端主发的第一个包是不适用的,因为当时还不存在 IPv4 隧道关联表或相应的表项,只能从隧道末端地址映射表中去查,选用的隧道末端边缘端口地址前缀,很可能对应的多宿信道是失效的。这时还要依靠 HSNET 多宿边缘端口之间的隧道(见后面的讨论)将数据包转发到未失效的边缘端口。一旦这个包被送达目的地 IPv4 主机,主机的应答包进入正常的 HSNET 边缘端口并被封装后,到达远端用户接入的边缘端口,就建立了 IPv4 隧道关联表或在已有的表中增加了相应的表项。后续的远端主发数据包就都能用 IPv4 隧道关联表来查得隧道末端地址了。

IPv4 隧道关联表的每一个表项,可以采用软状态方法,对超过一定时间未用到的表项,自动删除。

这种增设 IPv4 隧道关联表的方法,解决了多宿连接用户网络的通信路径一致性问题。

### 17.3.4　HSNET 骨干网的多宿控制

利用 HSNET 骨干网一侧对用户接入网的多宿连接进行控制,虽不容易做到负载均衡,但可以解决多宿信道的故障热备份,保证用户接入的可用性。HSNET 可以有两种方法帮助用户避开失效的多宿信道:一种是路径转移技术;另一种是内部隧道技术。

**1. 路径转移**

路径转移指 HSNET 协助将通向失效多宿信道的路径转移到通向可用多宿信道的路径。以图 17.6 为例,设用户接入网 $C$ 的用户 $C$ 要与用户接入网 $A$ 中的某用户主机或服务器 $A$ 进行通信,通过 DNS 的域名解析,获得了用户 $A$ 的 IP 地址。设该 IP 地址的各交换字段引导数据包走节点域 $I\text{-}D\text{-}A\text{-}B\text{-}E\text{-}K$ 并经多宿信道 $M_1$ 到达用户 $A$。这时如果正好 $M_1$ 失效,由于用户 $C$ 并不知道存在另一条多宿连接 $M_2$,通信就失败了。如果这时有 HSNET 帮忙,当 HSNET 相关的节点域获知 $M_1$ 失效而 $M_2$ 健在,主动将数据包转移到 $M_2$ 上,例如改走 $I\text{-}D\text{-}A\text{-}B\text{-}G$ 并经 $M_2$ 到达用户 $A$,则通信就能成功,达到了设立多宿信道的目的。在图 17.6 中,称节点域 $K$ 和 $G$ 为多宿连接的边缘节点域。称节点域 $B$ 和 $E$ 为多宿连接的汇合节点域。把它们的集合($K$、$G$、$B$、$E$)称为多宿节点域集。其中节点域 $B$ 为顶层汇合节点域。所有这些称呼都是相对于用户接入网 $A$ 的 $M_1$ 和 $M_2$ 多宿信道而言的。如果另外有某个用户接入网 $F$(图 17.6 中未画出)也采用了多宿连接,也有相应的多宿信道的边缘节点域、汇合节点域和多宿节点域集,并且某个节点域 $N$ 可能同时属于用户接入网 $A$ 和 $F$ 的多宿节点域集,则这两个用户接入网的多宿边缘端口地址前缀可以组织在节点域 $N$ 的同一张节点域多宿信道表中(下一小节讨论该表)。但是,从控制多宿信道的方法上,对用户接入网 $A$ 和用户接入网 $F$ 的控制是相互独立的,即无论是否存在用户接入网 $F$ 的多宿控制,对用户接入网 $A$ 的多宿控制总是一样的。因而这里只研究一个用户接入网(例如图 17.6 中的用户接入网 $A$)的多宿控制方法就可以了。

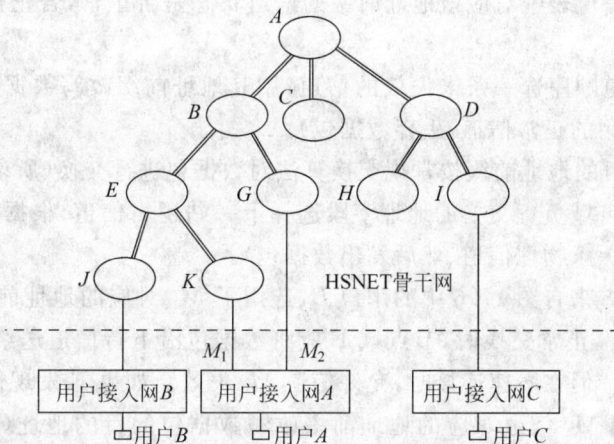

图 17.6　多宿连接信道的控制

1) 节点域多宿信道表

我们以图 17.6 所示的用户接入网 $A$ 用两条信道 $M_1$ 和 $M_2$ 实现多宿连接的情形为例加以说明。当用户接入网 $A$ 要求并实现了多宿连接后,可以对多宿节点域集($B$、$E$、$K$、$G$)加以配置,设立一张多宿信道表,称为节点域多宿信道表,如表 17.2 所示。与表 17.1 相比,省略了数据量的统计和使用率的计算,因而也不需要带宽的记录。这样做的原因有两个,一是减少节点域的工作量;二是外界流向用户网的数据量可在用户网里面加以统计并在两个数据流方向上按最不均衡的方向加以调节,故不需要也不应该在 HSNET 中再次加以调节。HSNET 的责任只是当有信道失效时,找到一条可用的正常信道传送数据包,以保证有了多宿连接后,增加用户网络的可用性和可靠性。表 17.2 中增加了备用地址前缀及其长度。当有一条以上备用信道时,表中可列出最多为两条备用信道。之所以不列出所有的多宿信道,是假定了三条信道同时失效的概率可以忽略。对只有两条信道的情形,备用地址前缀 2 和备用地址前缀长度 2 空缺。如果一个用户接入网有 $N$ 条多宿信道,每条信道都在地址前缀中出现,即每条信道都对应一个表项。虽然表 17.2 所示的多宿信道表形式包含了所有相关的用户接入网的多宿信道信息,在只讨论用户接入网 $A$ 时,可以简单地称它为用户接入网 $A$ 的多宿信道表。

表 17.2  节点域多宿信道表样式

| 地址前缀 | 前缀长度 | 状态 | 备用地址前缀 1 | 备用地址前缀长度 1 | 状态 | 备用地址前缀 2 | 备用地址前缀长度 2 | 状态 |
|---|---|---|---|---|---|---|---|---|
| ⋮ | ⋮ | ⋮ | ⋮ | ⋮ | ⋮ | ⋮ | ⋮ | ⋮ |

2) 节点域多宿信道控制算法

如果图 17.6 中发起通信者来自用户 $C$,数据包经节点域 $I$、$D$、$A$ 到达 $B$,节点域 $B$ 在对数据包进行交换时,执行如下"路径转移算法":

(1) 检查数据包目的地址前缀是否在节点域多宿信道表中出现。如果不出现,表明该目的地址没有多宿连接,转(4);如果出现,转(2)。

(2) 查看多宿信道表中对应该地址前缀的信道状态是否正常,若正常,转(4);若失效,转(3)。

(3) 按备用信道顺序选一条未失效的信道,用其地址前缀改写数据包的目的地址前缀转(4)(如果没有可用的正常信道,丢弃数据包)。

(4) 用数据包目的地址前缀按常规交换算法对数据包进行交换(所谓常规交换算法,就是利用地址中本节点域负责交换的地址字段选择下一站逻辑信道、根据多根物理信道的状态和负载情况选择一条物理信道、然后发出数据包)。

如果通信发起方来自图 17.6 中的用户 $B$,选用了 $M_1$ 对应的地址前缀与用户 $A$ 通信,数据包经 $J$ 到达 $E$。正常交换时,节点域 $E$ 应将数据包沿下行信道送给节点域 $K$,再由 $K$ 送给用户接入网 $A$。但在多速连接时,允许信道 $M_1$ 失效。如果 $E$ 发现信道 $M_1$ 失效,它查得 $M_2$ 信道正常,用 $M_2$ 信道对应的地址前缀改写数据包的目的地址(含有 $M_2$ 的地址前缀),然后按常规的交换规则将数据包上行交给 $B$,由 $B$ 按上述多宿交换算法进行转发,到达 $G$。为此,在节点域 $E$ 中也要配置表 17.2(对一个用户接入网而言,多宿节点域集中所有节点域的多宿信道表是相同的),且同样执行上述(1)~(4)的算法。执行算法的结果,根据数据包的目的地址以及 $M_1$ 和 $M_2$ 是否失效,来自用户接入网 $B$ 的数据包所走的路径,有下列四种情况:

(1) 如果数据包目的地址指向 $M_1$,且 $M_1$ 信道正常,节点域 $E$ 将数据包交换给节点 $K$,经 $M_1$ 送达用户网络 $A$;

(2) 如数据包目的地址指向 $M_1$,但 $M_1$ 失效,$M_2$ 正常,则 $E$ 将数据包目的地址更换成 $M_2$ 对应的地址前缀,经 $B$、$G$、$M_2$ 到达目的地;

(3) 如数据包目的地址指向 $M_2$,且 $M_2$ 正常,经 $B$、$G$、$M_2$ 到达目的地;

(4) 如数据包目的地址指向 $M_2$,但 $M_2$ 失效,$M_1$ 正常,$E$ 将数据包的目的地址改为 $M_1$ 对应的地址前缀,经 $K$、$M_1$ 到达目的地。

如果信道 $M_1$ 和 $M_2$ 全部失效,且没有其他可用信道,则丢弃数据包。这已经不是单点失效的情形,出现的概率极小。

在上述算法中,查了多宿信道表后,如果需要改变原定的路径,选定了备用的多宿信道后(例如原定走 $M_1$,由于 $M_1$ 失效,选择 $M_2$),将数据包的目的地址进行了改写。改写的目的是在以后经过的所有节点域中(它们都属于多宿节点域集),查到 $M_2$ 正常时,可按常规的交换算法进行交换,不必对其作特殊的处理。由于 HSNET 内部只运行 IPv6,而对 IPv6,改写数据包目的地址,并不需要重新计算校验和,对交换机并不是一个大的处理负担。另外,我们注意到,一旦数据包第一次进入一个多宿节点域,它以后一路到达目的地经过的所有节点域都属于同一个多宿节点域集。只要从第一次进入多宿节点域到离开 HSNET 边缘端口(最后一个多宿节点域)到达目的地用户网的这段时间内,多宿信道的失效状态没有改变,数据包的目的地址改写的动作,至多在首次进入多宿节点域时被执行,后续的所有多宿节点域不会再次执行改写动作了。如果进入第一个多宿节点域时发现 $M_1$ 处于失效状态,目的地址前缀被从 $M_1$ 改成了 $M_2$,中途走到某个多宿节点域时,$M_1$ 又恢复了正常,按照上述算法,只要 $M_2$ 一直正常,就不再改回 $M_1$,一直使用 $M_2$。如果进入第一个多宿节点域时发现 $M_1$ 处于失效状态,目的地址前缀被从 $M_1$ 改成了 $M_2$,中途走到某个多宿节点域时,又发现 $M_2$ 失效了,则再次修改目的地址(如这时 $M_1$ 已恢复,有可能改回 $M_1$,也有可能改用另一备份信道或因无可用信道而丢弃该包)。HSNET 的层次式网络结构带来一个特有的规律:数据包一旦进入了多宿接点域集,就不再离开它,直至到达用户接入网为止。

这样简单的多宿路径控制得益于 HSNET 的特殊结构,对任意路由器连接的骨干网,由于没有多宿节点域的这种规律,要让路由器实现多宿信道的备用,就要复杂得多,开销也会大得多。

有一种避免更改数据包目的地址前缀的方法,即包头封装法。设数据包原先用 $M_1$ 对应的目的地址前缀,$M_1$ 失效后,查表改用 $M_2$,用 $M_2$ 作为目的地址前缀新生成一个 IPv6 包头,封装在原数据包的外面,正常交换到边缘多宿节点域 $G$ 后,脱去封装后转发给用户网。

3) 多宿信道表的配置与状态传递

为了充分利用多宿信道来改善通信的可靠性,节点域多宿信道表应在足够多的节点域中加以配置。下面的讨论都以图 17.6 为例。对于用户接入网 $A$ 的多宿信道 $M_1$ 和 $M_2$,应该在 $K$、$G$、$E$、$B$ 中配置多宿信道表。简单的结论是,与某用户接入网的多宿信道有关的所有边缘节点域和所有汇合节点域,即整个多宿节点域集,都要配置多宿信道表。用户接入网 $A$ 的多宿节点域集的所有成员都在 $M_1$ 和 $M_2$ 之间的路径上,因而它们总是两两相邻的,即中间不被不属于该多宿节点域集的某节点域隔开。我们称 $M_1$ 和 $M_2$ 之间的路径为用户接入网 $A$ 的多宿路径。

根据 HSNET 特有的多宿路径这种特点,网络管理员只需要在多宿边缘节点域 $K$ 和 $G$ 人工配置 $M_1$ 和 $M_2$ 多宿信道对应的边缘端口地址前缀和前缀长度(即多宿信道表的静态参数),多宿边缘节点域可以从信道自愈模块得到信道状态(即动态参数),完成表 17.2。然后利用 HSNET 的内部控制包在 $M_1$ 和 $M_2$ 之间的多宿路径上逐跳传递表 17.2。各节点域收到该表后,如原先已经有了其他多宿连接的多宿信道表,则将用户接入网 $A$ 的表合并进去;如原先没有,就新建一张多宿信道表。

多宿信道表中,无论是静态参数还是动态参数,都可以用软状态方法维护。每次在多宿边缘节点域做了人工配置或人工修改了配置,就启动一次沿多宿路径的逐跳传输,更新多宿信道表。以后定时启动这种传输。各汇合多宿节点域也设定时器,删除超时而未获得更新的表项。

失效信息或恢复信息的传递是与节点域转发数据包并发地进行的。在传递的过程中,多宿节点域集的各成员,其多宿信道表中信道的状态可能有短暂的不一致。一部分节点域已经更新了状态,另一部分节点域还没有更新。这个过程当中,只要改写后的路径没有出现故障,就不影响数据包的传输路径。即使有局部的数据包交换产生振荡,也会在极短的时间(通常是毫秒级的)内收敛,对此加任何控制和管理,是得不偿失的。

4)可扩展性与适用场合

在路径转移算法中,网络支持多宿连接的负担来自 3 个因素:用户网络数;每个用户网络的多宿信道数;每个用户网络的多宿连接跨度。第一个因素是不应受到控制的。第二个因素也可以忽略,因为绝大多数用户使用二宿连接。少量使用的三宿甚至四宿连接对整体负荷量影响不大。最重要的因素是每个多宿连接的跨度。

路径转移法要求多宿节点域集的所有成员配置多宿信道表并传播信道状态信息,这些成员出现在多宿信道的路径上。例如图 17-6 中 $M_1$ 和 $M_2$ 两条多宿信道,其交换路径是 $M_1$-$K$-$E$-$B$-$G$-$M_2$ 或反向。最坏情况下,路径长度等于网络的最长距离,可能达到十多个。每个多宿连接的跨度越大,涉及的上层节点域数量越多、层次越高,对网络可扩展性的威胁越大。

在图 17-4 中,用户接入网 $A$ 的跨度最大,不但经过的多宿节点域数量多,包含了上层核心部位的节点域,还包含了外网,传递多宿信道参数要耗费大量的资源。用户接入网 $B$ 的多宿连接同样能得到很好的多宿连接效果,只包含了 4 个节点域。用户接入网 $C$ 包含了 3 个节点域。用户接入网 $D$ 的多宿效果相对较弱,但也能抵御单点失效,它的多宿路径只包含了一个边缘节点域,对网络的核心部分(非边缘节点域)没有任何负担。

可见,路径转移法并不适合跨度大的多宿连接,特别是跨 ISP 的多宿连接。可以利用跨度作为多宿连接的计费因子,来限制用户的连接距离。

另外,路径转移法中途改变了用户数据包的目的地址以及走向,也就只能保证数据包的正确送达,更多的服务功能有可能不能实现。因而,该方法只适用于对短时间信道失效时允许降低其他服务功能的用户。

**2. 内部隧道**

HSNET 帮助用户用好多宿连接的另一种方法是在多宿边缘节点域之间建立隧道。仍以图 17-6 为例,当外界送给用户接入网 $A$ 的数据包到达多宿边缘节点域 $K$ 后,发现信道 $M_1$ 不可用,就在 $K$ 和 $G$ 之间建立隧道,隧道封装的源地址为 $K$ 的多宿边缘端口,隧道封装的目的地址为 $G$ 的多宿边缘端口。数据包到达 $G$ 的边缘端口后,拆去隧道封装,经 $M_2$ 送给用户网络。

虽然同样存在数据包地址前缀与路径中的边缘端口地址前缀不一致的毛病,但内部隧道法只涉及 HSNET 的边缘端口,核心部分的节点域不保留任何参数和状态,交换数据包的算法是标准的。因此,不存在扩展性问题,也没有参数和状态的传递开销,比路径转移法更有优势。要注意的是,由于临时加了隧道封装,要求数据包的初始长度设置成能容纳封装的余地,尽量避免产生超长包而执行局部性的分片操作。所谓局部性的分片,指仅在 HSNET 内部两个边缘节点域之间分片与合并。由于这种分片与合并的局部性,对外界是透明的,因而并不违反 IPv6 中途不分片的规则。因此希望尽量避免,并不要求绝对避免。

由于这种隧道方法中不存在中间节点域的状态维护,只能在骨干网最后一站发现信道失效,也可能出现三次穿越国际信道的情形。

## 17.4　比较与小结

对 HSNET 的多宿连接,本章先后讨论了以下内容:
(1) IPv6 用户主机的多宿控制。
(2) IPv6 出口路由器的多宿控制。
(3) IPv4 出口路由器的多宿控制。
(4) HSNET 的多宿控制。这些控制方法适用的情形是不同的。

其中(1)、(2)、(3)是用户一侧的控制,前两种用于 IPv6 用户接入网,(3)用于 IPv4 用户接入网。(4)是 HSNET 骨干网一侧的控制。

在实现和部署的难度方面,(2)和(3)利用出口路由器实现多宿控制的方法是目前现有基于路由的网络中已有的,依靠 IBGP 协议在出口路由器之间转移数据包、交换可达信息。因而没有什么难度。而(1)目前并未实现。虽然目前并没有利用主机中多个 IPv6 地址实现多宿控制,由于不要求所有主机同时采用,随着网络不断向 IPv6 转移,将来在主机中逐步推广是有可能的。

用(4)的多宿边缘端口之间建立隧道或路径转移的方法,由于在 HSNET 边缘节点域或多宿节点域集中很容易实现,并且可以随着 HSNET 一起推广部署,没有任何困难。

因此,多宿连接总是涉及连接的两边:一边为用户网络一侧出口路由器或主机的控制;另一边是 ISP 一侧的 HSNET 节点域边缘端口或多宿节点域集的控制。这两边的控制是缺一不可的。对用户网络一侧发出的数据包,尤其是用户网络一侧的主发数据包,要依靠(2)和(3)的出口路由器或(1)的主机来实现对多宿信道的控制;对外来的、进入用户网络的数据包,尤其是主发数据包,只能依靠 HSNET 多宿边缘节点域建立内部隧道或路径转移的方法来控制。

值得指出的是,在讨论 HSNET 及其 IPv4 用户接入网的多宿信道控制时,并没有像传统路由网络那样要求用户网络中分别使用不同上游 ISP 分配的地址块以控制路由表大小。

因而总是把用户网络中的全体用户当作一个整体看待,由它们的出口路由器作为代表。虽然一个用户网络中可能有多个 IPv4 网络地址前缀,但进入 HSNET 并被边缘端口封装成 IPv6 包时,没有任何差别。

在传统路由网络中,多宿连接遇到连接的可用性(即个别连接失效不中断网络的对外通信)、负载均衡、路由表增长、小块地址被其他 ISP 过滤掉、小块地址被缓存溢出而丢弃等 5 个问题,而在 HSNET 的多宿连接中,会遇到可用性、负载均衡、地址前缀的一致性 3 个问题。前两个问题是相同的。地址前缀一致性问题,并不是本质性的,只是为了更容易处理 QoS 资源预留、VPN、安全保密等功能而加以考虑的,并且在传统网络的多宿控制中也存在类似问题,只是没有强调而已。由于信道失效是暂态,信道正常是常态,失效期间不提供这些功能或降低某些性能也是允许的。

从前面的多宿控制方法还可以看出,如果只考虑多宿连接的基本功能(对外连接的可用性),多宿连接的控制可以大为简化。用户接入网一侧只要为出行数据包选择可用的出口信道;HSNET 网络一侧只要为入行数据包选择可用的入口信道。这样,对 HSNET 环境,多宿连接的控制远比传统路由网络简单得多。能简单的原因就是不受小地址块被过滤掉或被丢弃的约束。

# 第 18 章
# 向层次网络过渡

一个新提出的网络体系结构,如果不能与现有的网络体系结构兼容并在一个较长时期内新老结构共存,则是不可行的。以往在 Internet 上进行过不少网络协议或网络结构的变动,例如子网划分(subnetting)、无类别域间路由(classless inter-domain routing,CIDR)、层次式域名体系结构、以太网结构的树型化、部署 MPLS 等,要求网络设备做相应的变动。这些变动,有的是早期网络规模不大,有的是与老设备兼容,才实现过渡并完成部署的。目前 Internet 的规模空前庞大,新技术新协议的推出,必须与原有系统兼容和共存,并且允许增量式部署(incremental deployment)。对 HSNET 而言,它对网络的体系结构和地址结构作了根本性的改变,它把第三层路由协议全部抛弃,代之以一套全新的网络结构和交换协议。怎样才能既不影响原有网络的运行,又可以逐步进行部署,将现有网络逐步地、平滑地、无缝地过渡到新的层次式体系结构,是设计 HSNET 的关键内容之一,也是决定 HSNET 是否真正有用的关键。本章对怎样部署 HSNET、怎样让现有的互联网演变成 HSNET 进行讨论。

## 18.1  过渡特性

早期设计网络时,技术人员也意识到了诸如骨干网络的简单性、协议分层、黑匣子技术、透明性、独立自治性、功能划分、地址与标识分离、拓扑的结构性等网络特性,并作为网络设计原则加以遵循。不幸的是,由于采用了分布式的路由体系结构,这些设计原则被违背了,大部分特性也被破坏了。新的网络体系结构必须恢复或保持这些特性。下面列出的 HSNET 所拥有的特性,有利于从现有网络向 SHNET 过渡,故可称为 HSNET 的过渡特性。

### 18.1.1  可划分的两层结构

HSNET 可以被高度概括为两部分,一部分是互联网络服务提供商(internet service provider,ISP),另一部分是用户网络,二者之间的关系如第 2 章的图 2.11 所示,图中将网络划分为骨干网和用户接入网。其实,无论从哪个角度,这种两层结构都是对网络最恰当的划分。例如,按网络的拥有和管理划分,前者属于公众服务单位,由网络运营商拥有并负责管理和维护；后者属于单位私有，由单位自己拥有并由单位内部的网络技术人员负责管理和运行维护。按网络的传输性质划分，前者为转发网或过路网（transit network），替用户网络转发数据包，自己不产生或吸纳用户数据包；后者是末端网络（stub network），数据包产生于此、终止于此，却不为别人转发，不让别人的数据包穿越或路过。从网络对信息资源的处理来划分，前者为"传输子网"，只负责信息的传输和转发；后者为"资源子网"，信息的产生、处理、存储、应用，都在这里进行。

在图 2.11 中，两部分之间的关系十分简单，前者提供互联服务，后者使用互联服务。前者自己并不与客户互通信息，后者相互之间要互通信息，但不可能自己直接与其他大量的用户单位建立连接，要经过 ISP 的帮助才能接通。这种情形与现有的电话网络是完全一样的，只不过现有的电话网络中，用户所具有的设备十分简单：一部固定或移动电话机，一台传真机，一台经 Modem 接入的计算机等。而在互联网的环境中，用户设备被大大地扩展：用户不仅仅是某个个体，还可以是一个单位；用户的设备，包含了当前所有的信息制造、处理、存储和传播的设备。信息的任何应用和交流，都在用户网络的内部或用户网络之间进行。用户网络的规模，从一台计算机、一个固定或移动的电话机到一个完整的个人网络、汽车网络、家庭网络、社区网络、企业网络、校园网络等。

按上述结构对网络进行的划分，不仅分清了用户网络与骨干网络之间的界线——上下级关系，同时也划分了各用户网络之间的界线——平级关系。用户网络之间没有直接的连接，只连到骨干网络，这使得用户网络的对外界面简单、清晰。

应当指出的是，上述划分不是人为的，而是自然形成的。考察已有的大型网络，除了核心层以外，中下层的结构几乎都是星状或树状的，用户网络成为树的叶子。有的用户网络为了增加可靠性，向上用多宿连接（multi-homing）的方式连到不同的 ISP 或同一 ISP 的不同接入点，仍然属于上述两层结构，只是一种变异而已。

早期研究和设计网络时，就有"通信子网"和"资源子网"两个概念。但这两个概念的边界在网络设备（路由器、以太网交换机、集线器）和计算机设备（主机、服务器）之间，即使是用户网络中的网络设备，也被归在"通信子网"中。我们这里把界线移到了用户单位与 ISP 骨干网之间，这种划分更强调了网络的拓扑结构而不是设备类型，使得 ISP 的骨干网作的任何改变，不影响用户网络。当骨干网络采用了 HSNET 体系结构时，用户网络中仍然保留了路由器和路由协议。这种划分极大地方便了网络向 HSNET 演化。用户网络保持不变，原有的路由器等设备和网络管理人员的技能可以继续使用。而用户网络中的路由体系因被 HSNET 骨干网络分隔，其规模很小，现有 Internet 中全局性路由体系引起的所有弊端，几乎都不存在了。至于用户网络要不要向 HSNET 转化以及何时转化，已经变得不重要了。

## 18.1.2　网络的独立自治性

上面关于两层网络结构的分析表明，网络是可划分的。网络各组成部分之间，只要在互通的界面上是一致的，内部采用什么样的技术、结构或协议，就完全可以独立自主地决定。例如骨干网采用一种协议，用户接入网可以采用另一种协议。不同的用户接入网络也可以采用不同的内部协议。例如有的用户网络内部采用 OSPF 协议，有的采用 RIP 协议。有的用户网络有复杂的路由结构，有的用户网络只依靠级联的以太网交换机互联，甚至只有一个简单的以太网段。只要网络各部分能在界面上互通,就可以共存。

　　进一步,如果骨干网是个没有任何协议的黑盒子,从一个用户网络进入骨干网的数据包或控制包原封不动地离开骨干网,送到另一个用户网络,就可以把骨干网当作一根没有任何协议的信道看待。只要参与通信的两个用户网络能互相理解数据包或控制包的含义并遵守相同的上层(即端到端及以上各层)协议就行了。

　　因此,只要遵循某种界面规则,我们的网络不仅是可划分的,而且是独立的、可自治的。这种独立和自治,不仅表现在各用户网络之间,更表现在骨干网络与用户网络之间。

　　由于 ISP 之间也是互相独立的,只要一个 ISP 的骨干网与别的 ISP 骨干网之间在边界上遵循某种接口标准,它们各自内部也可以采用不同的技术、结构和协议。甚至同一个 ISP 的骨干网,如果有某种需要的话,也可以划分成不同的部分,让这些不同的部分拥有一定的独立自治性。

## 18.1.3　HSNET 的透明性

　　HSNET 是一种独立、自治的系统,它以一个黑盒子的形态对外界透明:外界进入的任何数据包或控制包,都会按原样出去。正是基于这种透明性,HSNET 本身除了为用户转发信息包外,不做任何协议转换的工作。假定把图 2.11 中的 ISP 骨干网换成了 HSNET,如果用户接入网送进来的信息包是 IPv6 的格式,HSNET 为其找到目的地并送给目的地用户网络的仍然是一个原封不动的 IPv6 信息包。对 IPv4 信息包也一样是透明的。如果两个用户网络运行不同的协议(例如一个运行 IPv4,另一个运行 IPv6),协议之间的互通或转换的工作,要由用户网络自己负责。这种严格的透明性保证了 HSNET 的独立自治性和工作的简洁高效性。

　　HSNET 的透明性还表现在协议的透明性。如第 9 章中所述,在协议域边界,用户的现有设备如路由器、以太网交换机、主机/服务器等,连到层次网的边缘端口时,从接口的角度,用户设备把协议域看作一根点对点的链路,除了执行物理/链路层协议外,在这个边界上没有任何更高层次的协议,就能直通对方用户网络的协议域边界(连接对方用户网络中的路由器、以太网交换机、主机/服务器)。这种透明性对从现有网络向层次网络过渡的好处十分明显。

　　需要指出的是,协议的透明性并不意味着除了物理/链路层协议外没有任何其他协议。例如为实现 QoS,来自用户设备的资源预留协议包(RSVP),一方面,被透明地传输到目的地用户设备,供双方协商通信时的各种服务质量参数;另一方面,层次网的边缘交换机截取这些信令包,分析其对 QoS 的资源需求,然后在层次网的协议域内部管理、预留、分配资源,保证满足用户提出的 QoS 需求。这些内部对 QoS 的保障机制,用户设备是看不到的、透明的。如果协议域内部因资源不足而不能满足 RSVP 请求,它产生拒绝控制包,一方面供协议域内部其他节点域释放已经预留的资源;另一方面也送到两端的用户设备,通知它们请求被拒绝。对正向预留资源失败的情形,RSVP 信令不再向目的地用户传送,因而不需要将自己产生的拒绝包通知到目的地用户,只将它回送给源端用户设备;对正向预留成功、反向预留失败的情形,则把拒绝信令包同时送给源端和目的地端用户设备。在用户设备看来,该拒绝信令包是来自对方用户设备的,没有看到层次网络协议域的存在。这样,用户看到的

QoS 协议是端到端的,也就是用户设备到用户设备的。HSNET 的协议域在做这些信令处理时,用户网络并不知道,实现了对用户网络的透明性。

### 18.1.4  网络协议的可置换性

为了降低网络协议的复杂性,协议被分成若干层次,每层与上下两个相邻层有清晰的接口界面。替换某层协议时,只要保持接口界面不变,对上下层就不会有影响。在图 18.1 所示的网络协议层次结构中,HSNET 涉及的变动在第三层即网络层或 IP 层,将网络层中的 IP 路由改成 IP 交换。

| 应用层(所有目前/未来的应用) |
| :---: |
| 传输层(TCP/UDP) |
| 网络层(IP/Routing)→(IP/Switching) |
| 链路层(Ethernet,PPP,POS,…) |
| 物理层(DWDM,SDH,Dark Fiber,…) |

图 18.1    HSNET 协议变动的位置

在 Internet 中,IP 层是最为关键的一层,从流行的说法 Everything over IP 和 IP over Everything 可以看出,IP 层相当于人的腰,上面支撑着各种端到端协议和应用,下面屏蔽了各种不同通信信道的差异。IP 层的任何改动,需要特别小心。将 IPv4 改为 IPv6 就是变动 IP 层的一个例子,这一改动非同小可,大量的人力、物力、时间被消耗了,若不是因为 IPv4 地址的枯竭迫在眉睫,人们是绝对不会向 IPv6 转移的。HSNET 对 IP 层的变动,不触动 IP 层的要害即 IP 包结构,并且是基于未来的 IPv6 包结构的。所以 HSNET 对 Internet 的变动,效果是轰动性的,因为它颠覆了全局的路由体系,而实际的变动却是微小的、局部性的,它只是替换了 IP 层中的某些模块而已。

# 18.2    HSNET 的部署

HSNET 的层次可划分性、独立自治性、透明性、协议模块的可置换性等一系列特性,使得它可以被部署到图 2.11 所示网络结构的任何一个部分,并逐渐推广到其他部分,直至整个 Internet。图 2.11 的两种网络结构成分中,原则上先在哪个部分部署 HSNET 技术是没有关系的,但由于 HSNET 的简洁和高效,特别适合于首先被部署在 ISP 骨干网,因为骨干网的工作内容单一,主要负责为用户快速转运信息包;骨干网为众多的用户网服务,数据流量大,更加需要简洁和高效;骨干网是当前全局路由体系弊端的根源所在;人们对路由系统可扩展性的忧虑也是在骨干网中。骨干网中部署 HSNET 后,便于与它相连的用户网络也采用 HSNET 结构,促进向 IPv6 的过渡。

为了在 ISP 骨干网络中部署 HSNET 结构,我们先要分析用户网络与 ISP 骨干网络之间的接入方法以及协议关系。

### 18.2.1  ISP 骨干网与用户网之间的接口和协议

假设一个已经运行的 ISP 骨干网络,拥有了一批用户,可以从不同的网络层次考察 ISP 骨干网与用户网之间的接口和协议关系。

### 1. 用户网的接入方式

用户网络通常以两种不同的方式接入 ISP 骨干网络。一种是通过路由器或以太网交换机将自己的内部网络经过专线连到 ISP 的骨干网;另一种是通过 Modem、ADSL、Cable Modem、ISDN 等方式,将用户计算机或小型以太网段连接到 ISP 的接入服务器(Access Server,也称访问服务器),通过接入服务器连到骨干网。后一种方式主要是向分散的个人用户或小型网络提供网络接入能力,将用户集中到接入服务器后,连接到以太网上,再通过路由器或以太网交换机连接到骨干网。接入服务器本身也是一台路由器,也可以直接连到骨干网上。如果把接入服务器所在的以太网连同它的全部用户设备看作一个用户接入网络,对骨干网而言,它与普通的用户接入网没有差异。这样,可以把上述两种用户接入方式归纳为一种方式:一个用户网络经路由器或以太网交换机连到骨干网。

在 ISP 骨干网和用户接入网络之间,用路由器还是以太网交换机连接,取决于两端的设备和连接条件。首先,为了对以太网广播信息有较好的隔离,至少有一端要使用路由器,在 ISP 一侧总是使用路由器的。在用户一侧,既可以使用路由器,也可以使用以太网交换机。如果用户一侧也使用路由器,对通信条件的限制较少,目前常见的信道都可以使用。例如光纤或双绞线的 10E/100FE/GE/10GE、租用的专线 E1/T1、E3/T3、OC3、OC12、OC48、OC192、OC768 等。如果用户一侧使用以太网交换机,则对通信条件有一些限制,例如只能使用以太网协议(10E/100FE/GE/10GE 等)进行互连,上面列出的部分租用信道,由于提供的速率不匹配,不能支持这种连接。

### 2. 网络层协议

目前用户网络与 ISP 骨干网络之间使用的网络层协议有两类:一类是自治域内部协议,如 RIP、OSPF、IS-IS 等;另一类是外部网关协议,如 BGP4、BGP4＋等。

用自治域内部协议与 ISP 骨干网连接的用户网络,通常规模较小,与 ISP 共用一个自治域,网络地址一般由 ISP 分给,称为 PA 地址(provider-allocated addresses)。使用 PA 地址的用户网络,上游 ISP 自然知道它的地址前缀。其网络层协议的配置很简单,只要将上游 ISP 作为默认路径,目的地址不在本用户网络内部的包,一律送给上游 ISP。

用外部网关协议连接 ISP 骨干网的用户网络,通常规模较大,拥有自己的自治域号,可以独立地向国家注册中心(National Internet Registry,NIR)或地区注册中心(Regional Internet Register,RIR)申请 IP 地址,称为 PI 地址(provider independent addresses)。由于用户网络的末端性质,不属于 DFZ,也可以使外部网关协议退化,除了让上游 ISP 知道自己的网络地址前缀外,将上游 ISP 作为默认路径。而让上游 ISP 知道自己的地址前缀,也可以不依靠任何协议,由 ISP 边缘设备的管理员进行人工配置。

当 ISP 网络采用 HSNET 体系结构后,如果用户网络为 IPv6,则其地址前缀一定是 ISP 分配的,与 ISP 网络连接该用户网络的边缘端口的地址前缀相同。由于 ISP 一侧不运行任何路由协议,不管用户网络中运行何种路由协议,都只要设定指向 ISP 的默认路径就可以了。如果用户网络是 IPv4,不管其地址前缀来自哪里,只要在 ISP 层次式骨干网边缘节点域配置了用户的 IPv4 地址前缀表后,也可以使用指向 ISP 的默认路径。

这样,用户网络与运行 HSNET 的 ISP 网络之间,并不需要运行任何网络层协议,也不传送与网络层协议相关的任何信令包。

### 3. 链路层和物理层协议

在骨干网与用户接入网之间的界面上运行的链路层协议,目前常见的有以太网、POS、PPP、FR、ISDN 等。不同的链路层协议,通信的帧结构不同,适用的速率档次规范也不同。

对用以太网接口互连的场合,IP 数据包被封装在以太网帧中传送,速率有 10Mbps、100Mbps、1Gbps、10Gbps 等。

当以 POS 端口互连时,传输的帧格式为时分复用的 SDH 或 SONET 帧格式,速率为 155.52Mbps,622.08Mbps,2.488 32Gbps,9.953 28Gbps,39.813 12Gbps 等。这些速率不像以太网速率那样整齐,是因为 SDH/SONET 的帧格式是传统电信部门为了在帧中复用语音信道的需要而设计的。例如一个最小的帧中布置 810 个字节,其中 27 个字节用于控制开销,783 个字节用于携带语音或用户数据。对于语音,根据奈奎斯特的采样定律,每秒采样 8000 次。这样就要求信道速率为 $810 \times 8 \times 8000 = 51.84$Mbps。这个速率档次只用在 SONET 体制中,在 SDH 体制中是不用的。但该速率的 3 倍、12 倍、48 倍、192 倍、768 倍等速率,在 SDH 和 SONET 中都使用,它们就是上面列出的速率档次。通常为了方便,简称这些速率为 155Mbps、622Mbps、2.5Gbps、10Gbps、40Gbps 等。由于 SDH 或 SONET 设备是一种复用/解复用设备,它将一个高速信道划分成多个较低速信道,出租给不同用户使用,因而当单个用户需要的带宽达到一路光波的速率(例如 10Gbps)时,复用/解复用失去了意义。因而对 10Gbps 或更高的速率,再使用 SDH 或 SONET 设备没有意义,白白增加了信道带宽和设备费用的开销。

用 PPP 链路层协议时,使用 HDLC 帧格式,可在现有的多种同步信道速率上传输。例如 $N \times 64$Kbps,E1/T1(2.048Mbps/1.544Mbps),E3/T3(34Mbps/45Mbps),STM-1(155Mbps),STM-4(622Mbps)等。

帧中继(FR)、综合业务数字网(ISDN)以及 X.25 数据网等都可以承载 IP 包,因而被看作链路层和物理层协议,通常其速率较低,一般应用在 2Mbps 及更低速率的场合,常见的速率档次为 $N \times 64$Kbps,$N$ 为 1 到 30。比 64Kbps 更低的速率如 9600bps 等,只在早期有人使用,随着网络信息资源的剧增和网络应用的普及,对网络速率要求越来越高,并且由于光通信技术的迅猛发展,信道价格已经成数量级地下降,目前这种低速率信道的性能价格比很差,作为固定信道,一般没有人再去使用它们了。但在无线移动设备联网时,在 3G 通信标准没有普及前,GSM 系统中的 GPRS 入网速率,只能使用这种低速率了。

异步传输模式(ATM)虽能以较高速率承载 IP 包,并曾被认为是用交换代替路由、实现"三网融合"的一种理想方案。目前用得较广的 MPLS 技术,主要是针对让 ATM 更好地融合到 IP 网络而提出的。但是,ATM 的设计目标仍然是基于语音通信的,对 IP 网络表现出一系列不足:定长的小帧结构对短小的语音数据很有效,却不能高效地承载 IP 包;与 IP 网络相互连接时,需要复杂的协议地址映射;复杂的传输质量控制等方法不能为 IP 网络带来好处,却增加了复杂性和成本。ATM 已经在 IP 网络中淡出。

由于通信速率较高,物理层协议无一例外地使用同步传输方式。但由于传输介质的不同,传输中采用的位编码和位调制方式是不同的。在将 ISP 骨干网替换成 HSNET 技术时,链路层和物理层是双方要严格保持一致的。这两层协议只有点对点的作用范围,一个 IP 包被封装在链路层协议数据帧格式中,被物理层介质送到信道对方后,拆去链路层封装,还原成 IP 包。因此,在考虑 ISP 骨干网替换成 HSNET 时,与用户网络的接口上,可以保持原有的链路层和物理层协议不变。另外,链路层和物理层协议仅在接口卡上处理,对转发 IP 包的 HSNET 交换机核心部分是完全透明的。

为了获得对方的 MAC 地址,HSNET 与用户接入网之间使用了 ARP 协议。

### 4. 用户网络部署 HSNET

当用户网络中也部署 HSNET 后,原有的用户网络被分割成多个用户子网,分别连接到用户 HSNET 节点域的不同端口。这些用户子网中仍免不了使用以太网交换机,也可以让路由器继续存在。因此,可以把用户网络中的 HSNET 部分看作是与上级 ISP 层次骨干网级联的下级层次网,相当于 ISP 之间的级联,只是这个下级 ISP 是用户单位自己。这样,前面讨论的 ISP 与非层次用户网络的接口关系照样成立。

HSNET 向用户一侧推进后,对管理域、服务域和协议域边界的描述,详见第 9 章。

## 18.2.2　ISP 骨干网的分步部署

对一个 ISP 拥有的大型骨干网络,并不要求它一夜之间全部转变成 HSNET 结构,它可以进行部分部署,逐步扩展,最后完成全部部署。这种逐步部署的特性允许 ISP 在部署 HSNET 时,不必动员大量人力物力,不必中断对用户的服务。

HSNET 的可逐步部署特性来自它的层次性和树型结构。部署的过程可以分为 3 个阶段:最小的部署单位是一个节点域;然后扩展为一棵子树;最后扩展成整个 ISP 网络的一棵树。

前面讨论网络的两层结构时,认为用户网络是末端网络,而 ISP 骨干网络是转发网络或过路网络,即非末端网络。这是相对于用户网络而言的。事实上,无论在分步部署的哪个阶段,ISP 的 HSNET 部分连同它的全体用户网络,对外界网络而言,都是一个末端网络。正是这个特性,使得 ISP 的 HSNET 部分与外界网络之间的关系极其简单,不影响网络其他部分的运行,并能做到增量方式的部署。当多个 ISP 的 HSNET 网络级联时,对外仍然保持一个末端网络的特性。

# 18.3　与其他 ISP 的互连

其他 ISP 网络,是本 ISP 网络的外部网络。各 ISP 有选择自己骨干网结构、技术和设备的自主性。因而,它们的骨干网络有两种结构:传统的路由器网络结构和 HSNET 结构。

对采用路由器结构的传统外部网络,可以在 HSNET 的高层节点域(例如顶层节点域)通过 BGP4 或 BGP4＋协议进行连接。对于也采用了 HSNET 结构的外部网络与本 ISP 的 HSNET 互连时,根据不同的情况,可以有多种互连方式。

### 18.3.1 与传统路由结构网络的连接

与传统路由结构网络的连接，如图 18.2 所示。如果外部网络是 IPv4 网络，则可用 BGP4 连接；如果外部网络是 IPv6 网络，则用 BGP4＋连接；如果外部网络是 IPv4/IPv6 双协议网络，则可以有两种方法连接：一种是也用双协议的 BGP4/BGP4＋连接；另一种方法是从两个不同的端口连出去，分别采用 BGP4 和 BGP4＋对外连接。如果有多个外部 ISP 网络，则用多个端口分别用相应的外部网关协议 BGP4 或 BGP4＋连接。

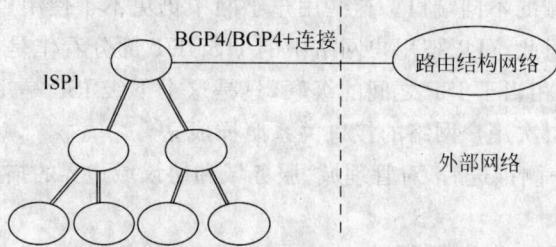

图 18.2　HSNET 与路由结构网络互联

对外信道的出发点，原则上可以是树状结构的任何一个节点域，但最好应从 ISP 整个树的顶层节点域连出去。因为如果从非顶层节点域连出去，只能作为短接信道加以控制和选路，适合于该节点域所属子树对外部网络通信，非本子树上的用户，只有设计特殊的控制交换协议（例如第 10 章中介绍的间接短接通信），才能利用该对外信道与外部网络通信，这对交换机控制的复杂性和开销不利。从顶层节点域连出去后，可以把对外信道看作直接短接信道加以处理，按照短接信道的工作规则，其作用范围是它所在节点域的子树，由于它所在节点域是顶层节点域，故该 ISP 的全部用户都在其作用范围之内。从顶层连出去后，还可以把对外信道看作上行信道。本网用户数据包上行到达顶层节点域后，将本顶层节点域的地址前缀与用户数据包信宿地址高位部分进行比较，如相同，则数据包的目的地在本网的另一分支上，根据交换控制字段的值选择下行逻辑链路；如不相同，表明数据包应继续上行，即目的地在外部网络，从对外信道送出。可以看出这种处理规则与 HSNET 中其他节点域的控制交换过程完全一样。所以，为了与外部网络通信，顶层节点域的交换控制协议不需要作特殊的处理。

如果对外连接有两个或更多时，相当于上行逻辑信道中含有多条物理信道，在选择物理信道的算法中加以选择。如果多条对外信道的性质相同（例如都是 BGP4），则利用负载均衡算法分配负荷，如果它们的性质不同（例如一条为 BGP4，另一条为 BGP4＋），则要根据数据包的性质来选择合适的对外信道送出去。这种判断与选择远比负载平衡算法简单，不增加复杂性，也不影响处理的效率。

如果一个 ISP 的层次式骨干网络所带的用户网络都是 IPv6 网络，则对外网的连接也是 IPv6 连接（如果外网是 IPv4，则由外网负责开通 IPv6 over IPv4 隧道），这种连接就不需要任何路由协议了。

## 18.3.2　向上纵向扩展 HSNET

图 18.3 表示了两个采用 HSNET 的 ISP 骨干网络互连的一种方法。这种互连方法的适用场合是两个网络的规模相当,所用的地址空间也相当。这种连接相当于两个 HSNET 合并成一个更大的 HSNET,是未来 HSNET 向全国、全球扩展的方法。向上扩展一层,可以把全国的 ISP 都包含进来;再向上扩展一层,可以把全球的 HSNET 都包含进来。

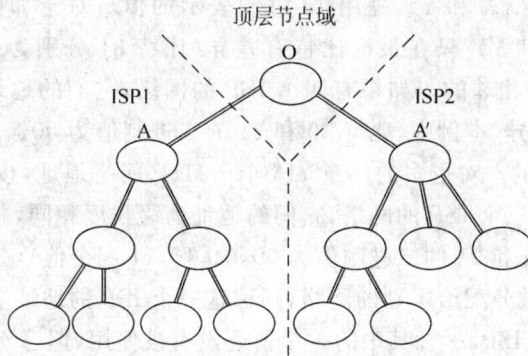

图 18.3　HSNET 向上层扩展

如果互连的各 ISP 网络都是全国性的网络,图中节点域 O 就成了国家顶级节点域,该节点域中的交换机,可以分布在全国的某些主要中心城市。

以我国的情况为例,目前我国一些大型 ISP 互联网的核心层网络,通常覆盖 8 到 10 个城市,相互之间有丰富的连接性甚至采用全连接。这些全国性的 ISP 网络在各自转换成 HSNET 时,已经将上述 8 到 10 个城市整体地或分组地组织在顶层节点域中。各 ISP 互连时,在网络结构上可以有两种不同的做法:第一种做法是另行组建国家顶级节点域,把各 ISP 已有的 ISP 顶级节点域作为国家顶级节点域的下层节点域。这样,各 ISP 仍运行覆盖全国的网络。第二种做法是新组建国家顶级节点域后,重新按层次式树状结构分配各 ISP 的服务范围。例如按华南、华东、华中、华北、东北、西北、西南等不同的地区设立下级节点域,或者按省市自治区设立下级节点域,让不同的 ISP 选择一个或几个下级节点域去提供网络服务。这种按地区重新分配 ISP 服务范围的做法,好处是全国有统一的 HSNET 网络,网络运行效率高,网络管理集中统一,网络资源建设不重复投资。缺点是各地的用户只有一个 ISP 可供选择,ISP 服务范围的重新划分要求有的 ISP 放弃已有的某些用户群体,不符合自由竞争的市场机制,难以做到。因此,第一种做法较易实现,它能维持现有 ISP 的服务范围和用户群体不变,由于各 ISP 的网络交叉覆盖,各地的用户可以选择 ISP,有利于通过竞争改善服务质量和获得较好的价格,也为多宿连接带来方便。

在这种扩展方式中,各 ISP 仍管理自己原有的网络并服务于原有的用户群体,节点域 O 可以由第三方管理和运行,也可以由各参与的 ISP 共同设立一个小组来管理。其他的 ISP 还可以不断地加入。这与目前各 ISP 之间建立交换中心并没有什么差别。但有一点是要特别讨论的:连在一起的各 ISP 的地址空间应该怎么处理?

图 18.3 中的 ISP1 和 ISP2 原先是两个完全不相关的服务商,独立地申请了地址空间,

并且两个地址空间很可能是互不相邻的。组成一个 HSNET 后,根据按地址字段交换的规则,希望两个 ISP 的地址空间相邻,即保证上层 O 节点域的地址前缀相同,并且 O 节点域控制的交换字段的位置和长度也相同。这就要求节点域 A 和节点域 A′ 原先的交换字段的起始位置应该是相同的。实际情况不一定做得到,我们分别加以讨论。

### 1. 相邻地址空间的聚合

假设 ISP1 和 ISP2 原先分别获得了相同长度的 IPv6 地址前缀 2002:FF$XX$::/32 和 2002:FF$YY$::/32,其中 $XX$ 和 $YY$ 是用 16 进制表示的值。对于如图 18-3 那样只有两个 ISP 互连时,如果 $XX$ 和 $YY$ 只在最低比特有差异(比特 31 分别为 0 和 1),就称 ISP1 和 ISP2 原有的地址空间是相邻的。如果有四个 ISP 的网络,它们的地址前缀长度相同,并且只在最低两个比特有差异(本例中,比特 30 和 31 的二进制值为 00、01、10、11),则称这四个 ISP 的地址空间是相邻的。对更多的(8 个、16 个…)ISP 网络地址,按同样的规律定义地址空间的相邻性。如果有三个 ISP 的网络,它们的地址前缀长度相同,并且只在最低两个比特有差异(本例中,比特 30 和 31 的二进制值为 00,01,10,11 四个值),三个 ISP 网络占用了其中的三个值,另一个值被分配给了别的网络,则称这三个 ISP 的地址空间是准相邻的。如果四个值都分配给了这些 ISP,尽管其中的一个值还没有被使用,但已不可能再分配给别的网络用了,仍然认为这三个 ISP 的网络地址空间是相邻的。

设等长地址前缀的 ISP 网络数目为 $N$,要汇聚这些地址空间最少需要 $n$ 比特,满足 $2^{(n-1)}+1 \leqslant N \leqslant 2^n$ 且该 $n$ 比特连续地出现在前缀最右侧,则此 $N$ 个地址空间是相邻或准相邻的,其中,$n \geqslant 1$,$N \geqslant 2$。不符合上述条件的多个地址空间,称为不相邻的。

在路由结构的网络中,采用了最长地址前缀匹配算法,使得准相邻地址空间也可以被简单地汇聚于长度为 $n$ 比特的超空间中。在前面的例子中,$N=3$,$n=2$,设三个网络地址空间占用了 $n$ 的 01、10、11 三个值,而值 00 被别的不相干的网络占用了(产生了地址"空洞"),汇聚后的三个 ISP 网络地址空间,仍可以用 2002:FF$XX$::/30 来表示,而值为 00 的空洞子网号可以由别的网络单独对外宣布。由于外界路由网络采用最长地址前缀匹配,因而指向空洞子网的数据包不会被送到 O 节点域来。如果由于某种错误而被送来了,因为不存在相应的下行逻辑信道,就将这些误入的包丢弃。本 HSNET 的用户发送给"空洞"子网的数据包,要在交换时加以特殊处理,例如保留一张空洞地址前缀表,交换时优先匹配此表。一旦能匹配,就无条件上行,最终送到外网。但是,为了处理少量的空洞,让简单的交换协议增加一个环节,并不是好的选择。为此,也可以对这种准相邻情形按下一小节的不相邻地址空间聚合一样处理。

对相邻的 $N$ 个地址空间,如汇聚前的地址前缀为 Prefix/$P$,以图 18.3 方式汇聚到高层节点域 O 后,其公共的前缀变成 Prefix/$(P-n)$,外界网络根据 Prefix/$(P-n)$ 送来的数据包,被节点域 O 根据交换控制字段 $(P-n)/n$ 向下交换到各 ISP 的网络中,原有各 ISP 的 HSNET 网络地址控制字段的位置和长度都不需要作任何改变。

### 2. 不相邻地址空间的聚合

对地址空间不相邻的多个网络,有前缀长度相同和前缀长度不同两种情形。

如果各 ISP 的前缀长度相同,但不符合上一小节讨论的相邻特征,也可以聚合到共同的父节点域 O 下。这时如果简单地对外宣布 O 的地址前缀(其长度取决于各 ISP 地址前缀中高位相同的部分),就有劫持别人地址前缀的可能性:设 ISP1 和 ISP2 聚合于节点域 O 后,宣布的地址前缀为 Prefix1/Po,ISP3 与 ISP4 聚合于节点域 O′ 后,宣布的地址前缀为 Prefix2/Po′,并且 Po′<Po,Prefix1 与 ISP3 或 ISP4 的高位部分相同,则外网中本应送给 O′ 域中 ISP3 或 ISP4 的数据包,被劫持到 O 域来了。下面举例说明。

设 ISP1 与 ISP2 聚合,ISP3 与 ISP4 聚合,ISP5 与 ISP6 聚合,它们各自的前缀以及聚合后的前缀如下例所示:

| ISP | 原有的前缀 | | 聚合后的前缀 |
|---|---|---|---|
| ISP1 | 1111 0011/8 | → | 1111/4　Prefix1 |
| ISP2 | 1111 1011/8 | | |
| ISP3 | 1111 1010/8 | → | 1111/4　Prefix2 |
| ISP4 | 1111 0111/8 | | |
| ISP5 | 1110 1001/8 | → | 111/3　Prefix3 |
| ISP6 | 1111 0110/8 | | |

这里出现两个问题:一是 Prefix1 与 Prefix2 相同,路由匹配时出现二义性;二是送往 ISP6 的数据包(使用了聚合后的前缀 Prefix3)被劫持到 ISP1-ISP2(Prefix1)或 ISP3-ISP4 (Prefix2)去了,因为它的高位部分的四个比特与 Prefix1 或 Prefix2 相同,并且 Prefix1 和 Prefix2 比 Prefix3 优先进行匹配。

为了避免这种错误,要求聚合不相邻地址前缀的 O 域对外宣布各 ISP 原有的地址前缀。

如果参与汇聚的两个 ISP 网络的地址前缀长度不同,也有两种情况。一种情况是前缀长度短的地址空间,包含了前缀长度长的地址空间。例如一个大的地址空间的前缀为 AA：BB：CC：:/24(ISP1),一个小的地址空间的前缀为 AA：BB：CC：DD：:/32(ISP2),就称前面的地址空间包含了后面的地址空间。形成这种包含关系的原因不在 RIR 或 NIR,可能是 ISP2 向 ISP1 申请了部分子网地址,后来又从 ISP1 独立出来了。对这种情形,相当于两个 ISP 重新合并,可以将地址空间小的网络(ISP2)接到地址空间大的网络(ISP1)的某个子树上,如图 18.4 所示。

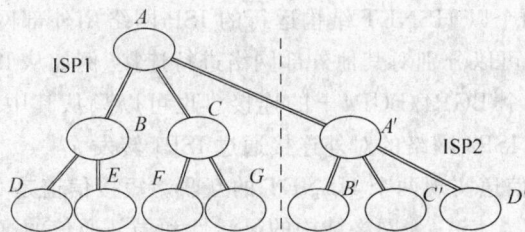

图 18.4　HSNET 作为子树汇聚

如果没有包含关系,则可以聚合到一个新的顶层节点域,与上面一样,将两个 ISP 的地址前缀都宣布出去。

当然,如果有条件重新编号的话,可以使用统一的地址空间。从长远计,长痛不如短痛,重新编号可以赢得长期的方便和高效率。

如果 RIR 在分配 IPv6 地址时,尽可能地将地域因素考虑进去,例如对一个国家内部的各 ISP,尽可能在同一个大的地址空间中分配地址,避免不同国家的地址相互交叉穿插,对未来的地址聚合是有好处的。

### 18.3.3 平等横向扩展 HSNET

图 18.5 表示了两个采用 HSNET 的 ISP 骨干网络互联的另一种方法。在这种互联方法中,两个 ISP 的 HSNET 处于平等的地位,但没有构成一个统一的网络,网络分别属于两个 ISP 并由二者分别管理。二者都把对方视作外部网络,其所用的地址空间也没有关系。本质上,这种连接与图 18.2 所示的情形没有区别。

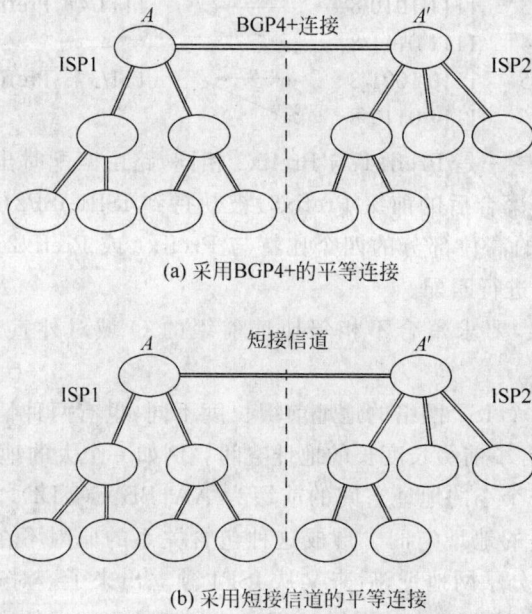

(a) 采用BGP4+的平等连接

(b) 采用短接信道的平等连接

图 18.5　HSNET 的平等扩展

在图 18.5(a)中,两个以 HSNET 结构运行的 ISP 网络用外部网关协议 BGP4＋连接,互为外部网络。它们还可以分别对其他外部网络进行连接,例如从 ISP1 和 ISP2 的 $A$ 和 $A'$ 节点分别对外再建立一个 BGP4/BGP4＋的连接。也可以只从其中一个 ISP1 对外增加一个 BGP4/BGP4＋连接,ISP2 网络的对外连接通过 ISP1 转发。

图 18.5(b)用短接信道实现两个 HSNET 的互联。短接信道是 HSNET 结构中的一项特殊技术。通过增加短接信道,为网络结构的灵活性和局部通信的高效率提供了手段,同时为现有任意网络拓扑结构改造成 HSNET 提供了结构上的兼容性。在短接通信一章中对短接信道技术及其应用场合作了详细的描述。在图 18.5(b)的短接方式中,只要在节点域 $A$ 和 $A'$ 中开设短接信道表,列出对方的地址前缀就可以了。两个网络中的用户之间互相通信的数据包就能通过短接信道沟通。

相比之下,图 18.5(b)的方式比图 18.5(a)简单、高效,两个 HSNET 像一个 HSNET 那样工作。但与图 18.3 相比,不如图 18.3 更有可扩展性,对外连接也更简单。但正如上面讨论过的,像图 18.3 那样汇聚成 一棵更大的树,有时需要对地址空间作一些调整,而通过 BGP4＋或短接信道互联,则不需要关心地址空间是否相邻。

### 18.3.4 HSNET 向全局扩展

前面讨论了不同 ISP 的 HSNET 互联,这种互联其实就是向上扩展的步骤之一:互联的 HSNET 网络多了,汇聚后的地址空间变大了,自然使得 HSNET 地址前缀更短、网络覆盖范围更大,逐步向国家级 HSNET 过渡。当国家一级形成了顶级节点域后,国内所有的 ISP 或业务专用网络都可以成为国家顶级节点域的子域、孙域或更低的域。当多个国家顶级域要求互联时,形成了全球的顶级节点域。其他国家可以逐步地接入该全球顶级节点域,形成全球的交换网。这时,除了在用户单位内部还有路由器组网的结构外,所有 ISP 的骨干网络都抛弃了路由器,没有路由信息的交换,没有路由表的查询,不再担心路由表规模的失控。

当然,也可以不设全球顶级节点域,把国际连线看作各国家顶级节点域的直接短接通信,这就避免了由谁来管理全球顶级节点域的问题。

### 18.3.5 动态自适应前缀

上面的讨论可能会让人联想到,能否让用户网络只维持前缀以下的地址空间记录而不管地址前缀。这样,当用户网络连到 ISP1 时,自动获得 ISP1 给出的地址前缀,如果用户网络改接到 ISP2,就自动获得 ISP2 给的地址前缀。这样给了用户网络足够的迁移灵活性,又不必修改地址前缀的配置(即重编号)。进一步,可以把用户网络的这种做法推广到一个 ISP 向上游 ISP 连接的场合。对执行 IPv6 的层次式骨干网络及用户网络,这种动态自适应地获取地址前缀,从原理上是可行的。实际应用时,要考虑两个问题:一是要增加自动获得地址前缀的协议;二是对用户数据包源地址的真实性检查是否会受到影响。

对前一个问题,在 ISP 的层次骨干网中,很容易解决。相邻节点域之间,本来就有交换地址前缀 $d/m$ 和交换控制字段 $a/b$ 的功能。对用户的 IPv6 网络,也可以利用类似邻居发现或 DHCP 的协议加以解决,不过要求 IPv6 的路由器和 IPv6 的主机,都应具有这种自动获取地址前缀并传达到用户网络中所有设备的能力。

对第二个问题,仿冒源地址的范围,仍然被限制在一个用户接入网的地址前缀范围以内,因而没有受到影响。

由于动态自适应地址前缀获取方法涉及了非层次网络的现有设备,其协议的设计、实现、尤其是部署,都牵涉很多问题。因而只是作为一种想法,供进一步研究。

## 18.4 向 HSNET 过渡的动力

从现有网络向层次网络过渡,并不要求 ISP 损失已有的投资,浪费现有的路由器设备。任何电子设备都有一个生命期。计算机设备的生命期最短,一般在 4～6 年,网络设备次之,一般在 5～7 年,家用电器则更长些。折旧到一定年限,旧设备要自然淘汰,采购新设备。利用这种机会进行网络过渡,并不需要额外的投资。相反,随着网络规模的迅速增长,路由表规模和路由信息的交换量也急剧增长,新采购的路由器不再遵循摩尔定律,设备的复杂性、耗电量和价格都在超线性地增长。而采购没有复杂协议的层次交换机则便宜得多。这是过渡的动力之一。

第二个动力来自 IPv4 地址的耗尽。按照目前的估计,再过 3～4 年(2011—2012 年左右),不可能从正规的地址分配机构获得 IPv4 地址了。即便是黑市交易,这种不可再生的地址资源也会很快耗尽。向 IPv6 过渡势在必行。继续采用传统的路由体系,向 IPv6 过渡得越多,网络的缺陷(路由表规模、路由信息的交换量、设备的复杂性、设备成本、设备耗电、设备的可靠性、网络行为的不确定性和不可知性、服务质量的不可保证性、网络设备的安全性等)就越严重。如果采用 HSNET 体系结构,IPv6 用得越多,网络负担越小。因为 IPv6 增多并不增加 IPv6 部分网络的复杂性和对外宣布的表项数量。相反,IPv6 的增多最终会使IPv4 网络有所减少。IPv4 的减少,使得对外宣布的 IPv4 前缀数量减少,全球 IPv4 的路由表不断变小,BGP 的更新和撤销的路由信息交换量不断减小,对现有设备能力的要求随着IPv4 规模的缩小而不断降低,层次网络中 IPv4 over IPv6 的隧道通信量也不断减少,等等。总之,利用 HSNET 技术向 IPv6 过渡,是一个良性循环,过渡得越多,网络就越好;用现有的路由体系向 IPv6 过渡,是个恶性循环,过渡得越多,网络的固有缺陷就越严重。

第三个动力来自网络的可管理性。目前网络的管理成本极高,很多"奇怪"的网络现象,需要不断试着改变网络的配置或作网络拓扑结构上的改变。用试验性网络的手段处理生产性网络的问题,不仅影响网络的稳定运行,还要求很高的管理技术水平;很多问题,需要全球性的网络管理配合才可能解决;一个问题的解决,有时需要几个月甚至一年的时间。随着网络规模的不断增长,新的网络应用的出现,这些问题越来越突出。而层次交换网络的管理,简单、独立,网络行为有确定性,信道故障被局限在很小的范围内处理,不会向全局通报。

总之,当前路由体系的不可扩展性和不可持续发展性,已被越来越多的人认识到了。IAB 于 2006 年 10 月 18-20 日,在荷兰阿姆斯特丹召开了一次 Workshop,专门讨论当今Internet 路由体系存在的可扩展性问题。并于 2007 年 9 月把会议上讨论的意见用 RFC 的形式发表(RFC4984)。普遍的看法是当前的互联网仅仅是还能工作而已(just works),未来肯定是无法胜任的。必须提出新的设计来克服现有路由体系的固有缺点。但新的设计是什么?目前还没有看到其他有效、可行的方案。

## 18.5   HSNET 验证平台与试点部署

HSNET 研究小组已经对 HSNET 的可行性进行了大量的、长时间的验证。自从 1999 年开始提出并不断完善体系结构的各种细节后,于 2003 年开发了 HSNET 的基本软件并在一批 PC 上运行,利用 PC 构建了三个节点域的测试床(也称验证平台),如图 18.6 所示。

在图 18.6 中,一个上层节点域由 Eagle、Tiger、Lion 和 Frog 四个交换机组成,两个下层节点域分别由交换机 Dolphin 和 Whale 承担。三个节点域的 IPv6 地址前缀分别为2001:05C0:8D16::/48、2001:05C0:8D16:1200::/56 和 2001:05C0:8D16:1500::/56。图

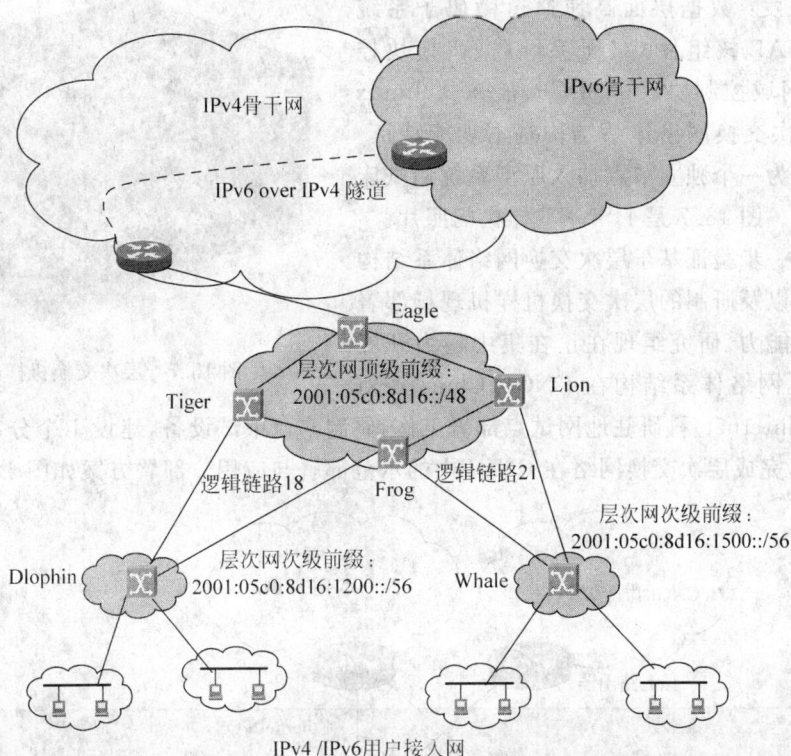

图 18.6　层次交换网络测试床

的下方连接了四个用户接入网,它们既可以运行 IPv4,也可以运行 IPv6。向上连接的外界网络是 IPv4 骨干网,并通过 IPv4 骨干网建立 IPv6 over IPv4 隧道,通向 IPv6 骨干网。这样就可有三个方向的网络通信测试:IPv4 用户接入网的用户与外界 IPv4 网络用户通信;IPv6 用户接入网的用户与外界 IPv6 网络用户通信;一个 IPv4(或 IPv6)用户接入网的用户与另一个 IPv4(或 IPv6)用户接入网的用户通信。

测试中运行了各种网络应用(如 FTP、WEB、视频流、音频流等),证明无论 IPv4 还是 IPv6,都能正常工作。虽然 PC 的处理速度不如专用的交换机设备那样高,但仍可以利用高强度的多路视频通信来做压力测试。同时,利用 HSNET 的链路自愈能力,对 Whale 到 Lion 和 Frog 的两条信道分别做故障测试:当两条信道正常工作时,负载大体是均衡的;拔去其中一条信道,负载转移到另一信道;将拔去的信道恢复后,负载再次在两条信道上大体均衡分配。拔去和插上信道时,对两个用户接入网之间的实时视频通信质量没有明显的影响。对上层节点域的内部信道,也可以经受个别链路失效而不中断应用。这些故障测试不仅证明了链路的自愈能力,还证明了诸物理链路上负载均衡功能正常发挥了作用。

测试床验证了 HSNET 与用户网络和外界网络是完全兼容的,并不要求它们做任何修改,就可以一起使用。

为了体现新体系结构的简单和高效,研究小组还依照标准的 ATCA(advanced telecommunication and computing architecture)架构,基于先进的网络处理器(network processor)硬件开发平台,研制设备级层次交换机样机系统。研究组完成了样机软件系统

四大部分开发：数据层面高速通道微码子系统
HSDP、XSCAL 核组件 CC 子系统（微码模块控
制）、层次网域控制协议 HSDCP、嵌入式 Linux
OS,实现层次交换网络体系结构基本功能特征。
样机系统作为一个独立节点加入原型系统测试床
中正常工作。图 18.7 是 HSNET 样机的照片。

　　为更进一步验证基于层次交换网络体系结构
的功能特征以及研制的层次交换机样机现场部署
能力和适应能力,研究组现在正在集中精力开展
层次式交换网络体系结构在 CNGI(China next
generation Internet)科研驻地网试点部署工作,研制 6 台中试设备,建设 1 个分布层网络和
3 个驻地网,完成层次交换网络在 CNGI 中的示范部署与应用。部署方案如图 18.8 所示。

图 18.7　层次交换机样机

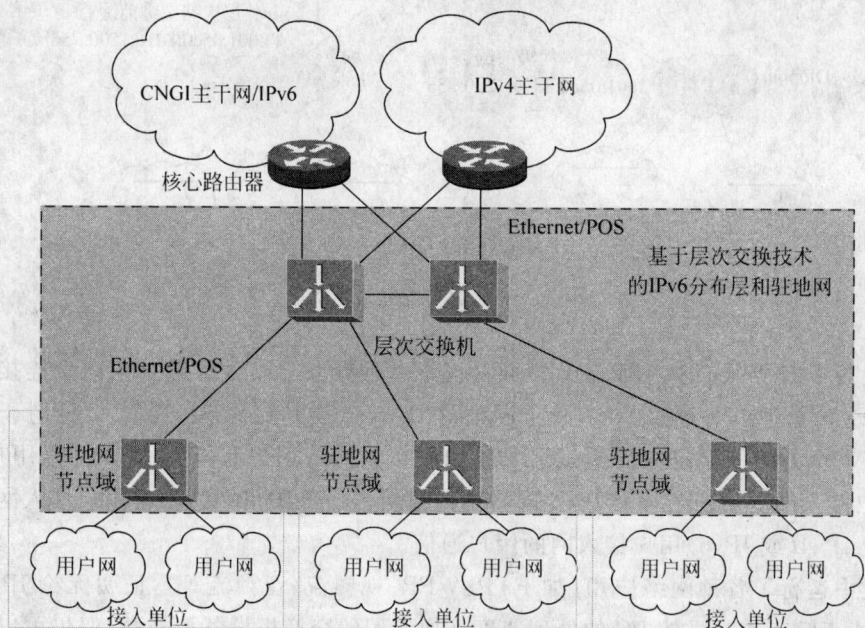

图 18.8　基于层次交换技术的 CNGI 科研驻地网试点部署图

　　基于层次交换技术的 CNGI 科研驻地网试点部署由两层节点域构成层次结构:分布层
节点域和驻地网节点域。分布层节点域负责连接用户驻地网和主干网,承担汇接功能。分
布层节点域由两台层次交换机组成,通过 GE/POS 接口与 CNGI 核心 IPv6 骨干网或 IPv4
骨干网连接。驻地网节点域主要负责将单位内部的网络接入至网络运营商分布层。每个驻
地网节点域配置一台层次交换机,上联接口可以是 GE/POS 接口,用户网络主要通过 GE
接口接入。基于层次式交换技术的网络内部全部采用纯 IPv6 协议报文格式,使用层次式交
换技术代替传统的基于路由表的转发技术。在层次式交换网络内部不需要部署任何的路由
协议。基于层次式交换技术的 CNGI 科研驻地网络同时支持纯 IPv6 的用户接入网和
IPv4/IPv6 双协议栈的用户接入网。驻地网节点域下联端口所在的线卡模块支持 IPv4/v6

266

双协议栈,具备 IPv4/v6 数据包的封装和解封装能力。分布层节点域上联端口所在的线卡模块支持 IPv4/v6 双协议栈,具备 IPv4/v6 数据包的封装和解封装能力。IPv4 数据在层次式交换网络内部通过建立 IPv4 over IPv6 隧道转发。分布层节点域采用不小于/48 范围空间的 IPv6 地址段,驻地网所使用的 IPv6 地址从上级分布层节点域地址段内获取,一般采用不小于/56 范围空间的地址段。保证分布层节点域可以最多接入 256 个驻地网,驻地网最多可以接入 256 个/64 网络。在给驻地网客户分配多个地址段时,如需多个/64,应尽量保证其连续性,以便于聚类,必要时应考虑将一部分地址段预留给该驻地网。

# 英文索引

Protocol Independent Multicast-Sparse Mode(PIM-SM)　　　稀疏模式的协议无关多播(协议)

provider allocated IP address(PA IP)　　　运营商分配的 IP 地址

provider independent IP address(PI IP)　　　独立于运营商的 IP 地址

public switched telephone network(PSTN)　　　公共交换电话网络

pulse coded modulation(PCM)　　　脉码调制

QoS routing　　　保证服务质量路由

quality of service(QoS)　　　服务质量

random early detection(RED)　　　随机早期检测

regional Internet registry(RIR)　　　地区互联网注册中心

Request For Comments(RFC)　　　请求评论(互联网标准)

Resource ReSerVation Protocol(RSVP)　　　资源预留协议

round trip Time(RTT)　　　往返延迟时间

route,routing　　　路由

routing information base(RIB)　　　路由信息库

routing table　　　路由表

service access point(SAP)　　　服务访问点

Session Initiation Protocol(SIP)　　　会话启动协议

Service Level Agreement(SLA)　　　服务等级协议

secure socket layer(SSL)　　　安全套接层

self healing　　　自愈

site-level aggregation(SLA)　　　站点级聚合

soft state　　　软状态

Spanning Tree Protocol(STP)　　　生成树协议

star topology　　　星状拓扑结构

stub network　　　末端网络

synchronous digital hierarchy(SDH)　　　同步数字传输结构

synchronous optical network(SONET)　　　光纤同步网络

ternary content-addressable memory(TCAM)　　　三元可寻址存储器

Top Level Aggregation(TLA)　　　顶层(地址)汇聚

traffic array　　　流量矩阵

traffic engineering(TE)　　　流量工程

transit network　　　穿越网络

tree topology　　　树状拓扑结构

type of service(TOS)　　　服务类型

time to live(TTL)　　　存活时间

User Datagram Protocol(UDP)　　　用户数据报协议

virtual local area network(VLAN)　　　虚拟局域网

virtual circuit(VC)　　　虚拟电路

voice over IP(VoIP)　　　IP 电话

virtual private network(VPN)　　　虚拟专用网

weighted fair queuing(WFQ)　　　加权公平队列

wireless local area network(WLAN)　　　无线局域网

weighted random early detection(WRED)　　　加权随机早期检测

well-known　　　众所周知的

world wide web(WWW)　　　万维网

# 参 考 文 献

1  SCOTT BERINATO. How to Save the Internet, CIO Magazine, Mar. 15, 2005, http://www.cio. com.au

2  Global Environment for Network Innovation(GENI). http://www.geni.net

3  Future Internet Design(FIND). http://www.nets-find.net/

4  100x100 Clean Slate Project. http://www.100x100network.org/

5  David Talbot. The Internet Is Broken. Technology Review, December 01, 2005

6  Rosen. E, Viswanathan A, R. Callon, A Proposed Architecture for MPLS, RFC 3031, January 2001

7  Albert-László Barabási, Eric Bonabeau. Scale-Free Networks. Scientific American, May 2003, pp. 50-59. http://www.sciam.com

8  Rekhter Y, T Li. A Border Gateway Protocol 4(BGP-4), RFC 1771, March 1995

9  Huston G, Analyzing the Internet's BGP Routing Table. http://www.potaroo.net/papers/ipj/2001-v4-n1-bgp/bgp.pdf, 2003

10  Huston G, 2005——A BGP Year in Review. http://www.apnic.net/meetings/21/docs/sigs/routing/routing-pres-huston-routing-update.pdf

11  Huston. G. Growth of the BGP Table-1994 to Present. http://bgp.potaroo.net, 2006

12  Huston G. Wither Routing?. http://www.potaroo.net/ispcol/2006-11/raw.html. 2006

13  The CIDR Report. http://www.cidr-report.org

14  Huston G, G Armitage. Projecting Future IPv4 Router Requirements from Trends in Dynamic BGP Behaviour, http://www.potaroo.net/papers/phd/ atnac-2006/bgp-atnac2006.pdf, 2006

15  Oliveira. R, et al. Measurement of Highly Active Prefixes in BGP. IEEE GLOBECOM 2005, http://www.cs.ucla.edu/~rveloso/papers/activity.pdf

16  R Bush, D Meyer. Some Internet Architectural Guidelines and Philosophy. RFC3439, to obsoletes RFC 1958, IETF, December 2002

17  Hinden R, Deering S. IP Version 6 Addressing Architecture, RFC 4291, February 2006

18  J Reynolds, J Postel. ASSIGNED NUMBERS. RFC 1700, October 1994, Obsoletes RFCs: 1340, 1060, 1010, 990, 960, 943, 923, 900, 870, 820, 790, 776, 770, 762, 758, 755, 750, 739, 604, 503, 433, 349, Obsoletes IENs: 127, 117, 93

19  IEEE802.17 WorkGroup. RPR draft standard version 3.1[S]. IEEE draft, 2004

20  Hanks S, Li T, Farinacci T, P Traina. Generic Routing Encapsulation over IPv4 networks. RFC 1773, October 1994

21  D Meyer, L Zhang, K Fall. Report from the IAB Workshop on Routing and Addressing. RFC 4984, September 2007

# 读者意见反馈

亲爱的读者：

感谢您一直以来对清华版计算机教材的支持和爱护。为了今后为您提供更优秀的教材，请您抽出宝贵的时间来填写下面的意见反馈表，以便我们更好地对本教材做进一步改进。同时如果您在使用本教材的过程中遇到了什么问题，或者有什么好的建议，也请您来信告诉我们。

地址：北京市海淀区双清路学研大厦 A 座 602 室　计算机与信息分社营销室　收

邮编：100084　　　　　　　电子信箱：jsjjc@tup. tsinghua. edu. cn

电话：010-62770175-4608/4409　　邮购电话：010-62786544

---

教材名称：层次交换网络体系结构

ISBN 978-7-302-17865-1

**个人资料**

姓名：_____　年龄：_____所在院校/专业：_____

文化程度：_____　通信地址：_____

联系电话：_____　电子信箱：_____

**您使用本书是作为：**□指定教材 □选用教材 □辅导教材 □自学教材

**您对本书封面设计的满意度：**

□很满意 □满意 □一般 □不满意　改进建议_____

**您对本书印刷质量的满意度：**

□很满意 □满意 □一般 □不满意　改进建议_____

**您对本书的总体满意度：**

从语言质量角度看　□很满意 □满意 □一般 □不满意

从科技含量角度看　□很满意 □满意 □一般 □不满意

**本书最令您满意的是：**

□指导明确 □内容充实 □讲解详尽 □实例丰富

**您认为本书在哪些地方应进行修改？**（可附页）

_____

_____

**您希望本书在哪些方面进行改进？**（可附页）

_____

_____

---

# 电子教案支持

敬爱的教师：

为了配合本课程的教学需要，本教材配有配套的电子教案（素材），有需求的教师可以与我们联系，我们将向使用本教材进行教学的教师免费赠送电子教案（素材），希望有助于教学活动的开展。相关信息请拨打电话 010-62776969 或发送电子邮件至 jsjjc@tup. tsinghua. edu. cn 咨询，也可以到清华大学出版社主页（http://www. tup. com. cn 或 http://www. tup. tsinghua. edu. cn）上查询。